城市新区
发展规律、规划方法与优化技术

张尚武　著

Research on the Development Law, Planning Method and Optimization Technology of Urban New Area

同濟大學出版社
TONGJI UNIVERSITY PRESS
中国·上海

本书的研究和出版得到“十三五”国家重点研发计划资助项目“城市新区规划设计优化技术”（项目编号：2018YFC0704600）的资助，特此致谢！

本书编写组

主　　任：张尚武

副 主 任：闫水玉　林辰辉　李殿生　赵　亮

执行主任：潘　鑫

编写人员：吴唯佳　王　正　陈海涛　周诗文　谭文勇　沈　娉　金　鹰　叶　林
万　励　刘雅婷　吴乘月　晏龙旭　钟婉祯　翁婷婷　唐　俊　刘奕涵
曲　葳　吴　浩　秦李虎　刘钊启　贺怡特　田春思　曾颖孜　贺雨晴
田安琪　孙　悦　高靖博　高　艳　张贻豪　刘正瑜　高　杨　冉　玥
李甘甜　詹晓惠　孟祥懿　牟书奇　窦　寅　李振兴　王　琛　王　迪
夏　琴　沈　帅

前言

城市新区开发是我国过去 40 年城市快速发展的重要经验，也是支撑经济高速增长和城镇化建设的重要空间载体。以规划为引领，推动城市新区绿色发展是我国集约、智能、绿色、低碳新型城镇化道路的关键。以往的规划设计缺乏对城市新区发展规律的深刻认识及全过程的精细化管控，往往导致新区规划目标、方案布局与规划实施脱节，绿色效能发挥不足。在资源和环境约束愈发突出、经济社会发展由高速度转向高质量的背景下，建立符合城市新区发展规律和规划、建设、管理全过程管控的规划设计方法优化技术体系，对城市新区健康、绿色发展具有重要意义。

本书是“十三五”国家重点研发计划资助项目“城市新区规划设计优化技术”（2018YFC0704600）基础理论和方法研究部分，该项目由六个课题构成，分别从城市新区发展规律和规划管控、能水碳三大系统绿色规划关键技术优化、绿色规划评价体系和智能规划平台、绿色规划设计技术集成示范等维度，完成对城市新区规划设计基本原理、规划管控技术方法、绿色发展关键技术、智能规划工具平台、集成示范的全链条研究。本书是项目课题一城市新区发展规律、规划方法与优化技术（2018YFC0704601）的主要成果，重点探索城市新区的绿色发展规律，建立贯穿城市新区目标制定、方案布局、建设实施和运营管理四个环节的全过程规划控制体系。

本书主要从两个方面展开研究。一是理论研究层面，通过国外新城新区典型案例比较，以及结合我国 78 个新区空间发展质量研究，建立对符合我国城市新区绿色发展的自然规律、经济社会规律、新区成长规律的认识，为城市新区空间规划、调控和政策制定提供理论和经验依据；二是在规划管控方法层面，城市新区规划方法的优化要适应新区全生命周期的生长环境，重点突出规划目标制定的合理性、方案布局的协调性、建设实施的紧凑性及运营管理的动态性四个环节特点和要求，构建全过程的规划控制体系。本书的实践意义和创新在于，针对城市新区发展规律和全生命周期特点，构建城市新区规划、建设、运营全过程的规划管控体系，填补了我国城市新区规划方法和技术方面的空白，增强城市新区规划方法的科学性和有效性。

特别感谢“城市新区规划设计优化技术”项目负责人、同济大学吴志强院士对课题研究给予的学术指导和督促，其宝贵意见和大力支持是本书能够顺利出版的重要保障。

本书是课题组集体智慧的结晶，由同济大学、中国城市规划设计研究院、沈阳建筑大学、重庆大学、清华大学五家研究团队共同完成。本书共分 8 章，张尚武是项目课题一的负责人，设计了本书写作大纲与思路，主持撰写了前言、第 1 章、第 2 章、

第 3 章、第 8 章以及第 5 章部分内容；潘鑫协助科研负责人完成了上述研究成果，并对全书进行了统稿和修订；沈娉参与完成了第 3 章主要内容撰写。第 4 章由中国城市规划设计研究院研究团队完成，主要执笔人有林辰辉、陈海涛等；第 5 章主要由沈阳建筑大学研究团队完成，主要执笔人有李殿生、周诗文等；第 6 章由重庆大学研究团队完成，主要执笔人有闫水玉、王正、谭文勇、叶林等；第 7 章由清华大学研究团队完成，主要执笔人有赵亮、吴唯佳、金鹰、万励等。

感谢同济大学出版社对本书出版给予的支持。书中未标注资料来源的图、表为本课题组绘制，由于资料、时间有限，书中难免存在疏漏和不当之处，敬请广大读者批评、指正。

张尚武

2021 年 6 月

目录

第 1 章

绪论

1.1 研究背景

1.1.1 城市新区是推进我国新型城镇化的重要空间载体

城市新区开发模式是我国过去 40 年城市快速发展的重要经验，新城新区建设是城市空间扩张的一种新形式，是一个世纪以来国际大都市疏导城市人口、实现产业转移、防止城市盲目扩张和有效解决城市建设与管理问题的成功模式（方创琳，王少剑，王洋，2016）。自 1980 年代以来，我国围绕经济技术开发区、大城市地区各类型新城、国家级新区等开展了一系列的新区、新城建设。截至 2018 年，我国各类新城新区的数量 3846 个，其中国家级新区 19 个，国家级开发区 552 个，省级开发区 1991 个，省级以下新城新区 1284 个（王凯，刘继华，王宏远，等，2020）。作为国家和地方层面应对城市人口增长和社会经济发展的重要空间策略，城市新区成为支撑经济快速发展和城镇化建设的重要载体，发展各类城市新区是我国现代化建设的重要物质支撑。

然而，作为新开发区域，部分城市新区由于选址不尽合理、规划人口和用地规模偏大、规划目标与建设实施存在脱节等，发展面临巨大挑战，土地利用低效粗放、人口吸引力不足、配套服务欠缺、生态环境污染等问题在大量城市新区成长过程中不断出现（方创琳，马海涛，2013；王振坡，游斌，王丽艳，2014）。高速城镇化背景下的大规模新区开发已使生态环境、基础设施和自然资源承受重压，成为城市新区长远发展的障碍。在此情境下，我国的城市新区亟须发展模式的转型以突破现有困境（薄文广，殷广卫，2017）。

1.1.2 绿色发展是我国城市新区转型的必选之路

自 1980 年代以来，人们日益认识到城市发展不应该以牺牲自然生态环境为代价，提出了“可持续发展”“紧凑城市”“精明增长”“生态城市”“低碳城市”等城市发展概念，或强调对自然环境的保护，或强调对城市资源的集约利用。世界各国也纷纷将绿色发展理念应用于城市发展战略中，制定了诸多城市新区绿色评价标准和发展导则，如英国 BREEAM Communities、美国 LEED-ND、德国 DGNB、瑞典 SWECO 绿色城区开发导则等，引导城市新区的绿色发展。进入 21 世纪以后，在资源和环境约束愈发突出的背景下，绿色发展成为我国实现新时代转型发展的重大战略。党的十八大报告明确提出大力推进生态文明建设，着力推进循环发展、低碳发展和绿色发展，构建科学合理的城市化格局。2014 年实施的《国家新型城镇化规划（2014—2020 年）》再次将生态文明和绿色低碳作为主导原则，推动城镇化的绿色转型。国家各级政府、协会也出台了《低碳社区评价技术导则》（北京市，2016）、《绿色生态城区评价标准》（GB/T 51255—2017）、《绿色生态城区评价标准》（上海市，2018）等标准、指南来推动城市向绿色发展转型。

我国已经把建设生态文明提升至国家战略高度，城市新区作为我国新型城镇化建设的重要主体，是推动经济发展、承接人口转移的主要承载区，同时也是土地低效利用、高碳排放等各类经济、环境问题的凸显区。在资源和环境约束愈发突出、社会经济发展由高速度转向高质量的背景下，绿色发展是我国城市新区转型的必选之路。只有实现绿色发展，城市新区才能突破传统发展模式的困境，实现经济、社会、环境的协同优化。

1.1.3 规划全生命周期管控是实现新区绿色发展的重要手段

城市新区的发展受到空间自组织和他组织的共同影响。从空间自组织看，城市所在的地质、地形地貌、降水条件等都会影响城市新区的区位选择，并且对城市新区发展形成环境约束。与此同时，国家及区域发展战略、空间规划等空间他组织对城市新区有序性增长进行着调整和控制，不断改变着新区的功能、规模和空间分布等（周春山，朱孟珏，2021）。绿色发展作为城市新区的理想目标，单纯依靠城市空间的自组织不可能实现，规划作为一种政策工具，其本质就是干预市场环境下的市场失灵问题。城市新区开发是一个长期过程，从国内外新城、新区开发经验看，从新区发展孕育、成长到成熟大都在数十年以上。目前的规划管控方法主要集中在目标制定和方案布局阶段，对后续的建设实施、运营管理关注不足，规划目标、方案布局与新区开发实践存在明显脱节。

城市新区的绿色发展是一个统筹内部外部、协调时间空间，有机生长的过程，空间规划方法的优化要适应新区全生命周期的生长环境，探索面向目标制定、方案布局、建设实施、运营管理全过程的规划管控方法。通过规划的全生命周期规划管控，统筹新区规划、建设和管理全过程，推动新区的绿色发展。

1.2 研究目标与意义

1.2.1 城市新区概念界定

城市新区的概念，经常与新城概念放一起讨论。新城的概念最早起源于英国，英国 1945 年成立的新城委员会提出新城的目标是建成拥有综合配套，能就地平衡工作岗位和生活的新城镇空间（张捷，赵民，2017）。自霍华德提出“田园城市”（Garden City）理念后，学者们结合自身理解，先后提出了卫星城（Satellite City）、新城（New Town）、规划建设的城市（Planned City）、边缘城市（Edge City）等诸多概念。在我国，新城和新区的概念往往是等同的（方创琳，王少剑，王洋，2016）。我国城市中出现以新区或者新城命名的空间，通常实质上并无明显的差别。

当前我国学界对城市新区的概念尚未形成严格统一的界定。从空间上看，学者们认为城市新区是城市进行外延式扩张的载体（王兰，饶士凡，2018）。从功能上看，新区在一定程度上具备独立的城市功能，为其本身和周围的地区提供服务（朱孟珏，周春山，2012），工业园区、大学园区、产业园区、总部经济园区等“功能单一”的“新城市化板块”不包含在内（刘士林，刘新静，盛蓉，2013）。从治理角度看，顾朝林（2017）认为中国新城新区是国家改革开放的产物，是满足经济发展需要，按照增长原则规划而成的一类城市空间单元。中国新城是在国家政治体制转型和意识形态变迁大背景下出现的一种不同于传统城市及西方“新城”的制度与机制，这种“新”的制度和机制是中国新城概念的核心（武廷海，杨保军，张城国，2011）。王凯等（2020）认为新城新区的根本特征是相对于原中心城区的新空间、新功能和新主体，其中新空间指我国新城新区一般处在老城区的边缘或外围，以“增量新建”为主；新功能指我国新城新区一般为实现带动区域经济增长、发展特色新功能、提升城市品质功能等目标而设立；新主体指我国新城新区是由县级以上人民政府或有关部门批复设立，拥有相对独立的管理运营主体，承担新城范围内经济、社会管理职能。与此同时，我国多数城市新区是城市达到一定规模后培育形成的，行政等级越高的城市，其新区的地位往往越显著，新区的规模也相对较大。

综合以上研究，本书界定的城市新区指：国家、省、市人民政府或有关部门批复的，拥有相对独立管理权限，以建设综合性功能为目标的新城镇空间。在研究中，本书选取直辖市、副省级城市、省会城市，或满足特大城市规模的城市，再从这些城市中选取规划面积在 10 平方千米以上，具有明确规划引导和综合性功能导向的新区作为研究对象。

1.2.2 研究目标

理论上，建立符合我国城市新区绿色发展的规律性认识。通过对国外新城新区典型案例比较分析，对新城新区发展进行研究，探索城市新区成长规律，识别关键影响因素及作用机制；结合我国 78 个新区空间发展质量研究，分析我国城市新区的绿色发展规律与系统要素特征，建立对符合我国城市新区绿色发展的自然规律、经济社会规律、新区成长规律的认识，探讨新区规划方法与新区绿色发展规律的相互作用关系。

规划方法和技术上，建立面向城市新区全生命周期的规划管控方法。结合国内新区规划编制、新区建设及新区运营的特点，城市新区的绿色发展将体现在目标制定、方案布局、建设实施和运营管理等关键环节。城市规划作为实现新区绿色发展的重要调控手段，要建立城市新区在目标制定、方案布局、建设实施和运营管理各阶段核心要素的管控方法体系。通过对城市新区规划、建设、运营各阶段内外部要素、时空过程的干预，推动生产、生活、生态三大空间协同，产、城、人三大关系协同，推动我国城市新区绿色发展。

1.2.3 研究意义

1. 为城市新区绿色发展提供空间规划理论依据

城市新区发展是一个自然历史过程，有其自身规律。现有城市新区规划在新区开发时点选择、空间选址、方案编制、实施过程等各阶段，与新区的发展规律都存在冲突。通过研究，建立对符合我国城市新区绿色发展的自然规律、经济社会规律、新区成长规律的认识，识别影响城市新区各阶段绿色发展的关键要素和关键问题，可以为城市新区空间规划、调控和政策制定提供理论和经验依据，保障城市新区的绿色规划、建设和运营。

2. 填补城市新区开发全生命周期规划优化技术的空白

目前国内外相关规划方法和技术标准主要针对绿色城区评价，针对城市新区成长过程关注较少，尚无从新区成长全生命周期角度形成的规划设计技术。在充分吸收国内外相关标准和规划编制成果经验基础上，研究紧密围绕城市新区全生命周期的成长特点，在总结新区成长规律的基础上，重点突出规划目标制定的合理性、方案布局的协调性、建设实施的紧凑性及运营管理的动态性四个环节的特点和要求，从规划策略、指标体系、关键技术三个方面，构建规划控制体系。以此填补我国城市新区全生命周期规划方法和技术方面的空白，增强规划方法的科学性和有效性。

1.3 研究结构与思路

1.3.1 研究结构

本书遵循城市新区规律探寻、全生命周期规划技术管控的思路，形成从理论到规划技术方法优化的研究路径。第一部分为理论研究，包括世界城市新区发展规律与启示，以及中国城市新区绿色发展规律与规划调控。第二部分为规划技术方法研究，从城市新区的目标制定、方案布局、建设实施和运营管理等发展关键环节，探讨各阶段规划管控内容及技术方法。第三部分为研究总结与展望。

本书共八章，主要内容组织如下。

第 1 章，从总体上对城市新区规划方法与优化技术进行先导研究，包括研究背景、研究目标与意义、研究结构、技术路线等，并在此基础上提出本书的章节布局。

第 2 章，基于英国、法国、美国、日本、韩国等国家新城新区建设历程，以及伦敦、巴黎、纽约、东京、首尔等世界主要城市的典型新城案例剖析，对世界城市新区的成长规律进行系统解读；在对中国城市新区开发周期、成长动力、开发目标、运行模式等自身特点分析的基础上，对世界城市新区成长规律在中国的适用性和借鉴意义进行探讨。

第 3 章，以我国 78 个新区为研究案例，从系统要素、时间阶段和空间条件三个维度建立城市新区空间绿色发展的分析框架，总结新区绿色发展的规律和经验。城市新区绿色发展的质量取决于生态、布局、土地、交通和设施五个要素的均衡，其协同过程受到时间阶段和空间条件的明显作用。尊重新区发展规律，探索适应城市新区全生命周期的规划管控方法是规划技术优化的重要内容。

第 4 章，目标制定阶段重点关注新区选址的先决性条件评价、目标体系制定的合理性，以及全生命周期的指标管控三方面内容。通过对 19 个国内绿色新区、10 个国外新城新区、3 个国外绿色新区评价体系和 1 个国外新区规划方法的系统研究，明确我国城市新区选址、目标体系制定和全生命周期管控的规划技术优化方法。

第 5 章，方案布局阶段重点关注新区规划布局的协调性，从内部系统协同和规划方案优化两方面，建立城市新区方案布局优化的技术框架。通过多情景预测模拟和评价决策分析，围绕方案布局在底线控制、要素结构控制、多方案比较等方面提出规划方案的优化方法。

第 6 章，建设实施阶段重点关注开发过程的紧凑性，分析新区建设过程中孕育初创期、快速成长期、优化调整期各个时段的空间特征、环境效应，提出与新区建设过程相适应的规划控制方法。从空间紧凑性拓展、开发时序、开发结构三个方面建立新区建设过程的评价和规划优化方法。

第 7 章，运营管理阶段重点关注运行过程的和谐性，从城市新区空间运行质量评价、运营能力建设、动态调整优化等维度，建立新区相对成熟阶段的运行质量监测评价和动态优化方法。

第 8 章，进行总结，并结合智能规划发展趋势进行展望。

1.3.2 技术路线

本书的技术路线如图 1-1 所示。

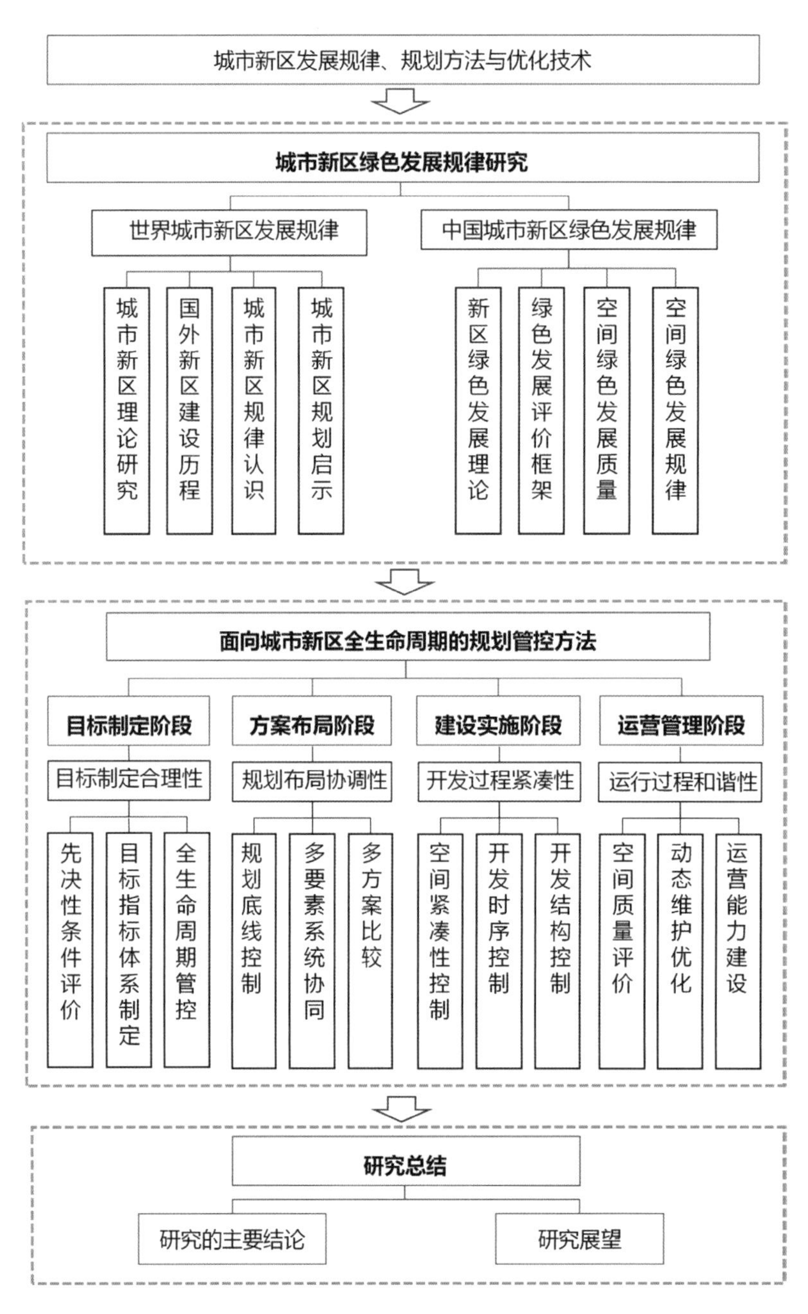

城市新区发展规律、规划方法与优化技术
城市新区绿色发展规律研究
世界城市新区发展规律
中国城市新区绿色发展规律
城市新区理论研究
国外新区建设历程
城市新区规律认识
城市新区规划启示
新区绿色发展理论
绿色发展评价框架
空间绿色发展质量
空间绿色发展规律
面向城市新区全生命周期的规划管控方法
目标制定阶段
方案布局阶段
建设实施阶段
运营管理阶段
目标制定合理性
规划布局协调性
开发过程紧凑性
运行过程和谐性
先决性条件评价
目标指标体系制定
全生命周期管控
规划底线控制
多要素系统协同
多方案比较
空间紧凑性控制
开发时序控制
开发结构控制
空间质量评价
动态维护优化
运营能力建设
研究总结
研究的主要结论
研究展望

图 1-1　技术路线

第 2 章

世界城市新区发展规律与启示

2.1 国内外城市新区理论研究

城市新区思想起源可追溯到“乌托邦（Utopia）设想”“空想社会主义”（Utopian Socialism）等早期理想城市的构想（张捷，赵民，2017）。自霍华德开创性地提出“田园城市”理念后，城市新区从规划理念转入实践开发。在不同国家和城市发展阶段，学者们对城市新区的理解存在差别，并先后提出了卫星城、新城、规划建设的城市、边缘城市等诸多概念。英国《不列颠百科全书》将新城定义为“一种将人们从大城市迁移出来重新安置的规划形式，通过居住、医院、产业、文化娱乐、购物中心的建设，形成自给自足的社区”。各国新城的建设目标存在较大差异，英国新城起源于产业与人口分布的不平衡，但后期在英格兰南部规划建设的 3 座新城（米尔顿凯恩斯、彼得伯勒、北安普敦）主要作为区域增长极；第二次世界大战后法国为了摆脱巴黎（占 20% 人口，50% 工作岗位）主导地位，平衡区域发展，在巴黎周边建立了一系列的新城（Kafkoula，2009）。概括来看，新城的开发目标大致可以分为三类：一是社会目标，提供不同类型的住房、社会服务以及提供适当的就业机会；二是经济目标，建立新的经济增长点，提高城市自给自足能力，鼓励和吸引外资；三是城市发展目标，从国家战略角度重塑国家城市体系，推动人口均衡布局等（Hafez，2015）。从实施效果看，国外新区也普遍存在截留人口效果不佳、就业 - 居住不平衡、高通勤成本、可持续发展能力低的诸多问题（丁成日，2007）。

我国大规模的新区开发主要在改革开放后，历经了 1980 年代经济技术开发区建设、1990 年代末大城市地区新城开发、21 世纪以来国家级新区设立的动态演化轨迹（杨东峰，刘正莹，2017）。城市新区作为地方、城市乃至国家参与区域或全球竞争、承接产业转移、吸纳新城镇人口的政策工具，具有其独特的运行机制。国内学者主要从资本的空间生产和尺度重构的视角对我国新区的运行机制进行解释。武廷海等（2011）以资本城市化为主线，从土地制度、金融资本与银行、国家政策体系等多重角度，构建了中国新城建设的理论解释框架，认为中国新城是在国家政治体制转型和意识形态变迁大背景下出现的一种不同于传统城市及西方“新城”的制度与机制，这种“新”的制度和机制是中国新城概念的核心。在新区运行中，国家通过权力上移（Scaling Up）至区域组织，或权力下移（Scaling Down）至地方政府，引发不同尺度空间组织和治理形式的重构，促进特殊制度区域的经济社会发展（Shen，2007；晁恒，等，2015）。城市新区承担着经济发动机、城镇化载体、城市功能平台、改革试验田等多重角色（冯奎，等，2017）。尤其是国家级新区，作为我国新时期在城市—区域尺度上构建的新地域组织，其设立的核心目标是塑造区域增长极，培育次国家层面的战略性空间（殷洁，罗小龙，肖菲，2018）。在新区驱动机制方面，研究认为区域政策、全球资本汇聚、地方政府与市场的互动、城市大事件营销等均是新区发展的主要驱动力（武廷海， 杨保军，张城国，2011；荆锐，陈江龙，田柳，2016）。但随着 2010

年后国家级新区的加快批复，新区政策优势由稀有性、特殊性向普惠性转变，新区承担的战略功能也从国家级开放战略向区域发展战略转变（李云新，贾东霖，2016），区域开发战略从早期的点状极化开发向区域均衡发展转型。

2.2 国外城市新区建设历程与典型案例剖析

2.2.1 国外城市新区建设历程

结合世界主要国家新区开发时间、开发目的、城市与区域空间关系，以及核心规划理念的演变等，可将国外的新区开发划分为以下 3 个阶段（图 2-1，表 2-1）。

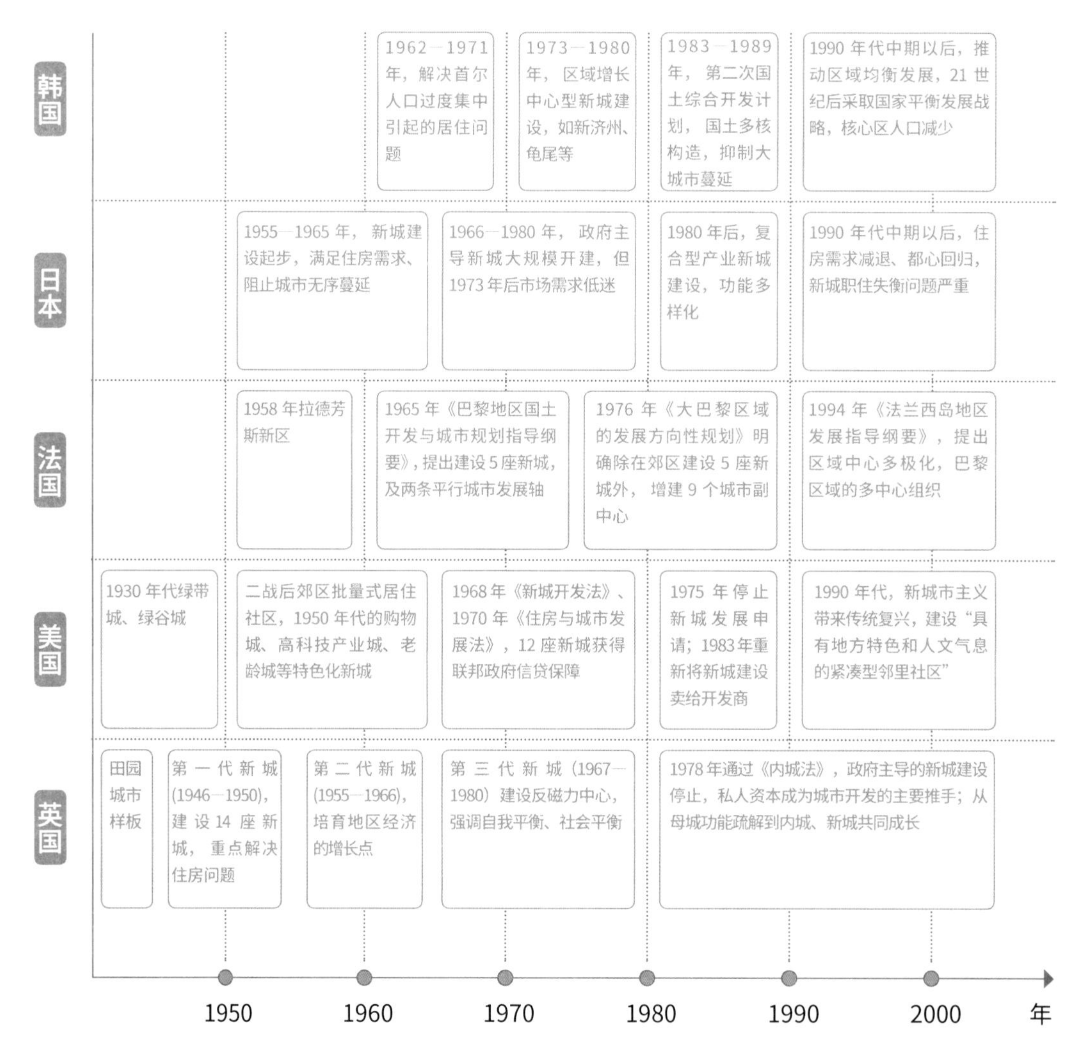

图 2-1 世界主要国家新城建设历程

表 2-1 国外城市新区发展阶段

阶段	探索发展阶段（二战前）	鼎盛发展阶段（二战后至 1980 年代）	转型发展阶段（1980 年代后）
开发目的	疏解城区人口，建设低层、低密度的居住新城，塑造理想人居环境	吸纳城区人口，创造自给自足、平衡的社区；构建母城的反磁力中心；解决快速城镇化问题，阻止城市蔓延	国家或区域平衡发展，区域的多核心结构，新城经济、社会、环境的可持续性，城市复兴
新区 - 母城空间关系	卧城，新区独立性较弱，完全依附于母城	功能相对平衡的独立新城	新城开发与区域整体发展结合，区域专业化功能中心
核心规划理念	田园城市、卫星城、有机疏散、广亩城市等	增长极理论、核心 - 外围理论等	新城市主义、精明增长理论、可持续发展理念等
典型案例	莱奇沃思、韦尔温、马里兰州绿带等	米尔顿凯恩斯、马恩拉瓦莱、马里兰州哥伦比亚等	弗莱堡生态新城、伦敦奥运新城、松岛新城等

资料来源：根据刘健（2006）、张捷等（2017）、赵星烁等（2017）、李燕（2017）等整理。

（1）二战前的探索发展阶段。以田园城市理论、卫星城理论、有机疏散理论等为指引，重点以中心城市功能疏解、满足人们对理想人居环境的追求为导向，空间上以分散化的田园社区为主导，新区的独立性较弱，主要实践案例有英国早期的卫星城规划，以及美国的绿带城（Greenbelt）、绿谷城（Greenhill）建设等（张捷，赵民，2017；赵星烁，杨滔，2017）。

（2）二战后至 1980 年代的鼎盛发展阶段。一方面为解决战后住宅短缺及核心城市功能过度集聚问题，英国、法国等欧洲国家围绕伦敦、巴黎等主要城市开展了多轮新城建设，主张通过吸纳中心城区过度拥挤的人口，创造一个自给自足、平衡的社区（Morris，1997），或构建母城的反磁力中心，促进区域整体的发展（刘健，2006）；另一方面，1960 年代后新城开发理念在世界范围内广为传播，日本、韩国等国家为应对高速增长的城镇化，阻止主要城市的蔓延发展，结合各自的国土综合开发规划也开展了多轮新城建设实践，世界范围内的新区开发达到鼎盛时期。

（3）1980 年代后的转型发展阶段。针对全球化深化以及新城建设中存在的问题，在新城市主义、精明增长理论、可持续发展理论的引导下，新城开发更为注重与国土空间协调，开发的生态性以及空间的紧凑性（冯奎，等，2017），新城开发向推动国土平衡发展、区域多中心化、生活生产智慧化、生态可持续性等方向转型，这一时期的典型案例如德国弗莱堡生态新城、伦敦奥运新城、韩国松岛新城等。

1. 英国的新城建设

19 世纪末，霍华德提出“田园城市”理念，并于 20 世纪初在英国建设了莱奇沃思（Letchworth）和韦尔温（Welwyn）两个田园城市样本。二战后，英国新城进入蓬勃发展时期，其新城规划理论也成为英国城市规划皇冠上的明珠（张捷，赵民，2017）。

英国新城建设大致可以划分为三个阶段（图 2-2，表 2-2）：第一代新城（1946—1950）建设主要是为应对战后的住房严重短缺和疏解大城市的人口及产业，这一时期共建设了 14 座新城，多选址在地价较低的农业区域，新城以居住功能为主，主要问题是城市的活力缺乏和公共设施配套不足；第二代新城（1955—1966）基本沿用既定新城建设原则，布局上更为紧凑，提高开发强度，弱化严格的功能分区，建设目标上开始考虑地区的整体发展，把新城定位为地区经济发展的增长点；第三代新城（1967—1980）强调作为中心城市“反磁力”中心的经济和空间功能，新城的独立性增强，规模进一步增大，出现了米尔顿凯恩斯（Milton Keynes）等著名新城。1978 年，英国通过《内城法》，政府主导的新城建设停止，私人资本成为城市开发主要推手，政策层面也从单纯新城开发向内城、新城共同成长转变。1990 年代后，英国已基本不再开发新城，部分英国新城出现了街区老化、公共设施不足和住宅供给不平衡等问题，“新城更新”成为发展的重点。1945—1981 年，英国共建设了 32 座新城，容纳了 180 万人口，到 20 世纪末，英国居住在城市的人口已达 90%，其中约 23% 是居住在政府规划和建设的各种不同规模的“新城”内（张捷，赵民，2017）。

图 2-2 英国新城空间分布
资料来源：根据 Kafkoula（2009）改绘。

表 2-2 英国三代新城开发特征

阶段	第一阶段	第二阶段	第三阶段
时间	1946—1950 年	1955—1966 年	1967—1980 年
新城选址	多选用地价较低的农业区域	有意识地进行空间选址，培育新的经济增长点	已有新城或已有一定基础的城镇
新城类型	以居住功能及建设住宅为主	按照一般城市模式建设	按照更加综合的中等城市建设运营
新城特征	规模小；建筑密度低，住宅模式以独立式住宅为主；功能分区明显；借鉴邻里单位理论，各邻里单位形成中心，各邻里间有大片绿地相隔；道路网由环路和放射状道路组成	规模普遍增加，密度提高；城市模式建设，弱化单元式空间模式；交通上为应对私人汽车的剧增，构建多种交通模式组合的交通体系；关注环境改善，注重景观设计	强调新城的区域层次作用；城市规模进一步扩大，相当于中等城市；城市独立性更强，功能更综合；关注新城的管理方式；突显新城的社会意义和内涵

资料来源：根据张捷等（2017）整理。

伦敦都市圈的新城规划起源于艾伯克隆比（Abercrombie）主持编制的“大伦敦规划”，范围大致为伦敦市中心的 48 平方千米范围。1946 年，英国《新城法》颁布后，新城建设正式开始。1946—1949 年，在距伦敦市中心 30 ～ 50 千米的半径内建设 8 座新城，规划人口大多在 2.5 万～ 8 万人，但这些新城因规模太小难以支撑高质量的公共设施及服务建设，存在“新城忧郁症”（Bruton，等，2003）。随着新城的不断发展，配套设施逐渐健全，到 2001 年，8 座新城人口合计达 60 万人，超过初始规划。

2. 法国的新城建设

19 世纪末，在工业加速发展的推动下，巴黎地区开始大规模城市建设，城市向郊区扩散，工业企业在近郊自发聚集，住宅在工业用地外围扩展，城市蔓延问题突显。为达到疏散巴黎市区过分集中的人口，改变东西部严重的不平衡状态，使巴黎市区和周围地区形成相互平衡的城市单元，建设新城成为促进城市有序拓展的有效措施。

1960 年，《巴黎地区区域开发与空间组织计划》（PADOG 规划）第一次提出“新城”概念，确定在城市建成区内设立若干新的城市发展极核。1965 年，《巴黎地区国土开发与城市规划指导纲要》（SDRAUP 规划）在塞纳、马恩和卢瓦兹河谷划定了两条平行的城市发展轴线，从现状城市建成区的南北两侧相切而过，并在这两条城市发展轴线上设立了 9 座新城。由于 1970 年代经济发展速度放缓，人口增长变慢等原因，1975 年《法兰西之岛地区国土开发与城市规划指导纲要》（SDAURIF 规划）将新城数量减少到 5 个，分别为赛日蓬图瓦斯（Cergy Pontoise）、马恩拉瓦莱（Marne La

Vallée）、圣康坦昂伊夫林（Saint Quentin Yvelines）、埃夫里（Ivry）、默伦塞纳新城（图 2-3），每座新城的人口从 30 万～ 100 万人降为 20 万～ 30 万人。该模式将城市空间扩张限制在这两条平行的城市发展主轴之间，通过轴线引导和规范城市空间增长，辅以新城中心距离适中（25 ～ 30 千米），良好的轨道交通配套，相对综合性的城市功能等，既保持了中心区的繁荣，较完整地保持了老城区的历史风貌，又为经济发展提供了可持续增长空间（胡文娜，2015a）。

3. 美国的新城建设

美国的新城建设也受到英国田园城市思想的影响，二战前出现的雷德朋（Radburn）体系，绿带城、绿谷城等试验，旨在解决大城市弊病，改善人居环境，这些规划实践及其规划思想对美国本土及世界范围内的新城建设都有一定的影响（张高攀，2015a）。

二战后，美国经济经历了较长的繁荣时期，依托高速公路网的建设以及小汽车的普及，人们加速向郊区搬迁，郊区化几乎主导了美国新城建设的全过程。1950 年代

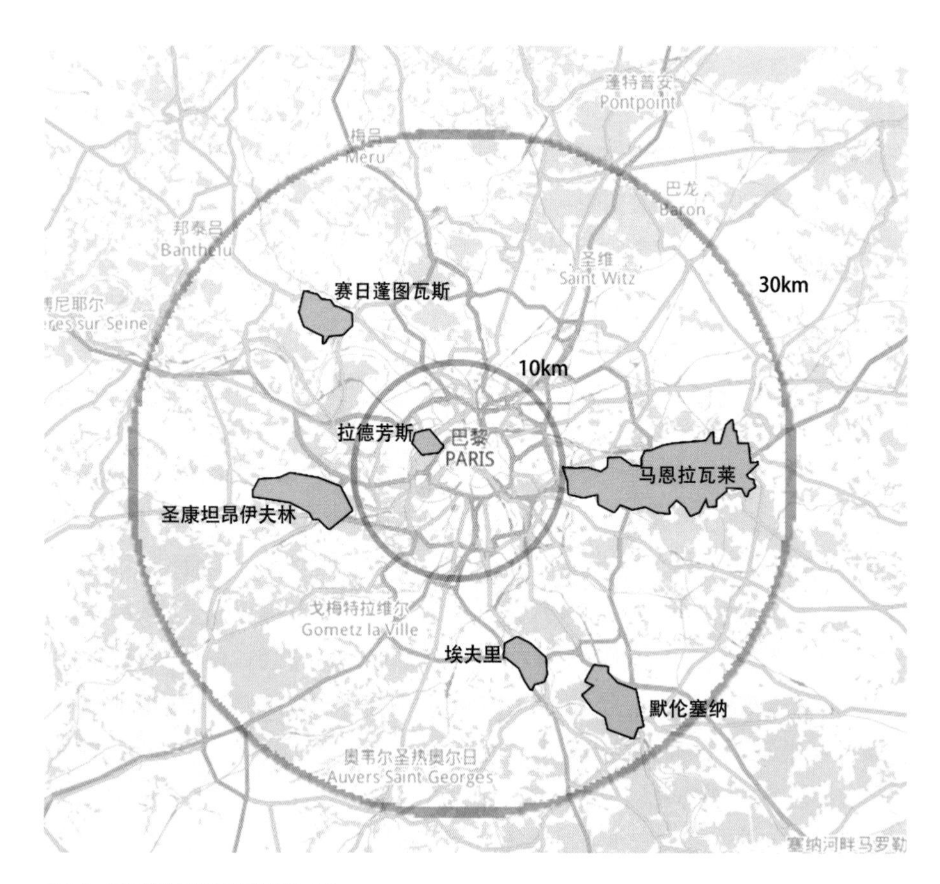

图 2-3 巴黎都市圈新城空间分布示意

到 1960 年代，为了控制郊区化的过度蔓延，新城建设再次提上日程。该阶段新城除纯粹的居住社区或具有部分商服功能的居住社区外，还出现了依托城郊购物中心发展的新城、依托大学建设的高科技产业城和为退休人群建设的老龄城（赵星烁，杨滔，2017）。

20 世纪 80 年代末期在美国兴起“新城市主义”（New Urbanism）。其中，传统邻里开发模式（TND）和公共交通导向开发模式（TOD）是核心内容，该模式在某种程度上是对美国社区的复兴和活力再造。

美国的新城建设以具有乡村优点的城镇为目标，基本驱动力来自工业化、郊区化、后工业时代的人本主义等，在各发展阶段中，出现了各类型的新城模式，规划理念不断演变，呈现螺旋式发展。相比欧洲与亚洲许多国家采取的政府主导新城新区的模式，市场机制在美国的新城新区建设发展中发挥更多作用；相比几次政府主导的新城运动，市场主导的新城新区发展更为成功，过度的政府干预可导致预料之外的失败后果（赵星烁，杨滔，2017）。

4. 日本的新城建设

日本将新城建设作为解决大城市不断膨胀、日益严重的城市问题的重要对策。在新城建设历程方面，大致可分为以下四个阶段：1950 年代新城开发起步期，主要解决二战后人口向三大都市圈集聚问题，重点满足住房需求、阻止城市无序蔓延；1965 年后，日本新城开发进入鼎盛期，政府主导的新城大规模开建，为了控制城市用地的无序蔓延，1968 年日本修订了《城市规划法》，划定城市的增长边界，同时制定新的全国综合开发计划，促进国土均衡发展；1980 年后的复合型产业新城开发，新城功能逐渐多样化；1990 年代以后，随着人口老龄化和新城镇化人口数量下降，住房需求衰退，日本进入都心回归阶段（李燕，2017）。

东京都市圈新城发展大致可以分为五个阶段（表 2-3）：东京都市圈的新城建设从 1930 年代开始，借助东京区域铁路系统结构自然形成了 3 个主要的副中心；1950 年代，政府提出新城建设设想并制定了第一次东京区域规划，建设了千里、新宿、涩谷、池袋 4 座新城，这时东京周边新兴地带的新城雏形显现；1960 年代，政府开始主动适应和协调新城的建设与发展，制定了第二次东京区域规划，此时新城的配套等各方面设施还不完全成熟，所以人口集聚作用较弱；1970 年代中期以后，政府调整规划，并制定了第三次、第四次东京区域规划，新城各项配套设施日趋成熟，形成良性的自我循环；1990 年代以后，政府规划继续调整并制定了第五次东京区域规划，通过大力推动东京及周边广域内交通、通信等基础设施的改造和城市空间职能的重组，东京地区逐步形成了“中心区—副都心新城—周边新城—公共大交通”的城市格局（图 2-4），形成多中心多圈层城市体系（郭磊，2015a；郭磊，2015b）。

表 2-3 日本东京都市圈新城发展阶段

阶段	第一阶段（1930 年代前后）	第二阶段（1950 年代）	第三阶段（1960 年代）	第四阶段（1970 年代）	第五阶段（1990 年代后）
阶段特征	副中心、卫星城自发形成	政府提出新城建设设想，提出绿化带隔离构想	政府主动适应和协调——新城的初步建设	政府规划调整，多中心化理念形成	政府规划继续调整，多中心多圈层城市体系形成
首都圈规划		第一次东京区域规划《首都整备法》	第二次东京区域规划《近畿圈整备法》《中部城市圈整备法》	第三次、第四次东京区域规划	第五次东京区域规划
空间变化	副中心、卫星城自发形成	城市新兴地带的新城雏形显现	区域扩散	向新城引导和疏散工业、大学等	形成多中心多圈层城市体系
新城特征	借助东京区域铁路系统结构自然形成了 3 个主要的副中心	在东京建成区指定了 5 ～ 10 千米宽的绿色隔离带区域，绿环外距中心区 10 ～ 15 千米建设副都心新城	受建设资金所限，新城与母城相比，生产和服务配套还满足不了居民需求，对疏散人口的作用甚微，人流的往返反而加重了交通负荷	新城各项配套设施日趋成熟，形成良性的自我循环	形成了“中心区—副都心新城—周边新城—公共大交通”的城市格局，建立了包括 8 个副都心、9 个周边特色新城的多中心多圈层的城市体系

资料来源：根据王涛，苗润雨（2015）整理。

5. 韩国的新城建设

韩国的新城建设从 1960 年代开始，大致可以划分为四个阶段（图 2-5）：1960 年代的新城规划建设时期，以解决首尔工业化引发的城市人口过度集中等居住问题为主要目标；1970 年代后以发展区域增长型新城为主要目标的建设时期，其特征为郊区卫星城的出现，以及为转移首都圈功能而建设的新城；1980 年代的居住型卫星城建设时期，该阶段没有新建增长中心型的新城，而是出现了大量居住型卫星城，以及转移首都功能的新城；1990 年代以后的国家行政新区、科技新区建设时期，为疏解首都的政治、行政等公共权力，解决人口压力，从源头上切断区域不均衡发展的机制，开始新建行政首都世宗市，并以科技为导向建设松岛新城（韩佑燮，1996；胡文娜，2016）。

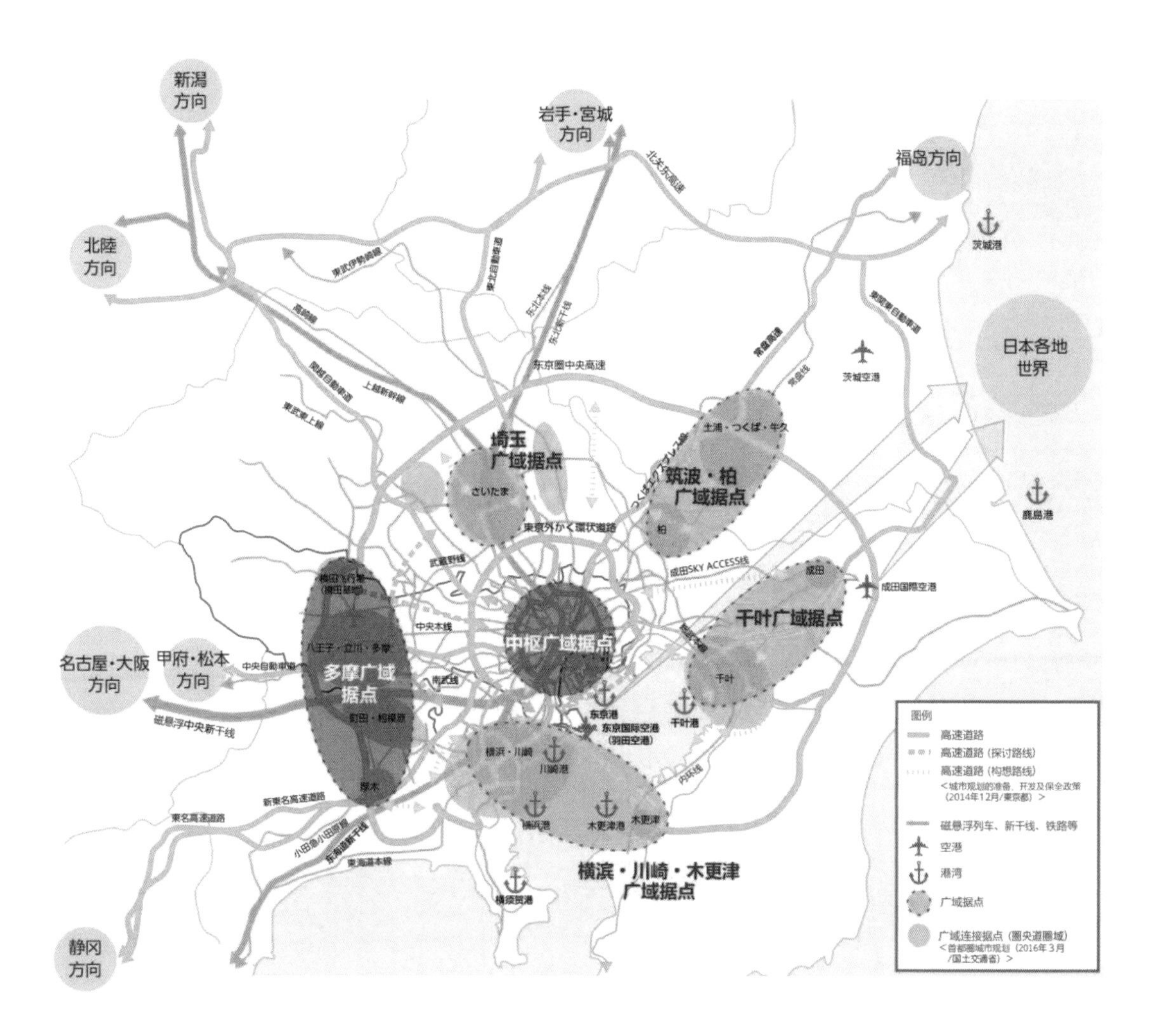

图 2-4 东京 2040 都市圈结构示意

资料来源：https://min.news/zh-cn/economy/88eacd1ac28a1c29b1d55738accd14df.html.

首都圈规划通过新城建设分流人口，核心区人口持续减少。韩国政府共制定过三版首都圈规划（1982 年，1994 年，2006 年）。1989 年，在距首尔市中心 25 ～ 30 千米规划建设 5 座新城，规划总人口约 120 万人，主要目标是缓解住房矛盾、疏解首尔市人口、抑制首尔都市圈房价快速上涨。2003 年，在距市中心 20 ～ 40 千米处建设 10 座新城，规划总人口 153 万人，用以促进首尔都市圈内部城市的联系与协作（表 2-4，图 2-6）。自 1990 年以来，包括新城建设在内的韩国首都圈规划促使首尔市人口持续减少，“大城市病”得到缓解，但新城职住不平衡问题仍较为严重。

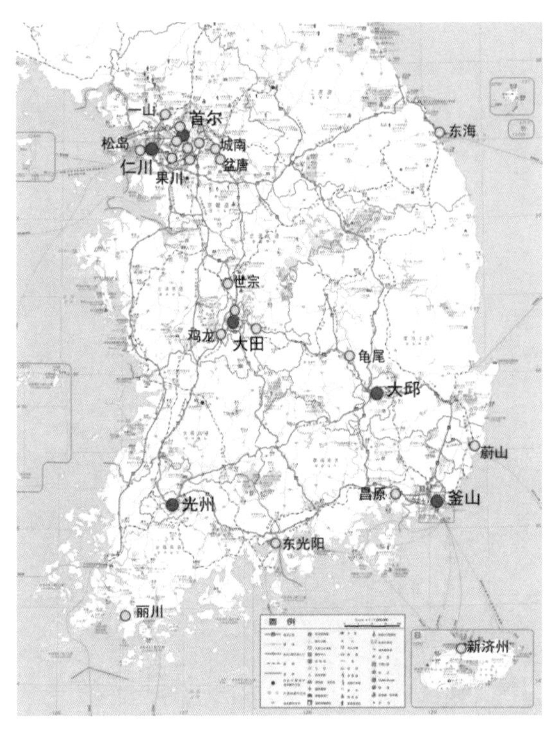

图 2-5 韩国新城分布概览
资料来源：胡文娜（2016）。

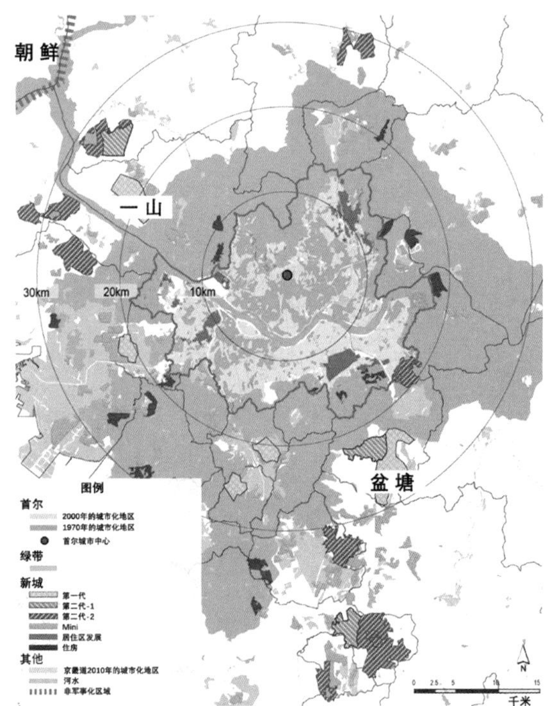

图 2-6 首尔都市圈新城空间分布示意
资料来源：根据 Choi 等（2019）改绘。

表 2-4 首尔都市圈发展概览

年份	1960 年	1970 年	1980 年	1990 年	2000 年	2010 年
城市化率（%）	35.9		69.4	82.7		90.9
首尔人口（万人）	244.5	552.5	835	1060.3	985.3	963.1
首尔都市圈人口（万人）		880		1800	2100	
卫星城（个）			6	16	26	

2.2.2 国外城市新区典型案例剖析

基于对英国、法国、美国、日本、韩国等发达国家城市化和新城发展历程的研究，选取伦敦、巴黎、纽约、东京、首尔等世界城市周边较为成熟的新城进行典型案例剖析，从新城开发的历史阶段、成长动力、开发周期、开发运营主体等方面探寻世界城市新区的成长规律（表 2-5）。

表 2-5 世界城市新区典型案例比较

国家城市	新城名称	建设时间	开发背景	与母城距离	规划规模	规划特色	建设效果
英国伦敦	米尔顿凯恩斯	1967年	为疏解伦敦过于拥挤人口建设的第三代新城，规划初期人口4万人	约80千米	规划面积89平方千米，规划人口25万人	①注重景观设计，公园用地占20%；②引入网格式道路，机非分流，每个网格1平方千米，划分为100个清晰社区；③交通设施弹性，沿着每条单行道网格道路的一侧都有预留区	① 2016年人口约26.45万人，英国增长最快的5个中心之一，创业万人占比居英国第五位；②依托两条主要河流建设线状公园，大约25%城区是公园和林地；③建成约270千米的红道（自行车和行人慢行系统）
法国巴黎	马恩拉瓦莱	1969年	缓解巴黎单中心空间结构的极化效应，重组城市区域空间布局，促进区域的整体发展	约25千米	规划面积152平方千米，规划人口30万人	①东西长22千米，南北宽3～7千米，划分为4大功能分区，形成葡萄串布局的不连续城市组团；②通过RER铁路和A4高速轴线引导区域空间结构和新城内部空间组织；③新城发展中注重各产业间平衡发展，综合产业功能提升新城发展质量	①法国最为成功的新城，2016年人口31.62万人；②4大功能分区定位鲜明，分别为新城城市中心、巴黎地区最大的产业园之一、知识经济生产的新型企业、迪士尼主题游乐区；③创建RER线分支，连通新城与巴黎中心，增设站点促进新城地区发展和城市中心的集聚
美国华盛顿	马里兰州哥伦比亚新城	1967年	二战后美国经济持续发展及婴儿潮，营造良好社区氛围的乡村小城	约48千米	规划面积83.4平方千米，规划人口11万人	①完全由私有资本投资开发，各行业专家广泛参与及合理规划过程；②新城功能综合，按照邻里单位进行空间组织，“新城—小区—邻里”清晰的结构体系；③强烈的环保意识，田野与湖泊占总用地的30%	①美国公认的最成功的新城项目，2015年人口10.35万人；②功能复合，提供多样化的住宅和就业机会；③私家车出行比例高，人口密度偏低，公共交通系统缺乏支撑；④居住阶层单一，社会分化严重，低收入人口占新城比例为3%～6%

续表

国家城市	新城名称	建设时间	开发背景	与母城距离	规划规模	规划特色	建设效果
日本东京	筑波科学城	1963年	提升国家创新能力，疏解东京都的教育和科研职能，缓解大城市压力	约50千米	规划面积284.1平方千米，规划人口22万人，1998年调整为35万人	①遵循生态型科学城的规划理念，生态用地占65%以上，形成多带式复层结构的绿色廊道；②通过快速轨道交通线、高速公路等与东京的联系，形成完善的区域交通网络；③城市中轴线设计与各具特色、功能互补的分区规划	①未达到缓解东京人口压力目的，原计划1990年的目标直到2015年才实现，2019年人口23.97万人；②由于距离东京较近，且有高速列车联系，职住分离明显；③政府主导和市场机制脱节，筑波形成和发展完全靠政府指令，高新技术开发机制落后，投入产出不成比例
韩国首尔	盆塘、一山、坪村、中洞、山本5座新城	1989年	重点解决首尔城区人口外迁和居住问题，缓解住房供应不足和房价快速上涨矛盾	25～30千米	规划总面积50平方千米，人口115万人	①5座新城中，一山和盆塘被规划为生态城市，其他三个被规划为中央商务区，规划为自足性新城；②注重人性空间和生态空间构建，开放空间比例高；③在汉江上建设多座大桥及连接中心城和卫星城的地铁等	①控制首尔人口集聚方面成效显著，从1990—2000年，首尔都市圈人口增加300万人，但首尔市人口却减少40万人，5座新城容纳人口126万人，超出预期10万人；②居住就业不均衡，就业高峰区与居住高峰区不一致；③通勤成本高

资料来源：根据杨靖等（2005）、丁成日（2007）、赵星烁等（2017）、冯奎等（2017）、张捷等（2017）等整理。

1. 米尔顿凯恩斯

1）规划背景

1967年，米尔顿凯恩斯被英国政府规划为新城，距离伦敦72千米，邻近世界著名的牛津大学和剑桥大学。米尔顿凯恩斯新城是在布莱切利（Bletchley）、渥文顿（Wolverton）和斯托尼斯特拉特福德（Stony Stratford）三个小镇基础上发展起来的。规划之初现状人口4万人，行政区域面积310平方千米，规划人口25万人，城市规划面积为89平方千米，属于英国规划的第三代新城。

2）空间布局与规划特色

米尔顿凯恩斯新城的规划特色主要体现在土地利用、公共设施配置、交通模式、景观设计等方面（郭磊，2014；翟健，2015）。具体来看：①注意物质和社会的平衡和多样性，新城范围内居住地区和就业地区就近布置，商业办公、商业配套位于城中心，居住位于周边，设置有商务中心、娱乐中心等设施，保证每个家庭在步行范围内可达两处或两处以上的活动中心。②注重景观设计，整座新城中的公园用地占 20%，公园绿地空间串联成片，10 多个人工湖点缀其间，风景秀美。③规划引入网格式道路，机非分流。每个网格 1 平方千米，1 个网格就是 1 个社区，在社区内部，通过较小的网格形成更密集的道路网络；同时，沿着每条单行道网格道路的一侧都有预留区，保持交通设施弹性。

3）规划实施评价

从规划实施效果看，2016 年人口约 26.45 万人，成为英国增长最快的 5 个中心之一，创业万人占比居英国第五位，约 90% 从事服务业，9% 从事制造业；依托两条主要河流建设线状公园，城区内大约 25% 城区是公园和林地；建成约 270 千米的自行车和行人慢行系统（红道），满足居民日常需求（图 2-7）。米尔顿凯恩斯网格道路布局模式、大尺度的生态景观、人车分流等规划理念都被众多新城学习。

2. 马恩拉瓦莱

1）规划背景

为缓解巴黎单中心空间结构的极化效应，重组城市区域空间布局，促进区域的整体发展，马恩拉瓦莱被规划为巴黎地区 5 座新城之一，位于巴黎北部城市发展轴线的东端。马恩拉瓦莱新城由 3 个省的 26 个市镇共同组成，占地约 152 平方千米，在东西长 22 千米、南北宽 3 ～ 7 千米不等的地域范围内呈线形分布，并被重新组合成 4 个城市分区，分别为巴黎之门（Porte de Paris）、莫比埃谷（Val Maubuée）、比西谷（Val de Bussy）和欧洲谷（Val d'Europe），规划人口 30.7 万人（图 2-8）。

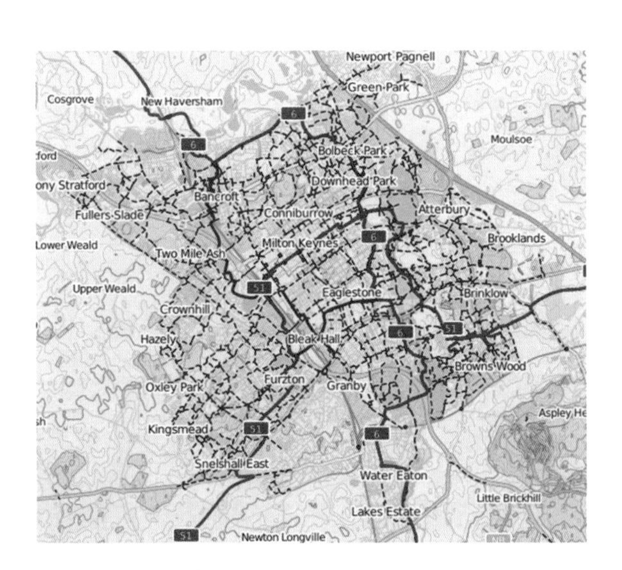

图 2-7 米尔顿凯恩斯的公共交通布局示意
资料来源：https://en.wanweibaike.com/wiki-Milton%20Keynes.

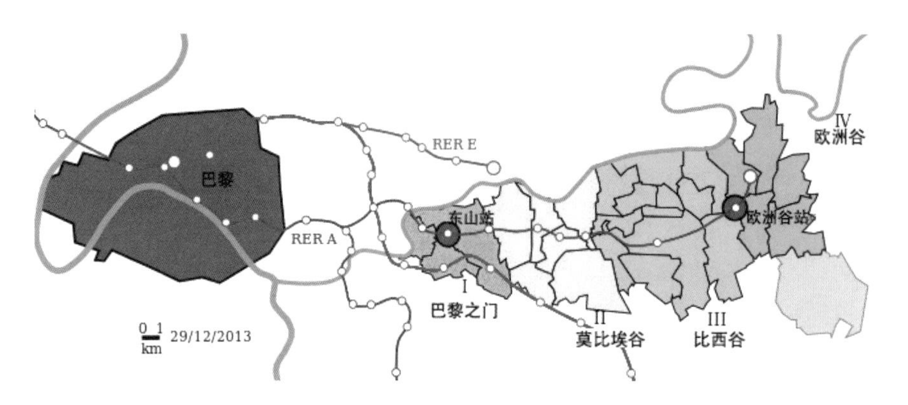

图 2-8 马恩拉瓦莱新城的空间区位示意

资料来源：https://en.wanweibaike.com/wiki-Milton%20Keynes.

2）空间布局与规划特色

马恩拉瓦莱新城的规划特色主要体现在轨道交通的结构骨架、葡萄串状的空间布局、等级化的交通体系，以及新城功能的平衡等方面（刘健，2006；胡文娜，2015b）。具体来看：①空间组织上更加重视轨道交通的结构骨架作用，通过 RER 铁路和 A4 高速轴线引导区域空间结构和新城内部空间组织。②自西向东划分为四大功能分区，形成葡萄串布局的不连续城市组团，与传统城市建成空间连绵发展城市形态形成鲜明对比。③交通方面综合考虑新城内部与外部两方面需求，新城内部以及新城与巴黎之间的交通联系以公共交通为主，其他对外交通以私人交通为主。④新城发展中注重各组团功能培育，强化产业功能综合性，提升新城发展质量。巴黎之门成为除巴黎市区以及拉德芳斯以外的第三个就业中心，莫比埃谷成为具有国际影响力的科学研究和培训中心，比西谷重点接纳知识经济产业，欧洲谷重点发展巴黎迪士尼主题乐园。

3）规划实施评价

从规划实施来看，马恩拉瓦莱成为法国最为成功的新城，2016 年人口 31.62 万人，已经超过规划预期；4 个城市分区功能特色鲜明，分别为新城城市中心、巴黎地区最大的产业园之一、知识经济生产的新型企业、迪士尼主题乐园；创建 RER 线分支，连通新城与巴黎中心，促进新城地区发展和城市中心的集聚。

3. 哥伦比亚新城

1）开发背景与目标

美国马里兰州的哥伦比亚新城（Columbia MD）距离华盛顿 48 千米，距离巴尔的摩 24 千米，规划总面积为 83.4 平方千米，规划人口 11 万人（图 2-9）。新城由 Rouse 公司主导，完全由市场经济私有资本投资开发。哥伦比亚新城被定位为一个自给自足，融生活、就业、休闲于一体，促进自由和种族平等的新城（赵星烁， 杨滔，2017）。

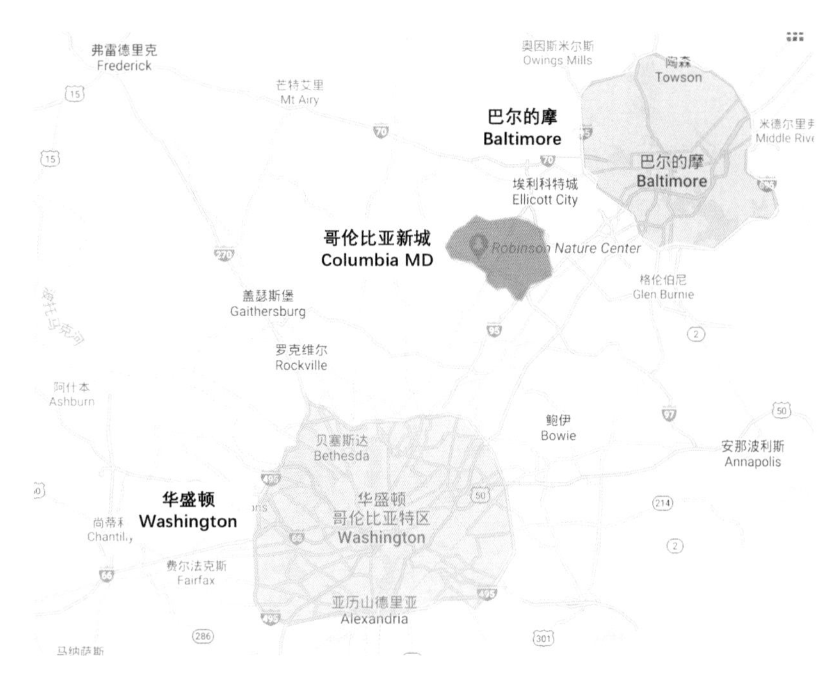

图 2-9 马里兰哥伦比亚新城区位示意
资料来源：根据张高攀（2015b）改绘。

2）空间布局与规划特色

哥伦比亚新城规划特色主要体现在广泛参与下的精心规划、邻里空间布局模式，以及强烈的生态意识等（杨靖，司玲，2005；张高攀，2015b）。具体来看：①新城完全由市场经济私有资本投资开发，并成立了哥伦比亚开发风险基金。为了确定新城社会发展目标，Rouse 公司召集了教育、卫生保健、娱乐、经济、社会、心理以及通信方面全国闻名的专家参与讨论，确保城市能够最佳运营。②新城主要空间模式采用了邻里单元设计，形成居住群—邻里—村庄—城镇四级居住单位。各邻里单元居住 800 ～ 1200 户，3 ～ 4 个邻里组成一个村庄，人口 1 万～ 1.5 万人，城镇由 8 ～ 9 个村子组成。新城中心位于中部，住宅布局在村中心四周。③强烈的环保意识，哥伦比亚新城注重保护土地并提高土地的质量，规划者使用详细的地貌图来确定需要保存的林区、灌木，在生物学家的帮助下，沿河挖掘了 3 个人工湖，田野与湖泊占总用地的 30%。

3）规划实施评价

哥伦比亚新城于 1990 年前全部建成并开放，2015 年新城人口 10.35 万人，基本达到了规划预测规模，如今，该新城已经成为一个繁荣的社区，被 CNN 评为“美国最佳居住地”。但该新城也出现许多新的问题：①人口规模总量小，人口密度偏低，公共交通系统缺乏支撑，私家车出行比例高；②居住阶层单一，社会分化严重，低收入人口占新城比例为 3% ～ 6%（张高攀，2015b）。

4. 筑波科学城

1）开发背景与目的

1960年代，日本开始意识到技术竞争的趋势，从二战后的“贸易立国”转向“技术立国”，作为东京的卫星城市，筑波科学城应运而生。筑波科学城位于日本茨城县南部筑波山南麓筑波高原，是日本唯一集中设置研究机关和大学的科学园区（图2-10）。整个科学城分为“科学园区”和“周边开发地区”两个部分。科学城规划区面积约27平方千米，外围开发区域面积约257平方千米，城市中心区面积约80公顷，南北长2.4千米，东西宽240～580米不等。筑波科学城的设立主要有两个目的，其一为发展能够适应时代和高等教育需求的科技，其二是为了疏解东京都过于稠密的人口。

2）开发阶段

从1963年内阁批准建设计划起，科学城由筑波研究学院起步，并分别于1987年、1988年和2002年与周边区域共同进行区划整理、土地整备、科研机构建设以及配套服务完善等工作。其发展主要可分为三个阶段。

第一阶段：1963年计划批准至1980年43个机构的搬迁及设立，城市建设初步完成。在这期间，开发建设由政府主导，但效果不尽如人意，究其原因，一方面，在土地整备阶段与原住民就征地问题存在纠纷，政府耗费巨大财力，工程进展缓慢；另一方面，相较于东京，筑波交通条件差，产业基础薄弱、配套服务不足，科研机构搬迁意愿极低，人口增长缓慢。

第二阶段：1980年至2005年，进入由政府和私人部门共同开发建设阶段。从前期建设困难中吸取教训，日本政府在做好配套服务的同时加强了地区产业发展力度，

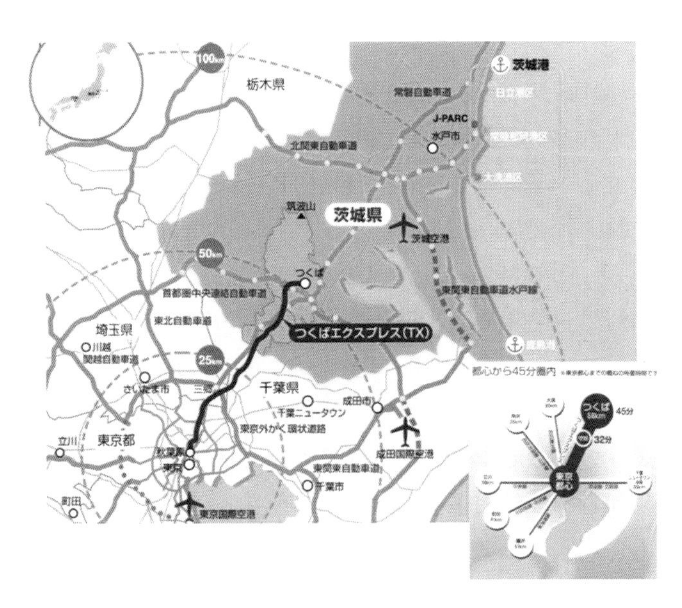

图2-10 筑波科学城区位示意

资料来源：https://www.sohu.com/a/366089604_651721.

积极借助市场力量，通过改善交通和服务环境吸引民间科研机构与科创企业入驻，提升城市活力。同时，在区划调整基础上获得一级财政权，保障了重要科技服务设施的建设。但由于基础研究向产业转化环节复杂，科学城以科研机构为主导的功能失衡尚未根本转变，仍然存在一系列城市问题。

第三阶段：2005 年筑波快线开通之后，科学城市场化发展程度进一步提升。针对既往问题，科学城步入城市转型期，筑波新城建设为科创产业的重要集聚地。

3）空间布局与规划特色

筑波科学城空间布局与规划特色主要体现在功能互补的分区规划、城市中轴线设计、生态发展理念，以及快速轨道交通联系等方面（图 2-11）。具体来看：①功能分区方面，筑波科学城包括研究学院区与周边地区两大部分。研究学院区是筑波科学城的中心城区，主要配置国家级的研发、教育机构与配套的住宅、商业、金融、娱乐、餐饮、百货零售等设施。研究学院区以外的区域称为“周边地区”，采用据点开发方式促进区域均衡发展。研究学院区内部为以国家实验室为主的基础研究，兼顾生活形态。中部为服务和商业中心，北部为文教、科研区，南部为理工研究区。基本形成以研究教育区为核心功能，兼备都市区（服务配套区）与住宅区（配套居住区）的新城。②富有特色的中轴线设计，以步行者专用道路为骨架，由公园、广场及相关设施组成具有一定宽度的线状区域。中轴线全长 9 千米，串联了筑波代表性的大学、市中心、科研所，各功能被串联在一起，保持了空间的连续性。③遵循生态型科学城的规划理念，以建立人与自然协调发展的生态型城市为目标，森林、农田及公园绿地等生态用地占 65% 以上，形成多带式复合结构的绿色廊道。④交通基础设施完善，通过快速轨道交通线、高速公路、一般公路等建立与东京的联系，形成完善的区域交通网络，1 小时即可到达东京（郭磊，2015c）。

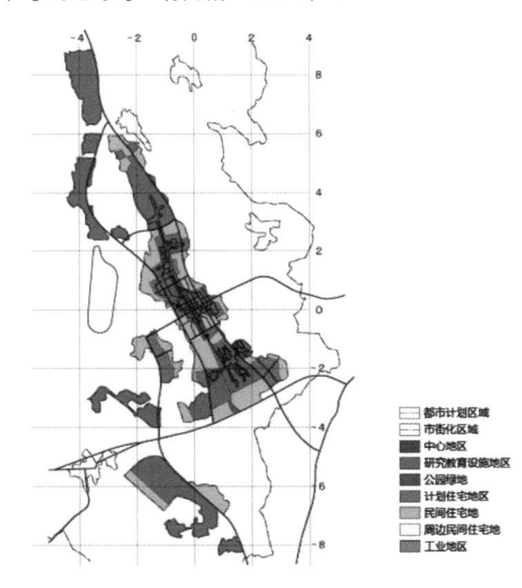

图 2-11 筑波科学城第四版总规划图

资料来源：http://www.citieschina.org/news/c_2591/gNALBI_1.html.

4）规划实施评价

未达到缓解东京人口压力目的，原计划 1990 年的人口规模目标直到 2015 年才实现，2019 年人口 23.97 万人；由于距离东京较近，且有高速列车联系，新城职住分离明显，并对东京人口外迁计划产生负面作用；松散的城市布局模式引发各类交通问题，对机动车高度依赖；政府主导和市场机制脱节，筑波的形成和发展完全靠政府指令，忽视了产业对人口的吸引作用，对市场主体和社会资本吸引不足。

5. 首尔新城

1）开发背景与目标

1980 年代韩国面临严重的住房短缺，韩国制定了大量政策和措施来控制首尔人口增长，但效果欠佳。为解决首尔城区人口外迁和居住问题，缓解住房供应不足和房价快速上涨矛盾，1989 年韩国颁布首尔的新城政策，在距离首尔 20～25 千米的范围内，规划了盆塘、一山、坪村、中洞、山本 5 座新城（图 2-12），规划总面积 50 平方千米，人口 115 万人（胡文娜，2016）。

2）空间布局与规划特色

首尔新城的空间布局与规划特色主要体现在生态化的发展理念、快速交通联系等。具体来看：①注重人性空间和生态空间构建，开放空间比例高，5 座新城中，一山和盆塘被规划为生态城市，如盆塘规划中最大限度地保持自然地形，尽量减少对地形的

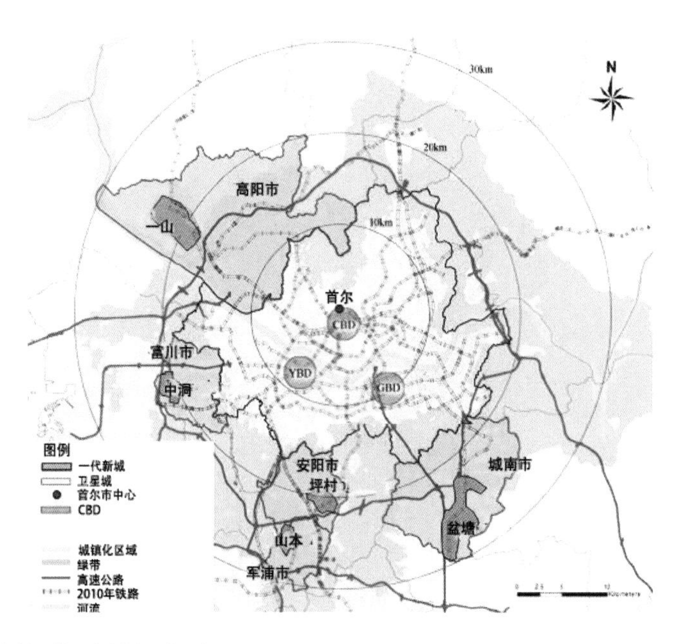

图 2-12 首尔第一批 5 座新城区位示意

资料来源：根据 Vongpraseuth 等（2020）改绘。

切割，以中心公园为核心构筑了层次丰富的新城轮廓线。②强化首尔与新城间的快速交通联系，在汉江上建设多座大桥及连接中心城和卫星城的地铁，重组的交通网络不仅保证 5 座新城的快速开发，而且使首尔的交通拥堵状况得到缓解（余庆康，1995；张玉鑫，2001）。

3）实施效果评价

控制首尔人口集聚方面成效显著，从 1990 年到 2000 年，首尔都市圈人口增加 300 万人，但首尔市人口却减少 40 万人，5 座新城容纳人口 126 万人，超出预期 10 万人。但由于新城规划以疏解首尔过于密集的人口为目标，用地上以居住功能为主，缺乏自主性综合功能和产业活力，职住不均衡加剧了首尔与新城之间的交通矛盾，并造成了极高的通勤成本。

2.3 世界城市新区发展的规律性认识

规律一：新区开发的历史阶段性，城市新区是国家经济高速增长、城镇化快速推进、母城功能疏解等多要素综合作用的产物，并随着城镇化进入成熟阶段，大规模的新区开发趋于终结。

城市新区是经济高速增长、大规模城市化的产物，因此它的兴衰与国家的经济发展和城镇化进程密切相关（李燕，2017）。根据城镇化阶段理论，城镇化一般分为初期阶段、加速阶段和后期阶段，其中加速阶段人口向城镇快速集聚；当城镇化率达到 80% 以后，城镇人口比重增长趋缓甚至停滞（许学强，周一星， 宁越敏，2009）。从新区开发时间点看，除韩国外其他 4 个国家大规模的新区开发都是在城镇化率 50% 后开始，已经迈入城市发展时代，新区开发同时面临母城功能疏解以及新增城镇人口居住两大问题，因此各国的第一代新区基本是以居住功能为主导（图 2-13）。当城镇化进入成熟阶段，城镇新增人口趋于停滞，新区与母城人口呈现出此消彼长关系，为抑制母城经济的衰退，政府主导的激进式新区开发走向终结，1980 年代后英国、美国、日本等国家先后取消政府主导的大规模新区开发，转而强化市场力量，将新区开发与母城复兴相结合。在 2021 年 3 月，伦敦政府最新发布的《大伦敦空间发展战略》白皮书中，也未再提及新区建设规划。而在韩国，受制于国土空间狭小以及政治方面的考量，新区开发逐渐演变为塑造区域多核心、国家平衡发展的政策工具。

规律二：新区成长动力的复合性，新区的空间区位、人口规模、与母城的交通联系、区域功能分工等因素综合影响新区的成长发育。

西方国家的新区开发先后经历了郊区化（Suburbanization）、逆城市化（Counter-Urbanization）、再城市化（Re-Urbanization）等历史过程，其新区发展动力深受城镇化、城市 - 区域等外部环境影响。就新区自身而言，通过国际案例城市比较，一般认为新区选址距离母城 20 ～ 60 千米（1 小时通勤圈），人口规模在 15 万～ 30 万人，与母城之

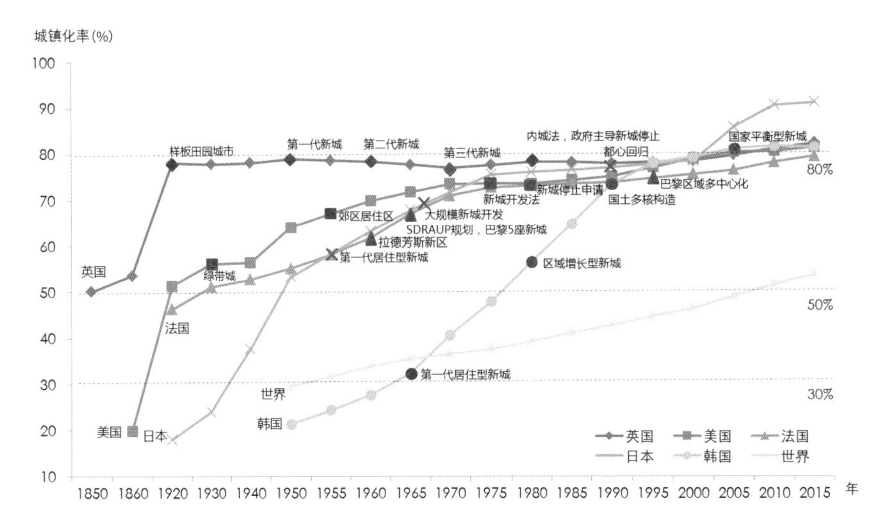

图 2-13 世界主要国家城镇化阶段与新区发展
资料来源：根据《2018 年版世界城镇化展望》等资料绘制。

间大容量的轨道交通联系，在城市—区域层面的专业化分工等是新区成功的关键要素。

但新区与母城之间是否有最佳距离，以及最佳规模，现有研究结论并未达成统一。一方面，由于新区建设时间短，居住功能的发育必定先于其他功能，就业不可避免地依赖母城，新区与母城的距离应控制在 30 千米、1 小时通勤范围内（李燕，2017）；另一方面，距离过近以及轨道交通的建设也会影响新区未来功能的独立性，使新区开发沦为卧城。实践中，米尔顿凯恩斯距离伦敦近 80 千米，马恩拉瓦莱距离巴黎不足 30 千米都成为了新区开发的典范。在新区规模方面，伦敦首批新城平均规模仅有 6 万多人，规模偏小制约了各类设施的配套以及公共交通的规划与实施。因此，后期规划人员都被鼓励提升规模以便实现新区的功能平衡（DCLG，2006），米尔顿凯恩斯、马恩拉瓦莱等新区规模都在 25 万人以上，以便能提供更为充足的工作机会和家庭收入（Kafkoula，2009）。但新区规模也并非越大越好，经济学家认为要使城市承担一定区域功能，其人口规模应在 10 万～ 20 万人之间（谢鹏飞，周兰兰，刘琰，等，2010）。

新区的空间区位、人口规模等对新区发展有着重要影响，但并非影响新区发育的核心要素，还需要综合考虑城镇化阶段、区域发展态势等外部环境条件，以及新区与母城交通联系、区域功能分工等多重因素，不能将新区发展动力和影响因素简单化。并且在新区开发周期的不同阶段，其成长动力也在不断演化更替，前期区位、交通、人口及住宅数量影响大，而后期各类服务配套影响更为显著（朱孟珏，周春山，2013）。

规律三：新区开发周期较长，从孕育、成长到成熟一般在 40 年以上，合理的开发时序、空间节奏是新区有序发展的前提。

基于生物进化论，在 20 世纪初英国学者盖迪斯就提出了城市生命周期思想和城市进化的概念（Geddes，2010）。新区作为城市发展的阶段性产物，基于功能发育的视角，可以将新区开发划分为功能孕育、功能成长、功能成熟、功能再开发 4 个阶段。

在新区开发周期上，四个典型新区从规划设计、功能培育到实现预期规模时长均在 40 年以上。具体而言，米尔顿凯恩斯从 1967 年的现状 4 万人达到规划的 25 万人用了 46 年；马恩拉瓦莱达到预期 30 万人用了 42 年；筑波科学城经历 49 年后才初步达到 22 万人的规划预期，距离规划后来调整的 35 万人口还有较大差距；哥伦比亚新城经历了近 50 年时间也尚未达到预期的 11 万人规模（表 2-6）。究其原因，伦敦、巴黎、东京等全球城市是世界经济的中心以及文化创意等高端服务业的主要集聚地，新区在区域范围内始终作为母城的辅助功能存在，反磁力中心只是一个美好的期望。2011 年，伦敦的 13 座新城占用超过大伦敦 25% 的土地面积，却只集聚了不到大伦敦 15% 的人口（李伟，伍毅敏，2018）。

由于新区开发的周期较长，在开发时序和空间节奏方面必须与人口规模增长速度相匹配。以马恩拉瓦莱为例，在其自西向东的四个规划分区中，巴黎之门始建于 1970 年代初期，莫比埃谷 1970 年代中期动工，比西谷建设始于 1985 年，欧洲谷直到 1987 年迪士尼主题乐园建设契机才得以落实（胡文娜，2015b），从第一分区到第四分区开建经历了近 20 年时间，空间上也基本遵循了由近及远、轴线开发的发展模式。

表 2-6　世界典型案例新区开发周期

城市名称	起始年份	规划规模（万人）	规模基本实现年份及规模	规划规模实现时长（年）	2016 年人口规模（万人）
米尔顿凯恩斯	1967 年	25	2013 年（25.57 万人）	46	26.45
马恩拉瓦莱	1969 年	30	2011 年（29.51 万人）	42	31.62
筑波科学城	1963 年	22（1998 年调为 35）	2012 年（21.7 万人）	49	23.97（2019 年）
马里兰州哥伦比亚新城	1967 年	11	尚未实现		10.35（2015 年）

资料来源：根据胡文娜（2015），http://en.volupedia.org/wiki/Columbia,_Maryland，http://en.volupedia.org/wiki/Tsukuba,_Ibaraki，http://en.volupedia.org/wiki/Milton_Keynes#/media/File:BofMiltonKeynesUA-popn.png 等资料整理。

规律四：新区开发运营主体协同性，需要政府与市场的有机结合，初始阶段依靠政府的强力推动，但新区开发成功与否最终取决于后续的市场力量。

新区开发从来都不仅仅是一个技术问题，也是政府强有力政策推动实施的结果，对于二战后的新区建设更是如此（Kafkoula，2009）。英国、法国、日本、韩国的新区开发都是在政府的强力推动下实施的，但并非所有政府主导的新城都取得了成功（表2-7）。在市场化程度最高的美国，1960 年代联邦政府主导的新城计划由于摊子过大、财政激励偏少等原因均以失败告终，而私人开发的弗吉尼亚州的雷斯顿、马里兰州的哥伦比亚都成为美国边缘城市建设的典范（赵星烁，杨滔，2017）。与此同时，政府主导的新区开发模式也存在诸多弊端，如日本筑波科学城投入产出比例失调，科研成果转化率极低，始终无法实现自身功能平衡。

可见，新区开发是政府与市场博弈的结果，并不存在固定的开发模式，政府在新区开发之初强力推动是必要的，但后期必须谋求政府和市场的有机结合。政府的工作重点应向新区规划政策监督修正、重要资源的空间管控、社会福利的均衡发展等方面转变。如 1980 年代首尔的新区开发与城市绿带政策几乎是同步实施的，但在实践中城市绿带的负面效应明显，2000 年后韩国政府逐步放开城市绿带管控，以满足新区对住宅开发的需求（Choi，等 , 2019）。而在欧洲各国，国家层面的直接投资也明显减少，转而更加注重发挥市场的作用，政府的投资重点用于满足社会福利需求，如通过提供购房“补贴”等方式，为居民提供部分可负担的住宅。

表 2-7 英国和法国新城开发中政府和市场角色

国家	各级政府角色	新城开发公司角色	新区开发财政负担
英国	城乡规划部部长代理中央政府行使国家权力，地方政府负责协调	兼具决策者和建设者的身份，负责制定规划、基础设施建设、购买土地等，私营开发商负责具体地块开发	中央政府负责新城开发公司的全部资金
法国	中央政府公共设施部、经济事务和财政部、内务部三个部门与新城建设相关；地方政府有权办理建设许可证、征收地方税	决策机构，不直接参加建设活动；主要职能一是提供或以低廉价格出售可用于建筑的土地，二是取代地方政府，作为公共设施建设的发包单位	中央政府负责大部分开发费用；新区土地税独立；实行“合资建设区”计划，鼓励私营开发商投资

资料来源：根据赵星烁等（2017）、张捷等（2017）整理。

2.4 对我国城市新区规划的启示

2.4.1 我国城市新区开发的特点

1. 新区开发周期的时空压缩性

我国的城市新区开发是在高度的时空压缩背景下逐步展开的，新区的开发规模、建设速度等都是国外新区不能比拟的（武廷海，杨保军，张城国，2011）。1978 年我国城镇化水平仅 17.92%，严重滞后于世界 38.55% 的平均水平；改革开放以来，尤其是 1990 年代后，我国经济保持了近两位数的经济增速，人均国内生产总值从 1990 年的 350 美元跨越式提升到 2018 年的 11297 美元。与经济爆发式增长相伴的是城镇化的超常规推进，城镇化率从 1995 年的 29.04% 上升到 2018 年的 59.58%，年均增长 1.33 个百分点，这意味着每年大约有 1800 万农村人口转移到城市，相当于每 3 ～ 4 年就会新增一个法国或英国的国家人口。在年均城镇人口增量如此庞大的背景下，我国新区的规划和建成规模远超国外新区，尤其是 2000 年以后的综合性新城和国家级新区开发，规划控制面积动辄上百平方千米，甚至上千平方千米，容纳的人口都在百万人以上（表 2-8）。在空间上，与国家经济地理和人口分布相吻合，城市新区主要集中在“胡焕庸线”东南区域，在土地资源高度约束环境下，我国新区开发呈现出高密度、高强度特点，这与国外低密度的田园城市发展模式也截然相反。

同时，由于我国大规模、剧烈的人口城乡流动，城市新区的孕育、成长周期明显缩短。以郑东新区为例，从 2001 年新区规划启动到 2011 年人口突破 50 万人仅用了 10 年时间，至 2016 年年底，郑东新区人口接近 140 万人，已经成为郑州市的对外窗口和名片（贾海发，邵磊，2019），这与国外新区动辄几十年集聚 20 万～ 30 万人口的开发周期形

表 2-8　我国部分新区的开发时间与建成规模

新区名称	等级	开发时间	用地规模（平方千米）	规划人口规模（万人）	现状常住人口（万人）	现状建成区规模（平方千米）
浦东新区	国家级	1992 年	1210（其中建设用地 805）	558	552.8（2017 年）	805（2017 年）
滨海新区	国家级	2006 年	2270		299（2019 年）	370.2（2018 年）
郑东新区	省市级	2001 年	260（规划控制面积 370）	150	137（2016 年）	130（2016 年）

资料来源：根据各地区国民经济社会发展统计公报、浦东新区国土空间总体规划（2017—2035）、天津滨海新区统计年鉴（2019）等资料整理。

成鲜明对比。当然，郑东新区的高速发展具有一定特殊性，其人口的集聚在很大程度上取决于河南近 1 亿人的总人口，以及郑州市在河南省的龙头地位，但也不可否认我国新区开发周期显著缩短的现实。

2. 新区成长动力的区域差异性

新区开发受到内外动力综合影响，其中内生动力包括土地、资本、劳动力等因素，外生动力包括环境力、政府力、市场力，外部动力通过驱动土地、资本、劳动力的优化配置共同推动新区的成长（图 2-14）。其中，环境力是新区发展的基础动力，区域资源禀赋、空间和经济区位、社会文化环境等是影响新区选址的首要因素（孟广文，王洪玲，杨爽，2015）；政府力包括国家和地方政府两个层面，我国新区不但具有特定的地理内涵，更有特定的制度设计与运行机制（武廷海，杨保军，张城国，2011），国家及地方两级政府通过土地政策、税收优惠、户籍制度，以及基础设施投资等直接推动新区发展，新区开发过程具有明显的制度特色；市场力主要包括土地市场、资本市场、劳动力市场等，其中银行及各类金融资本、开发商、跨国公司和大型国企等是新区开发的重要推手，一方面通过土地和资本市场的投入和开发获取增值收益，另一方面通过构建区域或全球生产网络引导劳动力资源集聚，推动新区产业发展。

我国地域辽阔，东西、南北区域在自然地理、经济发展水平、社会文化习俗等方面都存在明显不同，各地区的新区发展动力和限制因素也存在显著差异。如地处西北地区的兰州新区，在新区开发初期，国家、甘肃省政府通过政策倾斜为新区发展预留

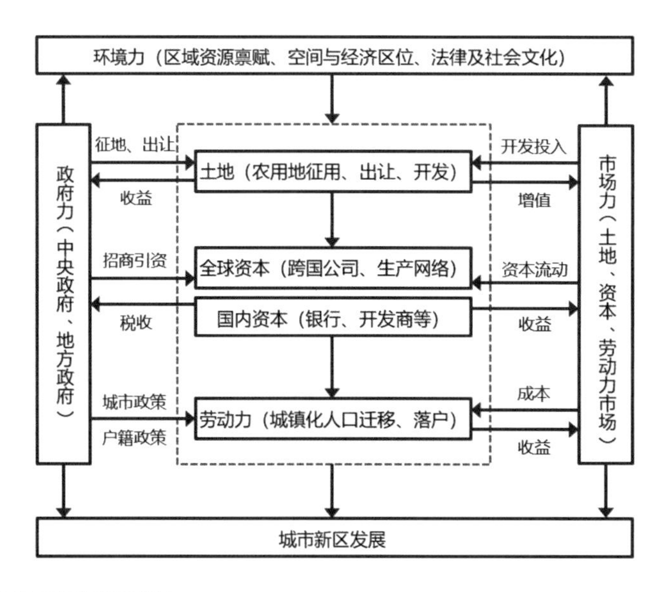

图 2-14 城市新区发展的驱动机制

了 121 平方千米的建设用地指标，政策驱动下 2014 年年底兰州新区建设用地已达到 61.9 平方千米，但 2015 年常住人口仅 16 万人（徐超平，李昊，马赤宇，2017），新区的空间区位、生态敏感性（水资源短缺）等环境力成为新区的发展的制约因素。而同在东部地区的城市新区，发展动力也存在明显的区域差异性，以功能相对成熟的上海浦东新区和天津滨海新区进行比较，采用全社会固定资产投资相当于 GDP 比例表征政府力，外贸出口总额相当于 GDP 比例表征市场力，发现浦东新区全社会固定资产投资比例始终维持在 25% 左右的较低水平，外贸出口比例在 80% 左右，以外贸为代表的市场驱动主导；而滨海新区全社会固定资产投资比例仍在 45% 以上，外贸出口比例呈现逐年下降趋势，仍以政府投资驱动为主，市场力仍处于辅助地位（图 2-15，图 2-16）。

3. 新区开发目标的经济驱动性

国外新区开发围绕特定历史时期的城市问题展开，如疏解城区人口、塑造理想人居环境，或平衡区域发展，构建反磁力中心。我国各阶段新区开发虽然也提出引导大

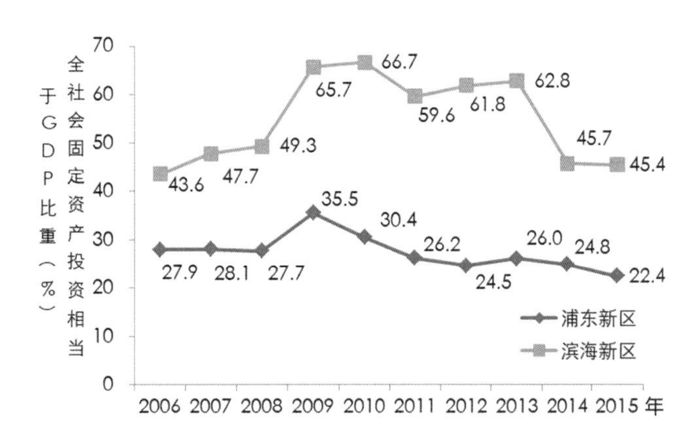

图 2-15 浦东新区与滨海新区经济增长政府驱动力对比

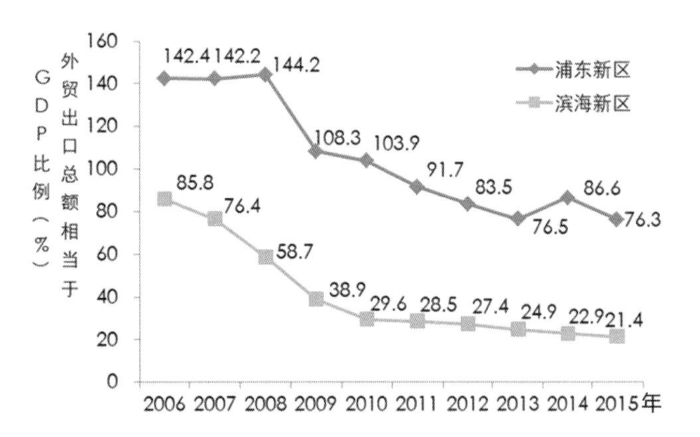

图 2-16 浦东新区与滨海新区经济增长市场驱动力对比

城市地区多中心空间结构形成，推动国土空间均衡发展，体制创新改革示范等多重目标，但各阶段均具有明显的经济驱动印记。一方面，各类型新区尤其是国家级新区设立时点与国家宏观经济发展及新区所处区域的经济增速密切相关，新区的设立大都处于国家或区域经济增速降低、面临发展转型时期（图 2-17），国家期望通过设立国家级新区、叠加政策促进区域经济发展（吴昊天，杨郑鑫，2015；谢广靖，石郁萌，2016），据晁恒等（2018）对我国 10 个国家级高新区与 122 个区县面板数据的实证分析，发现国家级新区设立能够显著促进所在区域的经济增长，对 GDP 增长和 FDI 增长的贡献度分别达到 13.5% 和 36.7%。另一方面，由于我国土地市场运行中的二元体制，各类新区普遍存在城市企业化的开发思维，政府通过对农村集体土地的“征用—出让”过程实现地方财政收入的增长，2018 年我国房地产开发企业土地购置费用高达 36387.01 亿元，而同期地方财政收入为 97903.38 亿元，土地购置费用占同期地方财政收入的 37.17%，新区土地的大规模开发成为地方政府增加财政收入的主要手段。

经济利益驱动下，新区的发展目标在生命周期各阶段都会受到不同程度的影响，功能孕育阶段对土地指标的需求导致人口和用地规模预测过大；功能成长阶段，为满足地方政府“以地生财”需求，新区的土地开发速度和开发规模会远超人口集聚能力和市场需求，部分地区甚至会出现“空城”“鬼城”现象。

4. 新区运行的政府全过程干预性

国外新区开发运行大致可以分为两种，以英国为代表的政府主导的新区开发模式和以美国为代表的市场主导的新区开发模式，前者强调政府在制度、财政、物力方面的驱动作用，后者更为强调市场规律、政府的有限干预和广泛的公众参与。我国的新区开发是在中国特色的体制转型中形成的，区别于西方的经济、政治特征，虽然同为政府主导但具有自身的独特性。

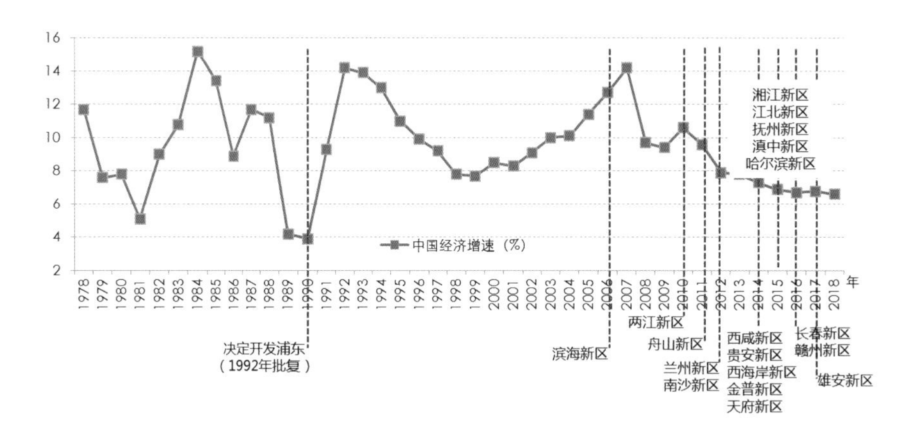

图 2-17　我国国家级新区设立与经济增速关系

一是中央政府和地方政府的高度协同性。无论是 1990 年代中央政府主导的浦东新区开发，还是 2010 年后地方申请、中央审批的多个国家级新区，我国的新区开发都是中央政府和地方政府协同生产的特殊政策空间（殷洁，罗小龙，肖菲，2018），中央政府给予土地、税收、行政审批等方面的政策优惠，地方政府通过“新区政府”模式、“管委会”模式、“嵌入式”管理等多种模式推进新区开发（王佃利，于棋，王庆歌，2016）。二是对新区发展阶段的全过程干预。中央和地方政府通过影响新区的空间选址、定位、规模、空间形态、开发时序等进行全过程干预。成长阶段，政府通过行政力量和政策引导区域内的国企总部、行政中心、优质教育医疗等资源搬迁，带动新区发展；成熟阶段，通过公共服务设施、开敞空间、轨道交通等设施的增加对原有功能区进行更新改造。中央与地方政府高度协同、全过程的新区干预模式有其体制优越性，能够在较短的时间内形成规模；但其副作用同样也非常明显，政府在前期的大量投入，短期内很难回收，大规模超标的新城开发会给地方政府造成沉重的债务负担。

2.4.2 对我国城市新区规划的启示与建议

1. 正确认识我国城市新区经济社会发展特征，合理建议新区开发时点

根据世界新区发展的一般规律，当城镇化率达到 80% 后新区开发基本趋于停滞。2019 年我国常住人口城镇化率为 60.6%，尚有近 20% 的成长空间。同时，考虑到我国城镇化中存在大量的半城镇化人口，未来各级城市及新区仍将承担近 20% 新城镇化人口增量及 2.36 亿流动人口（2019 年）市民化的重任。从当前城镇化速率及未来城镇人口增量看，我国城市新区仍会有 20 年左右的快速发展期。但这并不意味着未来 10 年内还会出现新区设立的高潮，一方面，2010 年后密集设立的 13 个国家级新区及大量的省市级新区仍处于起步期或成长期，根据其规划用地和人口规模，成熟后能吸收大量的城镇化人口；另一方面，从新区设立的空间格局看，19 个国家级新区中 8 个在东部、2 个在中部、6 个在西部、3 个在东北，在国土空间上已经基本实现均衡，国家级新区的设立速度会趋于放缓。

开发时点方面，新区开发的关键取决于母城是否达到了城市空间跨越式扩张的拐点。赵燕菁（2001）认为这个拐点大约出现在人口年均增长率 3%，对应的经济成长大约在 10%，并维持 25 年左右的持续增长的时候。李建伟等（2015）通过实证进一步指出，城市新区开发时机与城市空间扩张速率、人口—城市扩张弹性指数具有强相关性，当城市空间扩张速率和人口—城市扩张弹性指数处于增长状态时，就有必要通过设立城市新区来缓解压力。城市新区作为经济高速增长、大规模城镇化的产物，其形成发展与母城经济、人口和用地规模密切相关。在我国经济进入新常态、城镇化增速放缓、城镇开发边界严格管控背景下，未来新区的开发时点需要更为审慎科学。

2. 正确认识我国新区的区域空间差异，合理化新区选址与空间布局，优化开发动力

我国地缘辽阔，东西部在自然地理、经济发展水平、人口城镇化格局、社会文化习俗等方面都存在明显区域差异。自然地理方面，我国有三大阶梯，西部地区多山，且生态敏感，在空间布局上受自然条件制约较大；经济发展水平方面，2018 年东部地区 GDP 和货物进出口总额分别占到全国总量的 52.6% 和 81.5%，而西部地区 GDP 占比 20.1%，货物进出口总额仅为 8.1%，外向型经济极弱；人口城镇化格局方面，尽管中西部部分省会城市出现了人口加速增长特征，但人口流动在空间上仍高度集聚于长三角、珠三角、京津冀等地（王新贤，高向东，2019），在东北及长江经济带部分城市，甚至出现了人口“市区一市辖区”双收缩的现象（张学良，刘玉博，吕存超，2016）。

因此，需要正确认识我国区域空间差异，明确各新区开发的自然、经济、社会限制因素，合理化新区选址、空间布局方案，强化新区开发内外动力的结合。具体而言，东部经济发展水平较高且人口持续流入的地区，应合理判断新区开发时机，尽量依托现有产业园区或产业强镇发展。而对于西部内陆地形和生态限制严格、人口持续流出的地区，其新区建设的可行性、发展规模、环境承载能力等都必须经过严格论证。对于有条件建设新区的城市，由于母城经济辐射能力相对较弱，新区的选址应尽量在距离母城 30 千米以内，通过与母城的功能互动推动发展；产业规划时，应立足区域资源禀赋，重点发展特色经济及与本地产业关联性强的产业，避免引入本地资源条件无法支撑的产业。

3. 正确认识我国新区定位与开发周期，合理控制开发时序、引导空间紧凑布局

在我国特有的快速城镇化、经济高速增长背景下，中国城市新区的人口集聚能力明显快于国外新区，新区的孕育及成长时间显著缩短。与此同时，在经济利益驱动下，我国也出现了大量超前开发的新区，土地城镇化的速度超出人口和产业的集聚能力，大规模的中央商务区或者住宅区开发导致短期性的空城出现，少数内陆地区的城市新区甚至沦为“鬼城”，造成极大浪费。未来新区开发需要两个方面的转变，一是正确认识新区开发周期中近期和长远利益的关系，我国的新区开发尤其是国家级新区不仅关系到某一区域的经济发展，更关系到我国经济社会的战略部署和区域空间格局的重构（叶姮，李贵才，李莉，等，2015）；新区开发中，土地出让收益仅是解决新区早期成长阶段地方资金短缺的权宜之计，过度依赖土地财政无异于饮鸩止渴。二是在规划编制和实施中，需要强化对城市新区开发时序、空间节奏的引导。开发时序上，应针对新区建设中人口与用地、规模和绩效的动态匹配关系，合理调控土地供应，应对新区人口增长的不确定性，降低新区政府的财政负担；空间节奏上，应重点强化规划对新区空间结构性和紧凑度的控制，包括多中心城市空间体系、生态网络控制、

建设用地的空间紧凑性等，其中交通—空间发展协同是重点（张尚武，金忠民，等，2017），通过新区合理的结构性布局引导空间紧凑发展。

4. 正确认识地方政府在新区开发中的作用，优化新区治理模式，强化与市场协同

城市新区开发作为一个政策性产物，在新区孕育阶段，政府在土地、税收等方面的政策支持和基础设施的投入对撬动新区开发至关重要。但随着国家级新区的密集批复，早期新区的“优惠政策”逐渐变成“普惠政策”，其政策效应产生的边际收益递减；从企业看，新区的特殊政策优惠也并非企业选址的决定因素，而受地理区位、经济发展水平、产业集群、社会制度环境等多重因素影响（晁恒，满燕云，王砾，等，2018）。同时，政府主导的新区开发也导致土地价格扭曲、低效扩张、地方政府负债率增加等问题，特别是 2009 年以后大规模的新区开发推高了地方政府负债率（常晨，陆铭，2017），增加了政府债务风险。

在新区发展政策式微背景下，新区开发越来越依靠地方政府治理模式的创新以及区域要素市场整合能力的提升。一是在政府治理模式方面，必须建立与新区发展阶段相匹配的管理体制。新区的管制体制具有明显的阶段性差异（王佃利，于棋，王庆歌，2016），以浦东新区为例，自设立以来，新区层面先后经历了开发开放办公室、党工委、管委会、新区政府四个阶段，随着新区发展阶段和核心问题的变化，政府的管理体制处于持续优化完善之中。二是强化政府与市场的结合，建立多元参与的开发机制。地方政府工作重点应聚焦在基础设施建设，创新环境培育，营商环境塑造等方面，而非政府事务更应发挥市场、社会组织的积极作用，通过市场机制推动区域要素和资本在新区的集聚。

第 3 章

中国城市新区绿色发展规律与规划调控

3.1 城市新区绿色发展理论与评价方法

3.1.1 城市新区绿色发展理论

绿色发展理念起源于早期的绿色增长或绿色经济理念，是对传统的牺牲生态环境、增长至上的“黑色发展”模式的变革。自 20 世纪 80 年代之后，人们日益认识到城市发展不应该以牺牲自然生态环境为代价，因此提出了“可持续发展”“紧凑城市”“精明增长”“生态城市”“低碳城市”等城市发展概念，或强调对自然环境的保护，或强调对城市资源的集约利用（表 3-1）。2008 年，联合国环境规划署发布《全球绿色新政政策概要》，强调绿色发展的重要意义并提出实践方法，从政策和制度等方面探索绿色发展的路径。在此背景下，各国也纷纷将绿色发展理念应用于发展战略中，日本于 2007 年制定《21 世纪环境立国战略》（董立延，2012）；韩国于 2008 年推出《低碳绿色增长战略》，并在 2009 年制定《绿色增长基本法》（王冬，权赫凡，王荻，2013）。

表 3-1 关于绿色发展内涵的代表性观点

时间	学者 / 机构	名称	内涵
19 世纪末	霍华德	田园城市	田园城市是为健康、生活以及产业而设计的城市，既具有乡村田园式的自然环境又提供城市产业发展机遇，限制城市过度膨胀
1971 年	联合国教科文组织	生态城市	从生态学角度实现城市经济、社会与生态的良性循环，构建健康、高质量的人居环境
1987 年	世界环境与发展委员会	可持续发展	既要考虑当前发展的需要，又要考虑未来发展的需求，不能以牺牲后代人的利益为代价来满足当代人的利益的发展模式
1990 年	欧共体委员会	紧凑城市	主张以紧凑的城市形态来有效遏制城市蔓延，保护郊区开敞空间，减少能源消耗，并为人们创造多样化、充满活力的城市生活的规划理论，是“一种解决居住和环境问题的途径”
2000 年	美国规划协会	精明增长	用足城市存量空间，减少盲目扩张；加强对现有社区的重建，重新开发废弃、污染工业用地；城市建设相对集中，空间紧凑，混合用地功能，鼓励乘坐公共交通工具和步行，保护开放空间和创造舒适的环境
2007 年	世界自然基金会	低碳城市	城市在经济高速发展的前提下，保持能源消耗和 CO_2 排放处于较低水平；低碳城市是通过系统过程实现温室气体减排的社区

在绿色发展的潮流中，作为资源和人口大国的中国自然备受关注。《2002 年中国人类发展报告》全面分析了我国面临的环境挑战，提出绿色发展对我国的必要性。该报告认为我国应该直面环境挑战，选择绿色发展之路。《2010 中国可持续发展战略报告》以“绿色发展与创新”为主题，提出绿色发展与绿色创新是中国解决资源环境问题的必选途径，主要围绕环境和经济方面讨论绿色发展。面对人均资源紧缺和生态环境脆弱的严峻事实，绿色发展成为我国发展战略的选择，中国“十三五”规划中提出绿色发展是我国五大发展理念之一。《国家新型城镇化规划（2014—2020 年）》提出城市发展要重视生态文明，深入贯彻落实绿色发展理念。北京、广州和大连等城市明确提出要建设绿色城市，绿色理念被越来越多地用到实践探索中。

国内学者也对绿色发展理念、内涵及规划策略等进行了多方面的探索。在绿色发展内涵方面，张梦等（2016）对田园城市、紧凑城市、生态城市、低碳城市及绿色城市等城市可持续发展相关理念产生的时代背景、目标定位、内涵特征及建设实践进行了系统梳理，并概括了我国语境下绿色城市的内涵，即兼具繁荣的绿色经济和绿色的人居环境两大特征的城市发展形态和模式。李迅等（2018）结合中西方相关理论和实践梳理了绿色城市的理论和实践基础，认为绿色城市是在城市这个载体上实现经济建设、政治建设、文化建设、社会建设、生态文明建设“五位一体”的发展方式，推进人与自然、社会、经济和谐共存的可持续发展模式，实现“生产空间集约高效、生活空间宜居适度、生态空间山清水秀”的发展范式。同时，他对 17 个绿色城市领域的关键技术进行总结，形成建设“绿色城市”的“工具包”。刘志林等（2009）等对低碳城市的理念和国际发展经验进行了梳理，提出适应于中国国情的“低碳发展”不同于国外，发达国家的低碳城市建设是后工业化的低碳发展，而中国要探索的是一条工业化过程中的低碳发展模式，尤其强调不能以牺牲经济发展为代价，因此我国实现低碳发展需要从产业结构、空间形态、消费模式和日常运行等方面抓住机遇，积极应对全球气候变化。

在规划策略应对方面，潘海啸等（2008）提出了中国低碳城市的空间规划策略，从区域规划、城市总体规划两个层面分别总结为结合有轨道或区域公共交通导向的走廊式发展模式、以绿楔间隔的公共交通走廊型的城市空间扩张方式，实现有控制的紧凑型疏解，主要强调城镇体系的规划与区域性公共交通系统的结合，公共设施与公共交通枢纽的结合以及地块开发强度和公共交通可达性的匹配等。顾大治等（2010）总结建设“低碳城市”中降低碳来源、消减碳排放、加强碳捕捉的规划策略为：建设综合密集型城市和城市单元、构建公交导向的绿色交通体系以及建立生态单元与楔形绿地系统。

3.1.2 国内城市新区研究与实践

新区建设是城市空间扩张的一种形式，城市新区建设通常以疏导城市人口、转移升级产业、促进经济增长和有效解决城市建设与管理问题为目的。在我国，城市新区在城市空间增长的过程中扮演着重要的角色。随着时间发展，我国城市新区的实践有明显的演变过程，新区在城市或区域中的地位越来越突显，城市新区功能的综合性变得越来越重要（朱孟珏，周春山，2012；杨东峰，刘正莹，2017）。通过对新区发展历程的回顾，发现我国城市新区实践和研究的发展历程大致可分为四个阶段：1980 年代，围绕经济技术开发区的沿海试点实践与学界探索阶段；1990 年代，沿海地区为主的实践热潮与学界中新区建设模式的讨论；2000 年代，全国范围多类型新区建设实践和学界中多样化探索；2010 年代，国家级新区为代表的综合性新区实践和新区转型探索。

1. 1980 年代：围绕经济技术开发区的沿海试点实践与学界探索

1984 年，国家在沿海开放城市设立 14 个国家级经济技术开发区，开启了开发区建设探索。开发区可以说是城市新区的前身，以生产性功能为主，是我国吸引投资，促进经济增长的先行区。之后，在国家或地方层面上又相继出现了多类型的开发区，包括保税区、边贸合作区和出口加工区等。这一阶段中的开发区在空间上主要位于东部沿海地区，属于我国改革开放的重要是试验基地。

经济技术开发区的建设是新区探索的初步阶段，本阶段的新区研究以针对开发区为主，如针对单个经济技术开发区发展中的优势和问题提出产业发展和布局的对策（许自策，蔡人群，罗明刚，等，1988）。更多的研究基于已有多个开发区的发展情况总结开发区的选址模式（周干峙，1985）、规划布局和功能结构（谈维颖，1986；陈汉欣，1989）。该阶段的经济技术开发区侧重经济产业发展，学术界也往往从经济发展优先的角度进行研究，提出开发区应布局在经济发展潜力大的城市，且应遵循适当小规模、紧密联系老城和产业功能优先布局等规划原则（张洁妍，2016）。

2. 1990 年代：沿海地区为主的实践热潮与新区建设模式的讨论

经历了前面的试点阶段，以东部沿海地区为主，出现开发区建设的热潮。经济技术开发区遍地开花，数量快速增长。同时，我国进入城镇化发展的加速期，一些大城市面临人口和空间增长的压力，开始建设新区以寻求重构的城市功能与结构。以 1992 年浦东新区设立为代表，我国沿海地区进入到各类新区建设的探索阶段，出现了产业新城、行政新城、空港新城和海港新区等。总体上来说，这一阶段里以生产性功能的开发区建设为主，也开启探索多类型的新区建设，但较少出现综合服务功能的新区（朱孟珏，周春山，2012）。

该阶段的新区研究重点关注国外新区发展经验，以及通过国内新区发展的现状研究总结如何通过新区疏导大城市功能，调整城市结构和促进城市的发展。较多学者从国外新区发展的经验总结新区产业发展和功能布局的模式，总结出新区建设应该注重新区功能独立以及和母城形成紧密联系（林华，龙宁，1998），并应注重环境保护和风貌引导（沈国新，1997）。在此阶段中，浦东新区的发展状况引起瞩目，专门以浦东新区为案例的研究也较为丰富，通过总结经验提出空间布局提升和功能开发优化（吴良镛，1992；丁健，何向东，1996）等方面的建议。

3. 2000 年代：全国范围多类型新区建设实践和学界多样化探索

进入 21 世纪后，全国性的新区建设热潮出现，中央和地方政府大量设立。国家陆续提出西部大开发、东北振兴、中部崛起等区域协调战略。在此背景下，我国在内陆地区大量设立开发区，形成全面开放的发展格局。同时，在经济快速发展的大背景下，地方政府有强烈的发展诉求，大量设立城市新区。

在这一阶段中，城市新区的相关研究非常多样。学者们探索城市新区的发展战略，提出大城市周边新区应注重自身功能独立，建立便捷交通，发展适宜规模和形成高质量生活空间（张尚武，王雅娟，2000）。另外，学者们也着重关注新区的开发模式（王青，2008）、新区与母城的互动关系（沈正平，等，2009；李燕，2009）、新区的空间结构演变模式等（邢海峰，柴彦威，2003；张静，2007）。

4. 2010 年代：国家级新区为代表的综合性新区实践和新区转型探索

设立国家级新区是我国改革开放到一定阶段的重大举措。国家级新区是由国务院批准设立的以相关行政区、特殊功能区为基础，承担着国家重大发展和改革开放战略任务的，大尺度、综合型城市功能区。1992 年国家批复了第一个国家级新区浦东新区，到 2005 年国家设立了滨海新区。2010 年后，国家级新区备受重视，获得稳步发展。2010—2013 年是战略发展期，这时期的代表性国家级新区包括两江新区、舟山群岛新区、南沙新区和兰州新区，国家级新区依托我国各大城市群，担负作为增长极带动区域发展的使命。2014 年以来是全面布局期，国家级新区密集获得批复，全面推动开放和区域协调发展（陈东，孔维锋，2016；刘继华，荀春兵，2017）。截至 2019 年，国家已经批复了 19 个国家级新区，仍有较多的城市新区正在申报或计划申报国家级新区。

众多学者从区域的角度探索国家级新区设立的逻辑，他们认为国家级新区的设立彰显了我国促进区域经济发展的意图（吴昊天，杨郑鑫，2015；彭建，魏海，李贵才，等，2015；谢广靖，石郁萌，2016）。国家级新区有着经济增长极的使命，与我国区域发展战略的转变密切相关，关系着区域空间的重构（晁恒，等，2015）。在全国尺度上，初期国家级新区在东部沿海地区集中，逐步向中西部扩散，成为区域多级增长的重要抓手（薄文广，殷广卫，2017）。在城市尺度上看，国家级新区的母城主要选取直辖市、省会城市或其他发展基础较好的城市（殷洁，罗小龙，肖菲，2018）。

在国家级新区设立的同时，我国城市新区建设出现了向综合型新区转变的潮流，综合功能和产城融合成为城市新区的发展目标。新建设的新区需要营造综合的新功能和适宜的新环境，才能更好地吸引产业和人口。功能较单一的已有新区因不能满足全面发展的需求和新区居民的诉求，也纷纷向综合功能转型。在区域层面，这一阶段新区布局的范围更广泛，但总体上还是在东部更为密集。同时，新区的布局也呈现出与城市群布局关联的特征，在城市群密集的地带出现“新区组群”（朱孟珏，周春山，2012）。同时，城市新区转型的问题受到广泛关注。在我国的资源和环境约束以及新区建设中多重问题出现的背景下，新区发展的新理念和新模式逐渐被讨论和探索。王振坡等（2014）认为城市新区应利用精明增长的理念优化空间结构，倡导紧凑的空间布局、公交优先的交通系统和混合功能的土地利用等。方创琳等（2016）认为低碳生态新区应成为城市新区建设的重要主导方向。龙瀛（2017）通过多源数据对北京市新区进行空间品质评价，通过与老城区对比提出城市新区应注重空间品质的提升。实际上，在进入 21 世纪以来，我国较多城市新区提出了建设低碳生态新区的目标，但在实践层面仍处于起步探索阶段。

3.1.3 城市新区绿色发展评价方法

1. 国外绿色发展相关评价体系

1992 年，世界与环境发展大会提出制定可持续发展的指标体系应作为可持续发展研究的主要内容之一。之后，联合国、世界银行、其他机构组织和国家政府纷纷基于可持续发展、生态城市和绿色发展等理念构建评价体系。1995 年，联合国可持续发展委员会（UNCSD）构建了可持续发展目标体系。到 2001 年，该体系得到了重新设计，包括 15 个主题和 58 项指标的评价体系。联合国的可持续发展指标体系为评价国家的整体发展情况而设，具有覆盖面广、综合性强的特点。2006 年，耶鲁大学在原有的环境可持续性指数（ESI）的基础上发布了环境绩效指数（Environmental Performance Index，EPI），该指数主要从生态保护的角度来评价各国家的表现。2009 年开始，经济学人智库（EIU）与西门子合作开发绿色城市指数评价方法并对全球 120 个以上的城市进行评价，设立绿色城市指数的目标是通过评价让城市进行相互学习。绿色城市指数在地域适应性上作出新探索，依据总体评价框架针对不同的洲作为微调，例如亚洲绿色城市指数（Asian Green City Index）在总体框架的基础上增加了环境治理的指标。总体来看，以上评价体系的评价对象均为国家，耶鲁大学发布的可持续性指数主要关注生态环境的表现，经济学人智库与西门子合作开发绿色城市指数评价方法的关注领域拓展到城市空间发展的各方面，而联合国发布的可持续发展目标体系的关注范围则扩展到人类发展的各方面。

除了国际组织，部分国家也开启了绿色发展相关的评价体系探索。这些指标由各国的政府机构制定，具有明确的引导性和考核作用。针对城市建成环境的评价体系中，最为典型和应用广泛的评价体系有英国的 BREEAM-Communities 评价体系、美国 LEED-ND 评价体系和德国的 DGNB-NSQ 体系（Hamedani，Huber，2012）。针对建筑环境，英国在 1990 年最早提出了世界第一部绿色建筑评价体系。在此基础上，英国在 2009 年形成针对街区的 BREEAM-Communities 评价体系。BREEAM-Communities 是综合关注环境、社会和生态的评价体系，既关注环境方面的生态和气候，又关注空间方面的社区设计和建筑，还关注经济方面的商业发展。美国绿色建筑委员会于 1995 年推出 LEED 绿色建筑评价体系。之后，美国绿色建筑委员会、新城市主义协会和自然资源保护协会联合在 2007 年推出 LEED-ND 社区规划与发展评价体系。作为 LEED 系列评价体系之一，LEED-ND 社区规划与发展评价体系更加强调区域性的影响。该体系针对美国城市蔓延带来的用地低效、能源过度消耗、生态环境破坏和社会隔离凸显等问题而开发，在评价体系中应用精明增长和新城市主义的理念，以紧凑布局、公交导向、混合功能和步行友好等作为绿色社区发展的原则。德国 DGNB-NSQ 街区评价体系同样来源于绿色建筑评价体系。德国于 2006 年推出 DGNB 绿色建筑评价体系。2011 年，德国绿色建筑协会和德国交通、建设和城市规划部（BMVBS）推出 DGNB-NSQ 新建城市街区评价体系，对新建的城市区域进行评价。相对于原来的绿色建筑评价体系，DGNB-NSQ 评价体系在评价内容和范围上都得到了拓展，关注经济质量、土地使用、设施配套、交通系统和建成环境设计质量等，具有综合性和城市性的特征。总体来讲，BREEAM-Communities 更关注生态环境质量和建筑的特征，DGNB-NSQ 更关注街区可持续发展的凝聚力，LEED-ND 则更关注城市空间的发展质量。三套评价体系各有侧重，但均实现了从关注建筑空间到城市街区空间的拓展过程，说明城市街区层面的空间评价日趋受到重视。

2. 我国城市新区绿色评价实践

进入 21 世纪以来，我国也开始了绿色发展相关的评价指标探索。2003 年，国家环境保护总局发布《生态县、生态市、生态省建设指标（试行）》，从环境、经济和社会三个方面设定指标。2016 年，住房和城乡建设部对原有的标准进行修订，形成《国家园林城市系列标准》，对园林城市、生态园林城市、园林县城和园林城镇提出明确的指标要求。同年 12 月，国家发展改革委、国家统计局、环境保护部和中央组织部也联合制定发布《绿色发展指标体系》和《生态文明建设考核目标体系》。2017 年，国家标准《绿色城市评价指标》实施。这些带有考核性质的指标体系在一定程度上提升了我国城市管理者对城市生态的重视程度，推动了我国城市走向绿色发展的道路。

实践方面，2010 年，深圳市与住房和城乡建设部签订协议，建设全国第一个“生态示范市”。制定相应的评价指标体系是深圳建设“生态示范市”的首项工作，深圳市以评价体系作为引导方向、实现目标的重要抓手（陈晓晶，孙婷，赵迎雪，

2013）。深圳低碳生态城市指标有两大重要特点，一是加入地方特色指标，如应对亚热带夏天高温天气的林荫路达标率指标；二是在常规系统之外加入创新示范子系统，响应新技术的应用。天津中新生态城和唐山湾生态城根据各自的建设目标，分别制定了自身的评价体系。天津中新生态城着重关注环境、经济和社会等方面的综合发展，并增加区域协调融合的引导性指标。相比而言，唐山湾生态城的指标体系则更关注城市建成环境和生态保护方面的内容（表 3-2）。

可以看出，面向具体新区（或城市）实践而提出的评价体系依据新区的实际情况和发展目标而定，具有很强的针对性。同时，这些评价体系也有一些共同点，例如关注生态环境、经济效率和交通运输等。

3.2 中国城市新区绿色发展质量评价与规律总结

3.2.1 城市新区绿色发展评价框架

1. 研究案例选取

我国多数城市新区是城市达到一定规模后培育形成的，行政等级越高的城市，其新区的地位往往越显著。因此，研究考虑城市等级和城市规模两方面，在全国范围内选取直辖市、副省级城市、省会城市，或满足特大城市规模的城市，共选定 40 个城市（图 3-1），再从这些城市中选取规划面积在 10 平方千米以上，具有明确规划引导和明确功能定位的 78 个新区作为研究案例（表 3-3），其中包括 18 个国家级新区（由于雄安新区设立的时间较短，在此研究中不选为新区案例）。

表 3-2 国内新区（或城市）相关实践的评价体系

城市	评价对象	评价体系	指标维度	制定单位
深圳市	深圳市	深圳低碳生态城市指标	经济转型（8），环境优化（15），城市宜居（20），社会和谐（11），示范创新（5）	深圳规划和国土资源委员会
天津市	天津中新生态城	天津中新生态城指标体系	控制性指标：生态环境健康（9），社会和谐进步（9），经济蓬勃高效（4）；引导性指标：区域协调融合（4）	中新天津生态城管委会
唐山市	唐山湾生态城	唐山湾生态城指标体系	城市功能（25），建筑与建筑业（23），交通与运输（15），能源（11），废物（13），水（33），景观与公共空间（12）	唐家湾生态城管委会

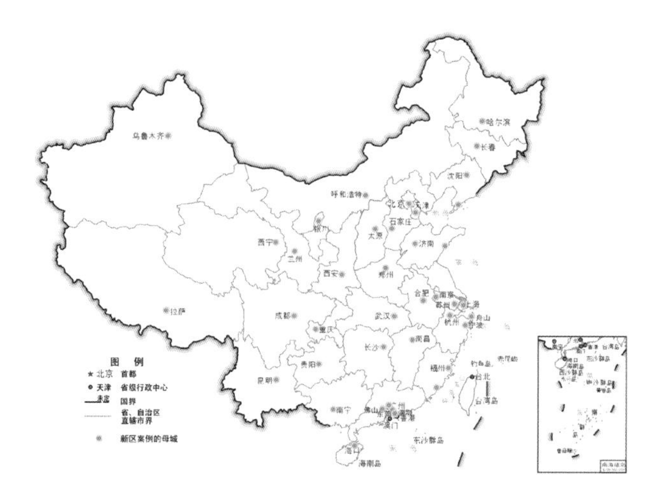

图 3-1 选定的 40 个母城空间分布图

注：此图基于中华人民共和国自然资源部标准地图服务系统的标准地图 [审图号：GS（2019）1823 号] 绘制。

表 3-3 选定的 78 个新区基本信息

序号	新区名称	设立时间	是否国家级新区	新区面积（平方千米）	母城名称	母城城市等级	母城城市规模
1	北京昌平新城	2005 年	否	142.0	北京	首都 + 直辖市	超大城市
2	北京大兴新城	2005 年	否	161.6	北京	首都 + 直辖市	超大城市
3	北京怀柔新城	2005 年	否	161.5	北京	首都 + 直辖市	超大城市
4	北京顺义新城	2005 年	否	363.5	北京	首都 + 直辖市	超大城市
5	北京通州新城	2005 年	否	155.0	北京	首都 + 直辖市	超大城市
6	北京延庆新城	2005 年	否	68.2	北京	首都 + 直辖市	超大城市
7	北京亦庄新城	2005 年	否	215.3	北京	首都 + 直辖市	超大城市
8	成都滨江新区	2014 年	否	14.0	成都	省会 + 副省级	特大城市
9	大连金普新区	2014 年	是	2299.0	大连	副省级	大城市
10	东莞松山湖新区	2001 年	否	59.0	东莞		大城市
11	佛山三山新城	2015 年	否	23.0	佛山		大城市
12	佛山三水新城	2009 年	否	148.0	佛山		大城市
13	佛山西江新城	2010 年	否	20.0	佛山		大城市

续表

序号	新区名称	设立时间	是否国家级新区	新区面积（平方千米）	母城名称	母城城市等级	母城城市规模
14	佛山新城	2012 年	否	113.9	佛山		大城市
15	福州金山新区	2003 年	否	39.6	福州	省会	大城市
16	福州新区	2015 年	是	800.0	福州	省会	大城市
17	赣江新区	2016 年	是	465.0	南昌	省会	大城市
18	广州南沙新区	2012 年	是	803.0	广州	省会 + 副省级	超大城市
19	广州中新知识城	2012 年	否	123.0	广州	省会 + 副省级	超大城市
20	贵安新区	2014 年	是	1795.0	贵阳	省会	大城市
21	贵阳观山湖区	2012 年	否	307.0	贵阳	省会	大城市
22	哈尔滨新区	2015 年	是	493.0	哈尔滨	省会 + 副省级	大城市
23	海口江东新区	2018 年	否	298.0	海口	省会	大城市
24	杭州滨江新区	1990 年	否	72.2	杭州	省会 + 副省级	特大城市
25	杭州临平新城	2012 年	否	25.1	杭州	省会 + 副省级	特大城市
26	杭州钱江新城	2001 年	否	21.0	杭州	省会 + 副省级	特大城市
27	合肥北城新区	2007 年	否	70.0	合肥	省会	大城市
28	合肥滨湖新区	2006 年	否	196.0	合肥	省会	大城市
29	呼和浩特和林格尔新区	2016 年	否	496.0	呼和浩特	自治区首府	大城市
30	济南新区	2016 年	否	800.0	济南	省会 + 副省级	大城市
31	昆明呈贡新区	2008 年	否	122.9	昆明	省会	大城市
32	昆明滇中新区	2015 年	是	2559.0	昆明	省会	大城市
33	拉萨柳梧新区	2004 年	否	24.0	拉萨	自治区首府	中等城市
34	兰州新区	2012 年	是	1744.0	兰州	省会	大城市
35	南昌红谷滩新区	2000 年	否	175.0	南昌	省会	大城市
36	南京河西新城	2000 年	否	94.0	南京	省会 + 副省级	特大城市

续表

序号	新区名称	设立时间	是否国家级新区	新区面积（平方千米）	母城名称	母城城市等级	母城城市规模
37	南京江北新区	2015 年	是	2451.0	南京	省会 + 副省级	特大城市
38	南宁五象新区	2006 年	否	175.0	南宁	自治区首府	大城市
39	宁波东部新城	2005 年	否	15.9	宁波	副省级	大城市
40	宁波姚江新区	2010 年	否	34.5	宁波	副省级	大城市
41	青岛西海岸新区	2014 年	是	2096.0	青岛	副省级	特大城市
42	厦门集美新城	2009 年	否	56.0	厦门	副省级	大城市
43	上海奉贤新城	2001 年	否	84.0	上海	直辖市	超大城市
44	上海嘉定新城	2001 年	否	121.8	上海	直辖市	超大城市
45	上海浦东新区	1992 年	是	1210.4	上海	直辖市	超大城市
46	上海青浦新城	2001 年	否	92.8	上海	直辖市	超大城市
47	上海松江新城	2001 年	否	158.4	上海	直辖市	超大城市
48	深圳大鹏新区	2011 年	否	295.0	深圳	副省级	超大城市
49	深圳光明新区	2007 年	否	156.1	深圳	副省级	超大城市
50	深圳龙华区	2011 年	否	175.6	深圳	副省级	超大城市
51	深圳坪山区	2009 年	否	168.0	深圳	副省级	超大城市
52	沈阳浑南新区	2014 年	否	803.6	沈阳	省会 + 副省级	特大城市
53	沈阳沈北新区	2006 年	否	818.0	沈阳	省会 + 副省级	特大城市
54	沈阳铁西新区	2002 年	否	212.0	沈阳	省会 + 副省级	特大城市
55	石家庄正定新区	2009 年	否	135.0	石家庄	省会	大城市
56	苏州高新区	1990 年	否	223.0	苏州		大城市
57	太原汾东新区	2008 年	否	80.0	太原	省会	大城市
58	天府新区	2014 年	是	1578.0	成都	省会 + 副省级	特大城市
59	天津滨海新区	2006 年	是	2270.0	天津	直辖市	特大城市

续表

序号	新区名称	设立时间	是否国家级新区	新区面积（平方千米）	母城名称	母城城市等级	母城城市规模
60	天津津南新城	2005 年	否	75.4	天津	直辖市	特大城市
61	天津武清新城	2005 年	否	87.0	天津	直辖市	特大城市
62	天津西青新城	2006 年	否	134.0	天津	直辖市	特大城市
63	乌鲁木齐高铁新区	2013 年	否	37.2	乌鲁木齐	自治区首府	大城市
64	武汉汉南区	2014 年	否	368.0	武汉	省会 + 副省级	特大城市
65	武汉光谷新区	1988 年	否	578.0	武汉	省会 + 副省级	特大城市
66	武汉汉口北新区	2011 年	否	560.0	武汉	省会 + 副省级	特大城市
67	西宁城南新区	2001 年	否	30.0	西宁	省会	大城市
68	西宁海湖新区	2006 年	否	10.8	西宁	省会	大城市
69	西咸新区	2014 年	是	882.0	西安	省会 + 副省级	特大城市
70	银川滨河新区	2012 年	否	275.0	银川	自治区首府	大城市
71	长春南部新城	2008 年	否	33.0	长春	省会 + 副省级	大城市
72	长春新区	2016 年	是	499.0	长春	省会 + 副省级	大城市
73	长沙湘江新区	2015 年	是	1200.0	长沙	省会	大城市
74	郑汴新区	2008 年	否	1840.0	郑州	省会	特大城市
75	重庆茶园新区	2000 年	否	120.0	重庆	直辖市	特大城市
76	重庆涪陵新区	2003 年	否	60.0	重庆	直辖市	特大城市
77	重庆两江新区	2010 年	是	1200.0	重庆	直辖市	特大城市
78	舟山群岛新区	2011 年	是	1440.0	舟山		大城市

2. 绿色发展的空间目标

城市新区要实现绿色发展需要通过城市空间规划设计、节能技术应用和产业升级转型等手段。对于很多城市来说，绿色发展实践中往往较多关注资源循环利用和绿色建筑技术，在城市的空间层面通常只关注生态环境保护，忽略了土地利用和交通模式等空间结构要素（Faramarzi，2011）。城市空间作为居住、工作、教育及社会活动的场所，绿色发展所包含的环境，经济和社会的内容通常在城市空间中界定和发展，空间的发展是实现绿色发展的重要方面（Hamedani，Huber，2011）。

优化城市整体空间质量是实现绿色发展水平的重要手段，也是城市规划领域探索的基本方面（刘志林，秦波，2013）。高质量的城市空间有利于节约资源和减少碳排放，从而促进绿色发展（李海龙，2014；张源，张建荣，2015）。因此，本节着眼于城市新区的空间领域，探索城市新区绿色发展的具体空间目标。

在相关研究中，Beatley（2000）通过对欧洲的实践经验进行总结，提出实现城市空间绿色发展应落实到紧凑的土地利用、优质的社区设施、便捷的交通系统和绿色的生态环境。Wheeler（2013）也提出紧凑而高效的土地利用方式、便利的交通、良好的生态系统和优质的生活环境等是构建可持续而宜居城市的关键。国内学者通过大量的实践总结认为优质的生态环境有助于实现固碳、净化空气和美化环境等；紧凑的空间布局有利于集约利用资源，减少出行及生态破坏（李琳，2008；颜文涛，王正，韩贵锋，等，2011；方创琳，祁巍锋，2007；王振坡，游斌，王丽艳，2014）；土地高效混合利用则可促进经济良好运行、减少出行行为和提高生活便利度等（Chang，Chiu，2013）；优化交通系统可鼓励绿色出行，减少碳排放等（陈琳，石崧，王玲慧，2011；顾震弘，孙锲，罗纳德，2014；张源，张建荣，2015）；完善的基础设施有助于减少新区对母城的依赖，发展完备的功能和创造高质量的人居环境（刘志林，秦波，2013；潘鑫，2020）。从众多的研究和实践中发现，生态环境、空间布局、土地利用、交通模式和基础设施是影响城市新区绿色发展的主要空间系统，其发展目标可概括为生态友好、布局紧凑、用地高效、交通便捷和设施完善。

其中，生态友好是城市新区空间绿色发展的内在要求和立足点，必须尊重自然环境，保护生态格局，形成优质的生态空间和优良环境。布局紧凑是形成优质新区空间结构的前提，布局紧凑一方面是用地紧凑式开发，避免土地浪费；另一方面，能够提升公共服务中心的覆盖城区。用地高效是新区实现经济和社会发展、守住生态红线的必然要求。用地高效意味着追求建设用地在经济上和社会上收益最大化，进而达到资源保护目的。交通便捷一是城市新区通过建立完善的内外交通网络，实现快速的内外联系；二是形成便捷的公共交通服务和步行与骑行的环境，方便绿色出行方式的普及。设施完善是新区实现美好人居条件的必要条件，公共设施作为新区服务的物质载体，为人的需求和活动提供保障。新区拥有完善的文化、教育、体育和卫生等公共服务设施，才能有较强的人口吸引力，真正形成有活力的、综合性的新区。

3. 空间数据准备

研究采用多源的开放数据进行新区案例的空间质量评价，相关数据应遵循案例覆盖性、准确性和时效性的原则。

（1）案例覆盖性：由于所选的评价案例为全国 40 个城市中 78 个新区，采用的数据应至少能覆盖所选的 40 个城市。

（2）准确性：评价采用的数据应具有准确性，能够科学而有效地反映新区的客观情况。

（3）时效性：评价采用的数据应具有一定的时效性，并且尽可能选取同一时间段的数据。综合考虑本研究所需各类数据中可获取数据的对应年份，优先选择 2015 年的数据，如 2015 年数据无法获取，则选择 2016 年或 2014 年数据。

集合多种途径获取数据并整理，为采用研究的评价体系对 78 个新区进行评价做数据准备。数据包括 40 个城市的 POI 数据、全国路网数据、NPP-VIIRS 夜间灯光数据、GROMGLC2015V1 地表覆盖数据、中国 GDP 空间分布公里网格数据集等八种类型的空间数据。

POI 是“Point of Interest”的缩写，POI 数据是由电子地图供应方采集、整理并展示的兴趣点集合。研究所用的覆盖 40 个母城的 POI 数据来源于高德地图，为 2016 年采集的数据。POI 数据将在计算企业密度、文化设施密度和教育设施密度等指标时得到应用。全国路网数据为开放地图平台 Open Street Map 的 2016 年数据，Open Street Map 为具备开放协作性的电子地图平台，该数据将应用于路网密度指标的计算。NPP-VIIRS 夜间灯光数据为 NOAA 美国国家海洋和大气管理局公开的数据，该数据是由该管理局对卫星上特定传感器探测到的夜间居民地和车流的灯光信息处理而来。NPP-VIIRS 夜间灯光数据从 2012 年 4 月开始至今每月均有数据，具有 500 米 ×500 米的数据精度。NPP-VIIRS 夜间灯光数据将应用于夜间灯光强度指标的计算。GROMGLC2015V1 地表覆盖数据是由清华大学地球系系统科学系宫鹏教授研究组公开的数据，由该课题组对卫星遥感影像识别处理而得，数据对应的时间为 2015 年，数据精度为 30 米 ×30 米，其将应用于建成区绿化覆盖率的计算。中国 GDP 空间分布公里网格数据集为中国科学院地理科学与资源研究所公开的 2015 年数据，由中国科学院地理科学与资源研究所将行政区为基本统计单元的 GDP 数据转换到栅格单元，该数据将应用于计算地均 GDP 指标。全国空气质量检测数据来源于世界空气质量指数项目（The World Air Quanlity Index）的 2015 年数据。该项目是 2007 年开始由多学科背景团队发起的非营利项目，其在世界范围内为志愿者提供 GAIA 空气质量监测站，由监测站实时返回其安装地点的空气质量数据。研究选用我国范围的空气质量检测数据用于计算全年空气质量优良率指标。全国电子矢量地图为 2014 年采集的高德地图矢量数据，该数据由地图供应方采集、处理并展示，其将在计算公共绿地服务半径覆盖率的过程中得到应用。

4. 研究框架与评价方法

基于以上分析，本书主要从系统要素、空间条件、时间阶段三个维度切入建立评价分析方法（图 3-2）。通过分维度研究和多维度交叉，总结城市新区绿色发展的经验和规律。

其中，本研究构建的空间系统要素评价体系包括生态友好、布局紧凑、用地高效、交通便捷、设施完善五个方面。参考国内外相关研究成果，生态友好选取建成区绿化覆盖率、公共绿地服务半径覆盖率、全年空气质量优良率 3 项指标；布局紧凑选取建成区紧凑度、公共中心可达性 2 项指标；用地高效选取街区功能混合度、地均 GDP、企业密度和夜间灯光强度 4 项指标；交通便捷选取路网密度和公交站点覆盖率 2 项指标；设施完善选取文化设施密度、教育设施密度、商业设施密度、体育设施密度和医疗设施密度 5 项指标。体系共选取 16 项城市新区空间指标，并邀请专家比较指标的重要性，通过层次分析法确定指标权重（表 3-4）。

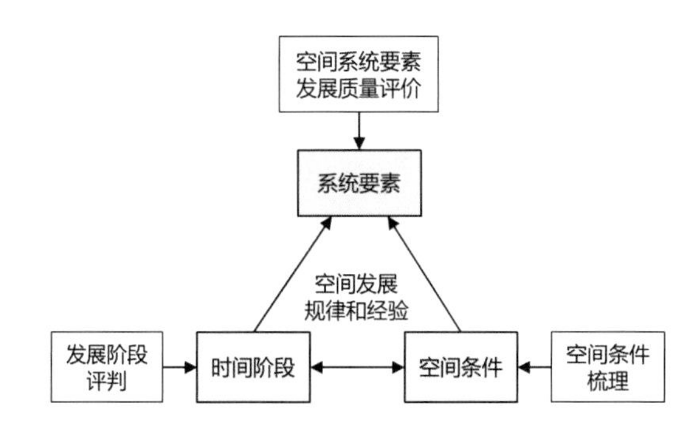

图 3-2 研究三维框架图

表 3-4 新区空间要素评价体系

评价内容	权重	指标	指标计算方法	相对权重	数据来源
生态友好	0.216	绿化覆盖率	新区建成区内绿化覆盖面积占比	0.229	GROMGLC2015V1 地表覆盖数据
		公共绿地 500 米服务半径覆盖率	公园绿地 500 米服务半径的服务范围面积在新区建成区（除工矿和大型交通枢纽用地以外）占比	0.365	高德地图矢量数据
		全年空气优良率	计算监测站全年空气优良率；以监测站为中心生成泰森多边形作为站点的监测范围，加权计算新区内全年空气优良率	0.406	空气质量数据（The World Air Quanlity Index 项目）

续表

评价内容	权重	指标	指标计算方法	相对权重	数据来源
布局紧凑	0.124	建成区紧凑度	采用 1964 年 Cole 提出的方法：建成区面积与建成区外接圆面积之比	0.209	全国土地利用数据（由中国科学院地理科学与资源研究所公开）
用地高效	0.200	公共中心可达性	划分新区建成区（除工矿和大型交通枢纽用地以外）为 300 米 ×300 米的单元，对 POI 中共公告设施数据热点分析得出热点单元为公共中心，计算非热点单元到公共中心最近距离平均值的倒数	0.791	高德地图 POI 数据
		街区功能混合度	划分新区建成区（除工矿和大型交通枢纽用地以外）为 300 米 ×300 米的单元，计算单元内不同类型功能设施信息熵值的平均值	0.345	高德地图 POI 数据
		地均 GDP	新区单位建设用地产出 GDP 值	0.352	中国 GDP 空间分布公里网格数据集（中国科学院地理科学与资源研究所）
		企业密度	新区单位建设用地上的企业数量	0.193	高德地图 POI 数据
		夜间灯光强度	城市建成区单元的夜间灯光强度平均值	0.110	NPP-VIIRS 夜间灯光数据（美国国家海洋和大气管理局）
便捷交通	0.223	公交覆盖率	以 500 米服务半径围绕公交站点形成的服务范围面积在新区建成区（除工矿和大型交通枢纽用地以外）占比	0.406	高德地图 POI 数据
		路网密度	新区建成区单位面积内道路长度	0.594	Open Street Map 路网数据
设施完善	0.237	文化设施密度	新区建设用地（除工矿和大型交通枢纽用地以外）单位面积内文化设施数量	0.089	高德地图 POI 数据
		教育设施密度	新区建设用地（除工矿和大型交通枢纽用地以外）单位面积内教育设施数量	0.284	高德地图 POI 数据
		商业设施密度	新区建设用地（除工矿和大型交通枢纽用地以外）单位面积内商业设施数量	0.351	高德地图 POI 数据
		体育设施密度	新区建设用地（除工矿和大型交通枢纽用地以外）单位面积内体育设施数量	0.113	高德地图 POI 数据
		医疗设施密度	新区建设用地（除工矿和大型交通枢纽用地以外）单位面积内医疗设施数量	0.163	高德地图 POI 数据

时间阶段评判方面，按照新区成长的生命周期把新区案例分为起步期、成长期、强化期、成熟期四个阶段（表 3-5）。主要以新区历年不透水地表占新区可建设空间的比例（Gong，等，2019），反映新区的开发建设程度。

空间条件梳理方面，主要从自然约束、区域条件、母城关系三个方面进行量化分析（表 3-6）。

表 3-5 城市新区发展四个阶段的不透水地表演变特征

阶段	第 1 阶段：起步期	第 2 阶段：成长期	第 3 阶段：强化期	第 4 阶段：成熟期
不透水地表演变特征	不透水地表在长时间内增长速度较低，近期加速但开发程度仍较低	不透水地表在一段时间内持续较快增长，不透水地表占比达到中等水平	不透水地表在较短时间内快速增长达到较高比例，增速有减缓趋势	不透水地表经过长时间持续增长达到较高比例，状态稳定
典型不透水地表比例演变图	100% 80% 60% 40% 20% 0 年 1985 1990 1995 2000 2005 2010 2015	100% 80% 60% 40% 20% 0 年 1985 1990 1995 2000 2005 2010 2015	100% 80% 60% 40% 20% 0 年 1985 1990 1995 2000 2005 2010 2015	100% 80% 60% 40% 20% 0 年 1985 1990 1995 2000 2005 2010 2015

表 3-6 新区空间条件的量化因子

分类	量化因子	数据来源
自然约束	新区年降水量	依中国科学院地理科学与资源研究所公开数据进行 GIS 空间统计
	新区年平均气温	依中国科学院地理科学与资源研究所公开数据进行 GIS 空间统计
	新区平原面积比例	依中国科学院地理科学与资源研究所公开数据进行 GIS 空间统计
	新区山地面积比例	依中国科学院地理科学与资源研究所公开数据进行 GIS 空间统计
	新区陆地面积	依新区公开信息在 GIS 确定空间范围并统计
区域条件	母城人均 GDP	2015 年统计公报
母城关系	新区到母城中心距离	GIS 空间统计

3.2.2 中国城市新区新城基本特征

本书选取的 78 个新区案例在区域分布、设立时间和空间规模上体现了我国新区发展的基本特征（图 3-3）。空间分布上反映了区域发展格局差异，东部、中部和西部地区的新区案例分别占全部案例的 56.4%，23.1%，20.5%。设立时间分布上跨越 1990 年到 2018 年，从早期以东部沿海为主，逐步推进到中西部。1990 年代、2000 年代及 2010 年以来的新区案例数量分别占 6.4%，52.6%，41%。新区规划的范围差异性较大，分布在 10 平方千米到 2600 平方千米间，其中 300 平方千米以下的新区案例占比超 60%。规划规模有随时间推移而增大的趋势，2005 年前设立的新区案例平均规划范围为 227.3 平方千米，2005 年后设立的新区空间规模差异化增大，出现规划范围 1500 平方千米以上的新区，2005—2015 年间设立的新区平均规划范围增长至 503.7 平方千米，2015 年及之后设立的新区则平均范围达到 916.7 平方千米。新区案例的实际开发建设规模也差异明显，至 2015 年 78 个新区平均建设规模为 140.0 平方千米，建设规模最大的新区超过 800 平方千米，最小的不足 10 平方千米。

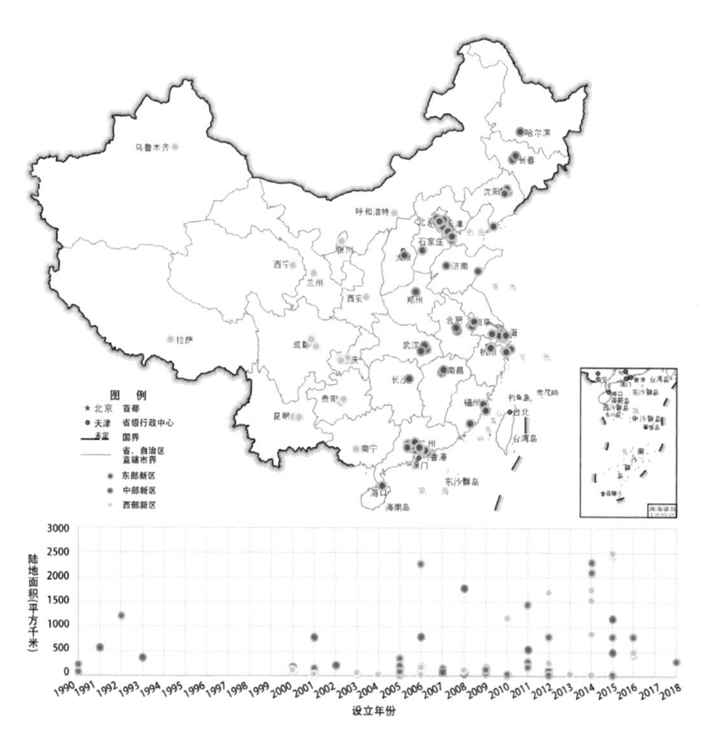

图 3-3　78 个新区案例分布图

注：此图基于中华人民共和国自然资源部标准地图服务系统的标准地图 [审图号：GS（2019）1823 号] 绘制。

3.2.3 中国城市新区空间绿色发展空间质量评价

1. 城市新区要素系统评价

通过 16 项指标对 78 个城市新区要素系统的评价，发现如下特征：①新区总体绩效在区域格局分异明显，南方优于北方，沿海优于内陆，时间上早期设立新区表现更突出；②新区在布局紧凑和设施完善维度的表现与新区设立时间较为相关；③新区在用地高效维度的表现与开发规模和区域经济发展水平相关较为相关，长三角、珠三角地区的新区用地较为高效；④交通便捷维度方面，三大城市群地区的新区优势较为明显；⑤生态友好维度上，华北及西北地区的新区明显存在劣势（图 3-4—图 3-9）。

按整体评价分值排名把新区案例分为 5 个等级，可以发现各等级新区在要素系统发育程度和均衡性上存在明显差异。总体上看，各要素均衡发育程度影响了总体绩效，设施完善、布局紧凑的矛盾在各等级的新区中均存在。前 20% 的新区主要为均衡发展型，个别新区在设施完善和布局紧凑维度上存在短板；排名 20% ～ 40% 的新区在各要素发展的均衡性上开始出现分化；排名 40% ～ 60% 的新区各要素发育程度不充分，并明显出现短板；排名 60% ～ 80% 的新区各要素表现欠佳；排名后 20% 的新区用地效率低，各要素均存在明显劣势（图 3-10）。

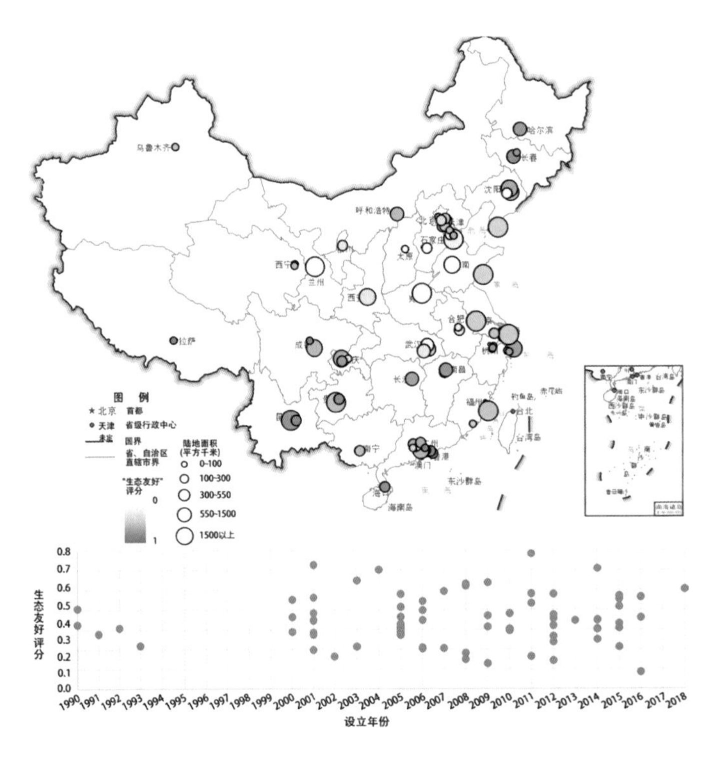

图 3-4 新区案例在生态友好维度上表现

注：此图基于中华人民共和国自然资源部标准地图服务系统的标准地图 [审图号：GS（2019）1823 号] 绘制。

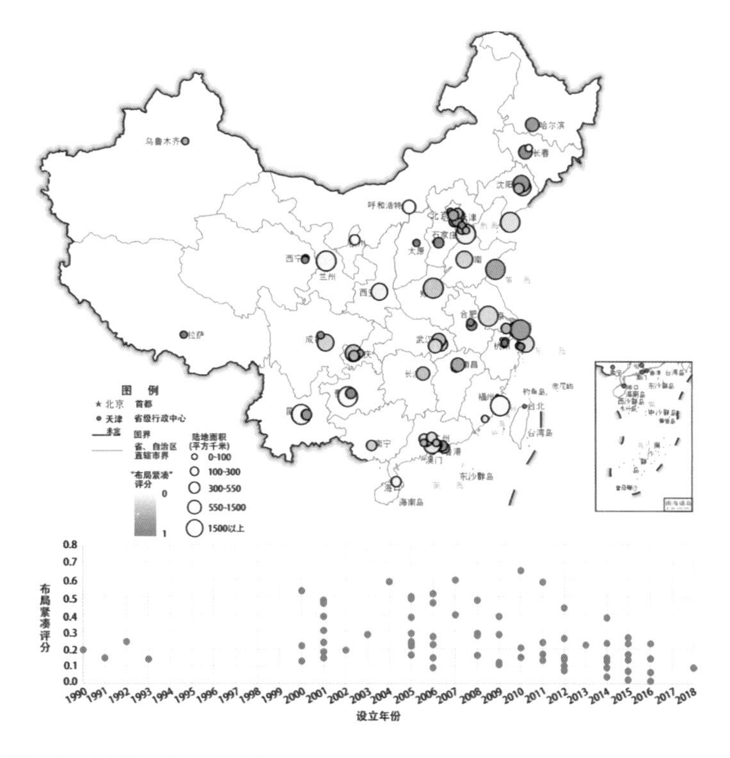

图 3-5　新区案例在布局紧凑维度上的表现

注：此图基于中华人民共和国自然资源部标准地图服务系统的标准地图 [审图号：GS（2019）1823 号] 绘制。

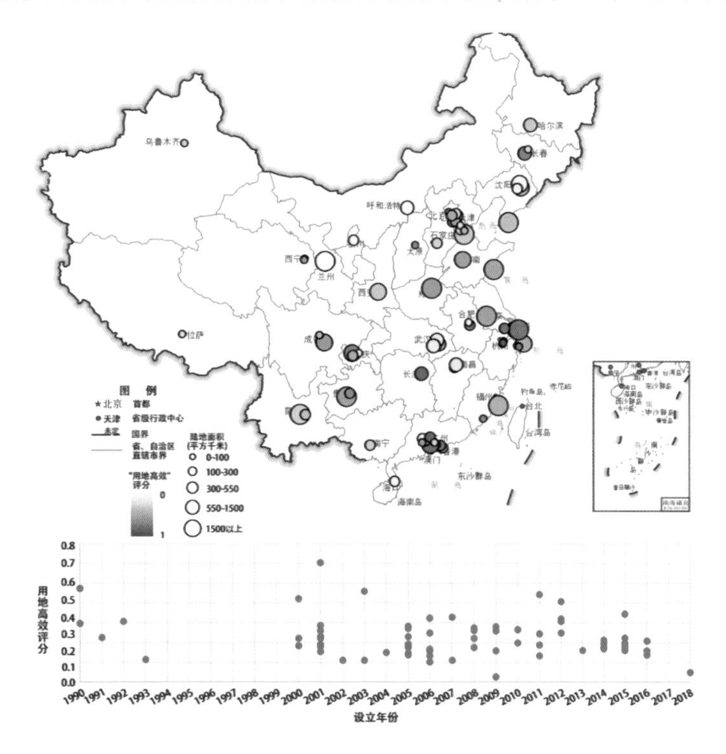

图 3-6　新区案例在用地高效维度上的表现

注：此图基于中华人民共和国自然资源部标准地图服务系统的标准地图 [审图号：GS（2019）1823 号] 绘制。

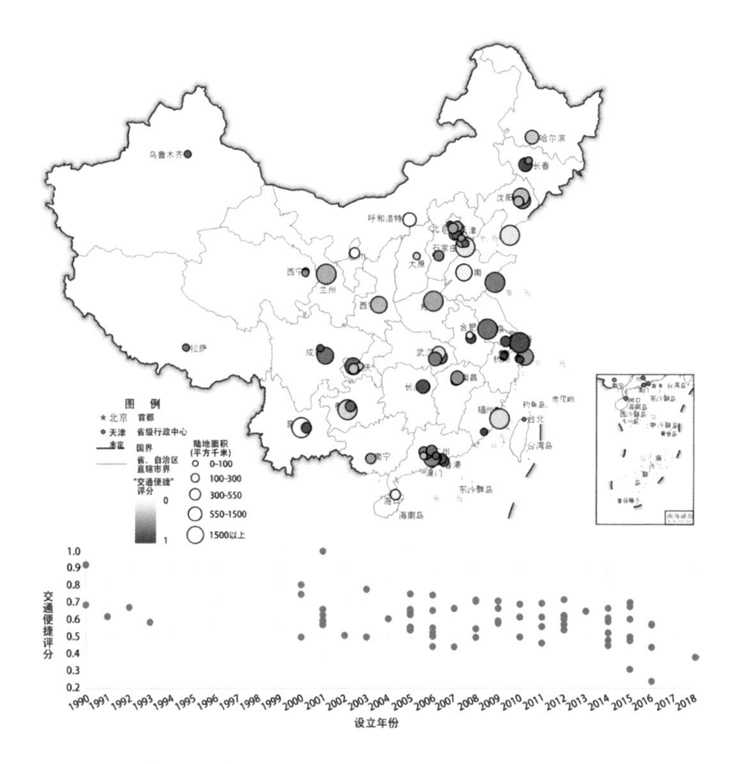

图 3-7　新区案例在交通便捷维度上的表现

注：此图基于中华人民共和国自然资源部标准地图服务系统的标准地图 [审图号：GS（2019）1823 号] 绘制。

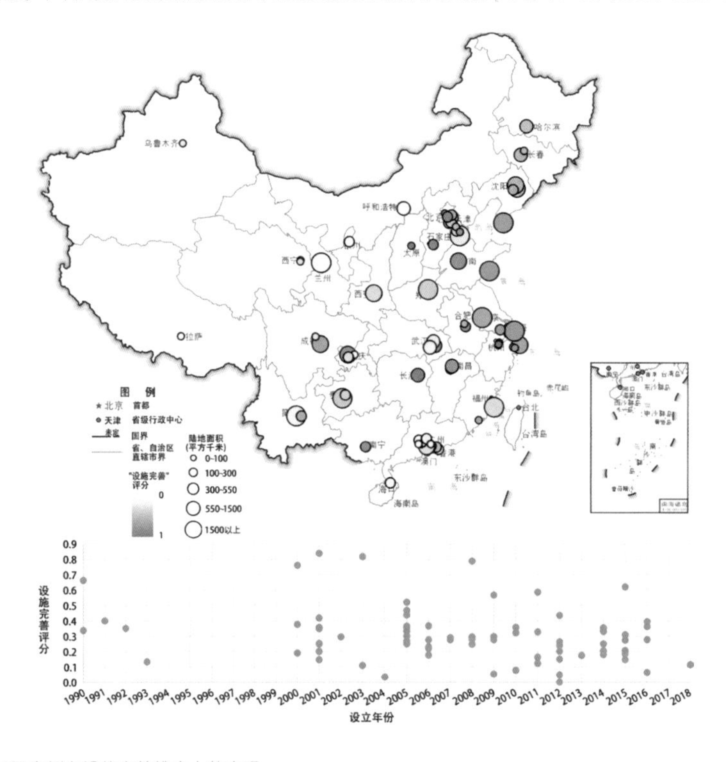

图 3-8　新区案例在设施完善维度上的表现

注：此图基于中华人民共和国自然资源部标准地图服务系统的标准地图 [审图号：GS（2019）1823 号] 绘制。

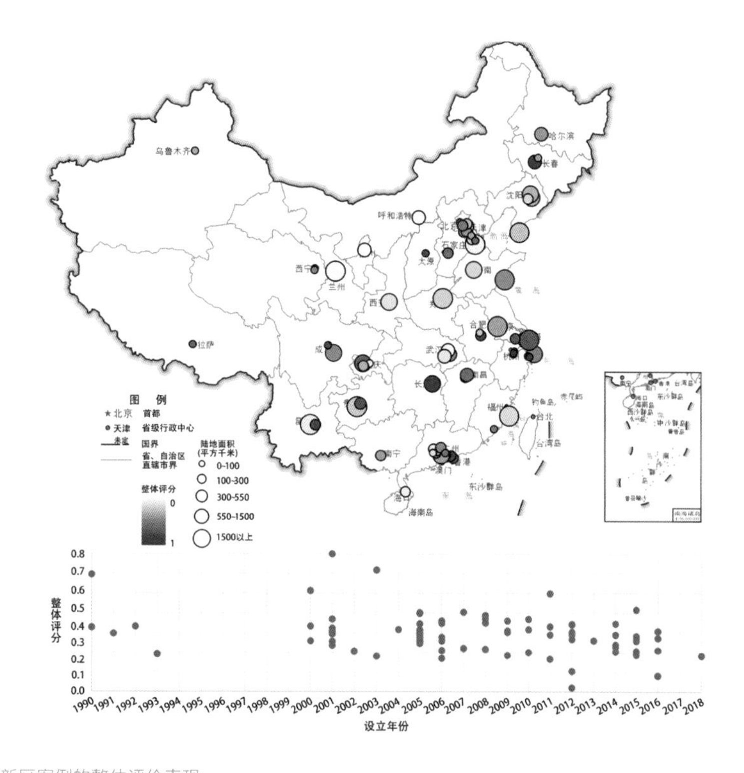

图 3-9 新区案例的整体评价表现

注：此图基于中华人民共和国自然资源部标准地图服务系统的标准地图 [审图号：GS（2019）1823 号] 绘制。

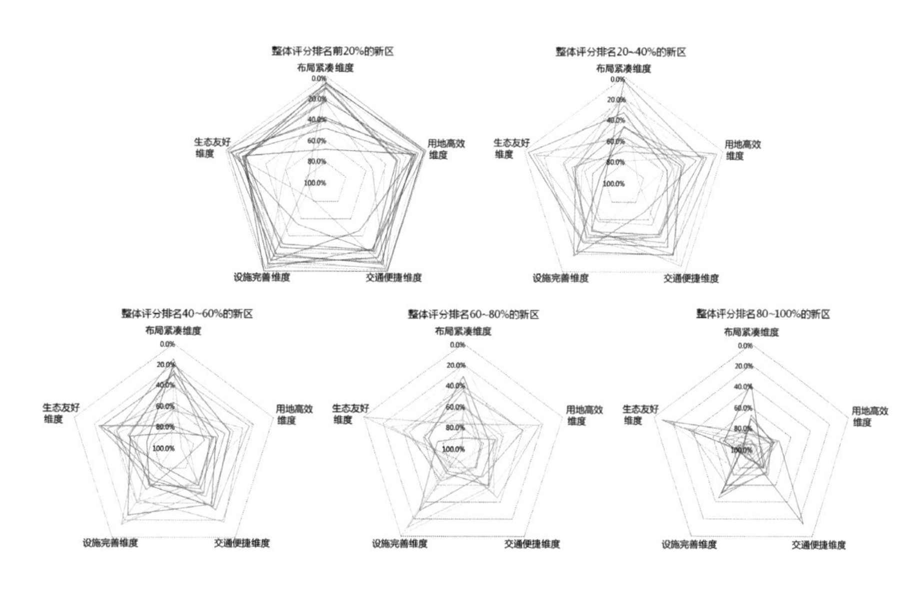

图 3-10 新区案例分等级在各个维度上的表现

2. 城市新区时间阶段特征

经过新区开发阶段评判，78 个新区案例中，处在成长期的新区数量最多，占新区案例的 42.3%，其次为起步期和强化期的新区，分别占新区案例的 25.7% 和 20.5%，处在成熟期的最少，占 11.5%。其中，处在强化期的新区多为 2000 年至 2005 年间设立，成长期的新区多为 2000 年至 2010 年间设立，起步期的新区多为 2010 年后设立，成熟期的新区多为 1990 年至 2005 年间设立，这些新区中较多在 1990 年前已有基础，经过二十年以上的发展才逐步成熟（图 3-11）。需要特别指出的是，2000 年至 2010 年是城市新区大规模设立时期，有许多新区虽然经过 10 ～ 20 年的发展，但仍处在起步期阶段，其中既有开发规模过大，也有发展动力不足的原因。

新区案例在起步期、成长期、强化期和成熟期呈现不同的发展状态（图 3-12）。起步期是大量投入基础建设阶段，用地利用效率低，处在低速扩张的阶段，整体空间质量较差，但往往在生态方面具有优势；成长期是新区快速壮大阶段，建设用地持续扩张，功能不断发育，新区空间质量的差异大，成长路径的差异明显；强化期是城市新区调整完善阶段，空间利用效率达到较高水平，增速有所减缓，新区具有明显的发展优势，但也面临前期快速发展留下的问题；成熟期则是新区经过长时间持续增长后进入相对稳定状态，各要素较完善，但也存在发育不充分的问题。

3. 城市新区空间条件分析

新区的发展状态体现了我国自然地理条件差异性大的特点。自然地理条件影响了区域经济发展格局，与新区发展状态的区域格局较符合。相对于年均气温，年降水量与整体空间质量更加显著相关。我国水资源相对短缺的华北、西北及部分西南地区，新区发展状态明显受到了水资源短缺的影响。

区域经济方面，所选的 40 个母城在经济发展水平上分化较明显，是影响新区发展状态的重要因素（图 3-13）。总体表现前 20% 的新区，母城的人均 GDP 平均达到 11.8 万元，约为总体表现后 20% 新区的母城人均 GDP 的 1.3 倍。

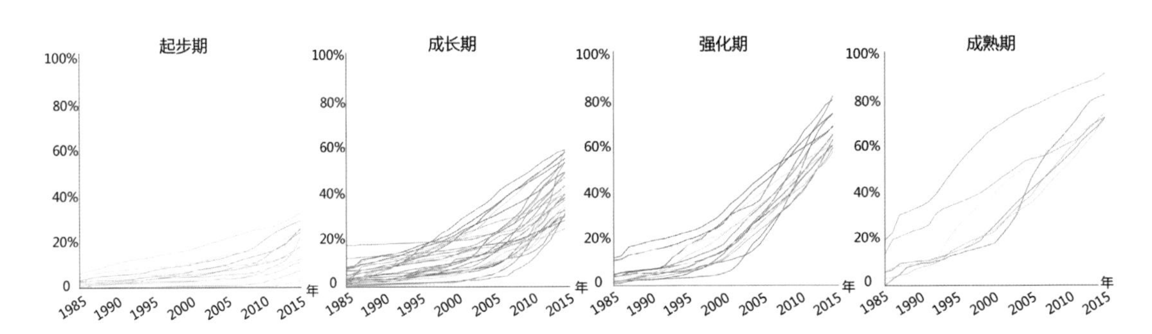

图 3-11 四个阶段的城市新区不透水地表比例演变图

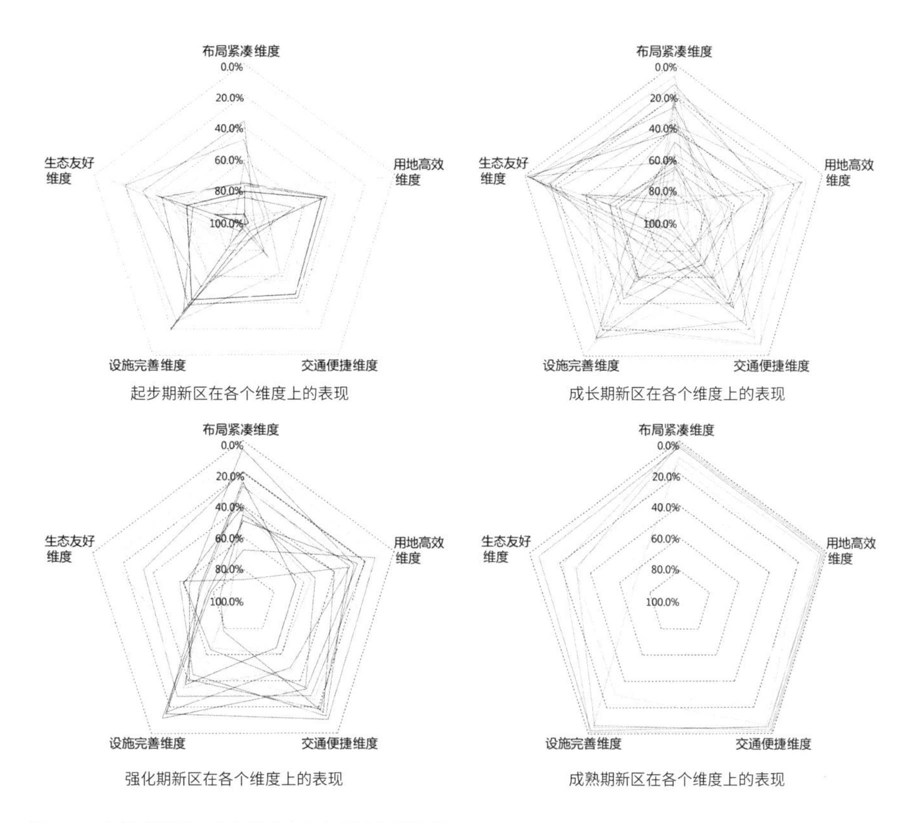

图 3-12 各阶段新区在各个维度上的表现排名雷达图

78 个新区案例中，约 90% 的新区案例距母城中心在 40 千米内，近 50% 集中在 5 千米至 20 千米之间，个别案例到母城中心最远的距离达到 70 千米以上（图 3-14）。按照新区空间质量分组，对比新区到母城中心的距离分布，从图 3-15 中可以看出，不同空间质量水平的新区组到母城中心的距离有明显差异。总体表现前 40% 区间的城市新区到母城距离分布较集中，大多数处于 5 千米至 25 千米以内，平均距离为 17 千米。

3.2.4 中国城市新区空间绿色发展规律性总结

1. 影响新区空间绿色发展的因素

为进一步研究系统要素、时间阶段和空间条件三个维度的相互关系，通过整理量化因子并在 SPSS 中进行皮尔森相关性分析（表 3-7）。相关系数取值在 -1 ～ +1 之间，正值代表正相关，负值代表负相关，皮尔森相关系数绝对值越大则表明相关性越强。

新区空间绿色发展的整体评价结果与新区开发阶段、母城人均 GDP、年降水量、

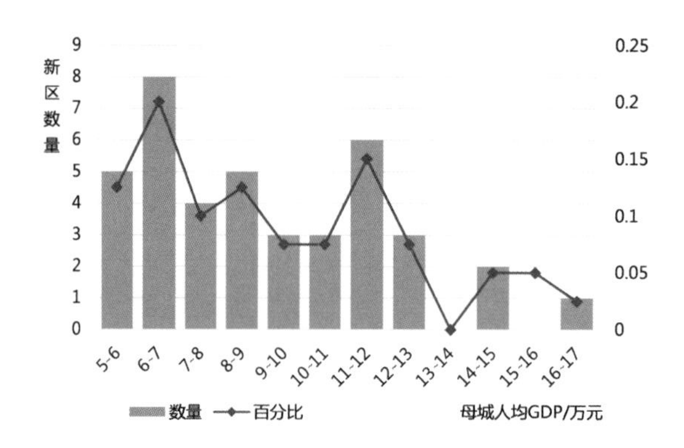

图 3-13 母城人均 GDP 分布图

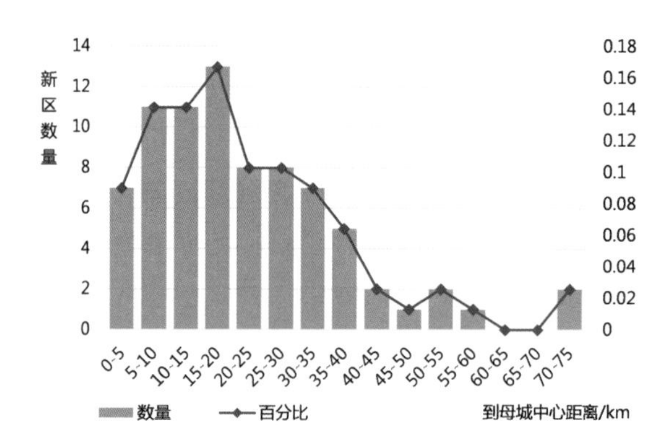

图 3-14 新区案例到母城中心距离分布图

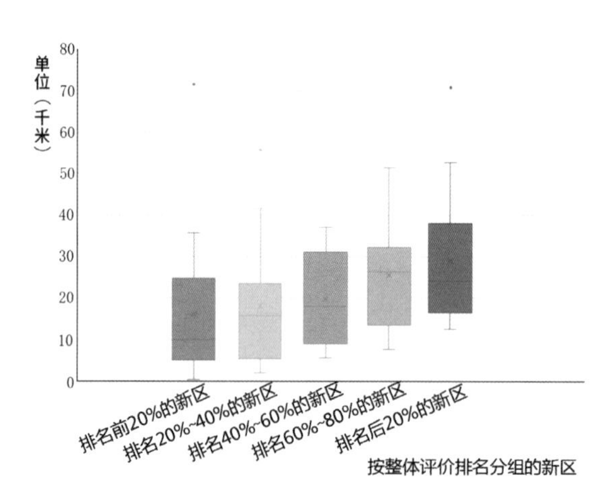

图 3-15 不同空间质量水平的新区组到母城中心距离分布图

表 3-7 系统要素、时间阶段和空间条件三个方面量化因子的相关关系

要素		时间阶段		空间条件						
		设立时间	开发阶段	年降水量	年平均气温	平原比例	山地比例	陆地面积	母城人均GDP	母城中心距离
系统要素	整体评价	-0.314**	0.662**	0.327**	0.156	0.058	-0.027	-0.315**	0.299**	-0.360**
	环境友好	0.080	0.111	0.120	0.080	-0.369**	0.367**	-0.165	0.067	-0.093
	布局紧凑	-0.343**	0.642**	0.127	-0.029	0.174	-0.021	-0.443**	0.144	-0.259*
	用地高效	-0.270*	0.620**	0.455**	0.297**	0.039	-0.001	-0.183	0.443**	-0.330**
	交通便捷	-0.388**	0.644**	0.421**	0.218	0.108	-0.088	-0.333**	0.323**	-0.319**
	设施完善	-0.259*	0.501**	0.168	0.065	0.195	-0.238*	-0.125	0.192	-0.331**
时间阶段	设立年份	1	-0.468**	-0.184	-0.009	-0.233*	0.176	0.315**	-0.163	0.057
	开发阶段	/	1	0.248*	0.088	0.327**	-0.190	-0.459**	0.351**	-0.288*
空间条件	年降水量	/	/	1	0.812**	-0.068	-0.025	-0.180	0.370**	-0.134
	年平均气温	/	/	/	1	-0.131	0.085	-0.089	0.348**	0.067
	平原比例	/	/	/	/	1	-0.579**	-0.291**	0.231*	0.074
	山地比例	/	/	/	/	/	1	0.226*	0.008	0.173
	陆地面积	/	/	/	/	/	/	1	-0.103	0.134
	母城人均GDP	/	/	/	/	/	/	/	1	0.214
	母城中心距离	/	/	/	/	/	/	/	/	1

注：①显著性水平：依统计学一般规则，表中“**”代表在 0.05 水平上显著相关，“*”代表在 0.1 水平上显著相关。②“/”表示省略，避免重复出现。

设立时间、陆地面积和母城距离在 0.05 水平上显著相关（图 3-16）。同时，要素系统、时间阶段和空间条件各因子间呈现交叉且复杂的相关关系（图 3-17）。新区空间发展质量与多因素关联，时间和空间因素交互结合作用于城市新区的成长过程。

2. 城市新区空间绿色发展的经验和规律

1）新区成长规律

新区空间系统要素发展质量与时间阶段关联最显著。新区整体评分以及新区布局、土地、交通和设施方面的评分与新区开发阶段均有较强相关性。而新区空间要素发展状态和设立时间的关联程度一般，说明新区实际发展阶段和设立时间不一定对应。在现实中，部分新区在设立前已具有一定的建设基础，而部分新区则在设立后才开始建设，具备开发基础或长期有效的开发建设和要素投入是新区空间获得良好发展状态的关键。

相对稳健的空间增长速度也是影响新区空间质量的因素。78 个新区中处于成熟期且空间评价表现优良的新区，基本经过 15 ～ 20 年的持续开发建设，已建设空间的比例一般年均增加 2% ～ 4%，持续而稳定的建设动力促使新区在快速增长的同时，优化了空间要素。但也存在长期发展乏力的新区，如部分 21 世纪初成立但仍处在起步期的新区案例，2005 年后年均已建设空间比例增加不超过 1%，空间发展质量也明显处于弱势。而新区在短期内开发速度过高不利于空间发展，如 2005 年后连续三年年均已建设空间比例增长达到 5% ～ 10% 的新区，在基础设施、生态环境和布局紧凑方面往往表现欠佳，在短期内快速开发与各空间要素的平衡存在矛盾。

2）区域约束条件

自然地理条件和区域经济发展基础构成新区空间发展的重要支撑条件。新区年降水量和新区空间要素发展水平显著相关，水资源是关系到新区发展状态的重要因素。我国降水区域分布表现为“东南—西北”分异，与区域经济发展格局契合。从前面相关性分析也看出母城人均 GDP 与年降水量显著相关，水资源造成自然条件分化，作用于母城的经济发展，也对新区空间发展带来直接影响。在自然环境优越的区域，城市经济发展较有优势，这已被学者广泛论证（李天籽，2007；林琳，2010；彭建，魏海，李贵才，等，2015）。母城人均 GDP 和新区空间整体表现及用地、交通发展均显著关联。经济发达的母城具有更强的辐射力，为新区发展提供有利条件。

新区与母城距离作为一个独立变量，与新区空间绿色发展呈现显著相关，并影响了各要素发展水平。空间距离接近能为母城和新区间带来便捷的交通联系，促进更多物质、信息、资金和人的流动，使得母城影响力得到更好的发挥，在新区发展的早期，母城的这种辐射和带动作用显得尤为重要。另外，部分距离母城近的新区在成立前即为母城空间外拓的绵延区，从而受到母城较强的辐射，形成良好的发展基础。

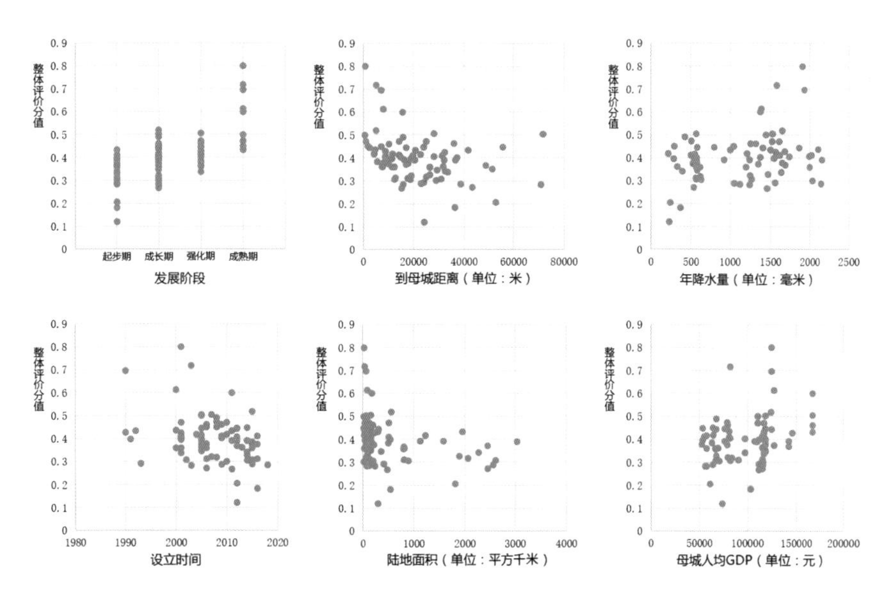

图 3-16 新区空间评价分值与各项因素关系散点图

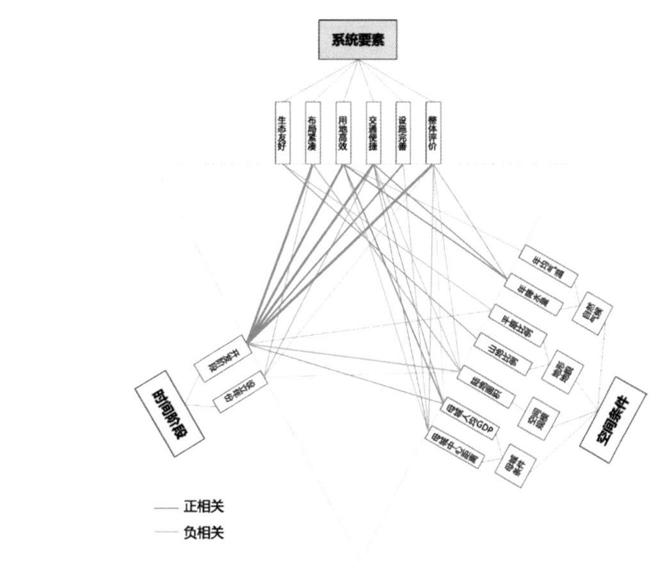

图 3-17 三个维度量化因子的相关关系图

3）内部与外部要素的协同

新区空间绿色发展的质量取决于生态、布局、土地、交通和设施等要素的相互协同，按照总体表现分组，表现更好的新区各要素的发育程度和均衡性明显更好。

但对比不同分组的差异性，内部要素的均衡发育明显受到外部空间条件和时间发展阶段的影响。设立于 2000—2010 年的 41 个案例新区，都经历了 10 ～ 20 年的发展，但出现了明显分化，总体表现前 20% 和后 20% 的新区分别为 11 个和 5 个。其中，总体表现前 20% 的新区各要素发育更加均衡，在空间开发建设上表现出成熟期或者强化期的发展特点。而总体表现后 20% 的新区，各要素发育存在明显短板，在空间开发建设上也只处于成长期。这些新区空间上主要分布于华北、西南和东北地区，在自然资源方面受到水资源的约束或在区域经济条件上处在不利的地位，反映出外部条件对新区成长和要素协调性的约束作用。

3.3 面向全生命周期的规划管控方法调控

3.3.1 当前新区规划调控技术的不足

1. 对新区发展规律认识不足

城市新区发展是一个自然历史过程，有其自身规律。城市空间不是设计出来的，而是空间、自然与人文互动的结果（段进，2019）。现有城市新区规划编制模式在多个层面与城市发展规律存在冲突。一是在新区的规划选址和开发时机上与城市经济社会发展规律相违背，不顾经济社会发展需求、人口集聚能力盲目建设行政新区、高铁新区、产业新区等，完全依赖规划以及政策驱动，建设政绩工程。二是在规划过程中，违背自然条件约束和经济发展规律，脱离资源环境承载能力、脱离我国城镇化人口迁移趋势，在水资源、生态资源限制明显，人口大量流出地区仍盲目扩大新区规模。三是在建设实施中，与交通、土地、产业、设施、人口等系统协同演化规律相违背，系统协同性的缺失和开发时序的差异往往会造成产城失衡、人气不足等问题。

认识规律、尊重规律、运用规律，是做好城市工作的前提和基础。城市发展中出现的种种问题，归根结底是对城市发展规律认识不足、尊重不够造成的。只有充分认识、尊重、顺应新区自然、经济以及系统发展规律，端正城市发展指导思想，才能做好新区规划工作，让人民群众在城市生活得更方便、更舒心、更美好。

2. 体现新区绿色发展导向不足

在生态文明背景下，城市新区作为经济发展、人口承载、碳排放的重点地区，是应对气候变化的主战场。我国虽然从 21 世纪初就开始关注生态城市、绿色生态城区建设，并先后出台了《绿色建筑评价标准》《绿色生态城区评价标准》等，但现有标准主要针对新区绿色发展水平的评价，尚缺乏规划技术层面的引导，难以对城市新区未来的绿色和低碳发展提出管控和指引。

现有的城市新区规划在规划目标管控以及绿色规划技术引导两个层面均存在不足：一是城市新区规划目标体系中，体现生态、绿色和低碳的内容极少，且大都缺乏可评价性。在新区的发展目标制定中，对于城市用能结构、建成区透水率、碳排放、生物多样性等指标缺乏关注，难以保障新区的生态底线，推动新区向低碳、绿色发展。二是针对新区绿化发展的规划技术相对缺乏，现有规划模式仍主要集中于土地利用、空间布局等传统物质性空间规划方面，对于城市新区绿色交通体系、资源利用、节能减排、生物多样性等规划仍处于探索阶段，技术手段上的不足也限制了城市新区的绿色发展。

3. 规划目标、方案布局与规划实施脱节

当前新区规划仅关注规划设计环节，对后续的建设实施、运营管理关注严重不足，目标制定、方案布局与新区开发实践存在一定脱节。主要表现在以下三个方面：一是规划实施的弹性应对不足，现有规划过于强调规模刚性和对土地使用功能的严格控制，用静态思维应对发展中的不确定性，忽视了规划中的战略性调控和政策性调控内容，难以对城市发展中的重大项目、重大事件进行有效应对。二是缺乏对实施过程的关注，新区建设是一个系统工程，要素众多、空间多样，建设过程时间漫长且建设过程中常常具有路径依赖性，同时建设过程容易受到外部环境的变化影响，新区实际发展与规划目标难免出现偏差。三是缺乏规划建设实施、运营管理的动态维护机制，现有的规划评估，大都是针对规划设计提出的目标逐项进行评估，侧重于发现问题，评估方法已经基本成熟。但作为规划管控手段的监测、评估和规划动态维护机制尚未建立，规划的变更主要通过不定期规划修编的形式完成，频繁的变更容易导致规划的权威性和有效性受损。

建设实施以及运营管理阶段的规划，是衔接规划目标和规划实施的重要一环。统筹规划、建设、管理三大环节，强化新区规划弹性，建立新区建设实施、运营管理的动态维护机制是提高城市规划科学性和系统性的重要保障。

3.3.2 尊重新区发展规律

城市新区空间发展受到多因素的影响，是新区内部生态、布局、土地、交通和设施等要素协调发展，及外部地理环境、经济区位、母城发展情况和新区发展阶段、政策条件等因素综合作用的结果。通过规划方法优化加强对新区绿色发展的引领，要建立在尊重多重规律的基础上。

1. 尊重自然规律

自然条件和自然资源因素不仅是新区形成的基础和载体，也是其持续发展的重要支撑。在城市新区的形成发展过程中，一方面，地形、地貌、气候、水文等自然条件构成了人口空间集聚基本条件，并通过水资源、土地资源、生态资源等承载能力约束新区未来发展规模；另一方面，自然条件还直接影响着新区工农业生产、交通运输的布局，是影响经济活动分布的主要原因，优越的自然条件通过吸引资金投入、人才流入，能够提高劳动生产效率，扩大当地的市场规模，进而影响新区未来成长。

由此可见，自然地理环境不仅构成新区发展的基础，也构成了影响并约束新区发展的长期因素。对自然地理条件、资源环境承载能力及其影响进行准确评判，是确定

新区选址、确立建设目标及影响新区开发绩效的前提性因素。

2. 尊重经济社会规律

首先，新区的开发时机必须严格遵循区域社会经济和母城发展的需求，城市新区作为经济高速增长、大规模城镇化的产物，其形成发展与区域经济、人口和用地规模密切相关。城市新区开发时机与城市空间扩张速率、人口—城市扩张弹性指数具有强相关性，新区开发的关键取决于母城是否达到了城市空间跨越式扩张的拐点。

其次，新区的发展处在区域经济运行的整体环境之中。部分城市新区承担促进区域平衡和带动地区发展的增长极的职责，期望通过政策倾斜增强要素投入和资源集聚能力，但前提仍然需要有足够的区域资源禀赋作为支撑，需要处理好新区发展目标和区域资源特色、经济承载能力的关系。

最后，关注新区与母城的距离也是经济规律决定的，即便母城经济发展能力强，距离母城更近的新区更加容易成功。而对于母城经济发展能力弱，选址远离母城的新区，注定将面临更大的发展风险。

3. 尊重新区生长规律

一方面，新区的开发建设是一个长期、持续的过程，15～20年是一个基本成长周期，任何希望短期建成一个高质量新区的想法都是不切实际的。在新区发展过程中需要统筹好内部要素的均衡，也要协调好与外部因素的关系。与此同时，相对稳健的空间增长速度也是影响新区健康成长的关键，持续而稳定的城市空间扩展速度能够促进新区人口、用地、产业、交通的各系统的协同优化。

另一方面，在不同的生长阶段，新区各系统在生产、生活、生态三类空间的作用机制存在显著差异。起步期需要合理增加要素投入的同时，保持好生态环境；成长期新区需要有针对性地增强优势，补足各类发展短板；强化期需要有效应对调整、转型中出现的问题，稳定已有优势；成熟期新区则需更加精细化、持续应对空间优化需求。

3.3.3 探索面向新区全生命周期的规划管控方法

城市新区的健康发展是一个统筹内部外部、协调时间空间、有机生长的过程，空间规划方法的优化要适应新区全生命周期的生长环境，按照高效、宜居、绿色、智慧要求，在新区目标制定、方案布局、建设实施、运营管理各阶段，对影响新区绿色发展的关键要素系统进行全过程规划管控（图 3-18）。

目标制定阶段应重点关注新区选址和空间发展目标的合理性。包括新区选址、开发规模、开发速度等方面，充分关注新区与母城距离、依托条件及区域经济发展水平、自然地理环境对新区发展目标的影响和约束等。重点从新区选址的先决性条件评价、

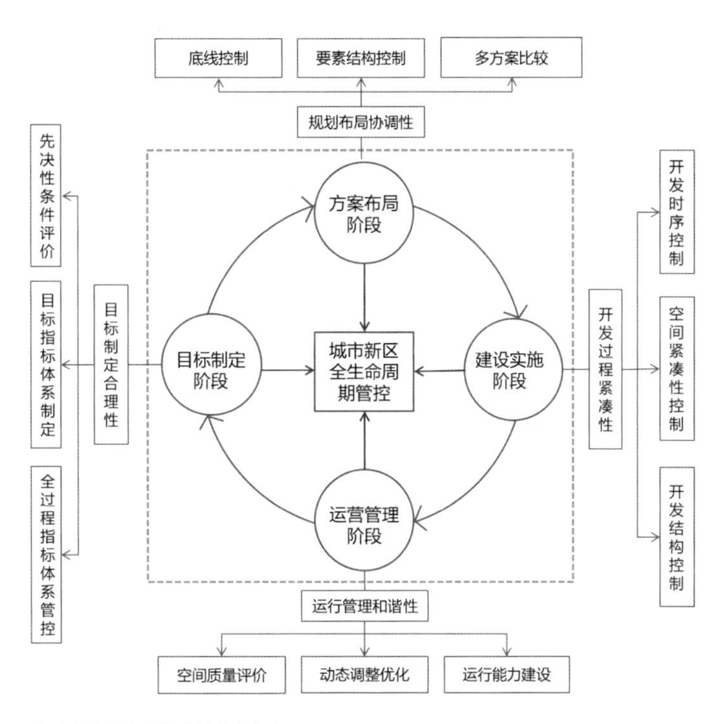

图 3-18　面向全生命周期规划管控技术框架

目标指标体系的制定，以及全生命周期指标管控三方面进行规划管控和技术方法优化。

方案布局阶段是对城市新区未来发展的综合部署，应重点关注规划布局的协调性，加强对新区方案布局的评价和技术优化。通过情景分析方法，充分研判新区开发过程中各类约束条件产生的影响，各类要素协同的基本关系和逻辑，加强对新区空间发展目标和空间支撑策略体系的评价。重点围绕底线控制、多要素系统协同控制、多方案比较等维度提出规划方案的优化方法。

建设实施阶段应重点关注开发过程的紧凑性，加强对新区建设过程的监测和适应。新区碰到的挑战更多来自新区建设过程，要依据新区在建设过程中所呈现的空间特征和环境效应，从适应新区所处的阶段特征出发，确定与新区建设阶段相适应的规划控制方法。重点从空间紧凑性控制、开发时序控制、开发结构控制三个方面建立新区建设过程评价和规划优化方法。

运营管理阶段应重点关注运行管理的和谐性，加强持续动态优化的规划技术方法研发和规划调整机制研究。新区的开发是统筹规划建设管理运行的过程，需要加强对新区建成空间运行质量的评价体系研究，积极引入智能规划手段，增强空间诊断、趋势研判和规划决策的能力。重点围绕空间运行质量评价、规划的动态维护和运营能力建设，优化新区相对成熟阶段的规划技术方法。

第 4 章

目标制定阶段规划方法与技术优化

4.1 城市新区目标制定阶段规划方法概述

城市新区在我国社会经济发展中承担着重要历史使命，目前，中国的新区建设逐渐进入了以 19 个综合性国家级新区为引领、各省市级新区为补充、各类特色园区多方向发展的阶段，对城市发展产生了重要的推动作用。

我国的 19 个国家级新区地理分布上北到哈尔滨、南到广州、西到昆明、东到舟山，基本可以覆盖我国较有代表性的气候分区和地域类型，各个新区在规划中也都提出相应的发展目标和指标体系（表 4-1）。

表 4-1 我国国家级新区发展目标一览表

序号	新区名称	发展目标
1	浦东新区	中国改革开放的示范区；上海建设“五个中心”和国际文化大都市的核心承载区； 全球科技创新的策源地；世界级旅游度假目的地；彰显卓越全球城市吸引力、创造力、竞争力的标杆区域
2	滨海新区	我国北方对外开放的门户；高水平的现代制造业和研发转化基地；北方国际航运中心和国际物流中心
3	两江新区	统筹城乡综合配套改革实验的先行区；内陆重要的先进制造业和现代服务业基地；长江上游地区的金融中心和创新中心；内陆地区对外开放的重要门户、科学发展示范窗口
4	舟山群岛新区	浙江海洋经济发展的先导区；长江三角洲地区经济发展的重要增长极；海洋综合开发试验区
5	兰州新区	西北地区重要的经济增长极；国家重要的产业基地；向西开放的重要战略平台；承接产业转移示范区
6	南沙新区	粤港澳优质生活圈；新型城市化典范；以生产性服务业为主导的现代产业新高地；具有世界先进水平的综合服务枢纽；社会管理服务创新试验区；粤港澳全面合作示范区
7	天府新区	内陆开放经济高地；宜业宜商宜居城市；现代高端产业集聚区；统筹城乡一体化发展示范区
8	湘江新区	高端制造研发转化基地和创新创意产业集聚区；产城融合、城乡一体的新型城镇化示范区；全国“两型”社会建设引领区；长江经济带内陆开放高地
9	江北新区	自主创新先导区；新型城镇化示范区；长三角地区现代产业集聚区；长江经济带对外开放合作重要平台
10	福州新区	两岸交流合作重要承载区；扩大对外开放重要门户；东南沿海重要的现代产业基地；改革创新示范区；生态文明先行区
11	滇中新区	我国面向南亚东南亚辐射中心的重要支点；云南桥头堡建设重要经济增长极；西部地区新型城镇化建设综合试验区；改革创新先行区
12	哈尔滨新区	中俄全面合作重要承载区；东北地区新的经济增长极；老工业基地转型发展示范区；特色国际文化旅游聚集区
13	西咸新区	创新城市发展方式试验区；丝绸之路经济带重要支点；科技创新示范区；历史文化传承保护示范区；西北地区能源金融中心和物流中心
14	贵安新区	内陆开放型经济新高地；创新发展试验区；高端服务业聚集区；国际休闲度假旅游区 ; 生态文明建设引领区

续表

序号	新区名称	发展目标
15	西海岸新区	海洋科技自主创新领航区；深远海开发保障基地；军民融合创新示范区；海洋经济国际合作先导区；陆海统筹发展试验区
16	金普新区	我国面向东北亚区域开放合作的战略高地；引领东北地区全面振兴的重要增长极；老工业基地转变发展方式的先导区；体制机制创新与自主创新的示范区；新型城镇化和城乡统筹的先行区
17	长春新区	创新经济发展示范区；新一轮东北振兴重要引擎；图们江区域合作开发重要平台；体制机制改革先行区
18	赣江新区	长江中游新型城镇化示范区；中部地区先进制造业基地；内陆地区重要开放高地；美丽中国“江西样板”先行区
19	雄安新区	绿色生态宜居新城区；创新驱动发展引领区；协调发展示范区；开放发展先行区

资料来源：根据各新区总体方案规划整理。

4.1.1 城市新区目标体系研究进展

1.新城新区相关研究与实践：绿色低碳成为新区发展方向

国外新城新区的研究和相关实践起源于英国，大体可以分为三个阶段。第一个阶段是二战后初期，以斯蒂夫尼奇、哈洛等新城为代表主要解决城市过度膨胀带来的问题，强调人口疏解和功能分流为内容。第二阶段是 1950—1964 年，进入了英国新城建设的高潮，注重经济需求，强调区域平衡和经济发展。第三阶段是 1965 年以后，强调增加就业机会，使新城成为独立完整的小城市而不是依附于大城市的卧城。1980 年代以来，“可持续发展”的观点进一步扩展新城建设的内涵（张捷，2003）。而 21 世纪之后，新城规划开始向低碳减排、新能源利用、绿色建筑、绿色交通多元内容扩展，瑞典哈马碧新城、马尔默、阿布扎比马斯达尔新城等新城就明确提出了生态绿色、低碳甚至零碳等发展目标。

2.绿色新区相关研究：研究与实践处于起步阶段

绿色城市理论起源于美国，1990 年大卫戈登（David Gordon）主编的《绿色城市》一书出版，书中系统地提出了绿色城市的概念、内涵以及实现策略，标志着“绿色城市”的诞生。从 2007 年开始，为了应对气候变化和能源危机，在 UNEP、OECD 等国际组织的倡导下，绿色城市相关概念受到众多研究机构与学者的高度关注，对于城市经济转型，打造长期健康的繁荣发展起到积极的作用（朱海，张国宗，王云锋，2019）。当前我国的绿色城市建设还处于起步阶段，需要从目标、技术、政策和示范体系等层面进行系统的设计（李迅，2014）。1992 年起，中央政府各部委采用“试点”模式推动绿色生态城市实践。住房和城乡建设部在 2012 年至 2014 年批准设立 3 批次 19 个绿色生态示范城区，截至 2017 年，形成综合性生态城区近 140 多个（李迅，董珂，谭静，许阳，2018）。但总体来说，绿色城市的相关理论和实践研究仍处于起步阶段。

3.绿色新区“目标-指标”体系的研究：缺乏系统全面的研究

目前我国关于绿色新区“目标 - 指标”体系的研究较少。2018 年，李迅、董珂、谭静、许阳等学者于提出了绿色城市的目标体系，绿色城市的目标为“以‘城市空间巨生命体’的持续、健康、协同为标准，实现城镇、农业、生态全空间的协同发展，自然、社会、经济全要素的均衡发展，过去、现在、未来全时段的公平发展，按照复合生态的要求，建设‘共荣、共治、共兴、共享、共生’的理想社会”，并构建了涉及“自然、社会、经济、文化、治理”五大领域的城乡绿色发展指标体系。

“目标 - 指标”体系的构建不仅是编制城市规划中提出的规划内容，也是规划实施后评估监测的重要标准。英国皇家规划学会（Royal Town Planning Institute，RTPI）认为，用于监测规划实施成效的指标必须直接从规划的内容和目标中衍生出来，才能更实际、有效地评价规划目标的实现情况。因此，构建目标监测指标体系有助于将宏观的、定性的规划目标分解为具体化、定量化、可测量的评价指标，并通过定期、系统的指标监测工作来确保规划目标的逐步实现。（周姝天，翟国方，施益军，2018）

4.1.2 城市新区“目标 - 指标”体系制定现状问题

在目前城市新区的规划和建设大规模开展的背景下，我国城市新区的规划技术方法已经较为成熟。但在规划目标制定阶段，既有规划方法仍存在一定不足。

1.目标中绿色低碳体现不足

在生态文明背景下，面向我国“2030 年碳达峰”“2060 年碳中和”的目标，城市新区作为经济发展、承载人口、碳排放的重点地区，应注重绿色化的体现（赵峥，张亮亮，2013）。城市新区需要通过“目标 - 指标”体系对未来绿色和低碳发展提出管控和指引。而现有城市新区规划的目标着重强调经济发展和城市空间，对于生态、绿色和低碳的关注和体现相对较少。

通过对我国国家级新区的研究，发现目前我国的国家级新区提出的发展目标都偏重综合型内涵，包括落实国家及区域发展战略、引领地区发展、促进经济转型、突出品质建设、强调政策先行先试等内容，较少体现绿色生态的内涵，相关表述内容缺失。目前 19 个国家级新区中仅贵安新区、福州新区、赣江新区、雄安新区四个新区在总目标中明确体现了绿色发展的要求，其中贵安新区提出“生态文明建设引领区”，雄安新区提出“绿色生态宜居新城区”。总的来说，我国新区的发展目标体现绿色发展内涵相对不足。

2.总体目标的定量化描述欠缺

我国城市新区所制定的目标基本以定性描述为主，重在描绘新区发展的未来图景。19 个国家新区的总目标表述中，均没有定量化的表达。一方面，无法通过总目标的文字表述了解新区未来的发展程度，例如碳排放减少的比例、零碳社区等；另一方面，定性描述的目标无法评估，未来难以通过量化回溯检验总目标的实现和完成情况。

3.“目标-指标”的对应关系不强

指标体系需要反映指标与目标定位之间的逻辑关系（王淼，2015）。我国新区规划在目标制定阶段的规划方法相对成熟稳定，大部分新区都在规划中都提出“目标 - 指标”的体系。但“目标 - 指标”之间的对应关系不强，缺乏从总目标到子系统、再到具体指标的逻辑链条，分解的子系统、分目标难以支撑总目标。分目标与指标项关联度较弱，某些指标无法体现分目标的内涵。由于缺乏关联性，既无法通过指标项指导、管控规划的实施，也无法通过具体指标项检测来量化评估目标的完成情况。

4.体系欠缺对选址等先决要素的考虑

部分新区提出的“目标 - 指标”体系较为完善，目标和指标关联性强，指标选取科学合理。但这些新区可能在规划目标制定前就存在选址失当、规模过大、基础设施支撑不足等问题。例如目前部分城市新区在选址上存在距离母城过远、选址周边缺少社会经济和设施支撑、基地内承载力偏低和不适宜开发等情况。即使有完善的“目标 - 指标”体系，新区也依此进行规划和建设，却也可能出现不低碳、不绿色，甚至新区建设失当的问题。某些新区选址时未进行详细的灾害风险评估，选址于蓄滞洪区内，未来应对洪水内涝等问题将会产生大量后续防灾工程和建设成本，不符合绿色新区的发展导向。新区规划“目标 - 指标”体系中较少将选址等先决要素纳入考虑，在规划和建设中可能出现难以保证底线的情况。

5.对人本的关注不足

在部分新区的发展和建设过程中，地方政府往往以自己的需求作为出发点，以城市扩张、GDP 与财政增长为目标造大城、建新区，新城往往会表现出“以物为本”的特性，与人的需求脱节（杜磊，2019）。部分新区的目标以发展导向为主，偏重经济增长等方面，对城市品质、人文魅力的关注不足。我国 19 个国家新区中仅有南沙新区、西咸新区、哈尔滨新区、金普新区、雄安新区五个新区在目标中明确提出了人本导向。其中南沙新区提出“粤港澳优质生活圈”，西咸新区提出“历史文化传承示范区”，哈尔滨新区提出“特色国际文化旅游集聚区”，金普新区提出“新型城镇化和城乡统筹的先行区”，雄安新区提出“绿色生态宜居新城区”。而人本主义导向是新时期城市规划的重要理念，习近平总书记考察上海时提出“人民城市人民建，人民城市为人民”重要理念，在城市新区的规划中更应着重体现对人的关注。

6.对新区发展的全生命周期关注不足

城市新区的发展是持续生长的过程，若仅以静态思维制定终极蓝图式的目标，会导致实施路径不明，影响分阶段的规划实施。通常情况下，规划、建设和运营阶段，新区所需关注的重点各不相同，难以以一个终极时点的目标体系进行概括和指导。此外，新区的规划、建设、运营持续时间长，其过程中面临的外在环境和内部动力均可能发展变化。这种情况下，一成不变的“目标 - 指标”可能会对新区的指导和管控起到适得其反的作用。

我国 19 个国家级新区较少提出分阶段的目标和指标体系，对方案布局、建设实施、运营管理的全生命周期关注相对不足。部分新区提出了分阶段的指标体系，但仅是针对新区的建设划分了近、中、远期等阶段，并将“终极蓝图指标体系”按不同时间点进行分解落实，缺少对规划、建设、运营生命周期各阶段特点和成长规律的关注。

4.1.3 城市新区目标制定优化方向

1. 国外案例借鉴

1）瑞典哈马碧新城

哈马碧新城位于瑞典斯德哥尔摩东南部，由老工业区和旧港口更新改造而成，是斯德哥尔摩的五大生态地区之一。总面积约 2 平方千米，居住人口约 25000 人。1996 年，哈马碧新城规划出台，是当时世界范围内具有前瞻性的可持续规划。经过多年的发展，哈马碧已经建设成了一座高循环、低能耗的宜居生态城，实现了环境可持续目标，并在能源利用、废弃物处理、水资源利用和污水处理等方面成为可持续发展的典范。

哈马碧新城在其规划中搭建了完整的“目标 - 指标”体系。规划提出哈马碧新城总目标为“Twice as good”，即“环境负荷减半”，并在土地使用、能源利用、交通运输、资源流转、给水排水、建筑和材料六个方面提出了相应的分目标。结合各系统分目标，提出了 32 项具体指标（表 4-2）。

表 4-2 哈马碧新城“目标 - 指标”体系表

总目标	分维度	分目标	指标项
“Twice as good”，即“环境负荷减半”	能源利用	能源供应总量不超过 60 千瓦·时 / 平方米，其中电力不超过 20 千瓦·时 / 平方米，而且总和为所有住宅能源消耗的总量	使用可再生能源、沼气产品，实现余热再利用以及高效能的节能建筑
			使用具有环境友好型标签的电力
			使用可再生能源、沼气产品，实现余热再利用以及高效能的节能建筑
			居民自行解决家庭所需能源的一半
			带有排风系统的区域供热，使用面积能耗不高于 100 千瓦·时 / 平方米，其中 20 千瓦·时 / 平方米为电能
			带有热回收系统的区域供热，使用面积能耗不高于 80 千瓦·时 / 平方米，其中 25 千瓦·时 / 平方米为电能
	交通运输	80% 的乘客使用公共交通工具、步行或骑自行车	到 2010 年，80% 的居民使用公共交通、步行或骑自行车
			至少 15% 的住户和 5% 的商用住户参加汽车共享俱乐部
			所有的重型车辆必须符合地区标准
	资源流转	可循环利用的和废弃物总量减少 20%	每户产生垃圾年均减少 15%
			每户产生的垃圾年均减少 50%
			减少垃圾堆放处的数量；提供可分类垃圾回收点
			80% 的有机垃圾经堆肥后回田或用于生物质发电
			减少本地区用于垃圾运输的车辆
			对 99% 的家庭废弃物进行能量回收
			建设期的垃圾填埋率低于 10%
	给水排水	人均耗水量相比老城的平均减少 60%	人均日用水量减至 100 升
			污水中 95%的磷回归土地
			污水中的重金属和其他有害物质的含量应比斯德哥尔摩其他地区低 50%
			净化后的污水中，氮含量不得高于 6 毫克 / 升，磷含量不得高于 0.15 毫克 / 升
			排水系统与雨水系统连接，不与污水网络连接
			氮元素回归农田，使用废水中的化学能，对氮元素和污水中的化学能回收的整个生命周期过程进行分析
	土地使用	100% 土地更新重建，并与城区相适宜	要求每户公寓拥有不少于 15 平方米的绿地，300 米距离范围内必须有一处 25 ～ 30 平方米的花园或公园
			要求家庭花园中有不低于 15% 的面积能够在春秋分保证 4 ～ 5 小时的光照
			生态空间补偿，保护生物多样性
			特殊价值的自然区域禁止开发
	建筑和材料	提供 1 万套住宅，建筑材料对环境无害	材料的选择以资源、环境和健康为出发点
			禁止使用压缩木板
			禁止使用铜质水管
			暴露在环境外的镀锌材料应做涂料处理
			尽量避免使用新挖的碎石和沙子
			鼓励使用回收材料

资料来源：根据哈马碧新城规划整理。

在能源利用维度，提出了能源供应总量不超过 60 千瓦·时 / 平方米，其中电力不超过 20 千瓦·时 / 平方米的分目标，并设置了 6 个指标项。在交通运输维度，提出了 80% 的乘客使用公共交通工具、步行或骑自行车的分目标，并设置了 3 个具体指标。在资源流转维度，提出了可循环利用的和废弃物总量减少 20% 的分目标，并设置了 7 个具体指标。在给水排水维度，提出了人均耗水量相比老城的平均减少 60% 的分目标，并设置了 6 个具体指标。在土地使用层面，提出了 100% 土地更新重建，并与城区相适宜的分目标，并设置了 4 个具体指标。在建筑和材料维度，提出了提供 1 万套住宅，建筑材料对环境无害的分目标，并设置了 6 个具体指标。

2）瑞典斯德哥尔摩皇家海港城

瑞典皇家海港城位于斯德哥尔摩东部，在历史上一直是斯德哥尔摩市重要的工业生产区之一，也是北欧面积最大的城市开发建设区域之一，距市中心骑行仅需 8 分钟。瑞典于 2010 年开始启动斯德哥尔摩皇家海港生态城项目，预计 2030 年建成。皇家海港城原为集装箱码头、油库和煤气场区域，计划通过更新重建为办公、居住、商业、文化功能混合的综合性城市新区，面积约 2.63 平方千米。皇家海港城包含 Kolkajen，Tjärkajen 和 Ropsten 三个主要区域。

针对现状石油燃料占比 32%、需要进行焚化处理的固体垃圾的比例较高、有机垃圾和大型垃圾的回收比例较低、海平面上升对淡水水源产生威胁等问题，2010 年皇家海港城编制可持续发展规划，规划中提出了“目标愿景 - 可持续目标 - 监控指标”的“目标 - 指标”体系。皇家海港城提出的目标愿景为“一个世界级的绿色城市地区”。结合总体目标愿景，在活力城市、可达性、资源效率和环境责任、自然为本、公众参与 5 个维度提出 21 项分目标。结合分目标，设置了 39 项监控指标（表 4-3）。

相较于其他新区规划，皇家海港城规划提出的“目标 - 指标”体系中，每个维度都设置了多个分目标。而且对每个分目标至少设置了 1 个量化指标项，通过这些指标项指引和监测分目标的实施。例如在活力城市维度，就设置了有活力的城市结构，平等城市，适宜日常生活的功能安排，有吸引力、安全的场所等分目标。而针对“平等城市”这一分目标，则设置了不同住宅类型的比例、不同居住权比例两项量化指标，而这两项指标与平等城市的目标要求高度关联，可以体现分目标的要求。

表 4-3 皇家海港城“目标 - 指标”体系

总目标	分维度	分目标	指标项
一个世界级的绿色城市地区	活力城市	有活力的城市结构	栅栏效应减少的比例
		平等城市	不同住宅类型的比例
			不同居住权比例
		适宜日常生活的功能安排	功能混合比例
		有吸引力、安全的场所	功能混合比例
			主要通道底层商业比例
	可达性	优先步行、自行车和公共交通	机动车和自行车行驶里程与总里程比例（每 3 年评估一次）
			步行、自行车和公共交通出行比例（每 3 年评估一次）
			可直达率 <1.25 地区比例
			站点 200 米范围内商业比例
		有活力、有弹性的街道空间	步行区比例
		基础设施应当鼓励合并装运和高效、可持续物流	合并装运量占建筑整合中心比例
	资源效率和环境责任	持续减少废弃物量，增加废弃物等级	人均产生废弃物重量
			有害废弃物比例
			本地循环中心再利用废弃物比例
		水资源和废水管理更效率节能	在示范项目中的住宅数量
		鼓励循环建造和管理系统	单位面积建筑垃圾量
		建筑设施的能源效率	单位建筑面积能源消耗
		至 2030 年无化石能源	单位建筑面积碳排放量
			地区年度碳排放当量
			本地能源年度生产量
		全生命周期建筑低气候冲击	全生命周期内单位面积碳排放量
		健康室内环境	实现或设计实现瑞典绿色建筑金标室内环境建筑比例
			满足城市环境健康管理局无化学物质三级标准的学校比例
		可持续建筑材料	不可持续建筑材料比例
		鼓励健康建造	完成 LCC(全生命周期成本法) 数量
	自然为本	利用生态系统建造有弹性、健康的城市环境	满足皇家海港绿地指标要求的私人地块建筑数量
			每个分区公共开放空间实现的绿地指标
			景观连通性
			住宅公寓 200 米范围内可达公园绿地的比例
	公众参与	鼓励开发过程中积极的公共参与	公众对话中参加者数量和提交提议数量
			研讨会参加者数量
			针对居民的介绍会议上参加者数量
		可持续消耗	满足可持续消耗的研发项目
		可持续的私人和公共团体	可持续认证的公共机构数量
			额外就业岗位数量
		皇家海港实践经验	学术访问数量
			技能学习参加者数量
			研发项目数量

资料来源：根据皇家海港城规划整理。

2.规划目标优化的方向

1）目标体现绿色低碳

在生态文明时代，绿色发展应是城市新区规划和发展的重点方向。新区的规划目标应重点体现绿色、低碳的内涵。随着经济社会的发展，国外城市新区规划不再聚焦于区域联系、经济发展等方面，而更为关注绿色低碳等内涵，强调新区的绿色发展。通过对国外 10 个著名绿色城市新区的目标进行研究，可发现国外新区提出的发展目标基本都以绿色低碳为主，主要包含绿色、低碳、可持续、生态等表述（表 4-4）。例如，瑞典哈马碧新城提出“环境负荷减半”，强调了低环境扰动、节能降耗、生态环境优化的内涵。皇家海港城则提出“一个世界级的绿色城市地区”的发展目标，明确表达了绿色发展的愿景和要求。

总目标中应该直接包含表现绿色低碳的表述，表达新区发展和建设的愿景蓝图，才能符合生态文明时代低碳化的发展方向。此外，绿色低碳的总目标才能有利于在新区的发展建设的全生命周期中把控发展导向，能够围绕总目标制定体现绿色低碳的规划策略，在建设中实践绿色的发展要求，凸显规划目标对新区建设引领作用。

表 4-4 部分国外绿色新区目标统计表

新区	目标
哈马碧新城	环境指数是一般城区的 2 倍以上；整体环境负荷量减少至 1990 年代初期的一半以上
瑞典马尔默西港区	零碳地区（BO01）——新区的碳排放总量为一般城区的 30%
瑞典皇家海港地区	一个世界级的绿色城市地区
美国伯克利	一个三维的、紧凑的、一体化的复合生态城市，为人类而设计的，减少对自然的“边缘破坏”
日本北九州	“从某种产业产生的废弃物为别的产业所利用，地区整体的废弃物排放为零”的生态城市
多伦多海滨地区	加拿大乃至全球的可持续发展样板地区
斯科尔科沃创新城市	现代的、世界闻名的、以人为本的、繁荣的、气候中立和环境可持续发展的社会
科克南码头区	创建一个充满活力、创新、混合使用的城市，具有可持续性和社会包容性
埃德蒙顿市中心机场	100%可再生能源，零碳、可持续的的绿色社区，围绕人们的生活、娱乐设计
波罗的海珍珠项目	不仅是建造欧洲标准的综合社区，更在于营造一种全新的、现代化、生态化、人性化的生活方式

资料来源：根据各新城规划整理。

2）目标可评估、可评价

传统的规划目标一般通过概括性文字描述发展愿景，通常不可评估，但绿色新区的规划目标应可以量化评估、评价。国外多个绿色新区倾向于直接提出可量化评估的总体目标，通过总目标即可以直观地表达城市新区所要实现的量化目标。提出可评估、可评价的目标，一方面可以明确发展程度，便于向下分解总目标，制定合理的指标项；另一方面，具体量化的总目标，使得总目标可以回溯评估，即能够通过量化计算评价总目标的实施情况。基于发展现状对规划目标进行评估后，可以有针对性地调整规划策略、政策措施，甚至根据现实情况调整规划目标。

例如瑞典哈马碧、埃德蒙顿中心机场地区在规划中直接以 1 ～ 2 项核心指标值作为发展目标，从而使目标可以进行量化评估。马尔默西港区则制定了“新区的碳排放总量为一般城区的 30%”的目标。埃德蒙顿机场地区则提出“100%可再生能源，零碳、可持续的绿色社区”的规划目标。哈马碧新城提出“Twice as good”的发展目标，即“环境负荷减半”，通过关联传导，将核心指标进行细化分解，在 29 个分指标中有 21 项指标直接与环境负荷关联，便于对核心指标进行定量计算。而“环境负荷减半”的总目标，为未来回溯评测目标完成情况提供了条件，可以直接通过对环境负荷的监测来评估总目标的实施完成情况。

3）构建关联传导的“目标 - 指标”体系

一般而言，单一的规划目标不可能面面俱到，难以全面指导新区整体的规划和建设，需要构建完整的“目标 - 指标”体系。为了更好地支撑总目标，“目标 - 指标”体系应能够层层分解、逻辑一致（图 4-1）。一方面，总目标应可以分解为若干维度的分目标，即通过分目标的达成，可以实现总目标。另一方面，分目标则需要与指标项相互关联，分目标的要求能够通过量化指标进行传导。总目标、分目标与指标项关联性较强，通过监控指标进行定量评价，可以有效检验总目标、分目标的完成情况，保障规划的实施。

哈马碧新城、马尔默西港区、皇家海港地区、多伦多滨海地区、科克南码头区等部分新区在规划中根据发展目标提出了明确的指标体系，形成关联传导的“目

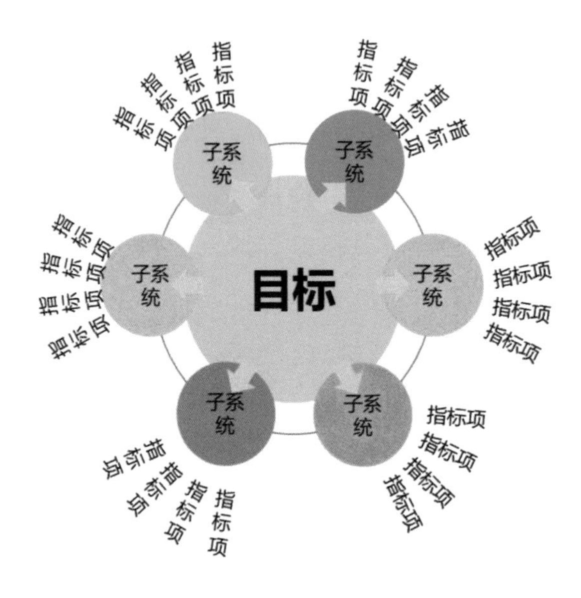

图 4-1 关联传导的“目标 - 指标”体系

标 - 指标”体系。其中瑞典皇家海港城在其可持续发展规划（The Sustainable Urban Development Programme）中提出了明确关联的“目标 - 指标”体系，构建了“目标愿景 - 分维度 - 分目标 - 指标项”的四级关联传导体系，提出了 5 个规划原则，21 个分目标和 39 个指标。活力城市、可达性、资源效率和环境责任、自然为本和公众参与 5 个分维度与总目标“一个世界级的绿色城市地区”相对应，结合 5 大维度所提出的 21 项分目标与总目标逻辑一致。而且每项分目标都设置了至少 1 项对应指标，可以通过指标监测分目标的实现情况。在可达性维度，规划提出了优先步行、自行车和公共交通，有活力、有弹性的街道空间，基础设施应当鼓励合并装运和高效、可持续物流三个与规划原则紧密关联的分目标。每个分目标都设置了相应的指标项，对于优先步行、自行车和公共交通分目标则设置了机动车和自行车行驶里程与总里程比例，步行、自行车和公共交通出行比例，可直达率 <1.25 地区比例三项指标，这三项指标均能较好地体现分目标的要求，可以通过指标项的监测来检验分目标的实施。

4）关注“人”、为人而设计

近年来，新区规划指标体系多聚焦在宏观社会经济指标、规划绩效等方面，而在人文、公众参与等方面还有所缺失。随着规划界越来越认识到城市活力、人民群众获得感的重要性，城市新区绿色规划需要在“目标 - 指标”体系中增加人文维度，在总目标或分目标中体现相关内涵和表述，在城市子系统中增加人文相关的系统，同时筛选和设置能够充分体现人本关怀的量化指标。

在绿色、低碳等内涵之外，国外绿色新区逐渐关注人本，强调人性化、活力、包容等表述。其中美国伯克利新区提出“为人而设计”、斯科尔科沃创新城提出“以人为本”等目标。除了在目标中增加关于人本的表述，部分绿色新区还提出了相关量化指标。瑞典皇家海港城“目标 - 指标”体系中始终关注人本和公众参与，不仅在指标体系中设置了 9 项公众参与相关指标，还在其从 2014 年开始的年度环境检测报告中，关于人和公众参与的指标始终能够接近全部指标数量的一半。

5）增加先决条件

通过对于各个城市新区“目标 - 指标”体系的研究，可以发现，部分新区的“目标 - 指标”体系设置能够体现较高的绿色水平，但往往忽视了部分底线要求和难以量化的指标，导致某些新区存在先决性条件的缺失。

在“目标 - 指标”体系中，除指标项外，还应增加相关先决条件。这些先决条件既可以是定性要求、也可以是定量指标，但要能着重体现规划的底线要求，例如优良的选址、生态保护红线总量、自然岸线比例等。城市新区在规划和发展过程中，应优先满足先决条件，即使在无法实现既定规划目标的情况下，也能够保证最底线的水平要求。而在规划评价和实施评估的过程中，以先决条件和指标体系对新区发展和建设进行评估，了解新区建设的底线完成情况。

4.2 先决性条件评价

基于城市新区空间绿色发展的经验和规律的研究，我国幅员辽阔、地域性差异较大，各地城市新区的发展明显受到所处区域的影响。自然地理环境不仅构成新区发展的基础，也构成了影响并约束新区发展的长期因素。一方面，气候、地质、水资源等自然基础条件是制约新区发展的约束性条件，一个新区的发展规模、承载功能和建设模式通常无法突破本底自然条件的约束。另一方面，土地资源、水资源、社会经济条件、基础设施等要素是新区发展和建设的基础性条件，新区的建设通常无法脱离这些基础性要素而独立发展。因此，城市新区的选址对其规划和发展具有重大的影响，应在制定“目标 - 指标”体系之前优先进行选址评价。

对自然地理环境承载条件及其影响进行准确评判，是确定新区选址、确立建设目标及影响新区开发绩效的前提性因素。而新区空间绿色发展的质量取决于生态、布局、土地、交通和设施等要素的相互协同。所以，结合案例研究及国土空间规划体系的要求，建议将与母城的关系 、资源环境承载能力评价、国土空间开发适宜性评价、灾害风险评估、交通与基础设施支撑条件五个方面作为先决条件。

4.2.1 与母城的关系

新区建设通常要依托母城发展。在建设初期，新城的产业体系、设施供给、人口导入尚不成熟，其发展往往依赖母城。因此母城是否具有一定程度的经济社会发展水平，是保证新城发展的重要因素。若新城周边有一定规模的城镇，新城可以依托其现有人口、产业、社会机构等社会经济资源，减少建设初期阶段的资源投入。后期则可以形成母城和新城之间的互补发展。新区的选址宜毗邻开发成熟的地区，新区周边至少有镇级行政单元作为支撑母城。母城或新区选址范围内有一定人口规模，可以作为新区初期人口导入的基础条件。且已经形成了一定规模的现状产业基础，能够为新区发展第三产业或战略新兴产业提供产业基础，或与新区规划的产业形成产业互补链条。

新区与母城的距离既不能太近，也不能太远。距离太近，新区极易与母城连绵成一体，空间上体现出摊大饼的现象，新区过于依赖母城，缺乏独立性；距离太远，增加城市交通设施的负荷，各类要素的流动减弱，不利于新区借力母城。因此，适宜的距离显得尤为重要。建议新区与母城中心区的距离不宜大于 20 千米（表 4-5）。

表 4-5 部分城市新区距母城中心区的距离统计表

类型	序号	新区名称	与母城距离（千米）
国家级新区	1	浦东新区	5
	2	滨海新区	45
	3	两江新区	10
	4	舟山群岛新区	
	5	兰州新区	50
	6	南沙新区	35
	7	西咸新区	20
	8	贵安新区	25
	9	西海岸新区	20
	10	金普新区	25
	11	天府新区	16
	12	湘江新区	
	13	江北新区	13
	14	福州新区	8
	15	滇中新区	18
	16	哈尔滨新区	11
	17	长春新区	11
	18	赣江新区	18
	19	雄安新区	
国内部分绿色新区	20	曹妃甸国际生态城	54
	21	中新天津生态城	50
	22	青岛中德生态园	21
	23	中法武汉生态示范城	20
	24	长沙市梅溪湖新城	8
	25	深圳市光明新区	26
	26	重庆市悦来绿色生态城区	18
	27	贵阳市中天未来方舟生态新区	6
	28	昆明市呈贡新区	22

资料来源：根据各新区规划整理。

4.2.2 资源环境承载能力评价

城市自然生态系统承载着人类活动，构筑起人类生存空间的物质形态，是人类生存不可或缺的重要资源，如空气、阳光、水、土地、群落、矿产资源等。资源环境承载力是指区域生态环境对人类社会、经济活动的支持能力的限度，是城镇开发建设需要遵守的底线。城市新区建设应从保护生态本底，秉承可持续发展原则的角度来推进。

根据土地资源、水资源、环境承载能力、生态承载能力等单要素承载能力评价，通过集成评价得到城镇建设等指向下的承载能力等级和规模。

土地资源承载能力是在一定时空尺度和一定的社会、经济、生态、环境条件约束下，区域土地资源所能支撑的最大国土开发规模和强度。土地资源承载能力评价主要表征区域土地资源条件对人口聚集、工业化和城镇化发展的支撑能力。采用土地资源压力指数作为评价指标，由现状建设开发程度与适宜建设开发程度的偏离程度来反映。城市新区应依据其赖以存在和发展的土地、资源环境条件，按照人均占用水平或标准，对规划范围内可以承载的人口规模进行推算，得出城镇资源环境（或加上人为约束）能够承载人口的最大容量或者极限规模。

在绿色城市新区规划中应充分考虑规划区原有本底水资源条件。考虑到我国水资源分布不均的特征，还应分析不同地区不同的缺水状况，以水定人、以水定产、以水定城。以水资源为主要约束条件，对照国内外先进水平，评价新区选址范围可承载城镇建设的最大合理规模，因地制宜地进行功能与业态布局规划。水资源承载能力是指在可预见的时期内在满足河道内生态环境用水的前提下，综合考虑来水情况、工况条件、用水需求等因素，水资源承载经济社会的最大负荷。采用满足水功能区水质达标要求的水资源开发利用量（包括用水总量和地下水供水量）作为评价指标。

环境承载力是指在一定时期、一定状态或条件下、一定的区域范围内，在维持区域环境系统结构不发生质的变化、环境功能不遭受破坏的前提下，区域环境系统所能承受的人类各种社会经济活动的能力。

生态承载力，是指生态系统提供服务功能、预防生态问题、保障区域生态安全的能力。生态承载力评价，辨识人类活动对于生态产品与服务的使用，是否超过生态系统提供产品和服务的能力，是否产生了生态环境问题。

基于上述单向承载力分析，进行系统集成，综合评价得出选址的资源环境承载能力。城市新区的选址应尽量位于资源环境承载能力较高的地区，制定的发展规模目标应充分结合资源环境承载能力评价。

4.2.3 国土空间开发适宜性评价

国土空间开发适宜性评价是指在维系生态系统健康和国土安全的前提下，综合考虑资源环境等要素条件，评价特定国土空间进行农业生产、城镇建设等人类活动的适宜程度。

评价用于判断国土空间自然条件对城镇（开发）、农业（生产）、生态（保护）三类利用方式的适宜程度及评判分级，是着重于从资源保护和开发利用关系、人地关系分析基础上的分析和判断。从区域生态安全底线出发，评价水源涵养、水土保持、生物多样性、防风固沙、海岸防护等生态系统服务功能的重要性，形成生态保护极重要区和重要区。在生态保护极重要区以外，开展种植业、畜牧业、渔业等生产适宜性评价，识别农业生产适宜区和不适宜区。在生态保护极重要区以外，优先考虑环境安全、粮食安全和地质安全等底线要求，识别城镇建设不适宜区。另外，沿海的新区应针对海洋开发利用活动开展评价。

绿色新区选址应遵循底线思维，按照评价的结果，一般选址于城镇建设的适宜区，保障生态空间和农业空间不被侵占，真正实现绿色城市建设。

4.2.4 灾害风险评估

自然灾害风险是指在特定的时间内，在特定的区域内，由可能发生的特定自然现象所造成预期损失的程度。城市新区在选址前应对拟选址区域展开灾害风险评估。充分研究区域内洪涝灾害、干旱灾害、地质灾害、气象灾害等灾种，采用定性和定量相结合的方法，对可能带来潜在威胁或伤害的致灾因子和承灾体的脆弱性进行分析和评价。结合单灾种评价，进行多灾种综合分析，进而判定出风险性质、范围和损失等级。（周姝天，等，2020）

通过识别选址内灾害风险点和重点区域，可以综合判断新区拟选址的合理性。新区应选址尽量避开中高风险地区，布局在中或低灾害风险地区。

4.2.5 交通和基础设施支撑条件

良好的交通设施基础是新区发展的前提，便捷的交通有利于新区融入区域一体化发展、利用区域各类资源要素、加速各类资源要素流动流通。便捷的城际通道（高速路 + 快速路对外通道）、合理的城市路网体系和适宜的各级路网密度、高效的城市公共交通，尤其是轨道交通建设、完善的客货分离交通组织等，这些都是新区选址需要考虑的重要因素。城市新区的发展应结合轨道交通，一般情况下城市新区应至少有两条轨道交通线（高铁或城际线）支撑。根据城市新区的规模大小，综合考虑轨道交通站点和枢纽的设置。同时选址应具有良好的公路交通条件，保证与母城或周边重大交通枢纽之间实现快速通达。

基础设施也是新城新区发展的重要支撑。基础设施能否承载未来新区将要容纳的人口需求，服务设施的能级、种类、可达性等都是决定新区能否实现高品质发展的关键。但基础设施往往成本投入高、建设周期长，新城发展初期往往难以负担。若新城周边存在一定规模的基础设施，能够对新城的开发建设起到支撑作用，能够保证新城建设初期的各项要素的正常供给，减少初期建设投入。基础设施重点关注文化、教育、体育、卫生、养老等公共服务设施和供水、排水、电力、燃气、通信等市政基础设施。

城市新区选址周边应具备基本的供水、排水、污水、电力、燃气等市政基础设施，未来规划的市政基础设施可以快速便捷地接入城市既有市政管网系统形成良好的市政系统。此外，选址还应具备基本的防灾减灾设施，且具备在建设过程中进一步提升标准或改扩建的能力和空间。

4.3 “目标 - 指标”体系构建

在现阶段我国的各类规划中，定性指标多于定量指标，既不利于测量、评估，也不利于灵活调整，系统、科学地构建规划“目标 - 监测指标”体系有助于提高动态监测水平及其工作效率（周姝天，等，2017）。结合国际案例的借鉴分析，构建绿色城市新区“目标 - 指标”体系应形成“总目标 - 选址先决条件 - 分维度 - 指标项”的完整体系，提出符合绿色新区发展方向的规划目标，在与目标相关联的多个维度中确定指标项。

4.3.1 提出发展目标

绿色新区规划应结合“以人为本，道法自然，因地制宜，天人合一”的思想，对新区的规划建设提出引导，同时引领人们生活理念和生活方式的改变。在目标制定中，将“生态低碳”理念充分融入。城市新区绿色规划目标是规划的纲领性内容，既要突出规划目标的战略性和概括性，又要能够体现绿色发展的内涵。根据清晰准确、可评估的规划目标要求，提出确定城市新区绿色目标的四大原则：绿色原则、可评估原则、人本原则、地域性原则。

1.绿色原则

低碳绿色是规划目标的基本要求，准确的绿色发展目标便于指导规划编制和实施建设。通过对国内外城市新区发展目标的研究，可以发现随着全球气候问题严峻和生态发展成为共识，绿色发展成为城市新区的主流目标。绿色、低碳、可持续词语成为绿色新区发展目标的重点。随着我国“双碳”目标的确立，城市新区应成为城市低碳建设发展的排头兵。所以在制定城市新区规划时，应在总目标或分目标中体现绿色、低碳、可持续等相关表述或内涵。

2.可评估原则

从规划目标动态监测和评估反馈的要求来看，城市新区提出的绿色规划目标应易于评估计算，清晰简练，具有一定的操作性。瑞典哈马碧、皇家海港等新区将可量化计算的指标直接作为规划目标，便于规划实施后进行评估监测、回溯反馈。而我国目前城市新区多采用的目标表述较为宽泛，未来不可进行评估监测，难以验证目标的科学性和完成度。因此，城市新区绿色规划目标的提出要遵循可评估原则。

3.人本原则

城市规划强调以人为本，国内外城市规划越来越关注城市活力和人的获得感。城市新区的发展实质上仍要依靠人、回到人，规划应从单纯对物质空间的关注转向对人的关注。所以，城市新区的规划在目标制定中就应体现人本的内涵和人文的关怀。

4.地域性原则

此外，我国城市新区数量多、分布广，地域类型、气候条件差异较大，不同地域的新区需要根据自身条件提出有针对性的规划目标，既要体现地域特色，又能回应绿色发展的要求。例如在水资源相对短缺的华北、西北及部分西南地区，新区制定的绿色发展目标和指标明显会受到水资源短缺的影响。

综上，城市新区提出绿色规划目标应遵循绿色、可评估、人本和地域性 四个原则。

4.3.2 构建绿色新区九大维度

规划目标无法面面俱到地包括新区发展的各个方面，所以需要设置指标体系对总目标进行分解和支撑，用于指导和管控新区的规划和发展。而指标体系通常包含多个维度，每个维度下设置相对应和关联的指标项。

1.分维度构建原则

分维度的设置和选取需遵循以下原则。

一是各个维度应明确关联规划总目标。分维度应与规划目标存在逻辑关联，或与分目标直接对应。例如总目标中提出了“社会包容性”的内容，目标体系中宜包含人文、活力、公众参与等维度。

二是应囊括绿色发展的相关城市维度。通过设置体现绿色发展内涵的城市维度，能够纳入绿色发展的具体指标，重点体现新区的绿色发展水平。例如能源利用、废弃物、水系统等与绿色发展密切相关的维度，应考虑纳入绿色新区的指标体系维度中。

三是应包含城市发展所必需的各个维度。绿色新区的“目标 - 指标”体系不能仅就绿色谈绿色，绿色新区的核心实质仍是一个运行正常的城市新区，故其指标体系应包含正常城市新区指标体系的相关维度。通过设置例如土地利用、交通系统、蓝绿网络等维度的指标体系，引导和管控城市新区基本的建设和发展需求。

2.绿色新区九大维度

结合国内外城市新区的案例借鉴，绿色城市新区规划在构建指标体系维度时，可采用土地使用、道路交通、蓝绿网络、废弃物、能源、水系统、街区形态、智慧管治、人文九大维度。

土地使用、道路交通、蓝绿网络三个维度为城市新区基础维度。优良的生态、紧凑的布局、高效的用地、便捷的交通系统和完善的设施是新城镇空间实现绿色发展的重要手段（Beatley，2000；Wheeler，2013）。土地使用作为规划的基本要素，是承载新区发展的核心，是高效利用土地与城市新区实现集约发展的重要支撑。土地使用维度重点关注用地混合、紧凑布局等方面。道路交通是支撑新区发展和运行的骨架网络，重点关注交通便利、公共交通、慢行交通等方面。蓝绿网络是新区的生态基底，展现生态基础，蓝绿网络维度重点关注生态廊道、水体空间、社区绿化等方面。新区建设中需要改变粗放的资源利用方式，对能源和水资源等进行集约利用（文雯，王奇，2017），综合设置废弃物、能源利用、水系统三个维度为城市新区的绿色维度；街区形态、智慧管治、人文三个维度可结合各新区的实际情况进行调整和增减（表 4-6）。

表 4-6　绿色新区维度

绿色新区九大维度建议	哈马碧新城案例维度	皇家海港城案例维度
土地使用		活力城市
道路交通	交通运输	可达性
蓝绿网络		自然为本
能源	能源利用	
废弃物	资源流转	资源效率和环境责任
水系统	给水排水	
街区形态	建筑材料	
智慧管治		
人文		公众参与
	土壤治理、湖水治理、排放控制	

4.3.3　确定指标体系的指标项

针对城市新区的各个维度，需要选取适宜的指标项纳入指标体系。根据英国皇家规划学会对规划指标筛选提出的四条标准（周姝天，等，2018）。城市新区绿色规划的监测指标选取应遵循概念相关性、政策一致性、技术坚固性以及易解释性。

概念相关性：指标项的设置与选取应与规划目标存在逻辑关联，对新区各维度和各分目标设置可量化的计算指标。例如，某新区规划在生态维度提出倡导绿色低碳的发展模式和健康环保的生活方式，系统化的安全格局逐步形成的分目标，那么其筛选的指标项应与分目标相对应，指标项中应包含体现绿色发展模式、健康环保生活方式、生态安全格局等方面的指标。

政策一致性：指标项必须明确与其他城市管理主体相对应，有利于指标数据的采集、更新、反馈和后续政策的衔接。案例中森林覆盖率、自然岸线比例、人均公园绿地面积、万元工业增加值用水量、功能区噪声达标率等指标有相对应的政府职能部门，各部门对相应指标也有定期监测、评估的机制。

技术坚固性：指标项必须具有延续性和纵向可比性，能够在未来通过对指标值的监测来反映新区的目标实现情况、发展现状、趋势和问题。案例中“万元工业增加值用水量”指标可以持续跟踪新区绿色低碳的发展模式，能够较好地反映分目标的实现情况。

易解释性：指标应易于解释，易于利益相关者对指标和监测体系进行理解。

通过对国内外绿色新区所制定的指标进行梳理，形成包含 80 余项指标的“指标”池。基于绿色城市新区指标体系的九大维度，结合指标筛选的四条原则，对指标池中的指标项进行优化筛选，形成一套完整的绿色新区指标体系（图 4-2，表 4-7）。

1.土地使用维度

在土地使用方面，土地混合使用能够有效加强城市集约利用，平衡区域用能峰谷，通过土地有效混合使用还可以减少交通出行，降低碳排放（那鲲鹏， 李迅，2013），所以是土地使用维度关注的重点。在街区的空间层次，通过提高混合街坊面积占街区总面积比重来实现土地的混合使用。混合用地比例指城区内每平方千米内含居住、公共服务、商业类用地中的两类或三类用地性质的混合用地面积占城区总建设用地面积的比例。通过职住平衡可以进一步加强土地的混合使用，职住平衡指数具体以在给定的区域范围内就业岗位的数量和居住单元数量比值基本相等来测度。

2.道路交通维度

由于中国的人口总量大，中国机动化的一个小小变化，都将对能源的需求产生重要影响。因此，构建绿色的道路交通已经成为中国众多城市的发展共识，也应是绿色城市新区发展的重要方向。

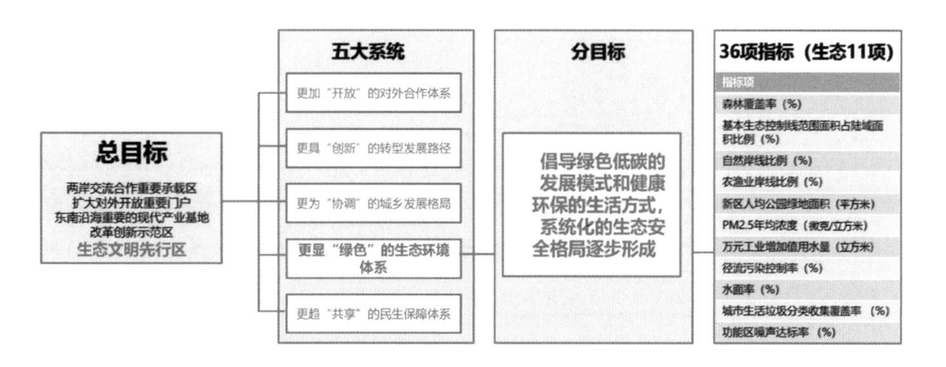

图 4-2 某新区“目标 - 指标”体系
资料来源：根据某新区规划整理。

表 4-7 分维度 - 分目标 - 指标体系

维度	分目标示例	管控指标
土地使用	功能混合； 宜居； 创新； 紧凑高效布局	职住平衡系数； 土地使用混合熵； 混合街坊比例； 混合用地的比例
道路交通	交通便利； 公共交通主导； 社区以慢行交通主导	城市道路网密度； 人行通道密度； 专用慢行道（绿道）密度； 公交站点 500 米覆盖率； 轨道交通站点 800 米覆盖率
蓝绿网络	绿色和蓝色的城市； 自然生境的社区绿化环境； 打造有吸引力、高质量的公共空间	生态廊道宽度； 蓝绿空间占比； 绿地可达范围； 建成区透水率
废弃物	垃圾分类回收； 垃圾再利用； 垃圾排放减量化	废弃物回收利用比例； 垃圾焚烧发电比例； 建筑垃圾回收利用率
能源	可再生能源利用； 能源本地化生产	可再生能源比例； 本地可再生能源比例； 单位 GDP 能耗
水系统	水资源节约； 污水处理和再生利用； 雨水管理和利用	人均用水量； 雨水收集回用率； 城区供水管网漏损率
街区形态	建造高品质、资源节约型建筑	街区内部通过建筑形态组合，形成微风通道； 街区开发强度 2 ～ 3.5，建筑密度 30% ～ 40%； 街区综合绿强度
智慧管治	智慧社区	城市动态检测与管理平台覆盖率； 智慧通信网络设施覆盖率； 智慧社区服务平台覆盖率
人文	以人文本； 绿色生活方式	公益性服务设施免费开放； 人性化和无障碍过街设施； 鼓励居民节水、节能； 获得绿色校园认证的学校

资料来源：根据皇家海港城规划整理。

在道路交通方面，城市道路网密度、人行通道密度、自行车道密度、专用慢行道（绿道）密度、公交站点 500 米覆盖率、轨道交通站点 800 米覆盖率是影响新区绿色程度的重要指标。当前城市建设普遍面临着街坊尺度过大，路网过疏、道路过宽造成城市不宜步行，公交网络不够密，进而增加私家车的使用量和道路拥堵等问题。但与此同时，部分地区街坊地块过小，难以进行开发。因此，在开发和路网密度之间需要进行平衡。通过国内大量研究和建设实践的经验总结，70% 的街坊小于或等于 2 公顷（不含工业区），最大街坊尺度不超过 4 公顷的指标较为适宜。相对应的道路密度在 10 ～ 12 千米

/ 平方千米之间，道路用地占比为 20% ～22%。通过国内大量研究和建设实践的经验总结，以不同交通方式从住宅区到工作区的时间差小于 1.5 倍，是较为合适的绿色交通衡量指标。此外，公交站点 500 米覆盖率应达到 90%，轨道交通站点 800 米覆盖率应达到 70%。

3.蓝绿网络维度

在蓝绿网络方面，重点指标是一级生态廊道（片区与片区之间）宽度、新区蓝绿空间占比、二级景观廊道宽度、片区蓝绿空间占比、三级活力廊道（街区与街区之间）宽度、组团蓝绿空间、绿地可达范围等。通过识别生态敏感保护区域，连接水流、风流、生物流等网络，提升水绿廊道的通风效能，增加生态空间的冷岛效应等技术评价方法，综合考虑城市集中建设的效率，确定生态网络等级及廊道宽度。一级生态廊道位于片区与片区之间，廊道宽度 300 ～ 500 米，长度 40 千米，新区蓝绿空间占比应达到 50%；二级景观廊道位于组团与组团之间，廊道宽度 100 ～ 200 米，长度 18 千米，片区蓝绿空间占比应达到 40%；三级活力廊道位于街区与街区之间，廊道宽度 50 ～ 80 米，长度 6 千米，组团蓝绿空间占比应达到 30%。

4.废弃物维度

在废弃物方面，传统固体废弃物处理是通过物理手段或生物化学作用用以缩小其体积、加速其自然净化过程。为了保护环境和发展生产，许多国家不断采取新措施和新技术来处理和利用固体废物，需要结合新的技术提出相应指标。垃圾回收和循环利用是减少排放、降低能耗、促进新区绿色低碳的重要方式。此外还有可燃烧垃圾转换成集中供热和电，来自自然的生物燃料转换成集中供热和电，净化排水中的热转化成集中供热和集中降温，太阳能转化成能源或者用于加热水等不同的废弃物处理方式。所以废弃物维度重点关注的指标是废弃物回收利用比例、垃圾焚烧发电比例、建筑垃圾回收利用率。

5.能源维度

在能源方面，新区的建设发展和经济增长与能源消费不可分割，需要在能源维度设置相应指标。由于不同地区的能源供给方式、能源需求并不相同，所以各地之间能源指标差异较大。绿色新区的能源维度尽量选取地域差异较小的能源指标，例如可再生能源比例、本地产生的可再生资源所满足电力需求的比例、单位 GDP 能耗等。

6.水系统维度

在水系统方面，我国仍然是一个相对缺水的国家，水资源是很多地区发展的瓶颈，绿色城市新区需要加强对水资源使用方式、转化效率和质量进行管控（文雯，王奇，2017）。重点指标是人均用水量、雨水再利用率、城区供水管网漏损率等。

7.街区形态维度

与气候相适应的街区形态，通过用地布局、建筑组织能够有效提升低碳水平。所以需要设置相关指标控制绿色低碳的街区形态。抵挡冬季风、贯通式夏季风的建筑布局模式可以改善街区微气候，使得建筑冬暖夏凉，降低空调和暖气的使用频率，减少建筑能耗和碳排。而“中层中强度”的布局模式可以加强建筑的自然采光，降低采光能耗。不单单关注绿地率或绿化覆盖率，采用“绿强度”指标，将地面绿化、屋顶绿化面积、墙体垂直绿化面积、草坪砖停车绿化、悬空建筑下的绿化、绿地包围的水体等具有碳汇功能的各类绿化全部纳入绿强度统计，关注综合碳汇能力。

8.智慧管治维度

我国新区目前的智慧信息基础设施还相对比较落后，未来必须以构建全域覆盖、系统集成、数据共享、智能互动的智慧信息基础设施为目标。但是，信息基础设施应以系统的适度需求为导向，过度追求全面覆盖既增加成本又影响效率。

在智慧管治方面，通过互联网和物联网、云计算、大数据、虚拟现实、增强现实、人工智能等先进技术的运用，辅助交通、通信、能源、市政、安全、公共服务等规划技术的运用，提高技术的效率和适应性。重点关注的指标是城市动态检测与管理平台覆盖率、智慧通信网络设施覆盖率、智慧社区服务平台覆盖率。

9.人文维度

人文维度指标是公益性服务设施免费开放，人性化和无障碍过街设施，鼓励居民节水、节能，获得绿色校园认证学校的比例。

4.3.4 城市新区“目标 - 指标”体系

通过对国外绿色新区的案例借鉴，绿色城市新区的“目标 - 指标”体系应形成“总目标 - 选址先决条件 - 分维度 - 指标项”的完整体系（图 4-3）。

总目标的提出应遵循绿色、可评估、人本和地方四大原则。将选址作为先决条件纳入“目标 - 指标”体系，通过设置与母城的关系、资源环境承载能力评价、国土空间开发适宜性评价、灾害风险评估、交通和基础设施支撑条件等多项先决条件，保证新区发展的底线要求。结合案例研究，构建绿色城市新区指标体系的九大维度，包含土地使用、道路交通、蓝绿网络、废弃物、能源、水系统、街区形态、智慧管治和人文。根据遵循概念相关性、政策一致性、技术坚固性以及易解释性原则，对“指标池”进行筛选，选取符合绿色新区发展要求的 30 项指标。

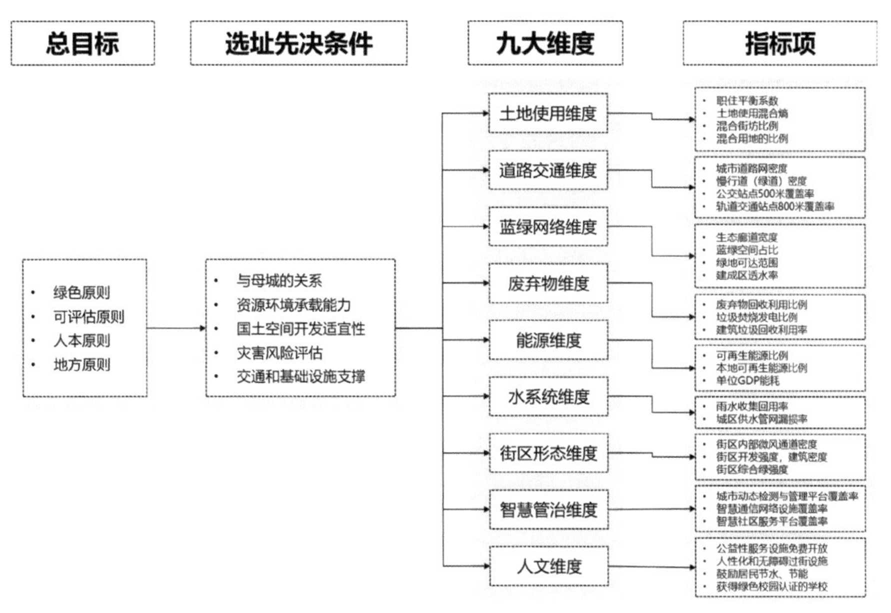

图 4-3 城市新区“目标 - 指标”体系

4.4 全生命周期指标管控

规划目标实现的时间顺序，一般通过阶段目标、近期目标等方式，协调城乡空间的近期与长期空间绩效分配的过程（颜文涛，等，2012），与环境功能、容量配套，形成阶段性目标，是对城乡不同目标优先权的安排。

城市新区绿色规划指标体系应充分考虑城市发展轨迹及趋势，及其对城市建设进程和生态化、低碳化的影响。针对城市新区发展的不同时期，增加时间维度，对目标制定、方案布局、建设实施、运营管理四个阶段分别制定“目标 - 指标”体系。从新区发展的全生命周期提出规划目标的指引和管控。

新区的目标制定阶段，新区尚未开展建设，具备全面考虑新区发展各方面的条件，应提出相对全面的蓝图式发展目标。一方面，可以引导新区在规划、建设和发展的全生命周期中持续向总目标的方向发展，具有强大的指导意义。另一方面，确定的蓝图式目标，能够在新区发展的各阶段分解为对应的目标和指标，实现最终蓝图目标。所以，在规划目标制定阶段，新区的“目标 - 指标”体系应是一个相对完整、尽量囊括新区发展各方面，即前文构建的城市新区“目标 - 指标”体系，本节不再赘述。

新区的方案布局阶段，规划方案的合理性是决定未来城市新区发展成败的关键因素之一。与新区开发的终极蓝图不同，新区的规划方案应重点关注不同方案和布局形态对城市新区综合系统的影响。这个阶段的指标体系要重点针对规划方案的特征和特点，选取有针对性的指标，指导和管控规划方案的合理性。

建设实施阶段中，新区逐步开展建设，各项工程逐步实施。由于城市是复杂巨系统，指标体系也无法对各类工程进行全方位的指导管控。若要保证新区规划的实施，应从规划的角度对城市新区建设过程中的重点要素进行提取测度，以高度凝练可测度的指标对新区的建设进行指导和管控。

在新区的运营管理阶段，大规模的建设基本完成，城市系统相对稳定。但新区的运营阶段是其发挥功能、承载人口和产业、提供服务的核心区时期，既是检验新区规划的合理性，也是体现新区绿色、低碳程度的重要阶段。这个阶段，规划的指标体系应从城市空间形态、建设导向转向运行质量，从指导发展为主转向监测管控为主。

综上，新区的全生命周期“目标 - 指标”体系应在各个阶段相互关联，同时又各有侧重、有所区别。应在绿色城市新区“目标 - 指标”体系的基础上，增加时间维度，形成一套贯穿城市新区规划目标制定、方案布局、建设实施和运营管理阶段的“目标 - 指标”体系。

4.4.1 构建全生命周期“目标 - 指标“体系矩阵

目标阶段制定的“目标 - 指标”体系相对完整、系统和全面，但是在城市新区的规划、建设、运营阶段，其侧重点相对不同，每个阶段所能实现的目标也有所区别。应根据新区发展的不同阶段，提出贴合实际、相对适宜的发展目标。同时根据不同阶段的发展重点，对指标项进行有侧重选取和差异化赋值。

通过纳入分阶段维度，形成“*N*×4”的“目标 - 指标”体系矩阵（表 4-8）。横向维度为 *N* 个维度管控要素，通过总目标向各系统进行传导分解，形成“总目标 - 分目标 - 指标项“的层层关联的指标体系。

纵向维度引入城市新区的发展阶段，针对不同阶段选取更加侧重的指标项和指标赋值，在指标体系层面强化对城市新区的全生命周期管控。目标阶段制定的“目标 - 指标”体系较为综合全面，是面向新区的蓝图式目标。针对方案布局、建设实施、运营管理各自阶段的实施重点，应设置相对应的目标和指标项。

表 4-8 城市新区全生命周期“目标 - 指标”体系矩阵

<table>
<tr><td colspan="7">总目标</td></tr>
<tr><td rowspan="3">指标</td><td>子系统一</td><td>子系统二</td><td>子系统三</td><td>子系统四</td><td>子系统五</td><td>……</td></tr>
<tr><td>分目标</td><td>分目标</td><td>分目标</td><td>分目标</td><td>分目标</td><td>分目标</td></tr>
<tr><td>指标项</td><td>指标项</td><td>指标项</td><td>指标项</td><td>指标项</td><td>指标项</td></tr>
<tr><td>目标制定阶段</td><td></td><td></td><td></td><td></td><td></td><td></td></tr>
<tr><td>方案布局阶段</td><td></td><td></td><td></td><td></td><td></td><td></td></tr>
<tr><td>建设实施阶段</td><td></td><td></td><td></td><td></td><td></td><td></td></tr>
<tr><td>运营监测阶段</td><td></td><td></td><td></td><td></td><td></td><td></td></tr>
</table>

4.4.2 分阶段指标体系构建方法

城市新区全生命周期管控框架中，各阶段管控指标不尽相同，需结合各阶段特点进行差异化设置。由于目标制定阶段的指标项设置较为全面系统，本节重点提出方案布局、建设实施和运营管理三个阶段的指标选取方法。

以前文构建的绿色城市新区“目标 - 指标”体系为基础，通过按阶段选取管控指标、对相同指标进行分阶段赋值、增设分阶段特色指标等方法，形成城市全生命周期指标体系。

1.按阶段选取管控指标

针对方案布局、建设实施、运营管理三个不同阶段，在前文构建的绿色城市新区“目标 - 指标”体系中有针对性地选取指标项。

方案布局阶段重点关注规划目标与规模的合理性、规划方案的合理性、用地布局动态调整等，所以土地利用、蓝绿网络、街区形态是本阶段关注的重点方面，指标选取可重点向这些维度倾斜。可重点选取土地使用混合熵、混合街坊比例、城市道路网密度、公交站点 500 米覆盖率、轨道交通站点 800 米覆盖率、蓝绿空间占比、街区内部形成微风通道、街区开发强度、建筑密度等指标。

建设实施阶段是新区的建设和运行同步进行的阶段，关注发展目标与规模的优化、开发时序、开发空间结构等，以新区建设过程中对绿色化影响显著的开发紧凑性、开发时序、开发结构为核心，重点关注建设空间紧凑性、生态空间网络、城市公园建设、城市公园与生活圈耦合、土地利用与交通的耦合等方面。重点指标为混合用地的比例、人行通道密度、专用慢行道（绿道）密度、公交站点 500 米覆盖率、轨道交通站点 800 米覆盖率、废弃物回收利用比例、建筑垃圾回收利用率、生态廊道宽度、可再生能源比例、单位 GDP 能耗建成区透水率、雨水收集回用率、城区供水管网漏损率、城市动态检测与管理平台覆盖率。

运营管理阶段提升期重点关注发展目标导向、城市空间协同性、功能板块的融合性、用地空间绩效及生态评价等，应以寻找绿色发展短板，明确新区近期规划和建设行动为主要目的，筛选运营管理和评估的核心指标。重点指标为混合街坊比例、公交站点 500 米覆盖率、轨道交通站点 800 米覆盖率、建成区透水率、废弃物回收利用比例、垃圾焚烧发电比例、建筑垃圾回收利用率、雨水收集回用率、城区供水管网漏损率、城市动态检测与管理平台覆盖率、智慧通信网络设施覆盖率、智慧社区服务平台覆盖率、公众参与水平、鼓励居民节水节能、获得绿色校园认证的学校数（表 4-9）。

2.增设分阶段特色指标

新区发展各阶段关注重点各不相同，在各阶段指标选取的基础上，仍可能有部分体现各阶段特色的指标未能纳入。可考虑在现有基础上，增设各阶段特色指标，此部

表 4-9　绿色新区分阶段重点维度

阶段	土地利用	蓝绿网络	道路交通	废弃物	能源系统	水系统	街区形态	智慧管治	人文
方案布局阶段	●	●	◎	○	◎	◎	●	○	◎
建设实施阶段	◎	●	●	◎	●	●	●	◎	◎
运营监测阶段	◎	◎	●	●	●	●	○	●	●

注：●为重点关注维度；◎为较为关注维度；○为一般关注维度。

表 4-10　城市新区“目标 - 指标”体系分阶段重点指标

指标	方案布局阶段	建设实施阶段	运营监测阶段
土地使用	土地使用混合熵； 混合街坊比例； 开发边界规模 *	混合用地的比例； 空间紧凑度 *； 人均建设用地面积 *	混合街坊比例； 职住平衡系数
道路交通	城市道路网密度； 公交站点 500 米覆盖率； 轨道交通站点 800 米覆盖率	人行通道密度； 专用慢行道（绿道）密度； 公交站点 500 米覆盖率； 轨道交通站点 800 米覆盖率	公交站点 500 米覆盖率； 轨道交通站点 800 米覆盖率； 绿色交通分担率 *； 人均单程通勤时间 *
蓝绿网络	生态廊道宽度； 蓝绿空间占比； 水面率 *	生态廊道宽度； 建成区透水率； 公园绿地覆盖率 *； 水面率 *	建成区透水率； 公园绿地覆盖率 *； 水面率 *
废弃物		废弃物回收利用比例； 建筑垃圾回收利用率	废弃物回收利用比例； 垃圾焚烧发电比例； 建筑垃圾回收利用率
能源	分布式能源覆盖率 *	可再生能源比例； 单位 GDP 能耗	可再生能源比例； 单位 GDP 能耗； 单位 GDP 碳排放量 *
水系统		雨水收集回用率； 城区供水管网漏损率	人均用水量； 城区供水管网漏损率； 城市水环境质量优于五类比例 *
街区形态	街区内部形成微风通道； 街区开发强度； 建筑密度	新建建筑中绿色建筑占比 *； 街区开发强度； 建筑密度	街区综合绿强度
智慧管治		城市动态检测与管理平台覆盖率	城市动态检测与管理平台覆盖率； 智慧通信网络设施覆盖率； 智慧社区服务平台覆盖率
人文	公众参与水平	公众参与水平	15 分钟生活圈达标率 *； 公众参与水平； 鼓励居民节水、节能； 获得绿色校园认证的学校数

注：“*”为增设指标。

分指标可不纳入绿色城市新区“目标 - 指标”体系，仅在针对各阶段进行指引、管控和监测（表 4-10）。

在方案布局阶段，重点关注方案的合理性，具体维度包括土地利用和蓝绿网络，可在这些维度增设特色指标。土地利用方面，科学合理的城镇开发边界既是规划方案布局的基础条件，也是城市建设拓展的刚性边界，其规模应是方案布局阶段重点关注的指标。在蓝绿网络方面，水面率是体现空间方案中蓝绿网络的重要指标之一，应重点考虑增设。在能源维度，考虑增设分布式能源覆盖率指标。

在建设实施阶段，根据重点关注的维度，注重增加建设管理等方面的指标。可考虑在土地利用维度增设空间紧凑度和人均建设用地面积指标，管控建设过程中的用地和空间增长。在蓝绿网络维度增设水面率和绿地公园覆盖率指标，保证新区在建设过程中仍能保持一定生态环境品质。在街区形态维度，增设新建建筑中绿色建筑占比指标，对绿色建筑的比例进行指引和管控。

新区运营管理阶段重点关注运行效率和空间绩效，应增设此方面的指标。交通系统效率是反映新区运行的重要指标，所以在道路交通方面应增设绿色交通分担率、人均单程通勤时间等指标，监测新区交通系统的运行效率。在能源维度增设单位 GDP 碳排放量，重点指引和监测运行阶段新区的碳排放情况。在水系统维度增设城市水环境质量优于 V 类比例，监测城市在稳定运行阶段的整体水环境质量。在人文维度增设 15 分钟生活圈达标率，监测新区的公共服务品质。

3.对相同指标进行分阶段赋值

通过分阶段选取指标和增设特色指标的方法，前文构建了绿色新区各阶段的指标体系。结合新区发展的目标，可以对各个指标项进行赋值，以定量化的方式对各个指标进行指引和管控。

但是在新区发展的全生命周期中，某些相同的指标可能在不同阶段的赋值不尽相同。一方面，在新区发展的不同阶段，需要通过对同一指标采取不同赋值的形式进行分阶段管控。另一方面，由于发展阶段的局限性，某些指标在不同阶段的完成度所能达到的极限值不同。例如道路网密度，方案布局阶段必然是以终极蓝图目标进行确定，而在建设实施阶段道路网密度不可能实现 100% 建设，甚至运营管理阶段其道路密度也未必与规划指标一致。

指标的具体赋值应根据各个新区自身的发展目标确定，而分阶段指标值的设定应充分结合各阶段的发展实际和具体要求。在新区生长的历程中，建设实施阶段需要合理增加要素投入的同时，保持好生态环境。运营管理期需要有针对性地增强优势，补足发展短板，强化期需要有效应对调整、转型中出现的问题，成熟期则需更加精细化、持续应对空间优化需求。

4.4.3 分阶段“目标 - 指标”体系调整和维护机制

1.“目标-指标”体系的动态调整必要性

分阶段的“目标 - 指标”体系是实现城市新区全生命周期管控的重要手段。但由于新区的建设和发展时间周期长、涉及要素多、外部条件变化大，在规划阶段设定的分阶段指标可能随着时间的推移而产生不适应性。指标体系的不适应主要体现在原有指标不适宜、缺少反映新趋势的指标项、部分指标值不适宜三个方面。

指标体系中的原有指标不适宜，主要是指随着时间推移，原先设定的部分指标已无法指导和管控新区的发展建设，甚至可能对新区产生反向的作用，应考虑在指标体系中移除。例如原本定位为以制造加工为主要功能的新区，在规划中提出制造业产值的指标。但随着生态环境保护的要求和市场形势的变化，该新区转型为以现代服务业为主要功能，原先所提出制造业产值指标就失去了对建设和运营的指导意义，可以考虑移除相关指标。

随着社会经济的发展、宏观政策的调整，新区往往会产生新的发展导向和转型要求。原先规划的指标体系可能缺少能够体现新发展趋势的指标，需要通过指标体系的动态调整进行增加。例如部分新区在规划时未选取低碳指标，随着“碳达峰”“碳中和”目标的提出，绿色新区需要增加碳排放指标，以量化指标的形式对新区碳排放和碳汇能力进行测度。

此外，新区建设发展的时间跨度可能超过 15 ～ 20 年，期间经济发展、社会进步以及技术革新都会对新区的发展产生重大影响。而规划初期设定的部分具体指标数值在新区的发展阶段中可能已不适应，从而失去了指导和监测的意义。例如垃圾焚烧发电比例，随着近几年我国垃圾分类行动的开展，各地垃圾焚烧发电比例有了一定比例的上升。未来随着居民垃圾分类的强化和垃圾焚烧技术的进步，垃圾焚烧发电比例会进一步提高，那么需要对规划指标的具体赋值进行动态调整。

2.“目标-指标”体系的动态调整机制

“目标 - 指标”体系的动态调整既能实时优化指标体系，与新区发展的趋势保持一致，对新区起到指引和监测作用；又能保持指标体系的科学性和合理性，维护规划的严肃性和权威性。

城市新区“目标 - 指标”体系的动态调整原则上结合规划实施评估或城市体检同步展开，在规划实施评估中同步检测指标体系的适应性。针对不适应指标、需新增指标、需调整指标值等方面，对指标体系提出动态调整和优化的建议。

为了保证规划的严肃性和权威性，动态调整周期不宜过短，建议采用阶段性评估的方式，以 3 ～ 5 年为一个周期对指标体系进行调整。绿色新区的目标 - 指标体系调整应由专业第三方机构进行。根据意见，一方面将评价结果反馈至原规划编制单位，进行修改提升。另一方面将评价结果提供给上级审批、监督机构。结合公众参与，经由原规划审批机构批准后，纳入下一周期实施评估的考核指标体系中。

第 5 章

方案布局阶段规划方法与技术优化

5.1 城市新区方案布局阶段规划方法概述

5.1.1 城市新区绿色规划研究进展

基于 CNKI 数据库，在传统文献阅读的基础上结合 CiteSpace 软件对城市新区与绿色规划的研究现状进行梳理，厘清其研究进展，辨析该研究领域前沿热点，挖掘潜在发展趋势。通过相关文献检索，经筛选最终得到 3124 条文献，形成对城市新区与绿色规划相关研究进展的初步认知。文献的关键词可以揭示研究的主要内容，而文献引用频次可以反映研究热度（侯路瑶，姜允芳，石铁矛，等，2019）。文献图谱 (图 5-1) 显示，出现频次高的词汇依次为绿色发展、生态城市、景观格局和城市新区，而出现频次和中心性较高的关键词涵盖了城市新区与绿色规划的研究内容、研究方向和研究方法。城市新区与绿色规划研究围绕着核心生态要素对于城市新区的影响机制展开。研究内容包括：城市新区绿色规划理论；城市新区绿色规划应用实践；城市新区所在地区自然资源禀赋特征，如构建生态安全网络、识别生态源地等；城市新区发展模式和未来情景模拟，如城市新区空间拓展特征、城市新区空间形态测度等；单一生态要素对城市新区绿色发展的影响机制，如地表覆盖变化与新区生态响应、绿色空间时空演变对生态环境效应的影响等。

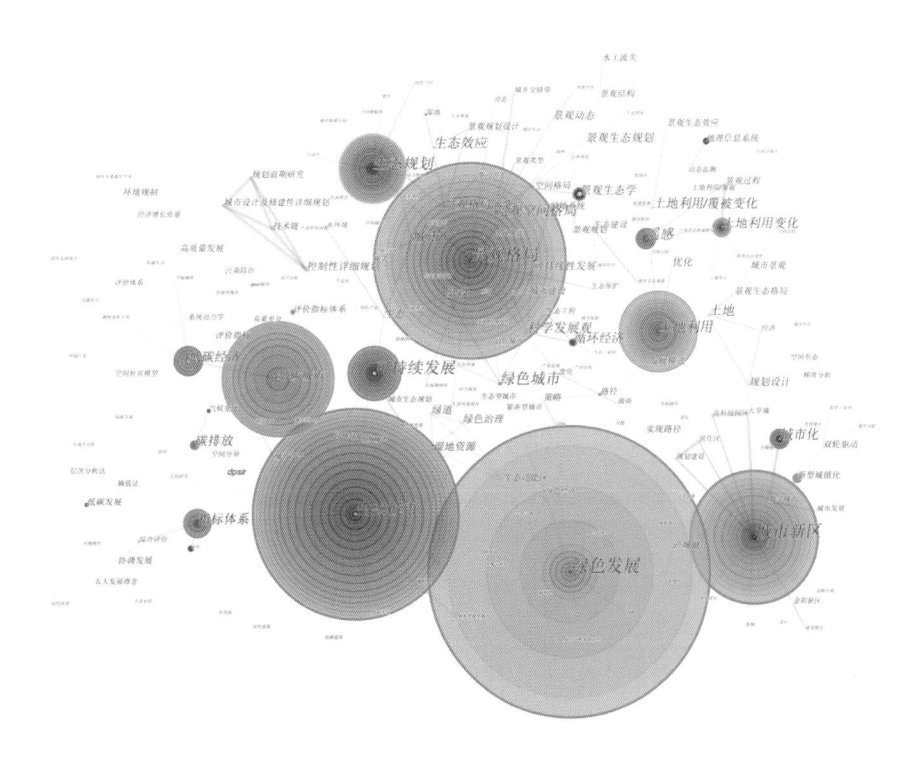

图 5-1 城市新区与生态规划的关键词共现图谱

1.城市新区绿色规划的理论研究进展

在规划理论与方法层面，近年来国内外对城市生态效应开展了定量的综合研究，成为风景园林学、景观生态学、城乡规划学、环境科学等学科方向的热点。生态效应是指自然过程或者人类的生产和生活活动所引起的生态系统结构和功能的变化（苏雷，2018），由于生态要素的复杂多样性，本书提出的复合生态效应是指在大气、水、热等多种生态系统共同作用下所形成的综合表征效应。复合生态效应的定量评价为指导城市绿色规划和生态环境保护提供重要的科学依据。在这一逻辑下，纵观国内外学者的研究思路，一是以城市空间构成要素为主体，通过数值模拟和实测验证等方法，探讨空间格局对生态环境效应的影响机制；二是以城市生态环境问题入手，建立定量评估生态效应指标体系，探究以生态效应优化为目标的构成要素与空间载体。前者的研究思路，例如，Brody 等人基于墨西哥湾沿岸新区特殊的地理及气候条件，在双重适宜性评价的基础上明确绿色基础设施对雨洪管控效应的影响（Brody S D，Highfield W E，Blessing R，等，2017）；Escobedo 和 Nowak 以智利圣地亚哥的城市不同尺度的开放空间为研究对象，定量评估空间异质性对清除空气污染物的作用（Escobedo F J，Nowak D J，2009）。国内学者们较多从城市土地利用类型、绿色基础设施、水绿结构等生态要素入手，开展生态效应的评价。如刘智才等反演了福州市 2009—2013 年的遥感生态指数并结合总规方案的不同城市用地类型，揭示了建设前后所产生的生态效应差异（刘智才，徐涵秋，林中立，黄绍霖，2016）；李莹莹构建了基于城镇尺度上的“多元、多层次”的综合定量评价体系和技术方法，探讨了上海城镇绿色空间结构特征发挥的生态效应（李莹莹，2012）；王夏青等对比分析了常德市穿紫河流域海绵城市建设前后水文、植被、气候等生态要素变化，明确对生态效应的区域影响（王夏青，孙思远，杨萍，等，2019）。后者的研究思路，例如，为缓解城市热岛效应，Yu 等深入探讨城市绿色基础设施对改善城市热岛的影响原理，明确景观组成与空间配置是其重要决定方面，在此基础上建立了理想化的区域热安全模型并验证了最优形态在理论上符合层次六边形结构（Yu Z，Fryd O，Sun R , 等，2020）；Laura 等基于增强回归树（BRT）法，预测了德国三个城市（布伦瑞克、弗莱堡、斯图加特）的冷空气路径的空间分布，并揭示影响冷空气路径发生的最大因素分别是相对地面高层、地形位置指数和地形风指数（Laura G，Anne-K S，Boris S，等，2020）。我国相关领域的研究集中在大气环境效应、水环境效应、城市热岛效应、生态服务效应等方面（杨培峰，孟丽丽，杜宽亮，2011；赵树明，孟颖，2008；莫琳，俞孔坚，2012），如朱春阳为更好的改善城市小气候，从城市绿地的降温效应、增湿效应和人体舒适度三个方面研究城市绿地结构类型与降温增湿效应的关系（朱春阳，李树华，纪鹏，等，2011）；杨俊宴为有效改善城市风热环境、驱散低空污染物，探索了三维建模分析法、鱼眼拍摄实测法和 GIS 模拟计算法三种城市天空可视域测度方法（杨俊宴，马奔，2015）；王纪武为促进空气流动和污染物扩散、稀释，以杭州市中山路街谷为研究对象从三维视角对街谷形态及其内部污染物的扩散、分布进行了分析（王纪武，王炜，2010）。综上，城乡规划学科主要集中在生态效应评价指标体系、生态要素的规模与结构、模拟计算模型应用等。

2.城市新区绿色规划的实践研究进展

在绿色导向下的城市新区规划实践层面，20 世纪中叶，西方发达国家在全球可持续发展的背景下从以往传统城市发展模式向生态型发展模式进行转变，因此生态型城市、生态型新区应运而生。纵观世界，英国的新城运动开发最为突出，新城建设始于 1946 年颁布的《新城法》（林立勇，2017）。随之，美国、法国、日本也开展了大规模的新城运动，以哥伦比亚新城、巴黎拉德方斯新区、东京千叶新城为典型代表。1992 年，日本组织人力、物力探讨生态城市建设的具体步骤（姚棘，郭霞，2007）；同年美国在伯克利进行生态适宜性建设，成功解决了城市交通拥挤、环境恶化等问题，并对西雅图和克利夫兰等大都市制定了详细的可持续发展计划（Ma S J，1990；Bonan G B，2000）；1997 年，澳大利亚怀阿拉市制定了具体的生态城市工程（Margolin，Smith R，Miller K，2013），德国埃尔兰根市率先执行“21 世纪议程”有关决议（Peter Hall，2006）；2009 年，英国威斯敏斯特大学对全球生态城镇规划建设的调研报告中指出，世界各地共有 79 个生态城镇在实践探索中（刘晓阳，曾坚，张森，2018）。从目前的城市新区绿色建设情况来看，生态要素大多集中在水、土、气、能源、交通、低碳及生物多样性等，并且作为主要切入点去探索新区绿色规划的实践途径。总体来说，国外取得的大量经验对我国推进生态城市新区建设奠定了良好基础（表 5-1）。

国内外城市新区的建设实践中伴随着对城市生态内涵认知的不断深化，最初的生态新区、低碳城区等专项规划示范项目，通过发布具体生态环境指标如达标率等规范性标准，以生态环境指标量化的方式保障城市新区具有生态、绿色特征。随着对人居环境品质和生态系统服务功能需求的提高，人们开始更多地关注城市环境中大气、水文等生态过程，向空间形态对生态效应影响的内在规律探寻，对空间特征下产生的气候环境、物理环境等生态效应进行评价，为城市新区规划设计提供了新的切入点。在欧洲诸多国家中，荷兰国家空间规划的生态导向最为明显，充分考虑了气候变暖、土地沉降、水系统自然恢复力退化等因素，将生态危机与人类生存的需求交织在一起，荷兰西部沿海新区的规划与城市设计有效地整合水与土地的关系，通过“建造结合自然”的造地系统实现了经济和环境的双重效益（孙晖，张路诗，梁江，2013）；瑞典马尔默新城应用低影响开发技术，对新区的水生态过程和城市用地空间形态、下垫面结构进行了关联性分析并提出了相应的规划相应策略，实现可持续雨水管理，同时缓解大环境问题和创造舒适的场地小气候（韩西丽，彼特·斯约斯特洛姆，2011）；美国华盛顿州金县在开展应对气候变化问题时，在都市区和社区两个层面上探讨低碳城市空间形态的概念框架并建立指标体系，开展多类型的低碳社区建设实践，提出了减缓

表 5-1 国外生态城市新区绿色建设概况

国家	生态新区起步时间	相关政策与法规	建设要点	规划要素	示范性新区
美国	1950 年	《新城开发法》《住房和城市发展法》、联邦政府“绿带城镇”项目	基于生态适宜性进行建设 / 恢复; 土地的混合使用和高密度开发; 慢速道路系统的建设; 新能源的开发与节能减排; 城市公共绿地和公共设施; 建筑节能	土地利用、交通、能源、绿色建筑、基础设施、绿地系统	哥伦比亚新城、里斯顿新城、加州尔湾新城
巴西	1956 年		一体化公交系统 /BRT 公交系统; 广阔的自然开放空间; 资源合理利用	交通、土地利用	库里蒂巴新区、巴西利亚新区、巴西尔登新区
德国	1970 年	《废弃物处理法》《循环经济和废物管理法》	景观规划(森林、河谷生态要素); 城区混合型步行区域; 居住空间增长控制; 新型能源、发展热电联合; 生态住宅小区建设	景观规划、交通、土地利用、能源、生态社区	德国弗莱堡沃邦新区、慕尼黑里姆会展新城、汉堡港口新城
英国	1946 年	《新城法》《新城开发法》《英国可再生能源战略》《气候变化法案	零碳技术; 可再生能源利用; 废物循环利用; 绿色出行模式	低碳、能源、交通	伦敦卫星城哈罗新城、肯伯诺尔德新城、米尔顿凯恩斯新城、斯蒂文乃奇新城
法国	1958 年	《大巴黎区规划与整顿指导方案》	密集住宅区; 生态建筑典范; TOD 原则,交通基础设施为先导; 湿地及生物多样性以及城市海岸	土地利用、交通、绿色建、生物多样性、水环境	巴黎拉德方斯新区、赛尔基·蓬杜瓦兹新城
瑞典	1990 年		100% 能源来自可再生能源; 采用滞、渗、收和排结合的雨水管理方式,调节微气候; 以水体为骨架,打造开放空间; 采用“机动车不友好”措施	能源、大气、基础设施、水环境、交通	斯德哥尔摩哈马碧滨水新城、马尔默西港新城
丹麦		《CPH2025 气候计划》	减少水、电消费量; 回收家庭垃圾 / 减少城区垃圾; 回收 40% 的建筑材料; 生态产品交易市场	能源、绿色建筑、生态产业	哥本哈根 Indre Norrebro 新区
澳大利亚	1970 年	《环境保护和生物多样性保持法》《碳税法》《清洁空气法规》		交通、能源、基础设施、绿色建筑	

续表

国家	生态新区起步时间	相关政策与法规	建设要点	规划要素	示范性新区
阿联酋	1988 年		全世界第一座完全依靠太阳能风能实现能源自给自足的新城，零碳排； 自行车或无人驾驶公共电车； 制造生物能源； 污水循环再利用，海水脱盐淡化	能源、低碳、交通、生态环境	阿布扎比的马斯达尔（Masdar City）
日本	1957 年	《自然环境保全法》《环境影响法》	自然格局为基础； 土地灵活利用； 平衡生态环境； 能源、资源、废弃物再利用； 技术向生产力、产品的转变	土地利用、生态环境、能源、生态产业	东京多摩新区、千叶新城、港北新城、筑波新城
韩国	1960 年	《城市规划法》《韩国全国总体空间规划》、首尔新城政策	紧凑型城市空间构成； 混合土地利用； 以公共交通为中心的交通体系； 新能源和可再生能源的活性化； 水资源循环构造； 降低环境污染和温室气体排出量	土地利用、交通、能源、水环境、低碳	盆塘新城、一山新城、蔚山新城、浦港新城、龟尾新城、丽川新城、世宗新城

气候变化的空间形态规划策略（刘志林，秦波，2013）。我国城市新区起步较晚但发展迅速，截至 2018 年，我国新城新区数量超过 3800 个，空间格局变化特征为从东部地区逐步向中、西部地区扩散，其中国家级新区 19 个（王凯，刘继华，王宏远，等，2020）。大部分城市新区已经明确提出生态新区、绿色新区的发展目标，并因地制宜地根据自身地域特征，在气候环境、低碳节能、绿色交通等某一层面进行了探索性的实践，如河北雄安新区的水命脉——白洋淀湿地针对面积萎缩、水资源量短缺、水环境污染问题突出及生物多样性减少等生态问题，结合自然集水区与现有河流水系，系统分析该地区的影响环境脆弱因子，并深入研究城市空间形态与生态环境之间的耦合机制，构建新区韧性系统，以应对城市建设面临的环境风险（陈天，臧鑫宇，李阳力，等，2017；刘俊国，赵丹丹，叶斌，2019）；天津滨海新区针对土壤盐碱化程度较高的特点，构建了盐碱土生态绿化技术体系，生态环境明显改善，成为典型的生态示范新区 (金龙，田晓明，王国强，李静平，2020)；西咸新区在综合分析地区气象条件和城市整体生态环境的基础上，明确空间热污染区域和补偿空间生态氧源区域，进而通过风环境模拟确定城市通风廊道，成为面向气候效应调控的西部国家级示范新区（何常清，2015）。从目前的城市新区生态规划相关理论研究成果以及实践情况来看，对

城市空间形态的评价标准已经由传统形态审美向生态环境效应提升的更高层次迈进。

诚然，当前的城市新区空间规划设计方法，仍然是通过统一化、等量化的空间指标作为规划设计的标准、规范，而对于规划指标在不同环境下所能实现的生态效应，仅仅在国内外相关领域的研究性成果中进行了探讨，而且也多是通过具体案例来分析现有城市空间特征对生态过程与效应的影响，对于不同的城市空间往往会得到不同的结论，无法得到能够实现最优生态效应的普适性规律。

20 世纪 80 年代开始，我国生态城市实践取得了迅猛进展（何常清，2015）。北京、天津、上海、长沙、宜春、深圳等城市相继进行生态系统分析评价和对策方面的研究。此后，在大量理论探索的基础上，开展了一系列生态城市、生态新区试点建设。1989 年，江西省宜春市成为我国首个生态城市建设试点；长沙市生态建设规划的研究编制，使中国的生态应用研究从分析、评价阶段向综合规划、统筹建设的阶段迈进了一步（刘哲，马俊杰，2013）。1995 年之后，我国生态城市建设全面开展，如北京绿色生态城市、广州山水生态城市、厦门海湾型生态城市等。2007 年，温家宝总理与新加坡总理李显龙共同签署了中新生态城市的框架协议，成为中国生态城市的建设典范（保军，董珂，2008）。至今，我国已经开展了多个生态示范区建设，例如上海东滩生态新区、曹妃甸生态新区、天津滨海新区、深圳光明新区等（刘琰，2013）。我国第一个国家级新区成立于 1992 年，经过 28 年的发展，目前共建立了 19 个国家级新区（表 5-2），形成了由沿海向内陆逐步扩散的总体分布态势。现有的国家级新区的规划面积在 482 ～ 2299 平方千米范围内，涵盖沿海、内陆、山地等不同地域特征，具有独立性、系统性及城市功能相对独立的特点。

5.1.2 方案布局阶段规划管控重点

1.城市新区关键问题诊断与核心生态要素识别

不同地域的自然资源禀赋不同，城市新区规划的生态约束条件不同，这就需要因地制宜地对多种城市生态要素的容量、阈值及空间分布进行全面分析，通过资源环境承载力与母城的生态足迹核算可以全面掌握城市新区生态资源要素及总量，通过国土开发适宜性评价、敏感性分析，实现对新区发展用地的科学配置。此外，通过分析生态要素多个历史时期的变化趋势，可以对该区域城市化进程中人、地与自然资源之间的关系进行梳理，判断该区域城市新区发展的关键问题所在，在自然资源的时间、空间的动态演化中，对城市新区绿色发展影响显著的核心生态要素进行识别。

2.城市新区生态要素的空间规划关联性分析

在厘清城市新区发展关键问题与核心生态要素的基础上，应进一步加强对核心生态要素的空间响应，因此，核心生态要素与空间管控的关联性就成为这一逻辑下的核

表 5-2 19 个国家级新区梳理

序号	新区名称	获批时间	主体城市	面积（平方千米）	人口（万人）	人均城乡建设用地（平方米 / 人）	人均 GDP（亿元 / 平方千米）
1	浦东新区	1992.10.11	上海	1210.41	常住人口 550.1，户籍人口 295.78（2016 年）	115	11.2
2	滨海新区	2006.05.26	天津	2270	常住人口 299.42，户籍户数 47.88（2016 年）	413	7.25
3	两江新区	2010.05.05	重庆	1200	常住人口约 350（2016 年）	108	6.93
4	舟山群岛新区	2011.06.30	浙江舟山	陆地 1400；海域 20800	常住人口 113.7（2016 年）	235	3.69
5	兰州新区	2012.08.20	甘肃兰州	1700	30（2018 年）	1114	0.56
6	南沙新区	2012.09.06	广东广州	803	240	185	7.27
7	西咸新区	2014.01.06	陕西西安	882	98（2017 年）	286	1.59
8	贵安新区	2014.01.06	贵州贵阳	1795	100	1240	0.17
9	西海岸新区	2014.06.03	山东青岛	陆地 2096；海域 5000	152	226	8.52
10	金普新区	2014.06.23	辽宁大连	2299	158	350	5.68
11	天府新区	2014.10.02	四川成都	1578	350（2020 年预计）	185	3.98
12	湘江新区	2015.04.08	湖南长沙	490	134（2015 年）	235	4.83
13	江北新区	2015.06.27	江苏	2451	170（2014 年）	159	5.85
14	福州新区	2015.08.30	福建福州	1892	100	153	4.09
15	滇中新区	2015.09.07	云南昆明	482	常住人口 120（2014 年）	318	2.27
16	哈尔滨新区	2015.12.16	黑龙江哈尔滨	493	125（2021 年预计）	229	4.54
17	长春新区	2016.02.03	吉林长春	499	47	190	7.95
18	赣江新区	2016.06.14	江西九江	465	70（2017 年）	115	11.2
19	雄安新区	2017.04.01	河北保定	起步约 100；远期 2000	104.71（2017 年）	413	7.25

心问题。在全域尺度下，将核心生态要素的阈值作为关键参数，改进用地扩展模拟、生态安全格局等空间预测方法；在中心城区范围，加强核心生态要素与建筑环境的互动影响机制研究，将核心要素的生态过程作为优化对象，在数字化模拟技术支持下，选择最优的下垫面构成与空间形态。当前，多种城市生态与环境数据的监测与可视化技术使之与空间规划指标建立起直接关联成为可能。

3.核心生态要素优化的城市新区空间

优化设计新区建设应该注重城市生态的系统性与整体性，因此，以生态要素为切入点关注深层次的城市生态过程，寻求与之相适应的空间形态成为城市设计要解决的关键问题。近年来在城市局地微环境研究中，对生态过程的模拟技术方法日益成熟，但这些方法更多应用于局部地段规划方案的评价与比较，将数字化模拟技术向多空间尺度拓展，提出面向核心要素生态过程优化的空间参数，由此确定控制性规划阶段的空间规划指标，是将生态优先思想转为规划设计手段的可行方法。

5.2 底线控制

底线控制来源于科学的底线思维方式，要求在工作中全面细致地评估各类决策可能的风险性，尽可能减弱城市发展带来的负面影响，将发展风险纳入可控制范围。

已有许多学者从底线控制角度出发研究各类城市规划问题。祝仲文等（2009）率先运用底线思维研究城镇开发边界，他们提取生态保护和土地适宜性两大底线控制标准，并构建评价指标体系，将得分进行评定，分别得出弹性边界与刚性边界。李志宏、卢石应等（2015）提出新常态下城市规划要从底线思维和底线管理的角度，对城市空间发展底线进行解读，将城市发展的各类底线归纳为政策、发展、生态、服务底线。钟珊、赵小敏等（2018）从土地资源利用的方向着手，以地质灾害防护区、地形地貌限制等因素为指标，构建影响城市建设发展的指标体系，进行城市土地建设的适宜性评价，再结合该地方的人口规模预测和城镇化水平预测，倒逼城市建设用地的精明增长，这本质上就是底线控制的使用。陈鹏（2011）认为城市规划要摒弃以往以目标为导向的规划方式，一定要强化对项目地“底线要素”的研究和把控，城市发展应该研究“在何种限度内”或“在何种必要基础之上”进行底线规划。

综上，城市开发边界受刚性底线因子和弹性底线因子两方面影响，“刚性”边界控制和引导城市发展方向，“弹性”界线促进城市内部土地资源的深度挖掘，实现土地资源的高效配置。

5.2.1 底线控制技术方法

城市底线控制能有效抑制城市无序蔓延和引导城市空间扩展，运用底线思维，从“逆向思考”的角度突出生态保护和土地供给对城市扩展的限制，丰富我国城市底线控制的研究方法，实现城市空间增长调控的政策响应，保障城市增长边界空间管控效力与灵活性。一般将城市开发边界、永久基本农田保护红线、生态保护红线、环境容量控制等核心要素作为城市新区规划设计优化的重点内容。

我国目前对城市开发边界概念表述有所差异但基本共识依存，即聚焦建设与非建设的管理边界，兼具保护和引导功能。当前划定城市开发边界的方法主要为基于静态的空间规模和基于动态的增长模拟这两种。前者对于分析复杂的城市增长来说具有很大的局限性，而动态模拟方法相对比较普遍和合理。最常采用的是借助 GIS 和 RS 通过城市建模的方法来实现 Urban Growth Boundary（UGB）的建立。如空间 logistic 回归模型、元胞自动机模型、人工神经网络模型、多智能体模型。在这些模型中，CA 在城市仿真模型中应用较多，它可以较好地模拟复杂动力学。在过去的 20 年中 CA 被广泛应用于各种城市仿真软件中来实现城市扩张的建模和探索。

永久基本农田保护红线是为满足社会经济发展和粮食安全的需要，结合耕地质量而划定的必须严格保护的耕地，一般通过层次分析法和 GIS 分析法相结合进行划定。首先，在对研究区耕地及基本农田的现状分析的基础上，从耕地质量和立地条件两个方面选取了影响指标，构建基本农田评价指标体系，并对各因子分级赋值，采用层次分析法确定各指标的权重。再在 GIS 工作环境下，采用缓冲区分析以及关联分析等方法对评价指标进行单因子评价和综合分析，对评价单元进行筛选，从而获得研究区域永久基本农田划定的成果（林乃发，2017）。

生态保护红线是指依法在重点生态功能区、生态环境敏感区和脆弱区等区域划定的严格管控边界，一般在生态保护重要性评估的基础上，通过 GIS 叠加分析综合确定。生态评价一般通过 InVEST 模型、USLE（水土流失方程）等完成。InVEST 模型旨在通过模拟不同土地覆被情景下生态服务系统物质量和价值量的变化，包括淡水生态系统评估、海洋生态系统评估和陆地生态系统评估三大模块，每个模块又分别包含了具体的评估项目，为决策者权衡人类活动的效益和影响提供科学依据；USLE 表示坡地土壤流失量与其主要影响因子间的定量关系的侵蚀数学模型。通用土壤流失方程用于计算在一定耕作方式和经营管理制度下，因面蚀产生的年平均土壤流失量。

环境容量是指在人类生存和自然生态不致受害的前提下，对某一环境单元所能容纳的污染物最大负荷量的研究与分析计算的方法，一般包括大气环境容量、水环境容量和城市环境容量三类。大气环境容量应用最广的数学模型的是箱式模型，用来分析研究区环境纳污能力；计算水环境容量一般采用水资源丰度作为评价指标，通过当地水资源与过境水资源的丰富程度来综合反映，用于表示区域水资源对人口经济聚集、农业与城镇发展的支撑能力，可为相关项目建设与选址提供空间参考；城市环境容量，分别计算土地环境容量、工业容量、交通容量等，其总和即为城市总环境容量。

5.2.2 金普新区城镇开发边界划定方案

研究在底线控制下金普新区城镇开发边界的划定问题。通过对金普新区现状资料进行整理分析，划定金普新区城镇开发边界，综合运用 ArcGIS 等技术，选取坡度、高程等因素，为大连金普新区城镇开发边界划定提供可行性建议。

影响城镇开发边界划定的底线要素有很多，涵盖了人口规模、社会经济、上位规划、人文历史和区位优势等诸多因素，为保证划定结果能够科学合理地引导和控制城市扩展进程，要将生态保护红线和永久基本农田作为不可突破的刚性底线控制因子，在此基础上进行城镇开发边界的划定。

刚性底线约束要素是城市开发的负面清单，包括基本农田保护区、水源保护区、地质灾害区等需要严苛保护的生态环境敏感区，通过限制分级和叠加校核的方法，构建分区保护模式，实现城镇开发边界随城市经济发展进行动态调整。

在明确生态保护红线、永久基本农田的基础上对城镇开发边界进行划定，可有效解决金普新区目前保护与发展的矛盾，从空间视角对城镇建设起到规范作用。在刚性边界以内，根据影响城市发展的交通、能源、人口等要素进行缓冲区分析和叠加分析，即可得到 2035 年金普新区城镇开发边界。

综合相关研究成果和金普新区实际情况，选择以下 8 个因子进行分析。首先通过生态保护红线、永久基本农田保护红线划定金普新区城镇开发边界的刚性底线；在刚性底线空间范围内，利用区位、地形限制、人口、经济、交通和能源要素确定满足 2035 年用地需求的城镇开发边界。

1.金普新区城镇扩展刚性管控边界划定

生态限制：挖掘该区独特的自然生态条件，建设金普山水城镇，金普新区生态保护区划定的面积为 301.8 平方千米，该区域严格禁止各项建设活动开展。

基本农田保护限制：被划定为永久基本农田的部分，属于严格管理的禁止建设区域。金普新区基本农田保护红线内的用地管控面积为 445.7 平方千米，占整个金普新区用地总面积的 20.1%。

由基本农田保护区和生态保护区两个因子得出的用地管控范围是金普新区未来可建设用地的最大边界，将由基本农田限制和生态限制的两类空间进行叠加，得到的就是刚性因子管控后金普新区城镇开发边界的底线控制区域。金普新区的综合可建设用地面积为 1269 平方千米，空间分布如图 5-2 所示。

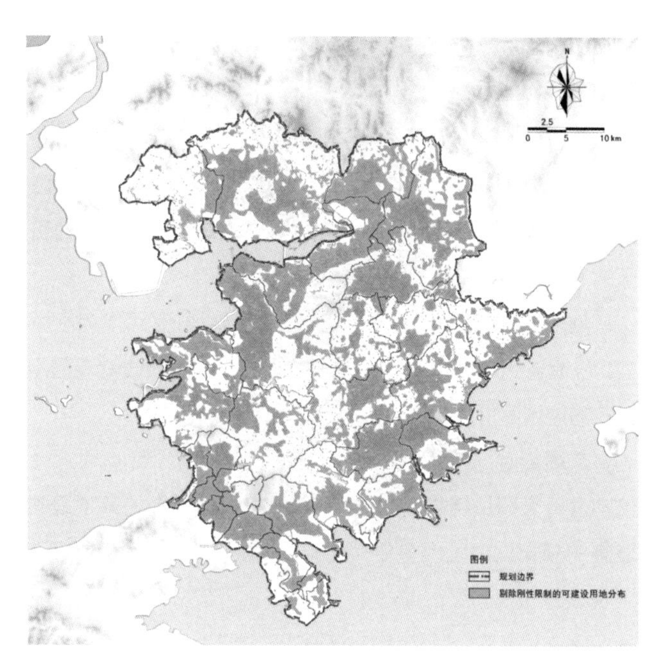

图 5-2 刚性底线限制下的金普新区可建设用地分布

2.金普新区城镇扩展弹性用地布局划定

人口要素影响：基于现有人口集聚水平对未来城市扩展方向与范围进行研究，可为城镇空间弹性边界的划定提供数据支撑。2019 年金普新区常住城镇人口总数 134 万人，常住人口的城镇化率为 77%，按照此后每年约 1% 的增速，到 2035 年，金普新区城镇化率将达到 90%。新增人口主要包括外来人口增长和现状本地农业人口转移，预测到 2035 年，常住城镇人口为 326 万人。金普新区现状城镇建设用地 380 平方千米，人均城镇建设用地面积为 198 平方米。工业用地占比为 38.3%，居住用地占比为 24.3%。将金普新区与大连市中心城区统筹考虑，现状人均建设用地约为 126 平方米，按《城市用地分类与规划建设用地标准》（GB 50137—2011）的要求，规划建设用地指标可以取值 115 平方米 / 人。按照城镇人口 326 万人计算，金普新区“以人定地“的城镇建设用地规模约为 380 平方千米。

经济产业要素影响：金普新区 2020 年工业总产值为 4700 亿元，按照 8% 左右的增长率计算，到 2035 年金普新区工业总产值预计达到 15000 亿元。参考东部沿海地区工业用地地均产值 75 ～ 100 亿元 / 平方千米的产出效益，预计金普新区工业用地规模约为 180 平方千米。按照产城融合的发展方式，考虑配套 15% ～ 20% 的生产、生活服务设施用地，则园区总规模约为 220 平方千米。

根据《城镇开发边界划定指南（试行，征求意见稿）》（自然资源部 2019 年 6 月）要求，划入城镇集中建设区的规划建设用地大于等于城镇建设用地总规模的 90%，城镇弹性发展区面积原则上不超过城镇集中建设区面积的 15%，特大、超大城市为 8%。

根据人口预测的 2035 年城镇建设用地规模，估算弹性发展区面积 81 平方千米，则金普新区弹性开发边界划定范围为 681 平方千米。

区位限制：一般在无明显地物阻隔的情况下，距现状建成区越近的区域受建成区发展要素辐射影响，越容易形成建设用地区域。对金普新区现状建成区建立 3 千米范围内的缓冲区作为未来的空间拓展边界，得出未来城区的空间拓展主要分布于金普新区的北部、沿岸和中西部地区。

地形限制：地形条件的复杂程度影响地块是否能用于城市开发建设，将高程大于 120 米或坡度大于 25°列为不适宜金普新区进行开发建设的用地，金普新区受地形限制管控的区域面积为 939.30 平方千米。

交通限制：交通可以改变城市的产业布局，影响地方经济发展的辐射带动水平，伴随着社会经济结构的细化分层，以交通为导向的开发建设尤为重要。按照距离线性衰减的规律处理区内重要交通干线，可得关于现状交通网络空间可达性的客观评价（表 5-3）。

研究从金普新区现状交通提取五个要素进行分析，并利用 ARCGIS 10.2 生成交通综合评价，发现金普新区内部区域交通网络发达，大连保税区、金渤海岸服务业发展区、大连经济技术开发区、普兰店区这四个区域的可达性较高。

另外选取交通干线影响、交通网络密度和区位优势三个因素进行赋值评定，得到区域交通优势度评价结果（图 5-3）。

交通优势度最高的区域分布在光明、站前等街道；友谊、先进街道以及大孤山街道中北部等区域交通优势度为较高；复州湾街道北部、炮台街道北部等区域交通优势度为低；其他区域等级为较低。

能源要素限制：能源保障度是指区域的能源供给对城市开发建设的保障度。根据城市公共服务设施及市政设施的基本需求，基本能源供给应包括选取热电厂、燃气调压站、加油站、变电站、液化石油气站。

将交通、能源等要素进行综合分析，再扣除由刚性底线因子划定的限制空间，得到金普新区未来空间弹性可拓展总面积为 706.9 平方千米，金普新区未来城镇开发拓展的弹性空间主要落在普湾新区的丰荣街道、太平街道、铁西街道和南山街道，还有金渤海岸发展区、保税区和金石滩旅游度假区等，为保证区域交通通达，用地拓展整体还是向沿海岸线低地方向发展（图 5-4）。

3.金普新区城镇开发边界划定结果

根据前文测算的 2035 年用地需求，在弹性发展区域范围内划出 681 平方千米用地作为金普新区 2035 年城镇开发边界范围。并将金普新区城镇开发边界划定的区域范围分为现状建成区、未来拓展区和禁止开发区三类，三大区域分布类型及面积具体见表 5-4。

表 5-3 交通因素辐射范围分级标准

评价因子	分级标准	赋值标准
距区内主干道距离（米）	≤ 50 50 ～ 100 100 ～ 150 150 ～ 200 ＞ 200	X 主干道 =4 X 主干道 =3 X 主干道 =2 X 主干道 =1 X 主干道 =0
距国道距离（米）	≤ 100 100 ～ 200 200 ～ 300 300 ～ 400 ＞ 400	X 国道 =4 X 国道 =3 X 国道 =2 X 国道 =1 X 国道 =0
距省道距离（米）	≤ 100 100 ～ 200 200 ～ 300 300 ～ 400 ＞ 400	X 省道 =4 X 省道 =3 X 省道 =2 X 省道 =1 X 省道 =0
距快轨 3 号线距离（米）	≤ 50 50 ～ 100 100 ～ 150 150 ～ 200 ＞ 200	X3 号线 =4 X3 号线 =3 X3 号线 =2 X3 号线 =1 X3 号线 =0
距高速路出入口距离（米）	≤ 500 500 ～ 1000 1000 ～ 1500 1500 ～ 2000 ＞ 2000	X 高速出口 =4 X 高速出口 =3 X 高速出口 =2 X 高速出口 =1 X 高速出口 =0

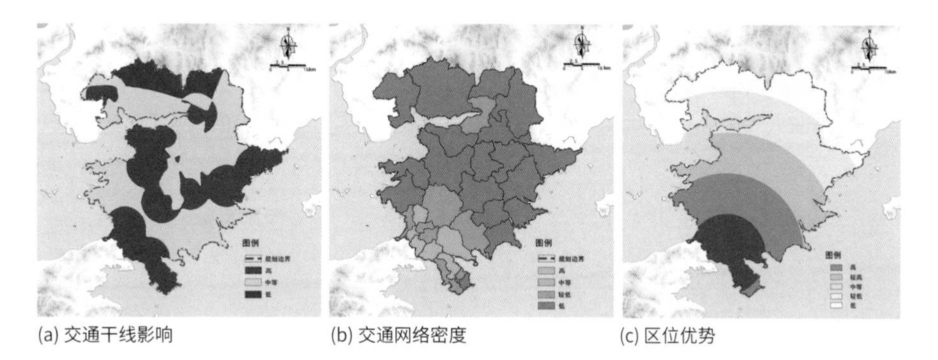

(a) 交通干线影响　(b) 交通网络密度　(c) 区位优势

图 5-3 区域交通集成指标分析

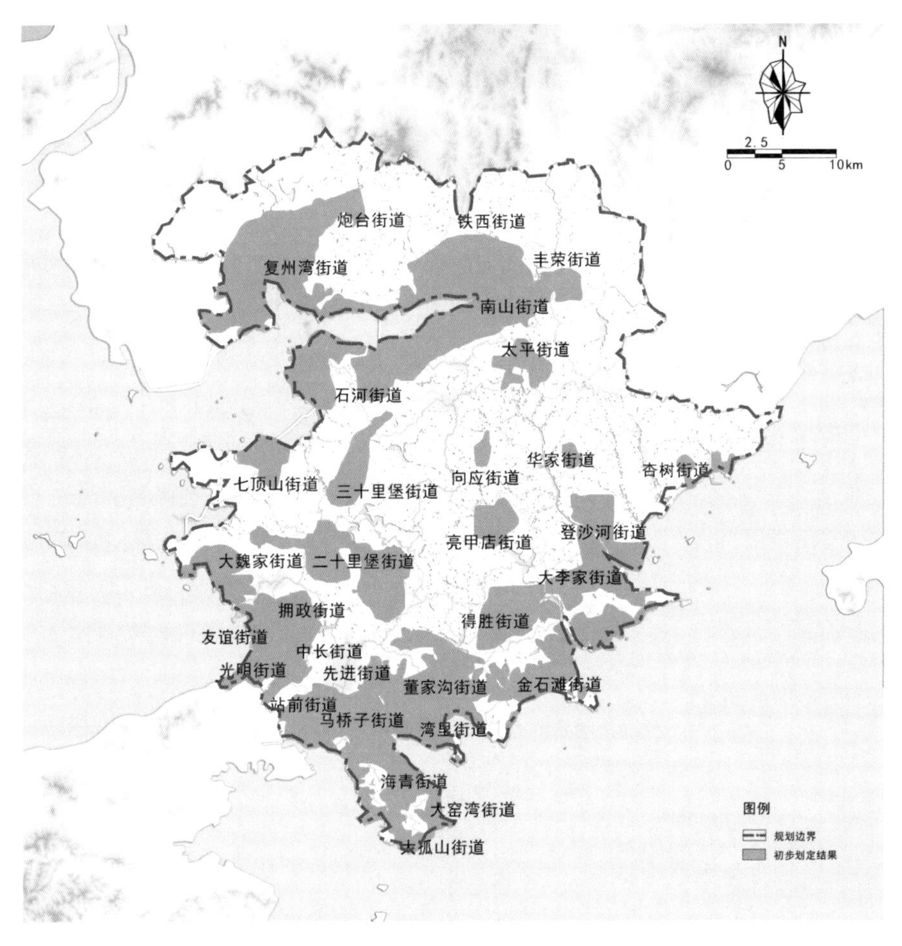

图 5-4 金普新区未来弹性发展空间格局分布图
资料来源：金普新区规划。

表 5-4 金普新区空间分布类型及面积统计

区域类型	面积 / 平方千米	占金普新区比例（%）	分布
现状建成区	549.9	27	金州城区、开发区
未来拓展区	131.1	6.5	大连保税区南区、开发区、普湾地区
禁止开发区	1349	66.5	开发区建成区、大孤山半岛、金州建成区及周边

从以上结果分析，划定的金普新区 2035 年城镇开发边界范围内用地面积 681 平方千米，其中包括现状已开发建设的 549.9 平方千米，剩余 131.1 平方千米的空间属于金普新区未来发展建设区域，另有 1349 平方千米用地属于禁止开发，在规划时限内不可进行城镇建设。从空间形态上来看（图 5-5），由于中部山体限制，城镇开发边界呈现一定的不连续性。从空间分布来看，金普新区未来城镇开发拓展区域主要由北部边界线、中部边界线、南部边界线三部分构成，北部城镇开发边界西邻复州湾沿海滩涂，东至丰荣街道金光村行政区域，囊括普兰店火车站为中心的交通便利区域，北起炮台街道，南至七顶山街道；中部城镇开发边界涵盖三十里堡街道、二十里堡街道、大魏家街道、亮甲店街道、向应街道、华家街道、杏树街道；南部城镇开发边界分布在地形平坦的南部沿海区，四至大魏家街道、大孤山街道、金石滩街道、大李家街道。

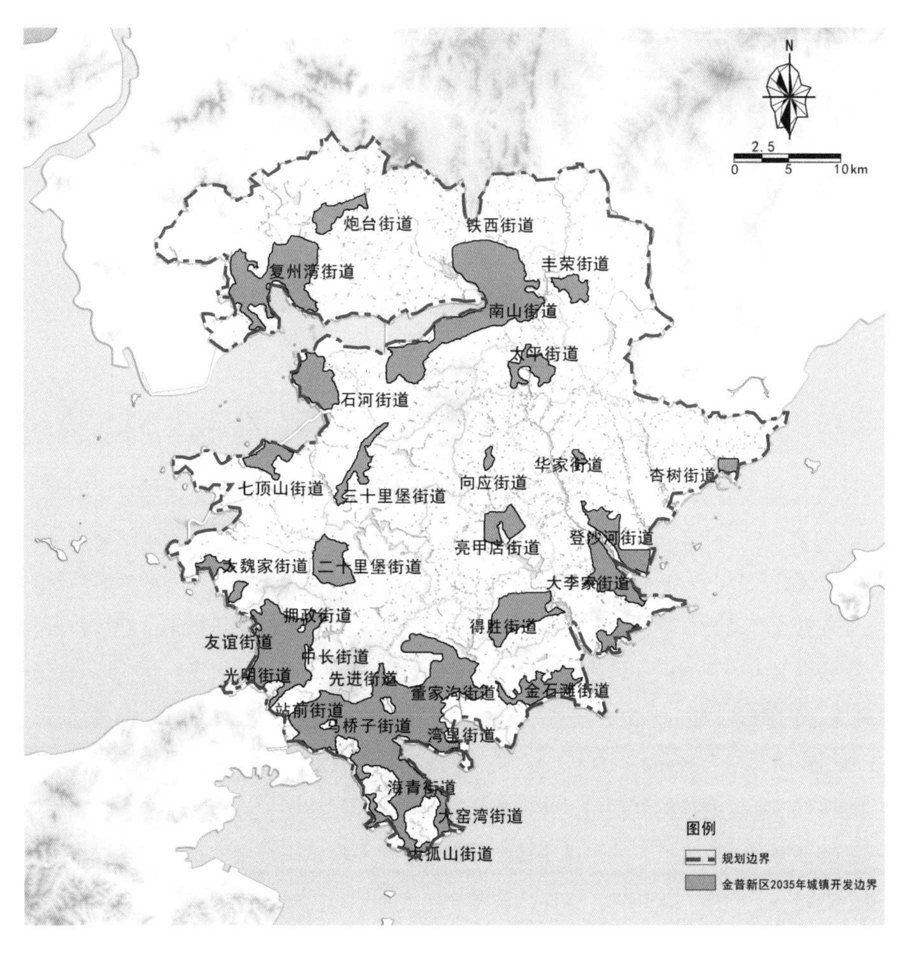

图 5-5 金普新区 2035 年城镇开发边界
资料来源：金普新区规划。

4.总结

研究底线控制下的城镇开发边界划定，强化城镇开发边界的管控作用是保证城市健康稳定发展的关键步骤。金普新区城镇开发边界的划定对于未来城市发展的空间格局具有重要的导向影响，在一定程度上，城镇开发边界能够控制城市无序扩张，为优化城市空间结构和发展形态提供基础思路，为该地区未来发展提供充足用地。从建设用地的底线控制要素出发，将影响城市建设的工程地质条件、交通道路网等刚性底线因子和弹性底线因子综合考虑，进行全域开发建设条件的综合评价，得到以下结论。

第一，城镇开发边界作为一种城镇管理的有效工具，其划定方法和实施策略存在一定地域差异，应根据研究对象特点进行科学选定，以保证结果的合理性和可实施性。金普新区作为沿海丘陵地貌地区，生态资源优势明显，应将生态安全格局作为城镇开发边界划定的本底和出发点，以体现其功能定位和发展特点。

第二，城镇开发边界发展至今，虽已形成诸多划定的路径和方法，但其研究对象大多聚焦于大城市或城市的中心城区。本书响应国家关于空间规划改革的要求，面向全域国土空间，通过选用交通、能源等因子对金普新区弹性可发展空间进行划定，并将生态保护红线和基本农田保护红线作为刚性本底进行叠加剔除，划定金普新区一定时期内可开发建设的极限规模，与生态保护、农业发展空间在全域范围形成明确界线，能有效引导城镇建设合理布局，提高土地利用效率。

5.3 多要素系统协同

5.3.1 绿色导向的多要素协同

新时代的城市规划应以生态优先与绿色发展为目标导向，尊重城市发展和城镇化的基本规律（吴志强，2018）。生态文明建设战略的提出，为我国大量建设中的城市新区向着这一目标导向进行校准和调整提供了充分依据。城市新区是我国快速城市化进程的重要支撑与空间载体，既拓展优化了城市空间，又满足了城市中心人口疏解、功能外溢和产业转移等需求（李建伟，2012）。但在快速发展的过程中，城市新区具有建设强度大、空间扩张迅速、土地利用变化快的特点，对区域生态安全构成一定的威胁。新时期国土空间规划背景下，应更加注重将其作为自然整体中的一个组成部分，加强城市新区与自然资源的系统性关联，形成与自然融合的有机体。21 世纪以来，我国迎来城市新区建设的高潮期，多数新区的规划建设已逐渐放弃只注重经济发展而忽视生态环境保护的发展方式，进而转向考虑“生态—经济—社会”和谐发展的生态化发展道路（王启坤，2018）。当前，我国 287 个地级以上城市中提出生态城市建设目标的有 230 个，比例高达 80.1%（李迅，刘琰，2011）。随着生态文明战略的推行，可持续发展理念已成为普遍共识，绿色发展成为城市新区建设的实际需求。重视水资源、土地资源、大气环境、生物多样性系统等多种生态效应的综合平衡，合理规划城市人口、资源和环境，形成科学的多要素空间优化配置，为即将开展的城市新区和已建的城市新区建设提供重要的科学依据。

在新时代背景下，生态质量提升的思想尤为重要，已经从弹性的导向目标转化为刚性的规划底线。城市规划界积极地将生态指标融入传统城市规划标准。我国于 2018 年 4 月 1 日实施了《绿色生态城区评价标准》，通过土地利用、生态环境、绿色建筑、资源与碳排放等 8 类指标的控制项和评分项来评价生态城区的等级，加强了城市新区建设中对生态导向的响应，为现今我国较为权威的绿色城区评价标准（王有为，李迅，2017）。但值得关注的是，不论是单一的城市规模，还是复杂的城市整体空间布局，都会参与城市环境中的物质交换、能量流动过程中产生直接或间接的影响，从而影响城市的整体生态效应（成玉宁，侯庆贺，谢明坤，2019）。如何把城市新区作为一个生态系统，加强对整体生态过程的把握，对复合性强的生态系统进行科学的评估成为绿色新区评价的关键。因此面向地表径流、城市热岛、城市通风等多要素的城市新区规划设计方法，为绿色目标导向下的城市新区规划建设提供了新的思路，成为保障城市新区高质量发展的一种规划技术手段。

在已有的相关研究中，大多都是从水、土、气、生、能源、低碳等单一角度的生态效应进行探讨，或某些关联性强的生态效应的提升作为权衡标准，主要集中于评价城市新区设计方案对新区环境品质的提升，如海绵城市设计、低影响开发是以关注城市绿色与灰色基础设施对雨洪滞蓄效应改善为目标导向（杨斌，童宇飞，王佳祥，等，2016）；城市风热环境是以热岛强度和地表通风潜力作为评估指标进而评估热岛效应缓解和空气流动性增强的成效。因此，探究城市新区的生态过程，以多种生态效应的改善为表征，通过耦合多要素生态效应途径来实现规划设计方法的优化，成为新时期对城市新区人居环境品质内涵更深层次的需求（图 5-6）。

综上所述，以生态效应评价为辅助的城市新区规划设计研究已得到广泛关注，从研究数据到研究方法，从绿色内涵到问题表征，从理论成果到具体实践等，都取得了长足进展。但目前来看仍然存在一些不足之处。

（1）现有绿色城区评价多以生态环境指标达标率作为评价标准，多数评价标准都对生态环境指标提出了明确的量化标准，但即使是等量的生态要素，在具体的空间环境下发挥的生态效应也会有显著差异，目前的评价标准中缺乏对具体空间形态下环境指标发挥的生态效能的考量。

（2）城市系统庞杂，不同类型、不同规模城市新区的生态要素发挥的生态效应是多重的，且某些效应关联性较强，在以往研究中，学者们倾向于针对某一种生态效应指向下的新区规划去做深入探讨，缺乏对新区复合生态效应的系统评价研究。

（3）绿色城市新区规划的实现需要“承上启下”的方式，既要有相关理论、技术体系的支撑，又要付诸实施，可以具体指导新区未来的开发建设模式。为评估全生态

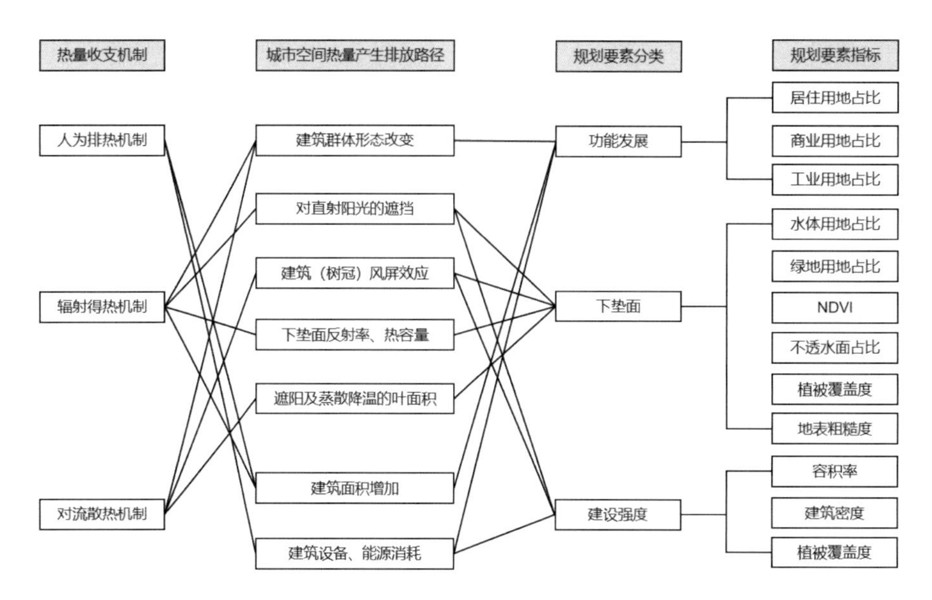

图 5-6　生态要素与空间规划指标关联性分析

过程表征的多种生态效应，急需建立一套系统的复合生态效应评价体系，探索多种生态要素的复合生态效应与空间形态的关联性及影响机制，优化城市空间形态，为城市新区绿色空间规划提供科学依据。

5.3.2　面向多要素优化的绿色城市新区规划设计方法

通过前文的分析梳理，目前指导城市新区建设的规划中，已有相关的专项规划是以解决生态环境问题作为优化目标。如海绵城市规划，实体的操控对象是蓝绿空间，即绿地系统、不透水地面和土壤，优化的是水文过程、地表径流；城市通风廊道规划设计，调整的对象是实体空间和潜在的风道路径，即绿化屏障、隔离带等开敞空间，优化的目标是提升空气质量；生物多样性规划设计，确定的方面是保护区域、生物迁移廊道和保护物种等，优化的目标是保护生物物种。现有的城市新区生态专项规划大多从单一或两种关联性强的生态效应入手，操控实体的设计要素也无外乎是空间形态、开敞空间、绿地、水体，所以需要在统筹考虑空间要素配置的基础上，对多方面生态效应进行评价分析，建立多效应评价体系，既满足相关规划，又能对有限的空间要素最大化地进行科学合理配置。此外，生态要素对调节生态过程，形成不同的生态效应，实际是有内在关联的，如绿地系统布局规划，在影响着释氧、降尘、吸附颗粒物、净化污染空气的同时，也有滞蓄功能，以解决城市内涝。实际上每调控一种生态要素，它的多方面生态效应都会联动改变。所以，对要素本身的构成、结构、规模等内在过程剖析透彻，形成多效应耦合评价的机制显得尤为重要。

1.研究框架与技术路线

本节提出以复合生态效应为辅助的城市新区规划设计的技术框架以及研究要点。研究围绕城市新区如何实现绿色发展这一目标，对城市新区规划的设计方法进行创新，主要面向以下两个主要问题：①如何建立一套完整的多要素生态效应评价体系，明确影响复合生态效应的空间规划指标，由此确定城市新区的空间结构、形态与下垫面特征。②如何根据城市新区生态效应集成评价结果，进一步确定空间形态数字化模型的设置参数，建立一套基于多要素生态效应评价下的城市新区空间规划设计自动生成及优化的方法。这一研究思路是把生态底线思维转化为具体的、可操作性强的系统（图 5-7）。

2.研究的重点内容

1）城市新区多要素的复合生态效应评价

城市新区的各种生态要素所发挥的生态效应是多重的，且生态过程的内在存在一定的联动性，这就需要对多种城市生态要素的构成、规模及布局进行全面分析，建立一套系统的复合生态效应评价模型。城市空间形态参数与生态效应之间的存在着系统性与联动性，以期在设计的过程中通过人为的干预实现对场所的优化，这就需要设计

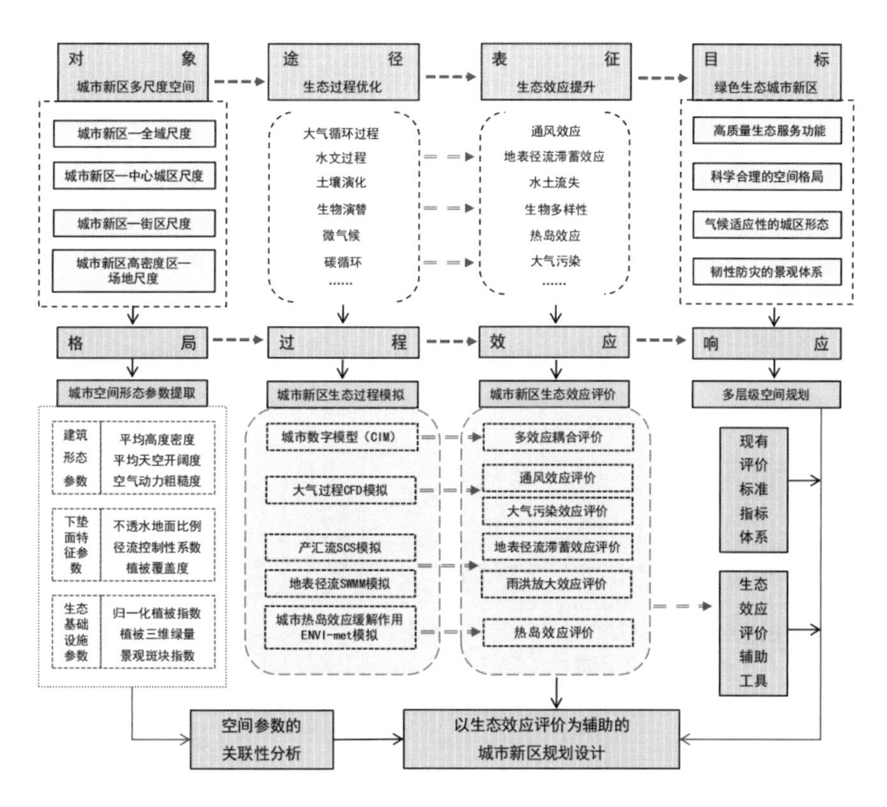

图 5-7 技术路线图

目标始终和环境成为一个有机的整体（成玉宁，袁旸洋，2013）。通过 GIS 的空间分析和运算功能能够探讨多重效应的空间分布，进而为实现最优的生态要素空间配置奠定科学的量化评价基础。

举例来说，根据以上思路，笔者在对沈阳市浑南新区进行的多种生态效应评价研究中，重点分析了新区内绿地、水体、城市开放空间等空间构成要素的多重生态效应以及关键参数指标，参照现有研究方法，完善了生态指标体系的构建（刘勇洪，GRIMMOND C S B，刘勇洪，冯锦滔，等，2017）。用空气动力粗糙度与天空开阔度表征城市空间通风效应；用径流曲线和地表起伏度表征地表径流的滞蓄效应；用建筑容量、植被覆盖度、不透水地面比例表征热岛效应，并结合沈阳的实测数据对参数进行本地化修正。继而实现多种生态效应的集成评价并直观地映射到单元栅格的可视化模块（表 5-5）。

2）城市新区多要素生态效应的空间规划关联性分析

城市形态影响下的多要素生态效应评价能够成为量化新区生态功能的辅助工具，因此，探讨城市规划指标对复合生态效应的影响机制就成为这一逻辑下的关键问题。通过指标的自相关与共线性分析，进行生态效应表征与城区形态参数的筛选，在全面梳理生态效应、城市构成要素拓展与规划指标关系的基础上（图 5-8），加强城市新区空间形态与生态环境效应的互动影响机制研究，揭示城市空间形态指标对生态效应的内在关联，为多种生态效应评价下的新区规划设计奠定基础。当前，多种城市生态与环境数据的监测、数字化模拟技术使之与空间规划指标建立起直接关联成为可能。

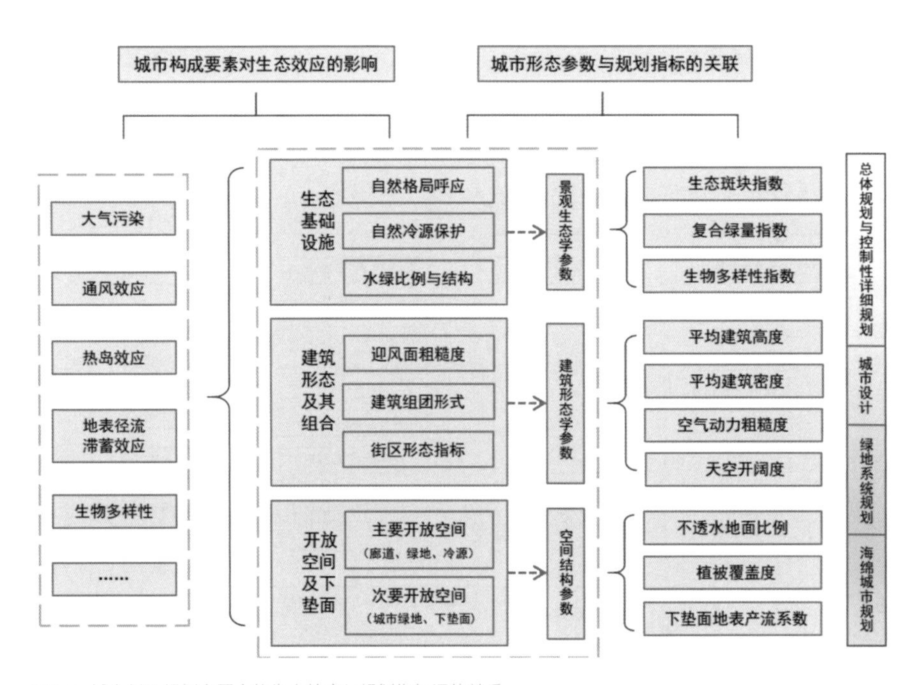

图 5-8 城市新区规划多要素的生态效应与规划指标间的关系

表 5-5 研究区生态效应评价及相关形态参数

评价对象	表征指标	生态学意义	计算模型	研究区的生态效应评价	生态效应评价相关的形态参数		
					专项参数		基础参数
城市新区通风效应	通风潜力系数（VPC）	表征城市空间通风能力，值越小表示区域潜在通风能力越高	Z_0 为空气动力粗糙度长度，SVF 为天空开阔度 $VPC=\frac{Z_0}{SVF}$	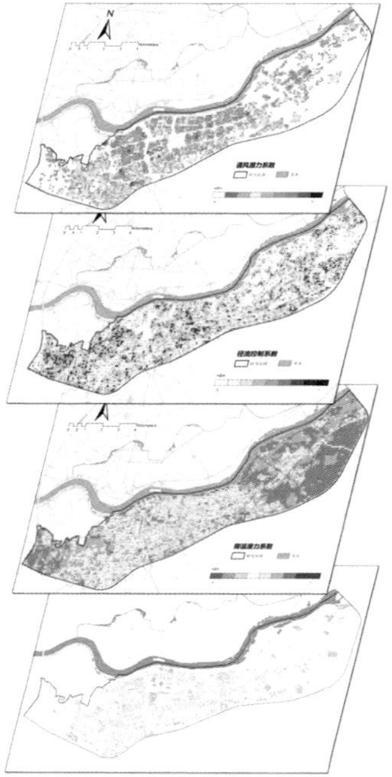	 空气动力粗糙度	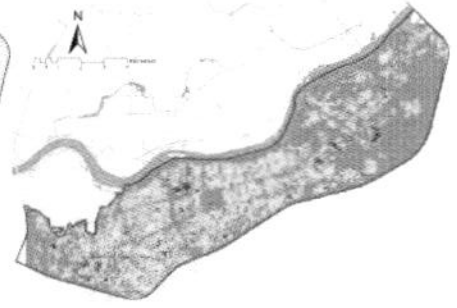 天空开阔度	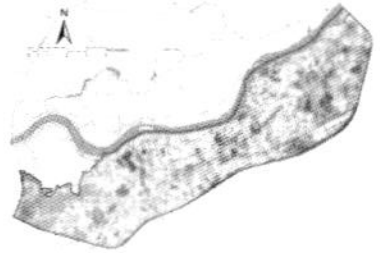 高程  坡度 建筑高度 建筑密度 不透水地面
城市新区地表径流滞蓄效应	径流控制潜力系数（PRC）	表征流域内产流汇流的综合能力，值越小表示区域内径流控制能力越强	CN 为径流曲线，R 为地表起伏度。 $PRC=\frac{CN}{R}$		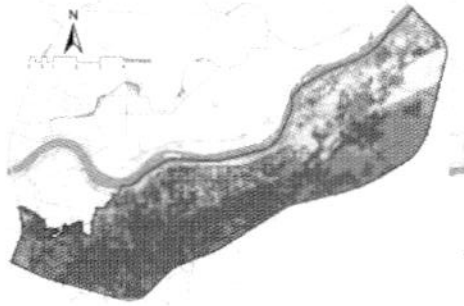 径流曲线	 地表起伏度	
城市新区热岛效应	降温潜力系数（CPC）	表征对城市热岛的降温能力，值越小表示区域潜在降低热岛能力越好	VB 为建筑体积，POIG 为不透水面比例，VFC 为植被覆盖度 $CPC=\frac{VB\cdot POIG}{VFC}$		 建筑体积	 植被覆盖度	 

在上述研究中，表征多要素生态效应的关键参数均来源于城市空间形态的指标提取，粗糙度与开阔度对应的空间形态参数为建筑平均高度、密度、街道高宽比；建筑容量与植被覆盖度对应的空间信息参数是建筑覆盖率、建筑高度与植被三维绿量；径流曲线与地表起伏度对应的城市空间信息参数是下垫面地表类型与地形特征。从城市遥感影像与用地规划能够直接提取以上城市空间信息数据，通过城市空间形态参数建立起多要素生态效应耦合评价。

3）复合生态效应评价辅助下的城市新区空间形态数字化生成

在大数据与空间信息技术支持下，新时期的数字化城市设计更多将关注焦点由空间形态的美学视角向绿色发展的生态视角转化。生态文明导向下的新区建设应该更加注重城市生态的系统性与整体性，因此，以复合生态效应集成评价为切入点关注深层次的城市生态过程，寻求与之相适应的空间形态成为城市规划与城市设计要解决的关键问题。

研究提出从城市新区空间形态的复合生态效应视角出发，构建新区空间形态数字化生成的计算模型，以评价结果作为模型的重要参数，如雨水径流控制率、温度舒适度阈值、大气空气质量、通风效率等；以规划控制指标作为基本条件，如土地开发强度、建筑限高、绿地率等。将多种生态效应的协同优化作为模型运算的规则，以期生成能够实现预设目标的多种可能的空间形态，为城市新区的空间规划提供一种可操作性强的辅助决策工具。

随着城市新区迈入高质量发展的新阶段，绿色城市新区规划应在满足传统意义城市功能基础上更多关注城市自然过程以及内在生态系统的优化；注重衔接各层级自上而下的绿色新区规划设计方法，将底线思维化作可操作性强的具体实施步骤。通过对国内外相关研究动态的梳理，目前绿色新区规划的评价标准通过具体的生态环境指标达标率得以实现，但在规划方案预测和多种生态效应的复合性上仍有较大提升空间。本书初步探讨一套以复合生态效应评价为辅助的绿色城市新区空间规划框架，定量地从城市新区生态要素的生态效应与空间规划指标的关联性分析入手，探讨影响机制，进而构建复合生态效应评价模型，为空间形态数字化生成的算法模型的参数设置奠定基础。着眼于空间形态参数的数字化生成方法的可能趋势之一，是通过建立生态效应评估体系，以复合生态效应评价结果作为模型的重要参数，利用智能化算法辅助决策确定最优形态关系组合。随着人工智能技术的不断推新，在规划设计方案优化方面，可以结合智能算法，根据数据表达的需要，对区域使用“限定性模拟”的方法，对各种模块不同比例、不同分布的方案进行自动寻优。后续的研究工作将具体探究城市复合生态效应与城市形态要素、规划指标的相关性，依托数字化技术，通过量化分析、模型及模拟，确保绿色新区规划的科学性；研究内容也将逐步深入到具体的实施措施、参数设置、权重关系等操作层面，并体现多学科交叉研究和多种技术方法的综合应用，以期为我国绿色城市新区建设提供理论基础和技术支撑。

5.3.3 紧凑城市理念下城市新区空间布局优化研究

1.研究方法

1）“紧凑城市”的内涵

“紧凑城市”指以实现土地和资源的集约利用，减缓城市无序蔓延扩张为目的，而形成的功能混合、公交便捷、经济集聚等特征的城市空间布局形态，进而提高城市的效率，是实现城市健康可持续发展的基本理念和模式。“紧凑城市”并不是一个孤立的理论，它是可持续发展思潮渗透到规划界的一种表现（梅志炎，2020）。新城市主义、精明增长、TOD 公交主导发展这些理论基本思想相似，都主张限制城市的任意扩张，提倡城市的紧凑化发展，实现城市发展方式向可持续发展的转变。

紧凑城市本身提倡整体高效的城市空间，这必然包含空间的内部组织、功能布局和人们生活的集中程度等。规模紧凑、形态紧凑、功能紧凑、效率紧凑四个方面是紧凑城市特征的主要体现。

2）构建空间布局紧凑度指标体系

对紧凑城市及紧凑度测度方法的相关理论进行分析整理，再根据沈北新区空间发展现状，依据科学性、全面系统化、主导因素代表、稳定与动态相结合以及可行性可比性原则，分别从人口、用地、交通、经济紧凑度及紧凑度趋势五个方面选取测度的具体指标（张静宇，2017），并用层次分析法与主成分分析法相结合的综合赋权法，科学合理地构建沈北新区空间布局紧凑度指标体系（表 5-6），分析 2015—2019 年沈北新区紧凑度变化的趋势并将紧凑度与效率做相关性分析，总结影响沈北新区空间布局紧凑度的因素，最后从紧凑发展角度提出沈北新区优化的策略及路径。

3）指标分析

紧凑度模型法：紧凑度的评判要结合新区发展的各个层面相关指标进行，而紧凑度呈现的是新区相关要素相互作用的结果。评价分析城市新区紧凑度需要构建紧凑度综合模型，构建城市新区空间布局紧凑度指标体系，并进行单项指标以及综合指标计算（黄玮琳，2018）。

多因素综合评价法：分析城市新区空间布局紧凑度时，对综合指标体系的各项指标进行权重确定时，运用层次分析法和主成分分析法相结合的方式进行综合赋权及分析，使综合指标体系权重的确定相对客观科学，减少主观性因素对结果的影响（倪琳，2013）。

空间分析法：利用 ArcGIS 空间数据处理分析平台，提取城市新区包括建设用地在内的各类用地，对城市新区的人口、用地、路网密度等数据进行可视化处理（杨静雅，2014）。

沈北新区作为沈阳市发展建设的排头兵，其目标是使经济增长与生态建设相辅相成，不仅为促进周边地区城乡一体化发展作出了贡献，而且为沈阳市的发展、建设和

表 5-6 空间布局紧凑度综合指标体系

目标层	权重	系统层	权重	指标层	权重
空间布局紧凑度	1	人口紧凑度	0.1448	人口密度（X1）	0.0691
				新区人口占总人口的比重（X2）	0.0417
				人口增长率（X3）	0.0223
				第二、第三产业从业人员比例（X4）	0.0117
		用地紧凑度	0.4096	建成区占新区面积比重（X5）	0.1216
				建设用地占新区面积比重（X6）	0.1987
				建设用地占建成区面积比重（X7）	0.0446
				道路面积占建设用地面积比重（X8）	0.0446
		交通紧凑度	0.2201	路网密度（X9）	0.0626
				人均道路面积（X10）	0.0160
				公交运营线路网密度（X11）	0.0374
				交通可达性（X12）	0.1041
		经济紧凑度	0.1665	人均 GDP（X13）	0.0416
				地均 GDP（X14）	0.0416
				第二、第三产业产值占 GDP 比重（X15）	0.0126
				地均固定资产投资（X16）	0.0708
		紧凑度趋势	0.0591	人口增长与用地增长弹性系数（X17）	0.0236
				GDP 增长与用地增长弹性系数（X18）	0.0118
				固定资产投入增长与用地弹性系数（X19）	0.0236

改革作出了巨大贡献，因此选取沈北新区作为研究范围，构建沈北新区空间布局紧凑度测算模型如下。

$$紧凑度模型（Compactness Model）=\sum_{i=1}^{19} w_{zi} \cdot x_i \tag{5.1}$$

$$人口紧凑度 =\sum_{i=1}^{4} w_{zi} \cdot x_i \tag{5.2}$$

$$用地紧凑度 =\sum_{i=5}^{8} w_{zi} \cdot x_i \tag{5.3}$$

$$交通紧凑度 =\sum_{i=9}^{12} w_{zi} \cdot x_i \tag{5.4}$$

$$经济紧凑度 =\sum_{i=13}^{16} w_{zi} \cdot x_i \tag{5.5}$$

$$紧凑度趋势 =\sum_{i=17}^{19} w_{zi} \cdot x_i \tag{5.6}$$

式中，x_i 表示第 i 个指标的综合权重，x_i 表示第 i 个指标标准化的数值。

用超效率 DEA 中的 BCC 模型对沈北新区效率进行分析，将投入与产出变量带入进行求解，并整理分析结果（表 5-7）。

4）分析结果

沈北新区空间布局紧凑度指标体系计算显示（表 5-8）：2015—2019 年期间各个二级指标的紧凑度变化存在差异，不同指标对新区紧凑度的贡献不同。总体上来说，沈北新区空间布局紧凑度水平一直在不断上升，但远远达不到集约高效的要求。用地紧凑度的贡献率要大于其他二级指标，其中建设用地及建成区的面积在进一步扩张，结合紧凑度趋势来看，土地扩张的趋势已经明显高于人口增长的趋势以及经济增长的趋势，表明沈北新区内的土地利用效率较为低下，布局结构存在不合理的情况，没有充分发挥出用地经济性。即便在 2018 年和 2019 年新区的紧凑度水平增长速度加快，各项指标都处于上升状态的情况下，但仍要解决上述问题，发挥新区的增长极作用，促使沈北新区在注重绿色健康的同时继续往紧凑式方向发展。

表 5-7 沈北新区空间效率分析结果

决策单元	决策单元顺序	纯技术效率	规模效率
2015 年	1	0.800090495	0.97901638
2016 年	2	0.764795388	0.890704963
2017 年	3	1.148493226	0.985610688
2018 年	4	0.974021337	0.968237414
2019 年	5	1.206612257	0.801895479

表 5-8 沈北新区空间布局紧凑度指标体系计算结果

时间	2015 年	2016 年	2017 年	2018 年	2019 年
人口紧凑度	-0.108561151	-0.089589697	-0.047922023	-0.0097198	0.255759507
用地紧凑度	-0.484031211	-0.250544351	-0.055531943	0.296048801	0.494057557
交通紧凑度	-0.326229935	-0.17661527	-0.006072364	0.15165047	0.357266629
经济紧凑度	0.158486477	0.072411311	-0.094375652	-0.080077777	-0.056444618
紧凑度趋势	-0.060363824	0.000354198	-0.022808267	0.033459034	0.049358859
沈北新区空间布局紧凑度	-0.820699644	-0.443983809	-0.226710249	0.391360727	1.099997934

沈北新区紧凑发展会促进效率的提高，效率提高也会影响新区紧凑发展的程度。沈北新区空间布局紧凑度与效率之间有较强的相关性。紧凑度不仅仅是经济效益的目标产出，还由土地、人口、交通、经济等多方面多因素决定。因此，需要在政策和技术上引导二者相互影响、协调发展，既不可一味强调沈北新区紧凑发展，忽略各要素内部及各要素内部的协调，产生地价上涨、拥挤、环境恶劣等不经济现象，又不可一味追求发展的高效率，忽略空间形态的无序。

2.沈北新区空间布局优化方案

1）划定新区紧凑型增长边界

严格把控用地规模是贯彻紧凑城市理念的先决条件。通过控制非建设用地进而达到控制新区增长规模的逆向思维方式可有效缓解新区大面积土地浪费，保护生态环境，提高新区空间效率。沈北新区的发展建设要平衡经济增长与环境保护的关系，通过生态保护模式，有效控制与引导核心区的土地利用。

沈北新区整体地形呈东高西低的态势，东面是棋盘山，坡度较大，导致该地区可建设用地范围较少。新区内有两条铁路贯穿南北，使得新区南部有部分地区不适宜建设。选取坡度、高程、水系、铁路、道路以及建成区六个因子，对沈北新区的用地适宜性进行评价。将这六个因子叠加，将用地分为禁止建设区、低适宜建设区、中适宜建设区、高适宜建设区四类。

城市增长边界是城市的生态安全底线，是控制城市规模的无节制扩张、管理城市增长、促进城市紧凑发展的手段之一。因此促进沈北新区紧凑发展要合理划定其增长边界。城市增长边界可以划分为刚性增长边界和弹性增长边界。其中刚性边界从城市非建设用地角度出发，是城市的生态安全底线，具有较强的操作意义且能体现新区发展的规模（朱查松，张京祥，罗震东，2010）。

参考国内外增长边界划定方法，结合沈北新区多种实际因素制约发展的条件，选择高程、坡度、水系、铁路、道路以及建成区六个因子为刚性增长边界的划定要素，划定沈北新区刚性增长边界。

2）优化紧凑发展的空间结构

至 2030 年，沈北新区中心城区采用紧凑式发展模式，作为城市新区转型发展关键阶段的发展模式。集中紧凑发展既有利于节约土地，有助于减少设施建设不必要的投入，缓解新区无序蔓延，更能促使新区的高效运转，形成自然和生态环境绿色可持续发展的状态。至 2050 年，沈北新区采用“集中—分散”的发展模式，作为新区发展区域完善阶段的发展模式。这既可以避免沈北新区摊大饼式的发展，又有利于新区内部的城乡统筹发展，打破城乡二元结构，形成田园城市结构，还有利于加强新区与沈阳市区的联系。

近期：紧凑式发展空间结构。结合现状与沈北新区总体规划，延续了新区传统的发展方向，结合紧凑发展的理念需求，形成“一带两心四片区”的紧凑型组团式发展结构。一带即蒲河生态经济带；两心是指蒲河新城核心、沈北新城核心；四片区分别是道义片区、虎石台片区、辉山片区以及新城子片区（图 5-9）。

远期：“集中—分散”式空间结构。沈北新区远期规划将依托蒲河新城的三个组团为核心，横纵并行发展，形成在紧凑基础上适当分散的组团式空间布局结构。同时，开发建设逐渐由外延式转向内涵式，在新城建设的同时着力于核心功能区的完善，通过居住和产业用地的合理布局优化城市结构，提高城市交通运营效率。大力改善城区环境，塑造城市特色，提升城市品质，发挥城市的服务功能。

至 2050 年沈北新区形成“一带三轴多片区”的空间发展结构。一带仍是串联经济与景观的蒲河生态经济带；三轴是指依托蒲河新城三个核心区的纵向空间发展轴；多片区是包括道义、虎石台、辉山、新城子、兴隆台以及清水台等功能区共同发展（图 5-10）。

3）加强用地功能的有效混合

对沈北新区功能布局的优化，采取划分小街区、混合用地功能的措施。这种小尺度的街区，鼓励居民采取步行方式出行，形成 15 分钟步行生活圈，避免了长距离出行。同时小尺度的街区，有利于城市公共服务设施用地的布局，通过分级布置形成完善的公共服务设施体系，提高了设施的可达性，提高利用效率，方便居民生活。

优化方案从建设紧凑型沈北新区的角度出发，结合新区现状及总体规划，对沈北新区进行功能布局的混合调整优化，促进组团紧凑发展。

组团 A：是居住和商业用地的重点发展区域，依托周边景区游乐园，利用区域内

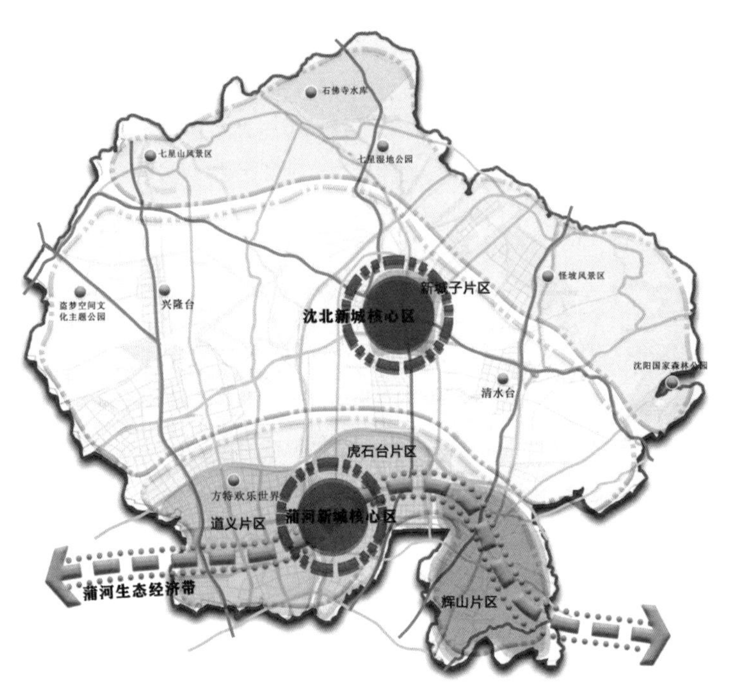

图 5-9 沈北新区近期空间发展结构图

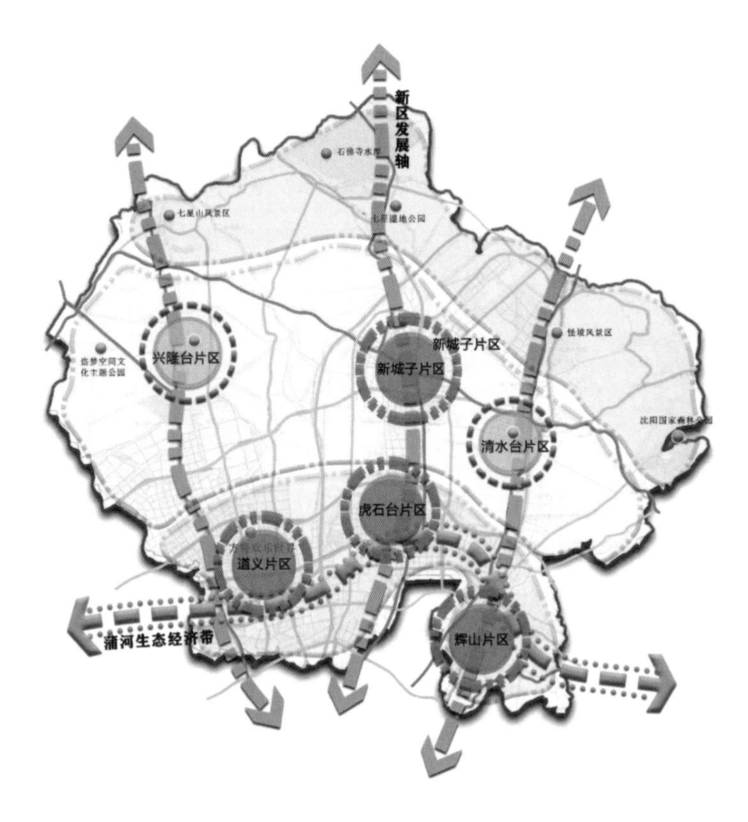

图 5-10 沈北新区远期空间发展结构图

便利的交通条件，以地铁站为核心点、公交为主导、服务设施为基础、绿化公共空间为纽带，创造多样化商业综合体，形成商业次中心，营造绿色生态、舒适便捷的居住生活环境。

组团 B：是工业企业和物流企业聚集的重点区域。考虑对污染企业进行搬迁，并给其余工业企业配备居住及相关生活配套设施，增设商业服务设施、文化娱乐设施、体育设施、医疗卫生设施和绿化空间，形成职住一体化发展。

4）建立公交主导的交通网络

全面增强沈北新区内部交通的连通性及对市区和周边区域的可达性，形成布局紧凑合理、健康有序的道路交通体系。整体来说，沈北新区的交通优化策略为南部紧凑、北部高效的复合交通模式。蒲河新城相对紧凑的区域要加大路网密度，形成局部微循环，打造舒适高效生活圈，进一步加强其核心地位，为更好地辐射带动周边地区功能完善创造有利条件。新区北侧的乡镇要通过便捷的高速公路、公交地铁等保证与中心城区和旅游景区的紧密联系。同时结合沈北新区制定针对化的管理，保障行车安全，快速疏解重点时段形成的拥堵节点，促使交通一体化发展，提供多元化的换乘服务，形成快速高效的交通系统，引导新区向紧凑发展方向迈进，实现紧凑发展的理念。

结合沈北新区发展方向及空间布局形态，在现状基础上将采用“方格自由式”对路网进行优化，形成“七横八纵”的道路网结构。对优化后的路网密度进行可视化处理（图 5-11），可见路网密度不断增大，可达性也显著变强。并在此基础上优先发展公共交通，逐步形成以常规公交干线为主体、以自行车和步行为辅助的便捷高效、多元化、有特色的交通体系。

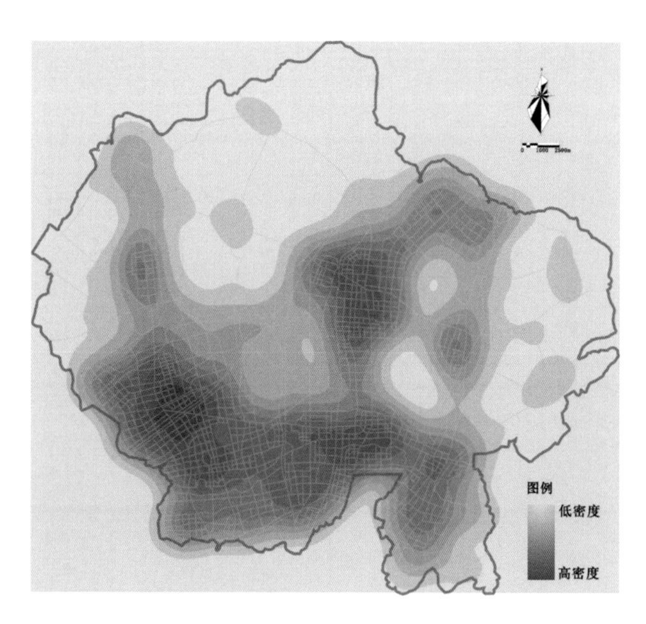

图 5-11 沈北新区路网密度分析图

5.3.4 基于 GI 理念下的城市新区绿道网络优化研究

1.研究方法

1）明确绿道网络与 GI 的概念

绿道网络由自然廊道有机组合而构成，绿道网络的重要组成要素是连接廊道和节点，绿道网络的概念是绿道和网络的结合，它不仅拥有休闲游憩的功能，更兼具绿色生态、景观功能和社会价值。GI 是一个开放的、连接的，可以支撑生态系统和生命系统，将自然区域和城市内外开放空间连接在一起的网络结构（李晓生，2015）。

2）搭建城市绿道网络评价指标体系框架

对国内外绿道的相关资料进行研究和整理，收集城市绿地系统、绿色空间、廊道和乡村绿道等方面的评价指标，将对城市绿道网络产生影响的因子选出，并进行统计分析，选择使用频率高、具有代表性的指标，按照目标层、因素层、一级指标层和二级指标层搭建评价指标框架结构（张庆军，2012）（表 5-9）。

表 5-9 城市绿道网络评价指标体系

目标层	因素层	一级指标层		二级指标层	指标性质	
城市绿道网络规划评价指标	景观生态指数 B1	斑块指数 C1	D1	斑块分布均匀度	正向	定量
			D2	斑块密度	逆向	定量
			D3	连接斑块数比	正向	定量
			D4	连接斑块面积比	正向	定量
		廊道指数 C2	D5	绿道宽度	正向	定性
			D6	绿道密度	正向	定量
		绿道网络结构指数 C3	D7	连接度	正向	定量
			D8	环通率	正向	定量
			D9	线点率	正向	定量
			D10	成本比	正向	定量

续表

目标层	因素层	一级指标层		二级指标层	指标性质	
城市绿道网络规划评价指标	社会功能指数 B2	游憩功能指数 C4	D11	设施数量	正向	定性
			D12	服务设施间距	逆向	定量
			D13	服务区用地面积	正向	定量
			D14	绿道可达性	正向	定量
		文化遗产保护 C5	D15	物质文化保护利用	正向	定性
			D16	特色文化遗存展示	正向	定性
		防灾功能指数 C6	D17	防灾绿地的比例	正向	定量
	发展规划指数 B3	政策法规背景 C7	D18	法规的存在及影响	正向	定性
			D19	政策的存在及影响	正向	定性
		公众参与 C8	D20	公众参与面	正向	定量
			D21	公众参与效果	正向	定性
		资金预算 C9	D22	单位长度绿道投入	正向	定量

3）层次分析法计算权重

指标数值的计算运用了层次分析法和打分法，制定评价指标权重调查表，请多名专家对其中的指标进行问卷赋值，并通过矩阵的计算，对结果进行一致性检验，对不满足一致性检验的结果反馈给专家进行调整，满足一致性后，求平均值，得到各项指标的平均权重值，在此基础上，比较两两指标的重要性，构建判断矩阵，并进行一致性检验，最后计算各指标的组合权重（迈克尔哈夫，2012）（表 5-10）。

4）对沈抚新区绿道网络进行评价

确定绿道网络的景观生态功能，社会功能和规划发展功能，从这三个方面提取指标，建立绿道网络评价体系的基础上，运用层次分析法，计算指标因子权重，研究沈抚新区的概况，通过已经构建的评价体系，从景观生态、游憩功能、规划发展三个层面完成评价。

表 5-10 城市绿道网络评价指标权重表

目标层	因素层	因素层权重	一级指标层	一级指标权重		二级指标层	二级指标权重	总权重
城市绿道网络规划评价指标	景观生态指数 B1	0.5146	斑块指数 C1	0.2385	D1	斑块分布均匀度	0.1163	0.0143
					D2	斑块密度	0.1851	0.0227
					D3	连接斑块数比	0.2404	0.0295
					D4	连接斑块面积比	0.4582	0.0562
			廊道指数 C2	0.1365	D5	绿道宽度	0.2500	0.0176
					D6	绿道密度	0.7500	0.0527
			绿道网络结构指数 C3	0.6250	D7	连接度	0.4193	0.1348
					D8	环通率	0.1832	0.0589
					D9	线点率	0.1661	0.0534
					D10	成本比	0.2314	0.0745
	社会功能指数 B2	0.3198	游憩功能指数 C4	0.6817	D11	设施数量	0.1884	0.0411
					D12	服务设施间距	0.3207	0.0699
					D13	服务区用地面积	0.1140	0.0249
					D14	绿道可达性	0.3769	0.0822
			文化遗产保护 C5	0.2158	D15	物质文化保护利用	0.5000	0.0345
					D16	特色文化遗存展示	0.5000	0.0345
			防灾功能指数 C6	0.1025	D17	防灾绿地的比例	1.0000	0.0327
	发展规划指数 B3	0.1656	政策法规背景 C7	0.3874	D18	法规的存在及影响	0.5000	0.0321
					D19	政策的存在及影响	0.5000	0.0321
			公众参与 C8	0.1692	D20	公众参与面	0.5000	0.0140
					D21	公众参与效果	0.5000	0.0140
			资金预算 C9	0.4434	D22	单位长度绿道投入	1.0000	0.0734

5）分析结果

沈抚新区绿道网络整体评价评价的等级是 II 级，即沈抚新区的绿道网络在构建的评价体系下是相对合理的。在评价体系的因素层，一共有一项 II 级，也就是社会功能指标，表明沈抚新区绿道的社会功能还算优良，还有两项 III 级指标，分别是景观功能和发展功能。综合来说，沈抚新区的绿道网络在景观规划方面仍要加强，发展保障领域应该再多投入人力物力，社会功能实现能力尚好，应在维持现状的基础上进一步加强，共同优化沈抚新区的绿道网络。

2.沈抚新区绿道网络优化方案

1）景观生态体系优化

优化方案延长 5 号与 7 号绿道，将新选节点融合进绿道网络中，在四环路中段增加一段绿道，平行于 6 号绿道。降低城市的景观破碎程度，要好好利用现有的土地，处理好土地与城市的关系，坚持绿化主题，对破碎的生态景观进行微调和整合，通过调整，将零碎的绿地斑块串联到一起。绿道网络结构优化选取了该区绿道规划中新建的 7 个节点，将每一个节点进行模拟廊道连接（图 5-12）。

图 5-12 沈抚新区绿道网络连接结构调整图

优化之后的方案比之前有了较大的进步，增加了节点数与廊道数，绿道网络的环通度有较大提升，整体增加了 86%，线点率和连接度都分别有所提高，线点率增加了 11.7%，连接度增加了 9.09%，成本比与之前提升了 8%（表 5-11）。

表 5-11 网络结构指数优化

方案	节点数	廊道数量	α 指数	β 指数	γ 指数	成本比
1	68	87	0.15	1.28	0.44	0.57
2	75	107	0.28	1.43	0.48	0.62

2）社会功能体系优化

完善绿道网络设施配置，以文化为导向提升绿道功能，沈抚新区建设中传统文化都有新的发展。沈抚新区丰富而独具特色的文化体系是建设新区不可或缺的宝贵资源；构建完善的慢行系统网络体系，慢道依据场地的宽度和通行需求，进行宽度、材料、设置功能等规划（图 5-13）。

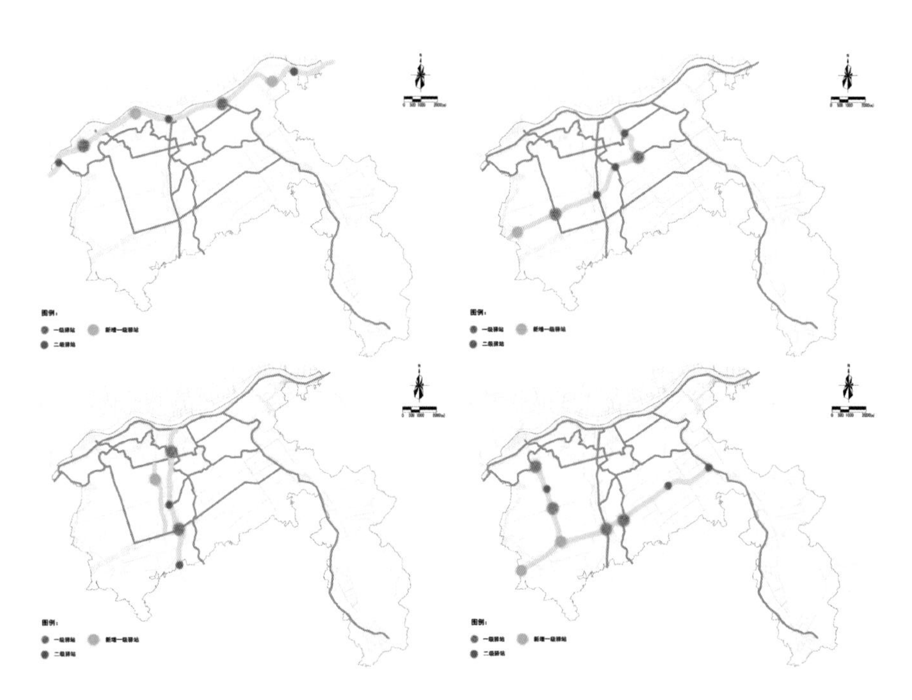

图 5-13 1 号、5 号、6 号、7 号绿道新增驿站示意图

以文化为导向提升绿道功能主要是对河流水系等自然资源以及文化遗存的考虑，把握沈抚新区河流以及文化遗址的特点。沈抚新区在文化上承接沈阳市与抚顺市的汉文化体系，又有自身的汉文化基础，包容性强，民间传统鲜活，地方风格明显。以上是沈抚新区文化最具特色的部分，并且在沈抚新区建设的过程中传统文化又都有着新的发展。

3）规划发展体系优化

绿道网络的规划建设，必然少不了法律的支持和法规的保障，政府投入方面，应该重视绿道网络建设，多宣传绿道的内容，把绿道建设的科学性和生态性纳入到宣传计划当中，利用网络和电视等媒体广泛的传播，让居民了解绿道网络的意义，公众参与程度也随之提高。

4）小结

第一，城市绿道网络规划综合评价指标体系的建构方面，城市绿道网络规划分析评价指标的选取，在建立绿道网络评价整体目标的基础上，整合并归纳与目标评价相关的指标因子，进行统计和筛选，得到一套城市绿道网络评价的待选指标。根据评价目标，选取的 22 个小指标从三个功能方面分类，构建判断矩阵，通过计算和检验，最终确定指标因子的权重值，完成了城市绿道网络评价体系的构建。

第二，沈抚新区绿道网络规划评价及结果，利用上文构建好的绿道网络评价体系，从景观功能、社会功能和发展功能三个方面出发，最终得出沈抚新区的绿道网络得分为 0.5049，沈抚新区的评价结果属于第 II 级，绿道网络规划方案比较合理。

第三，沈抚新区绿道网络优化策略方面，对于景观的生态优化，需要加强对整体绿道网络的结构性保护，将破碎的景观斑块有机结合，把零散的节点串联到绿道网络中，以此来降低景观破碎程度。调整原来的绿道网络布局，优化绿道网的密度；对于社会功能的优化，可适当提高可达性，增添配套设施，完善设施的数量、绿道和服务用地之间的连通性和可达性；对于规划发展保障的优化，完善绿道的法律法规，制定出一个完善的保障体系。加大宣传力度，提升公众参与度。

5.4 多情景模拟

当前我国的城镇化正处在由增量型扩张转向内涵式发展的关键阶段，以规划为引领及时调整、优化城市空间布局，是提高城市发展质量、提升城市治理能力的重大战略需求和紧迫任务。优化城市布局的基础是增强规划编制科学性，但规划实践中缺少对城市布局方案进行科学分析的技术和相应的评价方法，已成为制约规划编制科学性的瓶颈，进一步影响了规划决策、空间政策的合理制定和规划的实施。

在应对城市不确定性方面，情景分析作为开展规划方案研究的重要方法，应用较为广泛。情景分析方法是空间政策研究的重要工具，通过对问题的辨析、重要因素的考量，界定、模拟具有结构性差异的未来情景，来检验和评估既有战略，或提出新的战略与行动计划。从国外应用的案例来看，一般从“可能的未来”和“期望的未来”出发，通过对不同情景的影响和干预方式的比较，确立相应的改善策略和政策议程。较为典型的应用案例如大瓦萨奇（盐湖城大都市区）2020（Fregonese-Calthorpe Associates，2000）、芝加哥 2040（CMAP，2008）、欧洲 2050（ESPON，2014）、法国 2040 等。

通过情景分析方法对规划方案开展评价，在国内规划研究和实践中也得到运用。宋博和陈晨（2013）对情景分析方法的理论、行动框架和应用意义进行分析，认为其可以作为战略规划的决策平台。在北京、上海、武汉等大城市发展战略研究中进行理论探索和应用实践（丁成日，宋彦，2005；张尚武，晏龙旭，王德，等，2015；黄亚平，卢有朋，单卓然，等，2017）。王德等（2015）运用情景分析方法对上海 2040 的人口调控目标和策略进行了研究。张尚武等（2015）针对上海人口疏解问题，通过比较不同情景的人口分布与产业、轨道交通、住房等空间要素的支撑关系，从时间维度提出了人口分布优化目标、思路和机制保障。黄建中等（2017）运用情景模拟方法分析空间结构—交通模式耦合关系，对厦门城市空间结构优化策略进行了研究。总体上看，已有成果对空间结构理论认识和空间绩效研究，较多集中在对现有城市结构分析，对规划中城市布局方案的空间绩效及其评价研究关注较少，尚未形成对城市布局方案进行空间绩效评价的成熟方法。

5.4.1 多情景规划模拟技术方法

从增强城市规划布局方案的科学性出发，提出基于空间绩效多情模拟的城市布局方案评价理论框架和方法体系；并从面向规划编制工作的实际需求出发，形成面向规划应用的空间方案评价、空间决策和政策评估的分析工具。其内容主要包括：

1.城市布局方案评价方法框架的建立

总结归纳城市空间结构及其绩效分析的相关理论，对空间布局方案研究和评价方法进行总结，归纳评析相关理论和认识观点；通过典型案例比较，总结各类空间要素影响城市发展的作用大小、稳定性和变化特征，从动态演化视角进行理论层面解析，揭示一定阶段空间要素对城市发展的影响机制和规律。

2.基于发展约束条件下的城市多情景目标分析

城市的历史因素、自然因素、发展阶段等构成了基本约束变量，这些约束条件在城市发展演化过程与各类空间要素的作用关系，构成了城市发展情景研究的基础。人口分布具有动态性，往往快于各类空间要素的变化，因此将人口分布情景作为建立多情景分析的基本变量。无论基于趋势外推还是预期发展导向，都受到了约束变量的影响，人口分布区位、规模及密度变化差异构成了情景目标分析的主要内容。

3.城市多情景目标与空间要素配置支撑关系的模拟

研究基于人口布局变化的多情景目标与就业分布、交通、公共服务、住房及开发规模等空间要素的支撑关系，通过定量模型模拟人口分布状态产生的各类空间要素配置需求和分布情况。将模拟结果与城市现状进行对比，结合城市发展约束条件对产业结构调整、交通建设能力、公共服务配置、住房供应情况及开发控制规模进行适应性分析，形成对多情景目标及要素配置特征的评价认识。

4.基于城市空间绩效的布局方案评价方法

建立基于城市现实条件的情景 - 空间 - 策略分析模型，在对现状基本问题进行判断的基础上，从未来不同情景反馈到当前，形成对情景目标合理性、空间方案可行性与实施过程适应性的评价方法。

进一步从要素配置结构、空间分布关系、时间推进阶段三个维度，建立对不同情景、要素支撑关系及实现路径的认识，提出针对方案优化的有效应对策略和政策调控体系。

5.4.2 基于人口分布情景的上海大都市地区空间结构优化

对上海大都市地区的空间结构优化研究借鉴国内外经验，通过构建上海市 2040 年人口分布的不同情景，将趋势外推与目标导向的回溯式方法结合，在对现状基本问题进行判断的基础上，从未来不同情景反馈到当前，评估相关政策的适应性，探讨从时间、空间维度出发上海优化人口布局和空间结构的政策取向。

1.建立城市人口分布、空间结构与空间政策的关联

城市空间结构是一个跨学科的领域，和社会过程的相互关系的研究构成了城市研究的重要方面，西方城市结构研究形成了比较清晰的学派和领域演进（唐子来，1997；冯健，2005），国内的相关研究在地理学界形成很多研究成果（周春山，2013）。上海城市空间结构也一直受到地理学、社会学和人口学界的关注（郑凯迪，2012；左学金，2006；王桂新，2008）。城市空间结构研究表现为从物质属性到社会属性、从个体选址行为到社会结构体系的发展过程。城市规划作为一种空间政策，致力于运用这些内在的城市结构理论，对城市空间形态发挥引导作用。

城市空间结构与很多因素相关，并且在不断发展变化，既有空间维度也有时间维度。Simmonds 等（2013）依照发展变化时间因素将影响城市空间结构的要素进行分类，其中人口移动和货物的流通是变化最快的，人口和就业是中间速度的，而居住地和工

作地是变化较慢的，城市土地使用和网络是最慢最稳定的，可以理解为人口的增长和分布是城市空间结构变化的先导因素。

城市人口分布与一系列的发展政策相关，很多政策的制定也间接影响到人口分布，且人口分布最终发展是市场的选择，控制中心城区规模不是规划的主观意向就能够实现的结果。规划必须考虑这种不确定性，研究在市场环境中，实现调控的手段和策略。

2.上海大都市地区人口增长态势与2040年人口分布情景

1）人口增长态势及分布特点

上海市域现状人口分布呈现较明显的边缘集聚、圈层增长的特征。从各区域常住人口增量占人口总增量的比重来看（表5-12），近郊区是占比重最多的区域，其次为内环—外环之间的区域。2000—2010 年内环以内地区的人口比重下降了 7.9%，内环—外环之间区域的人口比重下降了 2.2%，近郊区人口比重增长了 6.3%。对照 1999 年版上海市城市总体规划中提出的新城发展目标，其规模实现程度也基本呈现圈层递减的趋势。

表 5-12 上海市 2010 年常住人口、就业人口和 2008 年就业岗位分布

地区	常住人口（万人）	比重（%）	常住就业人口（万人）	比重（%）	就业岗位（万人）	比重（%）
内环内	344.5	15.00	149.5	12.90	260.0	24.6
内外环间	793.2	34.50	358.5	31.00	260.5	24.7
近郊区	415.3	18.04	224.2	19.36	160.7	15.2
嘉定新城	48.5	2.10	29.5	2.50	29.5	2.8
松江新城	44.4	1.90	21.7	1.90	31.7	3.0
青浦新城	24.7	1.10	13.0	1.10	11.3	1.1
南桥新城	31.6	1.40	18.5	1.60	16.0	1.5
金山新城	21.4	0.90	11.1	1.00	12.8	1.2
临港新城	23.7	1.00	11.0	0.90	6.2	0.6
城桥新城	10.2	0.40	4.5	0.40	3.7	0.4
其他地区	544.4	23.70	316.8	27.40	263.2	24.9

注：宝山新城、闵行新城与中心城区之间的空间已经呈现连绵态势，因此这 2 座新城被纳入了近郊区的范围。
资料来源：根据上海市第六次人口普查与上海市第二次经济普查统计。

就业分布具有中心服务化和外围工业化的特点。服务业就业分布大部分集中于内环以内的区域，呈现较强烈的向心集聚的态势。制造业就业主要分布于郊区，并呈现高度分散的特点。

中心城边缘地带成为发展矛盾最突出地区，主要表现在：人口、用地快速增长加剧了城市蔓延趋势；就业岗位比重较低，是常住人口比重与就业人口比重偏差最大的区域，形成全市范围内通勤量发生最大的环形地带；公共服务设施配置缺口大，覆盖水平明显低于中心城区，也落后于外围郊区；外环周边地区轨道交通服务能力明显滞后于人口集聚速度，轨道交通覆盖水平仅为中心城的 1/4 左右（图 5-14）。

图 5-14 2000—2010 年上海人口密度变化
资料来源：根据第五次、第六次人口普查数据绘制

2）影响人口分布的因素分析

将 2000—2010 年上海人口密度变化与相关因子进行偏相关分析，用来识别影响人口分布的政策因素。选择 20 个因子，在第六次人口普查普查区单元上进行标准化处理。这些因子包括：各单元内公共服务的综合水平（综合为生活圈得分）、单元内各大类用地的比例、单元内就业率及各行业就业比重、单元内各类公共服务设施用地的比例、路网密度、轨道交通 1000 米覆盖率和空间句法计算的路网可达性（整合度平均值）等。

分析结果表明，人口分布主要受居住用地、公共服务设施、轨道交通的影响。而在就业方面，生产性服务业就业相对于生活性服务业更依赖集聚效应，分析中也显示前者与人口密度变化更相关。制造业对人口密度的影响较低，对人口的影响主要在面域规模上。分析结果与经验判断较为一致，由此得出重点研究政策因素是产业布局、住房供给、公共服务设施配置、轨道交通建设四个方面（表 5-13）。

表 5-13　人口分布密度变化与主要因子的偏相关分析结果

主要因子	皮尔逊偏相关系数（显著性）
生活圈综合得分	0.368*
路网密度	0.008
轨交覆盖率	0.316**
平均路网整合度	-0.021
第二产业就业比重	-0.08
一般商业就业比重	0.116
生产性服务业就业比重	0.331**
生活性服务业就业比重	0.195
公共管理就业比重	0.147
R 类用地比重	0.582**
C 类用地比重	-0.052
商业用地比重	-0.081
制造业用地比重	-0.129
公共管理用地比重	-0.094
就业率	0.179

注：“*”“**”分别代表在 5%，1% 置信区间通过检验。

3）上海 2040 年人口分布的三种情景

城市空间扩展方式最普遍的是圈层式扩展，表现为在城市建成区的周边蔓延式发展，这一发展方式是最直接和成本最低的渐进式增长，在城市发展初期这种发展方式具有优势，但对特大城市和大城市地区，这种发展方式带来的问题也十分突出，在规划上，会采取发展新城或向重点地区引导的方式，形成多中心的结构。因此，确定三种人口重点承载地区的结构模式：边缘承载、新城承载、廊道承载。

（1）情景一：边缘承载

边缘承载是趋势外推下的人口分布情景。以现状政策因素加权叠加作为该情景下人口分布依据进行线性分配，同时设定 2 万人 / 平方千米为密度上限 。模拟结果显示，近郊地区人口继续大幅增长，将达到第六次人口普查的 230%；内外环之间也将增长超过 100 万人，是第六次人口普查的 115%；7 座新城共新增人口 90 万人，是第六次人口普查的 144%。这一情景与现状态势较为相符，人口继续在中心城边缘集聚。对应到空间上，近郊区空间蔓延趋势会进一步加剧，由于大量人口的导入，将造成通勤需求、就业岗位、公共服务需求及用地结构调整的巨大压力。

（2）情景二：新城承载

新城承载模式是以规划目标为导向的人口分布情景。按照目前各新城规划提出的规划人口目标（2020 年），总规模约 478 万人。《上海市城市总体规划评估报告》认为市域总规模将达到 3000 万人，并提出了 712 万人的新城人口引导目标。考虑到郊区除了新城之外的地区人口的进一步集聚，新城情景分布人口设定为 900 万人。人口分布模拟综合考虑各新城规模的实现情况，松江、青浦、嘉定新城将承载较高的人口规模，成长为 150 万～ 200 万人的组合城区，南桥、临港、金山新城承载次一级的人口规模，达 70 万人左右。城桥新城人口规模与 2020 年规划目标基本一致。中心城和近郊区人口略有增长。

（3）情景三：廊道承载

廊道结构是大都市地区引导人口疏解的又一重要途径，沿轨道交通向外轴向拓展，也是国外许多大都市地区规划倡导的发展模式。上海 1999 年版总体规划提出的空间布局结构包括“沿海发展轴、沪宁、沪杭发展轴”组成的“多轴”结构。在廊道承载情景下，新增人口重点集聚到沪宁、沪杭、沪青平、临港方向的四条廊道。

结合趋势外推模拟结果和新城情景目标，人口分布在情景一基础上实现部分疏解，假定浦西廊道对应的 3 座新城人口引导目标实现 2/3，其余新城人口引导目标实现 1/2，廊道地区人口分布同样以情景一的加权结果为依据。人口分布结果为 7 座新城的总人口约 760 万人，其中廊道地区（中心城和新城之外）承载了 480 万人口增量，对应的新城承载 450 万人，廊道以外的其他 3 座新城以及郊区其他地区共承载约 270 万人（表 5-14、图 5-15）。

表 5-14 三种人口分布情景模拟结果

地区	边缘承载（万人）	新城承载（万人）	廊道承载（万人）	第六次人口普查常住人口（万人）
内环内	341.5	350	343.5	344.5
内外环间	909.2	850	878.5	793.2
近郊区	967.4	550	798	415.3
嘉定新城	68.5	250	150	48.5
松江新城	64.4	300	215	44.4
青浦新城	34.7	200	145	24.7
南桥新城	49.2	150	90	31.6
金山新城	31.4	100	60	21.4
临港新城	31.0	100	85	23.7
城桥新城	15.3	20	15	10.2
其他地区	687.4	330	420	544.4
七大新城	294.5	1120	760	204.5
全市	3200	3200	3200	2301.9

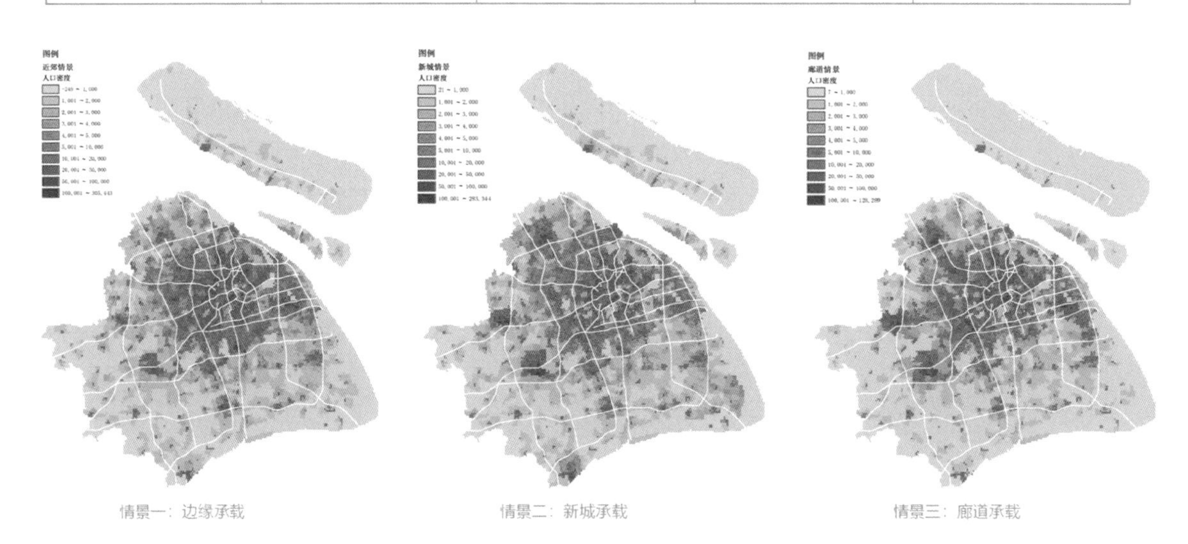

情景一：边缘承载　情景二：新城承载　情景三：廊道承载

图 5-15 三种人口分布情景模拟结果

3.三种人口分布情景的空间政策适应性评估

从现状趋势和规划导向出发，将 2040 年上海市域人口分布假设为三种人口情景，即边缘承载、新城承载和廊道承载，模拟不同人口分布情景的可能性，并从产业结构与布局调整、轨道交通建设、住房供应区位与规模及公共服务配置四个方面探讨空间政策的适应性。

1）产业结构与布局调整的适应性

在三个情景与就业分布的关系中，边缘承载与现状产业分布特征较为相符，服务业主要集聚在内环是吸引大量人口在边缘区集聚的重要原因。若人口在这一地区继续增加，则必须加快扭转目前边缘带就业岗位缺乏的局面，否则大量通勤人口的向心交通将使中心城更加不堪重负。

新城承载情景与目前的产业发展存在结构性矛盾。按照对产业分布趋势外推的模拟，要实现新城承载情景，新城需要增加约 300 万个服务业岗位，是现状的 8 ～ 9 倍，并且除城桥新城外的其他 6 座新城将会有 5.2% ～ 7.4% 的向心通勤交通。廊道承载具有一定的有利条件，目前的人口和就业岗位集聚规模均超过七大新城，但也存在就业岗位比重低于人口比重的现象。

从趋势看，以就业拉动新城人口集聚，尤其是服务业就业岗位增长将是促进新城发展的重要因素。由此可以得出一个基本判断，即人口布局优化需要与上海城市产业结构和布局调整相适应。短期内希望加快推进新城大规模人口集聚意愿，将超越现有产业结构和分布的支撑基础，加剧职住失衡、长距离通勤的矛盾，受到就业者对通勤时间增加忍受程度的约束，将加剧住房空置现象。边缘承载具有一定的现实基础，新城承载和廊道承载情景则需要加强规划引导，促进就业向边缘带和廊道地区的外溢。

2）轨道交通建设的适应性

目前轨道建设长度已超过 500 千米，基本形成网络加放射线的形态，但线网密度和形态分布不均衡。在现有轨道交通服务半径 1000 米范围内，内环服务人口占总人口的 83.5%，内环—外环之间的服务人口占总人口的 47.7%，外环周边的服务人口占总人口的 14.7%，远郊地区轨交服务人口占总人口的 4.4%。由于外环周边人口集聚快，已经成为向心通勤压力最大的地区。

尽管近郊承载情景与现状就业分布的关系存在一定的合理性，但人口进一步集聚，而没有增加边缘地区有效的就业供给，向心通勤压力会更加严峻，造成的中心城及近郊区轨道交通拥挤程度可能是现状的 3 ～ 4 倍。同样，新城承载情景若没有与郊区产业结构和布局调整同步并对职住平衡有所改善，四个廊道地区轨道交通线路的需求都将是现状交通量的 3 倍以上。相比而言，廊道承载情景具有一定优势，但同样需要增加沿线地区就业供给，并且需要加快放射型廊道建设，适应运量增加 2 ～ 4 倍的需求。

3）住房供给区位与规模的适应性

住房供给区位和规模与人口分布意图都存在一定的错位。1997—2011 年城镇新增住房用地 173 平方千米，其中近郊地区、郊区（新城以外）占了 72%，新城仅占 17%。2010 年全市住宅用地中，42% 集中在中心城，23% 分布在外环周边，新城占 14%，郊区新城以外的其他地区占 21%。已经规划的两批 31 个大型居住区，呈环状分散于郊区，只有 7 个位于七大新城内。其中第一批 8 个大型居住区全部位于近郊地区，强化了近郊区人口吸引力。

住房供给区位和规模是影响人口分布最直接的因素，但开发过程缺乏较明确的目标取向，并未对人口向新城集聚起到积极的推动作用。大规模居住开发的功能较为单一，缺乏就业支撑，尽管在外围地区考虑了与规划轨道交通的关系，但外围地区轨道交通发展相对滞后，造成新的通勤交通矛盾。

4）公共服务配置的适应性

市域现状公共服务水平存在明显的区域差异。对所有公共设施类型的人均用地面积进行比较发现，近郊区（外环周边）的公共设施配置水平较其他地区低，尤其是教育、文化与医疗设施配置水平最低，商业与公共绿地的人均面积也较其他区域低。中心城集中了大多数优质公共服务设施，例如大型体育场馆、主要的三甲医院、基础教育、示范性幼儿园等。从人均公共服务设施用地上看，近郊区在文化娱乐、体育、医疗卫生三个方面明显低于其他地区。从社区级文化、体育、医疗设施覆盖水平上看，近郊区和新城明显低于中心城。由于外围地区公共服务设施的缺乏，加大了边缘地区人口增长压力及对中心城区公共服务的依赖。

从三种人口分布情景来看，现有的公共服务配置策略均不适应，尤其是新城承载和廊道承载模式更加需要发挥公共服务的引导作用。

4.从人口分布视角对上海大都市地区空间结构优化的政策路径探讨

人口分布的优化是市场因素与规划干预相互作用的过程。通过三种人口分布情景及适应性分析，表明不同情景与现状的适应性不同，不同的情景目标也对应了空间政策不同选择。在既有的空间发展过程中，相关的政策供给与规划目标之间存在偏差，并未体现空间政策的有效干预作用。

上海面对人口进一步增长压力，需要明确空间结构调整的目标，政策层面加强以人口分布优化目标为导向的路径设计，从目标维度、时间维度、空间维度、实施维度等建立起有效的应对策略和政策调控体系。

1）人口分布优化：确立空间结构调整的基本目标导向

人口分布优化是一个长期、动态过程，需要有一个清晰的目标取向。从上海长远发展来看，推动新城发展无疑是一项长期战略，其意义不仅在于缩小中心外围差距，缓解中心城压力，更在于通过新城发展全面提升外围地区区域服务功能，增强上海对长三角的辐射能力。

从当前人口分布存在的矛盾来看，应选择既符合实际又有利于长远的分布目标。

通过三种情景的适应性分析，合理的空间目标和路径选择并不是采取某一个情景策略，三个情景之间存在着一定的序列和嵌套关系，需要确立以“中心疏解、边缘抑制、强化新城、培育廊道”作为人口分布优化的基本策略和目标导向。

2）时间维度：构建从现实到目标的行动框架

新城发展需要一个时间过程，需要从现实基础和矛盾出发，基于时间维度构建从现实到目标的行动框架。从不同情景目标与现状适应性的关系来看，大致为边缘情景 > 廊道情景 > 新城情景。

边缘情景具有现实基础，但不加以规划引导将加剧蔓延趋势并挤压新城的发展空间。从短期来看，边缘承载具有一定的合理性和现实需求，但应以抑制蔓延和结构调整为手段，逐步扭转边缘增长态势，向廊道承载和新城承载过渡是优化人口分布的长期策略。

因此，从阶段性目标分析：①近期应积极采取郊区产业结构优化策略，加强边缘带结构调整和控制，促进边缘节点发育和公交廊道建设；②中期空间政策向外推移，引导就业沿廊道向外围新城集聚；③远期强化都市区整体功能和支撑体系建设，全面提升整体运行效率。从长远的人口分布导向来看，最终促进“廊道+新城”模式的形成。

3）空间统筹：中心外围差异化的分区政策引导

从空间维度来看，上海大都市地区人口布局优化需要中心、边缘、外围地区发展关系的统筹，总体上可以分为中心城、中心城周边及外围地区三个策略分区制定差异化的政策引导策略，打破以行政单元为基础、均质化的发展格局，促进内部更新与外部发展的协同。

（1）中心城以疏解、优化、更新为主，提高建成环境质量

在已提出的“双增、双减”（增加公共服务、增加公共绿地、降低容积率、降低建筑物高度）基础上，适度控制总体开发规模，控制住宅开发供应，促进就业岗位向外疏解。

（2）中心城周边地区以结构调整、减量发展为主

针对边缘区已形成的突出矛盾，需要控制蔓延，严控开发规模，加快工业用地的转型调整，减少土地供应量和已规划的住宅供应规模。强化地区中心和沿放射形廊道的边缘节点，增加公共服务和就业岗位，改善公共交通，提高轨道交通的覆盖水平和服务能力。加强中心—外围交通转换枢纽功能节点。

（3）外围地区以统筹发展为主

主要加强三个方面：一是产城功能的统筹，二是城乡公共服务的统筹，三是不同管理单元的统筹。其中，外围新城地区以强化发展为主，外围廊道地区以强化定向发展为主，在主要新城及廊道以外的地区，控制人口增长和用地扩张，保证城乡基本公共服务和公共交通的覆盖水平。

4）推进机制：各类空间政策的聚焦和协同

政策协同是引领城市功能布局优化和空间布局调整的关键，也是市场化环境下对供需关系和城市增长机制进行有效调控的核心手段。

实施维度的政策聚焦及不同部门、不同层级政府间的协同，是推进城市空间有序发展的保障：首先，需要确立总体规划作为空间政策协同的平台；其次，从技术层面加强对各类要素之间相互支撑关系的研究；最后，在制度层面积极推动大都市地区空间治理模式创新。

5）动态调整：阶段性政策评估与规划弹性应对

空间结构优化是动态的过程，对此需要建立动态监测、阶段评估、规划弹性应对和空间政策动态调整的机制。

建立目标导向的行动规划编制和实施机制。从实施维度分阶段目标出发，建立近期行动规划和年度行动计划的滚动编制和实施机制，以“多规合一”为保障，确立规划实施过程中系统要素、空间政策和项目之间的统筹关系。

建立常态化的动态监测和评估机制。建立相关政策评估的方法体系，动态监测、把握规划实施状况。

规划控制方式的弹性应对。以过程控制作为规划应对的基本手段，打破传统的静态控制思维。

5.小结

本节通过运用多情景规划模拟分析方法，比较了上海大都市地区不同的人口分布导向的适应性及相关空间政策的影响，进而从优化空间结构的目标出发，探讨了人口布局优化的取向，从建立有效的规划调控机制出发，围绕时间维度、空间维度、推进机制及动态应对等方面分析了空间政策调控的重点。

首先，上海大都市地区面对新一轮发展环境，空间结构的更新优化将替代传统的以外延扩张为主的发展模式，其中人口布局优化是空间结构调整的重要任务，需将其纳入历史因素、自然因素、发展阶段等约束变量之下，将人口分布密度变化与主要因子偏相关分析，探究其作用机制作为情景研究的基础。

其次，未来上海大都市地区的人口分布目标存在“边缘承载、新城承载、廊道承载”的多情景选择，可基于人口布局变化的多情景目标与就业分布、交通、公共服务、住房及开发规模等空间要素的支撑关系，通过定量模型模拟人口分布状态产生的各类空间要素配置需求和分布情况。

最后，空间政策设计是推动空间结构优化的关键手段。从构建人口分布的目标导向、时间维度的行动框架、差异化的分区引导、空间政策聚焦与协同、阶段评估与动态应对五个方面提出方案优化的应对策略和政策调控体系。

综上所述，多情景规划模拟方法的应用聚焦于约束变量（城市发展条件）、基础变量（人口分布）及控制变量（就业、住房、交通、公共服务及开发规模）关系，依据“约束条件一情景目标”到“人口情景一空间要素一空间绩效”再到“情景选择一空间选择一应对策略”的研究路径，建立情景分析、绩效模拟、方案评价构成的方法体系，最终形成布局方案评价和空间政策分析工具。

第 6 章

建设实施阶段规划控制方法与技术优化

6.1 城市新区空间紧凑拓展

紧凑城市是20世纪西方国家在集中论主导的思潮下，为了遏制城市蔓延，以可持续发展为目标所提出的理想可持续城市形态模型。1990年CEC颁布的《欧洲城市环境绿皮书》（Europea C，1990）从反对蔓延和功能分区的角度，将“紧凑城市”定义为严格限制小汽车，通过土地功能混合和密集开发提高公共设施的可达性，形成在城市边界范围内解决城市问题的开发模式。其中功能混合、TOD导向的开发模式、高密度是紧凑城市的三大标志性特征。“紧凑度”表征衡量研究对象趋近理想模型的程度，即以紧凑城市为城市理想模型，基于“紧凑”内涵，以城市物质空间的构成要素为衡量对象，从紧凑城市三大特征代表的不同维度出发，利用相关技术指标来量化城市的紧凑水平。“紧凑度”得分越高则表明城市发展越紧凑、越可持续。

随着可持续发展理念内核的不断深化和城市发展问题的复杂化与复合化，紧凑城市的内涵边界也不断拓展延伸，从物理空间形态导向逐渐转向具有明确、复合目标导向的城市增长管理或是综合发展策略，通过对城市功能结构和空间组织等物质形态方面的调控引导有序、集约、高效的城市扩张，最终实现城市的可持续发展。因此，紧凑度的测度视角从过去形态导向的城市或区域的“紧凑度”度量，逐渐发展为对紧凑城市可持续效应的评价；紧凑度的测度方法也从单一指标或多指标发展为内涵复合的综合指标体系。但因测度尺度、对象、时间、目的等客观条件的不同，紧凑内涵及紧凑度测度指标选择也存在较大差异。目前国内外对于紧凑度测度结果尚未形成统一的评判标准或是最优值区间，多通过比较研究来评价紧凑度测度结果。

在我国紧张的人地关系和提质降速的转型期发展背景下，紧凑城市被国内学者认为是有效的城市发展政策，强调通过紧凑化的开发过程和合理的空间组织，提升城市整体的协同效应，达到城市高效率运行和高质量生活的目标（梁颢严，肖荣波，廖远涛，等，2010）。

目前我国紧凑城市和紧凑度测度的相关研究的测度尺度多为地级市以上城市，测度视角更关注经济维度相关的能源、城市效率等方面，对社会和环境维度的关注和在新区、街区等中微观尺度的应用相对缺乏。而随着我国城镇化水平的持续攀高，城市老城区 / 主城区的人口密度和开发强度近乎触顶，政府主导的新城新区开发建设成为疏解老城区社会、人口压力，寻求城市新的经济增长点与发展机会的重大举措和战略支点，亦成为我国城市土地粗放式蔓延拓展、人地城镇化水平失衡的主要诱因之一。新区建设热潮下地方政府对土地财政、投资拉动等传统发展路径的强依赖导致了土地利用低效、功能结构不完善、空间布局不合理等诸多问题，致使城市新区的发展不可持续，并未有效推进城市的新一轮发展。这些问题也同样存在于更高发展要求和标准的国家级新区中。如2014年，浦东新区、两江新区、南沙新区和天府新区的建设用地产出效率均低于所在城市市辖区的平均水平，这有悖于严格集约节约利用土地的国家级新区批复标准和可持续发展理念。

因此，推进紧凑城市和紧凑度测度在新城新区、街区等中微观尺度的应用，强调“紧凑”在社会、环境等多维度的复合内涵，通过对城市新区的紧凑测度来关注城市新区中发展不可持续的问题，从而促进城市新区紧凑化发展，是我国在新型城镇化期持续推进可持续发展的必由路径。

6.1.1 城市新区建设过程空间布局紧凑性

1.分析研究方法

本节从可持续发展的核心要求出发梳理国家级新区紧凑度内涵和紧凑度的影响机制与要素，建立了包含“空间布局紧凑”和“发展高效紧凑”两个子目标的综合紧凑度测度指标体系（表 6-1），并单独应用“空间布局紧凑”子目标下的指标体系对 18 个国家级新区的建设过程空间布局紧凑度进行测度。综合紧凑度测度指标体系中各指标计算的数据主要分为基础地理空间数据、社会经济发展数据两个部分，具体数据来源如表 6-2，主要运用 GIS、Fragstats 软件对指标进行计算（图 6-1）。指标计算完成后运用层次分析法邀请多位专家对各指标进行打分赋权，采用均值法对各指标进行标准化处理。

表 6-1　综合紧凑度测度指标体系

一级目标层	二级状态层	测度维度	三级指标层	计算公式
A 空间布局紧凑	A1 几何形态紧凑	几何复杂度	A11 几何轮廓复杂度	PAFRAC 景观指数（class 级）
		几何形体度	A12 几何形态趋圆性	$2\sqrt{\pi A}/P$（A 为面积，P 为周长）
	A2 布局结构紧凑	结构	A21 建设用地聚合度	AI 景观指数（class 级）
		密度	A22 建设用地人口密度	规划区内常住人口总量 / 规划区面积（人 / 平方千米）
		密度	A23 路网密度	新区道路总里程 / 规划区面积（千米 / 平方千米）
B 发展高效紧凑	B1 经济集聚效益	密度	B11 建设用地开发强度	建设用建筑总面积 / 建成区面积
			B12 土地投入产出效率	新区每年 GDP/ 每年固定资产投资额
		数量	B13 人均 GDP	GDP/ 规划区内常住人口总量（万元 / 人）

续表

<table>
<tr><th>一级目标层</th><th>二级状态层</th><th>测度维度</th><th>三级指标层</th><th>计算公式</th></tr>
<tr><td rowspan="5">B 发展高效紧凑</td><td rowspan="2">B2 社 会发展水平</td><td>多样性</td><td>B21 功能混合度</td><td>3 种以上功能格网的栅格面积 / 总功能用地栅格面积（%）</td></tr>
<tr><td>可达性</td><td>B22 设施可达性</td><td>核密度值大于 15% 栅格面积 / 建设用地栅格面积</td></tr>
<tr><td rowspan="3">B3 生 态环境协同</td><td>结构</td><td>B31 绿色空间连接度</td><td>PLADJ 景观指数</td></tr>
<tr><td>数量</td><td>B32 人均绿地面积</td><td>规划区内 G 类用地总面积 / 规划区内常住人口总量（平方米 / 人）</td></tr>
<tr><td>结构</td><td>B33 公园绿地斑块聚合度</td><td>公园绿地 AI 景观指数（patch 级）</td></tr>
</table>

表 6-2 数据类型及其来源

<table>
<tr><th>数据类型</th><th>数据名称</th><th>数据年份</th><th>数据来源</th></tr>
<tr><td rowspan="8">基础地理空间数据</td><td>行政区界数据</td><td>2018 年</td><td>规划图自提取校正及部分网络数据下载</td></tr>
<tr><td>LUCC 土地覆被数据（30 米 ×30 米）</td><td>2010 年、2015 年、2018 年</td><td>中科院地理数据库</td></tr>
<tr><td>土地利用功能数据</td><td>2018 年</td><td>中科院地理数据库</td></tr>
<tr><td>道路数据</td><td>2010 年、2015 年、2018 年</td><td>Open Street Map 官网</td></tr>
<tr><td>绿地数据</td><td>2010 年、2015 年、2018 年</td><td>Open Street Map 官网 + 百度地图自提取</td></tr>
<tr><td>POI 数据（公共服务设施类）</td><td>2018 年</td><td>高德地图</td></tr>
<tr><td>建筑数据（边界和层数）</td><td>2018 年</td><td>百度地图</td></tr>
<tr><td>WorldPop 人口密度格网数（100 米 ×100 米）</td><td>2010 年、2015 年、2018 年</td><td>WorldPop 官网</td></tr>
<tr><td rowspan="2">社会经济数据</td><td>新区 GDP</td><td>2018 年</td><td>《国家级新区发展年报 2019》、部分新区统计年鉴</td></tr>
<tr><td>新区固定资产投资额</td><td>2018 年</td><td>《国家级新区发展年报 2019》、部分新区统计年鉴</td></tr>
</table>

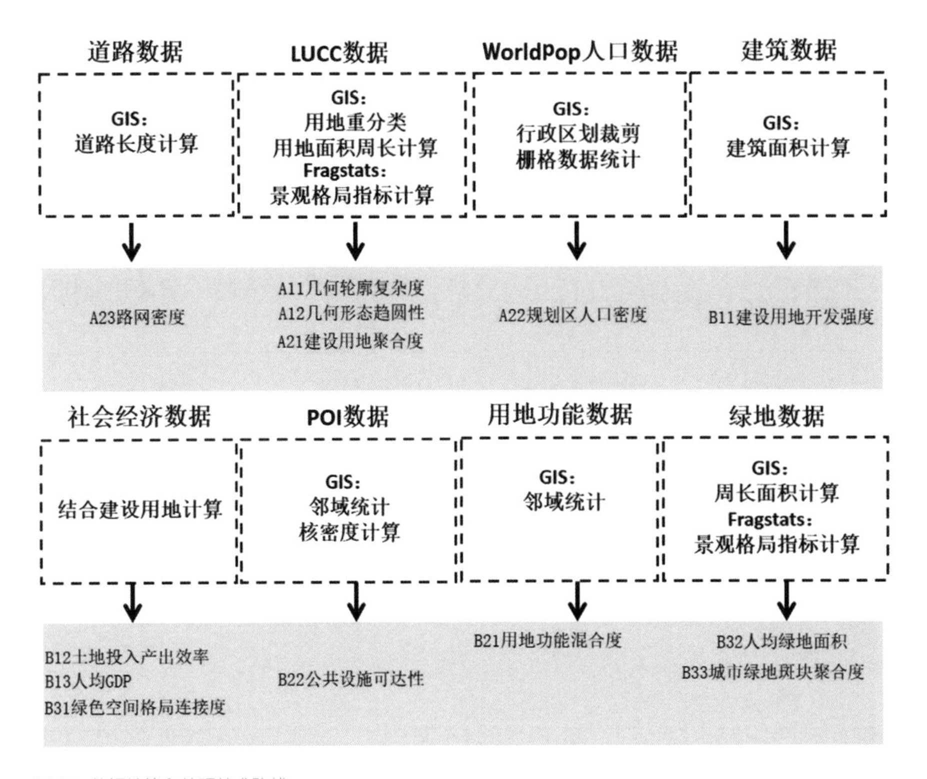

图 6-1 数据计算和处理技术路线

2.空间布局紧凑度测度结果分析

1）空间布局紧凑度整体演变特征

以综合紧凑度测度指标体系的子目标“空间布局紧凑”指标体系分别对 18 个国家级新区 2010 年、2015 年和 2018 年 3 个年份的布局进行紧凑度测度，结果见表 6-3。首先从 18 个国家级新区空间布局紧凑度（SCPN）得分的平均值、中位值和标准差来看，国家级新区整体的 SCPN 平均值和标准差均逐年上升，说明在国家级新区的建设过程中，随着整体紧凑水平的提升，其内部的紧凑水平差距也逐渐增加，尤其在 2015—2018 年，随着新一批新区的设立，各新区 SCPN 得分和排名均出现较大波动，内部差距较之 2010—2015 年显著增加。进一步从 SCPN 的两个状态层得分来看，新区整体 SCPN 得分的增加主要由于“A2 布局结构维度”得分的增加，相反的“A1 几何形态维度”得分整体下降但降幅不显著。这说明虽然随着新区开发建设的推进，其建设用地的邻近度和聚合度增加，人口和路网密度也不断提升，但其用地布局形态外部轮廓的紧凑度却在降低。

表 6-3 各国家级新区 SCPN 得分与排名

新区名称	2010 年得分	2015 年得分	2018 年得分	2010—2018 年增长率（%）	2010—2015 年增长率（%）	2015—2018 年增长率（%）	2010 年排名	2015 年排名	2018 年排名
浦东新区	1.473	1.669	2.036	38.2	13.3	22.0	2	1	1
滨海新区	1.611	1.438	1.015	-37.0	-10.7	-29.4	1	2	11
两江新区	0.944	1.009	1.140	20.8	6.9	13.0	9	7	7
舟山群岛新区	0.731	0.769	0.798	9.2	5.3	3.7	16	14	15
兰州新区	0.784	0.765	1.210	54.4	-2.5	58.3	13	15	4
南沙新区	0.732	0.732	0.743	1.6	0.0	1.6	15	16	16
西咸新区	0.865	0.875	0.907	4.9	1.1	3.7	12	12	13
贵安新区	0.601	0.630	0.584	-2.9	4.8	-7.4	18	18	18
西海岸新区	1.069	1.084	1.104	3.2	1.5	1.8	4	4	8
金普新区	0.946	0.948	1.034	9.4	0.2	9.1	8	10	10
天府新区	0.784	0.838	0.871	11.1	6.9	4.0	14	13	14
湘江新区	1.090	1.184	1.170	7.3	8.7	-1.2	3	3	6
江北新区	1.002	1.067	1.202	20.0	6.5	12.6	6	6	5
福州新区	0.647	0.695	0.715	10.6	7.5	3.0	17	17	17
滇中新区	0.980	0.982	1.051	7.3	0.2	7.1	7	9	9
哈尔滨新区	0.880	0.922	1.266	43.9	4.8	37.3	11	11	3
长春新区	1.023	1.078	1.398	36.6	5.4	29.7	5	5	2
赣江新区	0.913	0.989	1.007	10.2	8.3	1.8	10	8	12
平均值	0.957	0.977	1.066	13.8					
中位值	0.922	0.962	1.057	9.8					
标准差	0.270	0.247	0.312						

为了明确各新区的 SCPN 得分演变特点，将各新区这 3 年的 SCPN 得分、2010—2015 年 SCPN 得分增长率、2015—2018 年 SCPN 得分增长率和 2010—2018 年的总 SCPN 得分增长率 6 个变量导入 SPSS 进行 K-means 聚类分析，以 沃德连接聚类方法和欧氏平方距离计算聚类，这一计算方法形成的聚类可以保证各个聚类组内差距最小而组间差距最大。最后计算形成 5 个较为显著的聚类（表 6-4），5 个聚类内的新区呈现不同的 SCPN 得分演变特点。

表 6-4 不同聚类国家级新区

聚类序号	新区名称	新区数量
1	浦东新区	1
2	滨海新区	1
3	两江新区、西海岸新区、金普新区、湘江新区、江北新区、滇中新区、赣江新区	7
4	舟山群岛新区、南沙新区、西咸新区、贵安新区、天府新区、福州新区	6
5	兰州新区、哈尔滨新区、长春新区	3

第一聚类为浦东新区，其设立时间早且其 SCPN 在 2010 年就达到较高水平，并始终保持较高增长率，2010—2018 年的整体增长率为 38.2%，远高于 18 个新区增长率的平均值（13.8%）和中位值（9.8%）。第二聚类的滨海新区亦为设立较早的新区，且 SCPN 得分在 2010 年位于 18 个新区中第一，但由于在 2010—2018 年其 SCPN 得分一直大幅降低，整体降幅达 37%，其在 2018 年排名落至中下水平。第三聚类的 7 个新区特点为 2010 年、2015 年和 2018 年这 3 年的 SCPN 得分在均在 1.0 上下，增长率除两江新区和江北新区高于均值和中位值外，其余新区均低于中位值，因此排名则多位于中上水平且基本保持稳定。第四聚类内 6 个新区的特点为 2010—2018 年 SCPN 得分和排名始终处于中下和末位水平，且 SCPN 得分增长率均低于平均值，仅天府和福州新区增长率略高于中位值。第五聚类包括兰州新区、哈尔滨新区和长春新区 3 个，这类新区的特点为 2010—2018 年的 SCPN 得分增长率很高，远高于平均值。且其 SCPN 得分增长主要发生在 2015 年和 2018 年，是 18 个国家级新区中的“后起之秀”。

总的来说，18 个国家级新区 SCPN 得分和增长情况呈正态分布。位于中间水平的第二和第三聚类中的大部分新区，因为其增长率低于平均值 / 中位值，SCPN 得分虽然增加但排名却为下降或基本不变的状态，即使是 SCPN 增长率高于平均值的两江新区和江北新区，其排名变化也不大。而第四聚类新区的 SCPN 得分及其增长率相较二、三聚类更低，且排名持续位于末位。因此，第一和第五聚类新区的高 SCPN 得分和高增长率，中部二、三聚类新区的平稳增长和第四聚类的低分低增长率使得新区内部 SCPN 差距逐渐增加，可能导致未来国家级新区的紧凑水平呈两极化发展。

2）各国家级新区空间规划结构与空间布局紧凑度

综合各国家级新区的规划布局结构和空间布局与演变特点来看（表 6-5），国家级新区的空间布局紧凑度受到规划布局结构影响显著。因为其空间布局模式和用地拓展模式往往由其空间结构规划决定，其中团块式集中布局的新区其空间布局紧凑度往往更高，而带状或多个小规模组团布局且分散拓展的新区紧凑度则较低。但如果组团间距离较近，如两江、江北等新区，随着组团的外延拓展和各组团间空地被填充，其 SCPN 也会逐渐增加。反之如果团块式集中布局的新区在发展后期用地过度分散，其 SCPN 增长率也会显著趋于平均水平。因此，在各新区规划起步期时选择适宜的空间结构并在其成长中进行持续的监控和适时的调整，可以有效引导新区形成紧凑的空间布局与拓展模式。

表 6-5 国家级新区规划结构和建成区空间布局特点总结

名称	规划布局结构	建成区空间布局与演变特点
浦东新区	一主、一新、一轴、三廊、四圈	主次分片团块式集中布局 + 内向填充

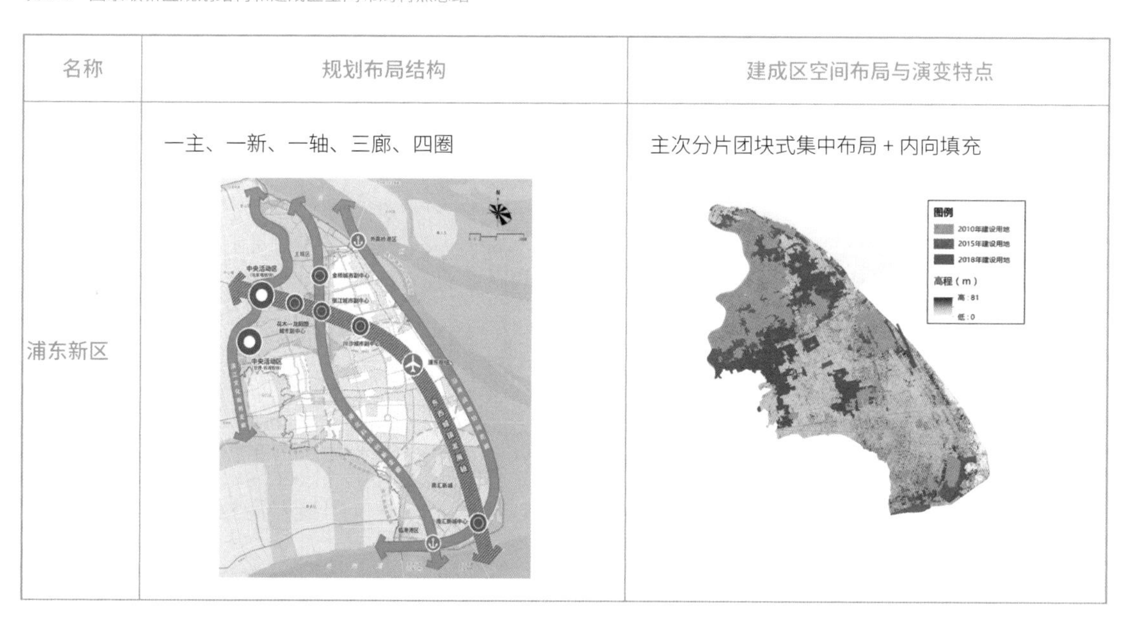

续表

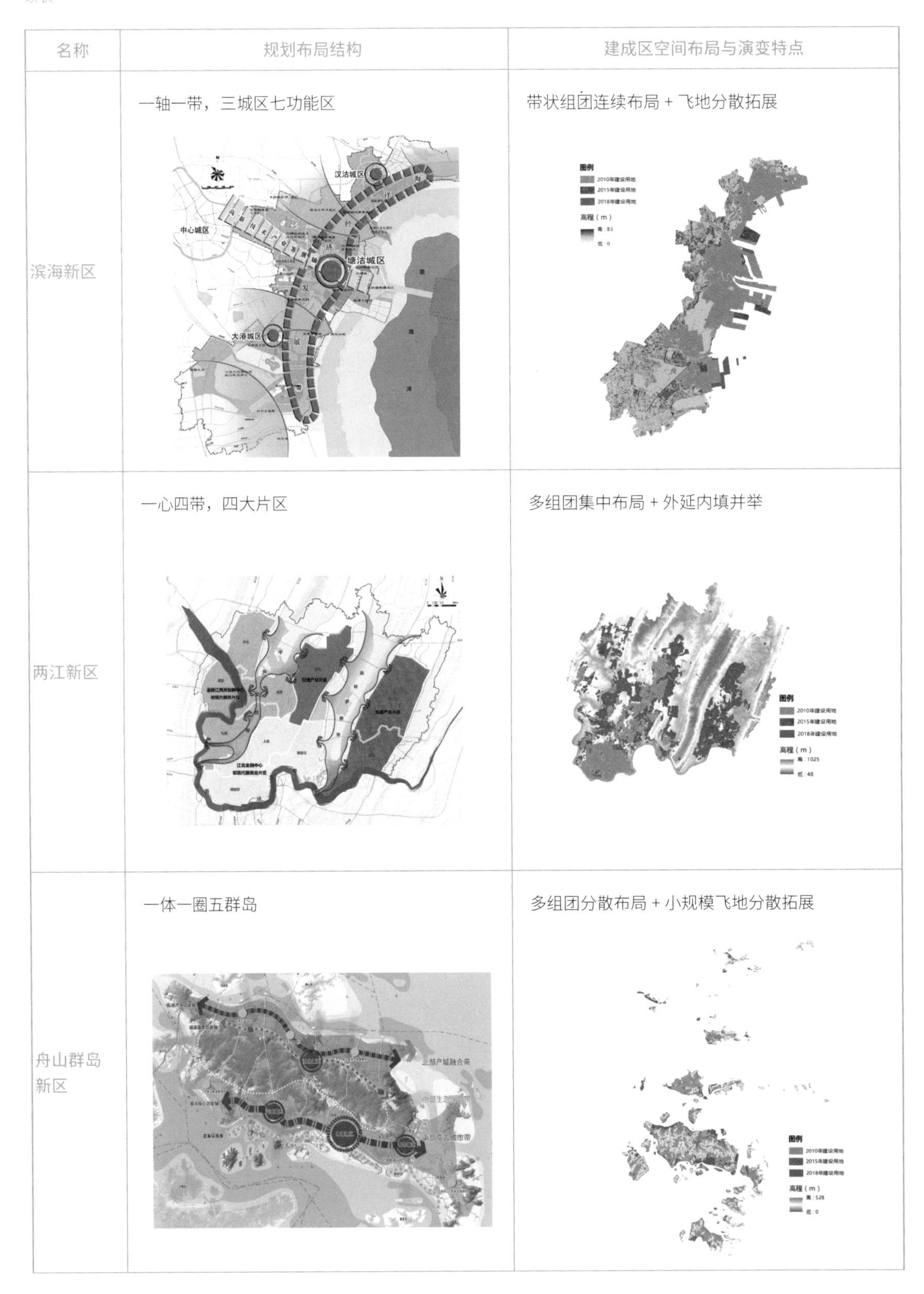

名称	规划布局结构	建成区空间布局与演变特点
滨海新区	一轴一带，三城区七功能区	带状组团连续布局 + 飞地分散拓展
两江新区	一心四带，四大片区	多组团集中布局 + 外延内填并举
舟山群岛新区	一体一圈五群岛	多组团分散布局 + 小规模飞地分散拓展

续表

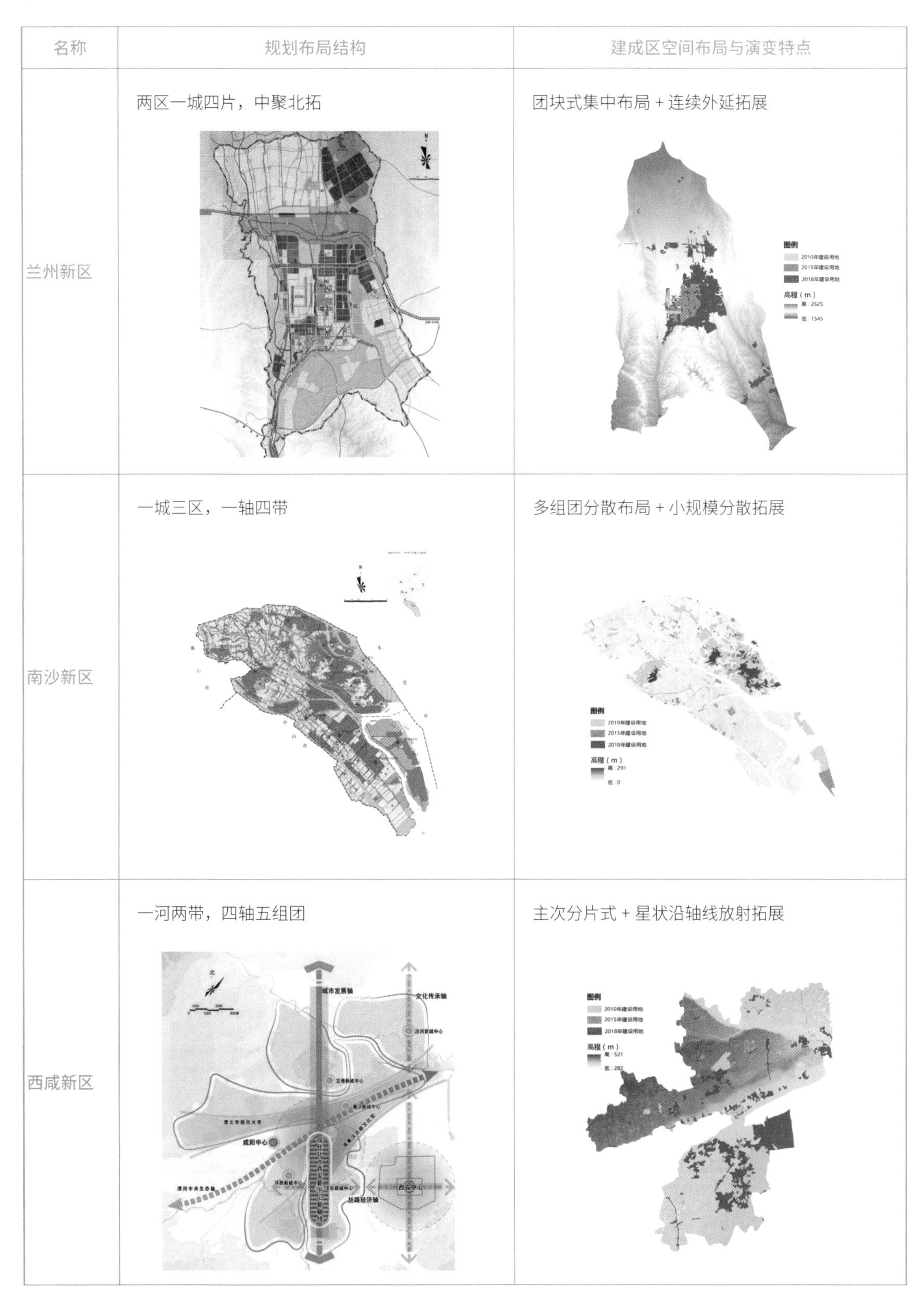

名称	规划布局结构	建成区空间布局与演变特点
兰州新区	两区一城四片，中聚北拓	团块式集中布局＋连续外延拓展
南沙新区	一城三区，一轴四带	多组团分散布局＋小规模分散拓展
西咸新区	一河两带，四轴五组团	主次分片式＋星状沿轴线放射拓展

续表

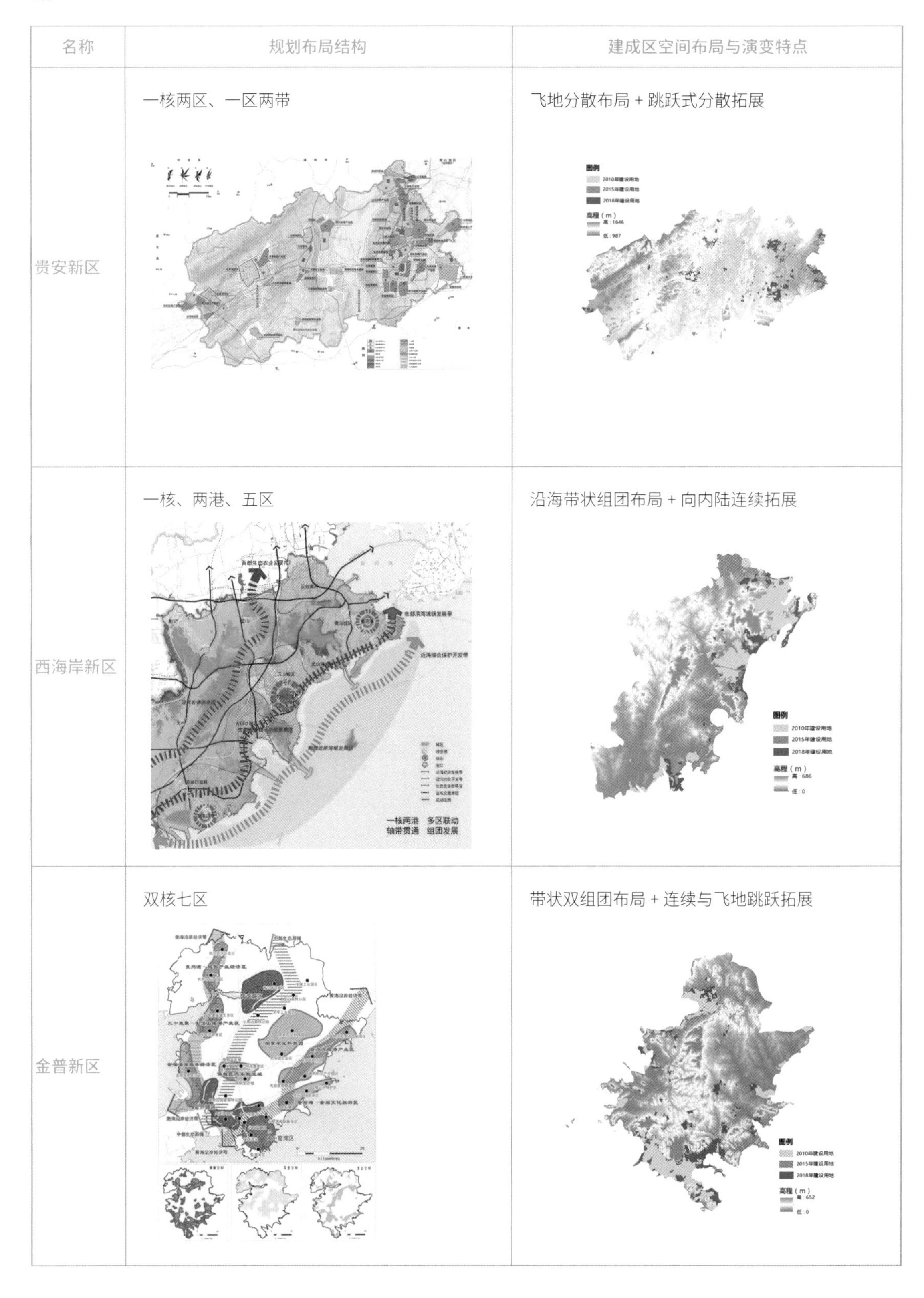

名称	规划布局结构	建成区空间布局与演变特点
贵安新区	一核两区、一区两带	飞地分散布局 + 跳跃式分散拓展
西海岸新区	一核、两港、五区	沿海带状组团布局 + 向内陆连续拓展
金普新区	双核七区	带状双组团布局 + 连续与飞地跳跃拓展

续表

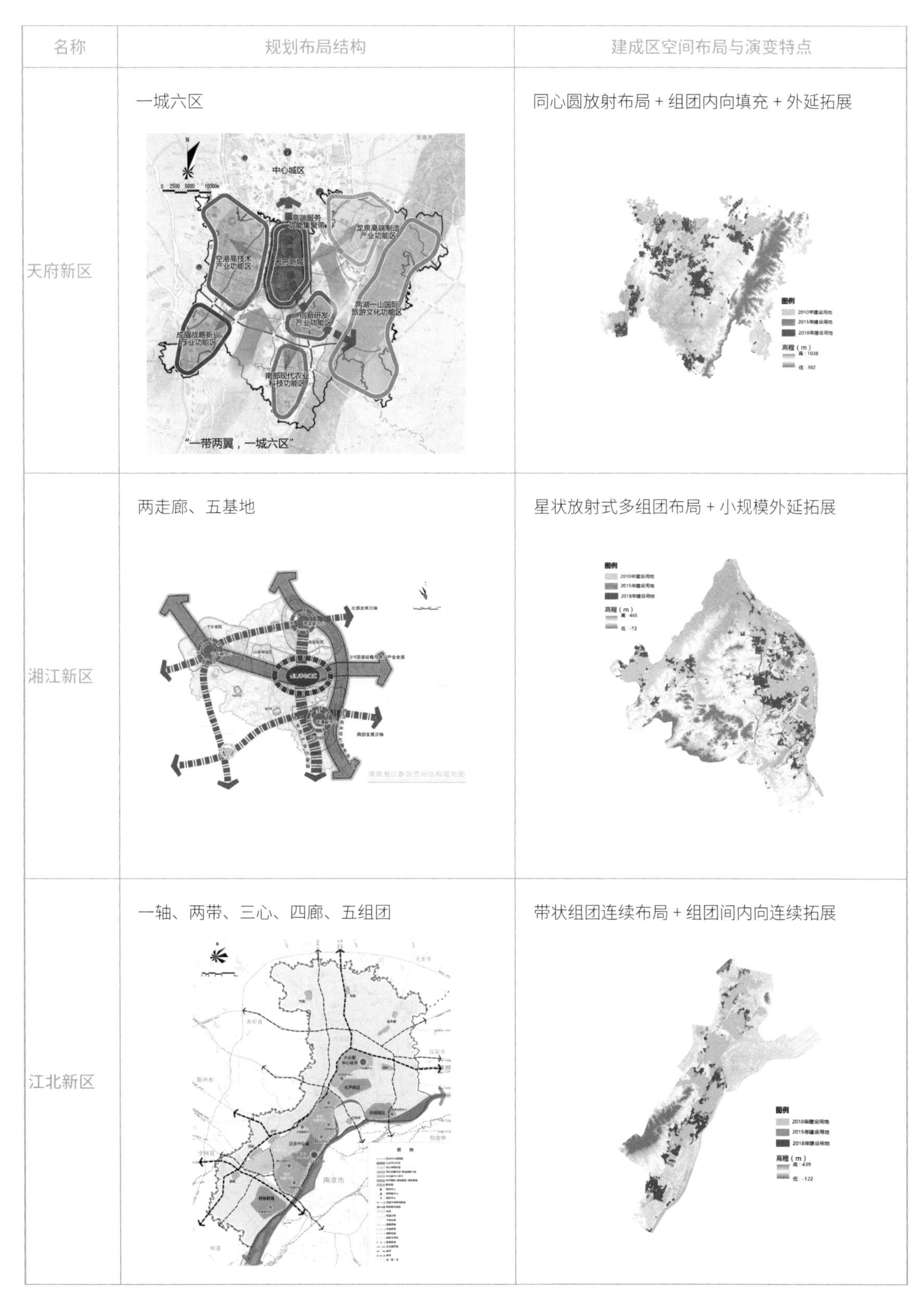

名称	规划布局结构	建成区空间布局与演变特点
天府新区	一城六区	同心圆放射布局 + 组团内向填充 + 外延拓展
湘江新区	两走廊、五基地	星状放射式多组团布局 + 小规模外延拓展
江北新区	一轴、两带、三心、四廊、五组团	带状组团连续布局 + 组团间内向连续拓展

续表

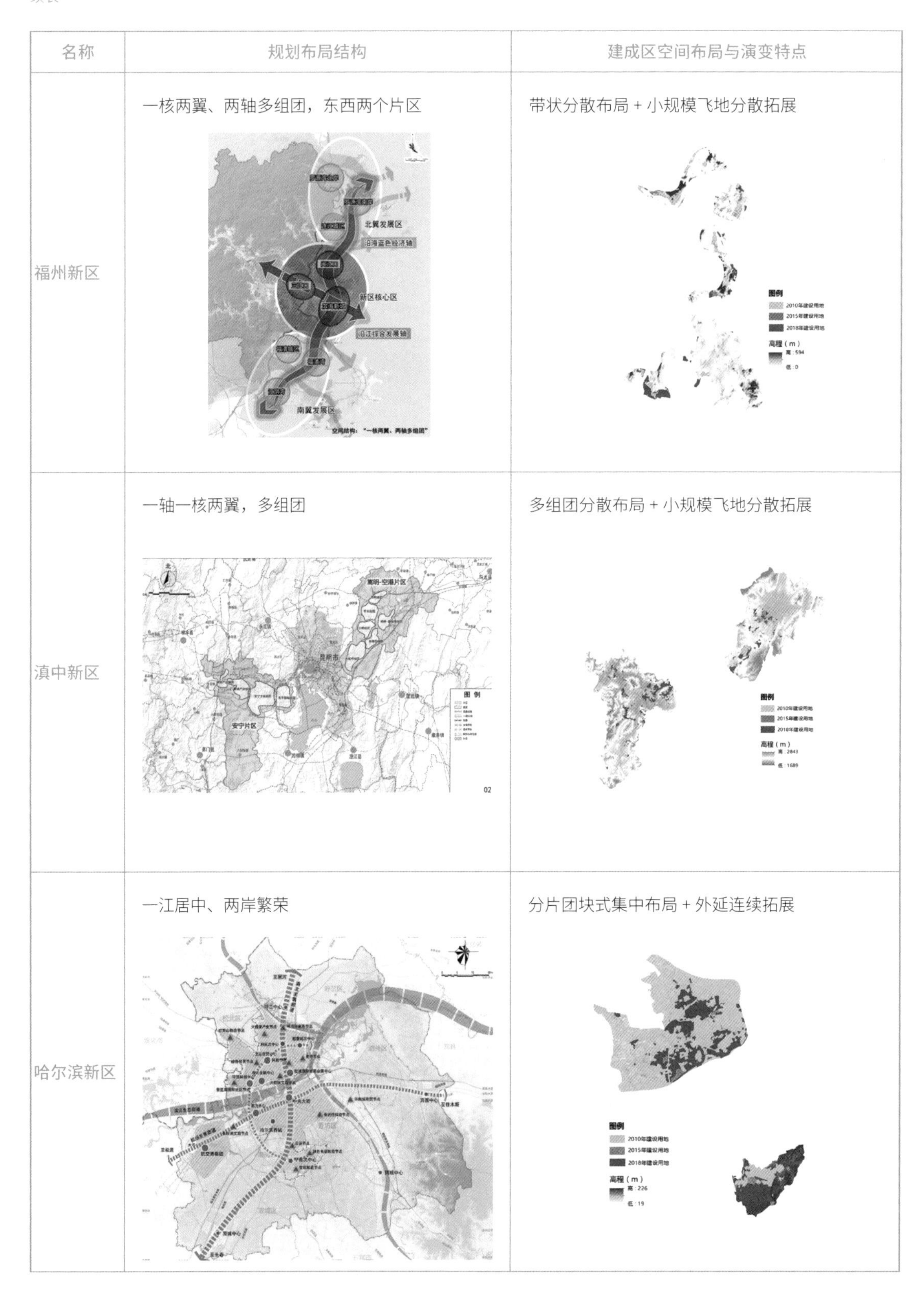

名称	规划布局结构	建成区空间布局与演变特点
福州新区	一核两翼、两轴多组团，东西两个片区	带状分散布局 + 小规模飞地分散拓展
滇中新区	一轴一核两翼，多组团	多组团分散布局 + 小规模飞地分散拓展
哈尔滨新区	一江居中、两岸繁荣	分片团块式集中布局 + 外延连续拓展

续表

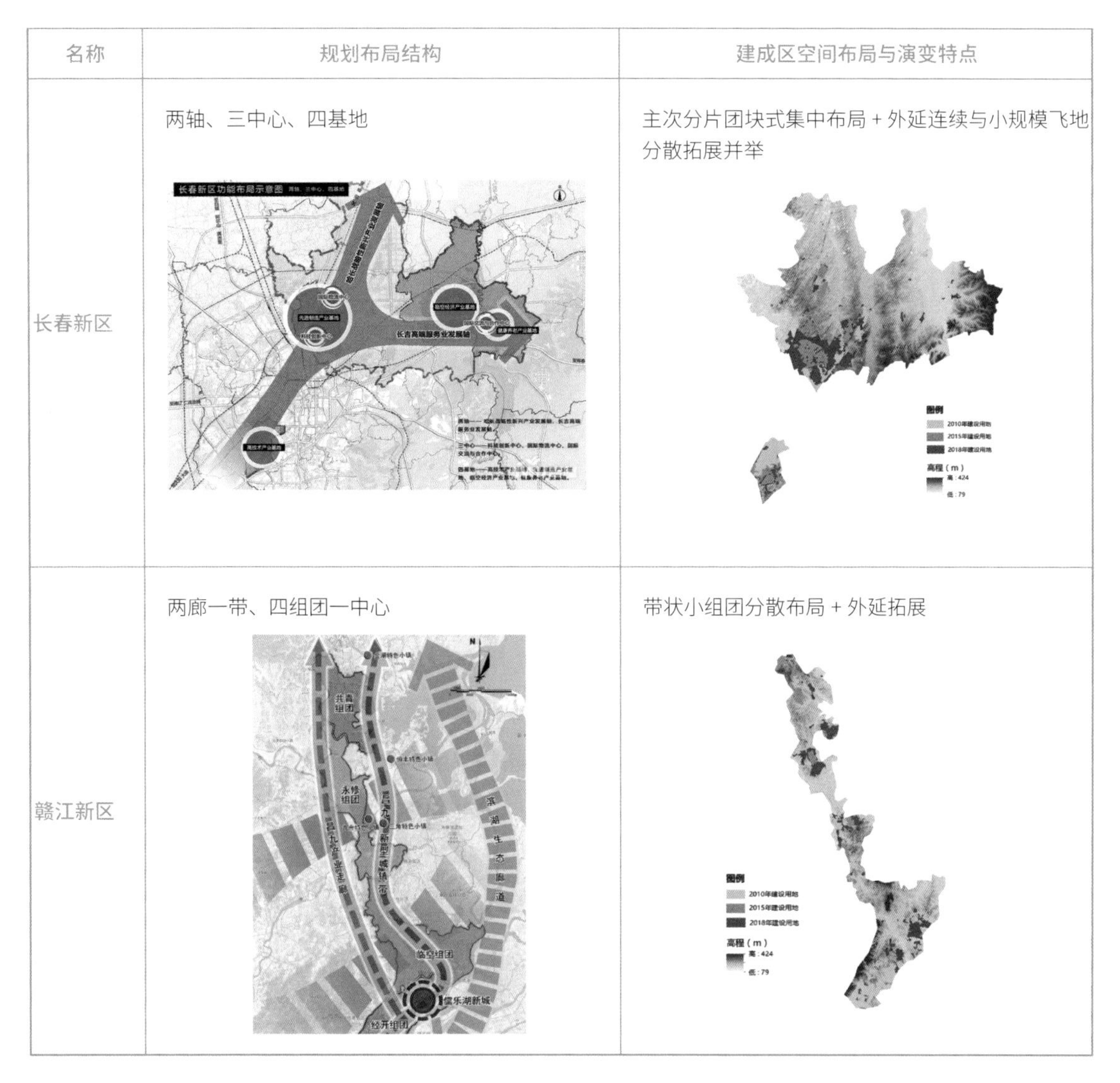

名称	规划布局结构	建成区空间布局与演变特点
长春新区	两轴、三中心、四基地	主次分片团块式集中布局 + 外延连续与小规模飞地分散拓展并举
赣江新区	两廊一带、四组团一中心	带状小组团分散布局 + 外延拓展

资料来源：根据各国家级新区规划整理。

3）不同发展阶段新区空间布局紧凑度演变特征

在国家级新区的发展阶段分类中，综合考量了 18 个国家级新区启动建设时间、建设用地拓展情况和功能培育完善度，将新区归为成熟期、成长期和起步期三类。通过综合不同发展阶段的国家级新区这 3 年 SCPN 的平均值、标准差和二级状态层得分变化情况，总结得出不同发展阶段新区 SCPN 的演变特点（表 6-6）。

首先从不同发展阶段新区这 3 个年份的 SCPN 平均值来看（图 6-2），SCPN 得分排序始终为成熟期 > 成长期 > 起步期。其中成熟期虽然基本无变化且始终远高于后两类新区，而成长期和起步期新区之间的发展差距逐步缩小。从 2010—2018 年的 SCPN 增长率来看，成熟期新区基本没有显著增长。起步期新区增长率为 19%，大于成长期新区的 14.4%。从 SCPN 标准差来看（图 6-3），成熟期新区愈来愈大，成长期新区标准差始终为 3 类新区中最低，略有增加但不显著。起步期新区在 2010—2015 年间基本无变化，但在 2015—2018 年间有显著增加。

表 6-6 不同发展阶段国家级新区 SCPN 演变特征总结

发展阶段	阶段特点	新区名称	SCPN 演变特点
起步期	处于要素的快速积累和集聚阶段，土地和设施大量投入，外延式用地拓展模式显著。用地以产业用地和配套居住为主，设施配套不足	贵安新区、福州新区、滇中新区、哈尔滨新区、长春新区、赣江新区	（1）SCPN 整体变化： SCPN 平均值排序始终为成熟期 > 成长期 > 起步期； SCPN 平均值 2010—2018 年增长率为起步期 > 成长期 > 成熟期； SCPN 标准差始终为成熟期 > 起步期 > 成长期。 （2）分维度变化： A1 维度为成熟期 > 起步期 > 成长期。各发展阶段新区 A1 均持续降低，其中成熟期新区降幅最高，起步期新区降幅最小； A2 维度为成熟期新区 3 年得分始终远高于起步和成长期新区。各类新区得分均持续增加，成熟期新区增加不显著，起步与成长期新区增幅持平
成长期	外延式用地拓张为主，内涵提升为辅。处于功能、产业结构不断优化升级的阶段	两江新区、舟山群岛新区、兰州新区、南沙新区、西咸新区、西海岸新区、金普新区、天府新区、湘江新区、江北新区、福州新区	
成熟期	用地拓展上内涵式填充和外延拓张并重，用地增速放缓。功能复合度较高，设施配套较为完善，已成为重要的区域增长极	浦东新区、滨海新区	

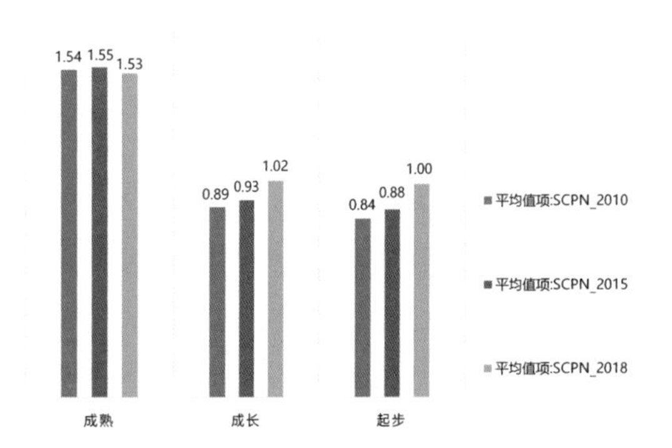

图 6-2 不同发展阶段新区 SCPN 平均值

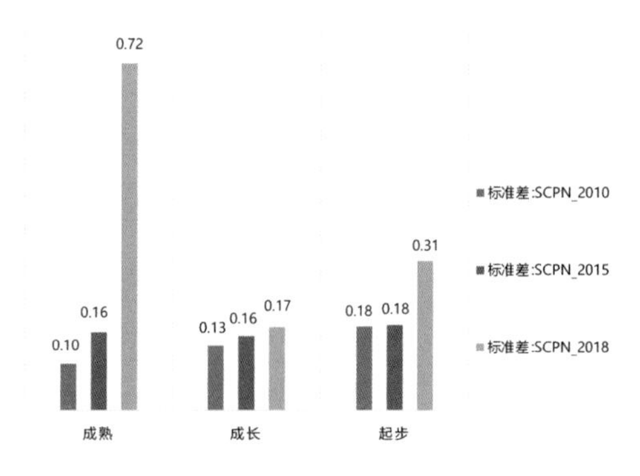

图 6-3 不同发展阶段新区 SCPN 标准差

综合不同发展阶段内各新区 SCPN 的演变特点来看，成熟期新区 SCPN 平均值基本不变且无显著增加而内部差距持续扩大的原因是浦东新区 SCPN 持续增加而滨海新区持续降低，两者的增长率和降低率基本持平，因而“正负相消”。成长期新区的标准差最小且稳步增加是因为该类新区大部分位于第三、四类聚类内，增长率均位于中位值附近，整体排名和得分波动均较小。起步期新区大多获批于 2015 年左右，不仅有位于第四聚类内的低增长率和低排名的新区，也有位于第五聚类有显著高增长率特点的长春和哈尔滨新区。哈尔滨新区和长春新区在 2015—2018 年间 SCPN 的增加，既提升了起步期新区整体的平均值得分和整体增长率，也显著提升了起步期新区 2015—2018 年 SCPN 的内部差距。

进一步对比不同发展阶段新区 SCPN 的两个分维度 A1（几何形态紧凑）和 A2（布局结构紧凑）的变化特点（图 6-4，图 6-5）。整体来看各个发展阶段的新区 A1 均出现显著下降，而 A2 则逐年显著增加。其中成熟期新区 A2 维度得分始终显著高于成长和起步期新区，而 A1 维度得分在 2015—2018 年间显著下降，因而在 2018 年低于起步期新区。起步期新区的 A1 维度得分始终高于成长期新区，而 A2 维度则一直低于成长期新区。这说明在新区的发展中，随着用地的外延拓展不可避免地会导致其几何形态复杂度的提升和趋圆性的降低，但随着用地的持续拓展和内部结构的优化，其用地的聚合度、人口密度和路网密度这些结构维度指标也会持续提升。

具体分析不同发展阶段 SCPN 分维度的演变特点可以发现，成熟期新区 A1 下降最显著，而 A2 变化率基本保持稳定，这是因为其要素积累阶段已经完成，人、地和基础设施基本保持稳定，但如果不进行有效的城市增长管理，则会导致新区如滨海新区一样形成飞地分散布局，从而使得 A1 大幅度下降，并进一步导致整体的 SCPN 下降。成长期新区 A1 维度得分 2010—2015 年间出现显著下降，而 2015—2018 年间基本不变，A2 维度持续增加。因为大部分成长期新区设立时间均在 2010—2015 年间，前期

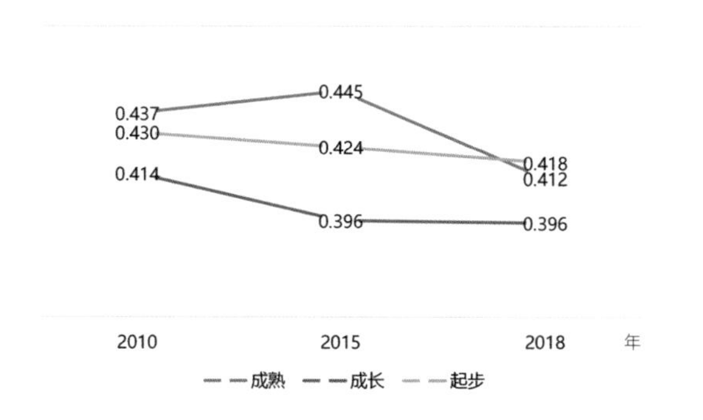

图 6-4 不同发展阶段新区 A1 变化

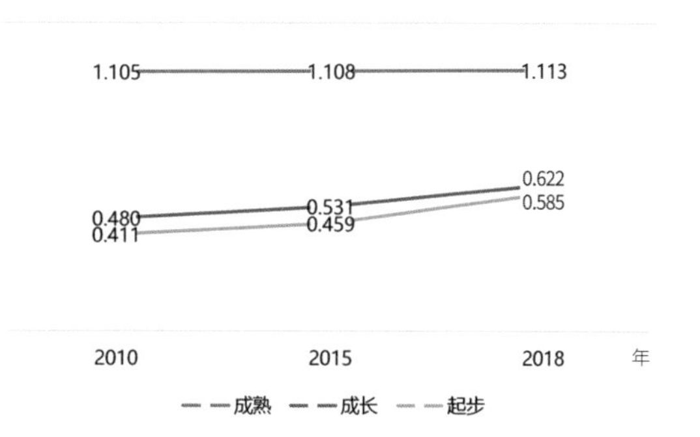

图 6-5 不同发展阶段新区 A2 变化

要素的快速积累使得其各维度得分的显著变化发生在 2010—2015 年间。而在 2015—2018 年间外延拓展为主的同时也在进行内向填充发展和内部结构优化，因而 A1 维度虽有下降但不显著，而 A2 持续稳步增加。起步期新区 A1 持续小幅下降而 A2 持续上升，且 2015—2018 年增幅大于 2010—2015 年。其变化特点主要与新区集中获批时间和所处用地外延拓张、要素快速集聚积累的发展阶段有关。

6.1.2 国家城市新区建设过程综合紧凑性

以 2018 年为时间断面，应用含两大子目标空间布局紧凑（子目标 A，即前文的 SCPN）和发展高效紧凑（子目标 B）的综合紧凑度测度指标体系对 18 个国家级新区的建设过程进行综合紧凑性测度，结果如图 6-6 所示。

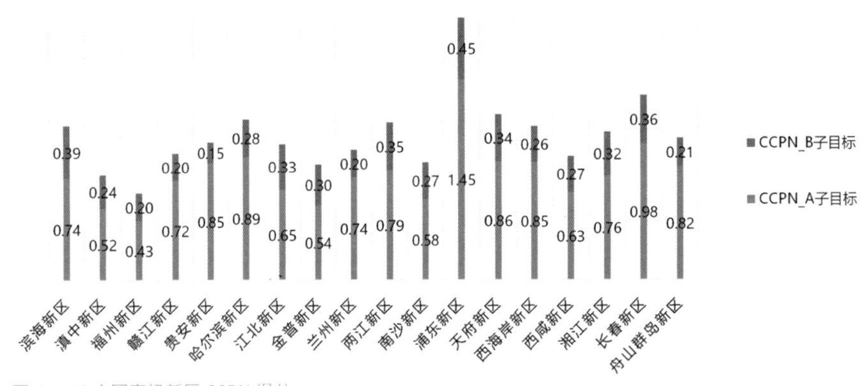

图 6-6 18 个国家级新区 CCPN 得分

1.聚类分布结构

将 18 个国家级新区 2018 年计算所得的综合紧凑度（CCPN）的结果录入 SPSS，运用系统聚类中的沃德—欧氏平方距离计算聚类，最后分别根据 18 个新区的 CCPN 得分的高低和相近度得出聚类分类结果（表 6-7）。首先从 CCPN 得分形成的 4 个聚类（图 6-7）来看，4 个聚类包含新区的数量分别为 1，7，6，4。新区主要集中在中部第二类和第三类，整体呈显著正态分布。第一梯队聚类仅包括浦东新区，其 CCPN 得分为 1.9，在 18 个国家级新区中排名第 1。第二梯队聚类为排名前 1% ～ 45% 的新区，共计 7 个新区，分别为滨海新区、两江新区、兰州新区、湘江新区、江北新区、哈尔滨新区和长春新区，其 CCPN 得分区间为 1.3 ～ 1.1，平均值为 1.17，聚类内部标准差为 0.07。第三梯队聚类为排名 45% ～ 75% 的新区，分别为西海岸新区、金普新区、滇中新区、天府新区、西咸新区、赣江新区，其 CCPN 得分区间为 1.05 ～ 0.91，平均值为 0.98，聚类内部标准差为 0.06。第四梯队聚类为排名末 25% 的 4 个新区，分别为南沙新区、舟山群岛新区、福州新区和贵安新区，该聚类 CCPN 得分区间为 0.8～0.6，平均值为 0.72，聚类内部标准差为 0.09。总的来说，位于第二梯队、第三梯队的新区之间 CCPN 得分均在 1.0 上下浮动，且内部差距不大，整体结构稳定。

表 6-7 各国家级新区 CCPN 得分、排名与聚类

新区名称	CCPN	A 子目标	B 子目标	CCPN rank	A_rank	B_rank	CCPN_聚类	A_聚类	B_聚类	子目标关系
浦东新区	1.904	1.451	0.452	1	1	1	1	1	1	高度一致
滨海新区	1.122	0.736	0.386	7	11	2	2	3	2	B高A低
两江新区	1.173	0.820	0.353	4	7	4	2	3	2	B高A低
舟山群岛新区	0.791	0.580	0.210	16	15	14	4	4	4	双低
兰州新区	1.056	0.851	0.204	8	5	15	2	2	4	A高B低
南沙新区	0.814	0.539	0.275	15	16	10	4	4	3	双低
西咸新区	0.919	0.653	0.265	14	13	11	3	4	3	较为一致
贵安新区	0.579	0.426	0.153	18	18	18	4	4	4	双低
西海岸新区	1.053	0.789	0.264	9	8	12	3	3	3	较为一致
金普新区	1.040	0.741	0.299	10	10	8	3	3	2	较为一致
天府新区	0.977	0.634	0.343	12	14	5	3	4	2	B高A低
湘江新区	1.166	0.847	0.319	6	6	7	2	2	2	较为一致
江北新区	1.191	0.857	0.334	3	4	6	2	2	2	较为一致
福州新区	0.722	0.518	0.204	17	17	16	4	4	4	双低

续表

新区名称	CCPN	A 子目标	B 子目标	CCPN rank	A_rank	B_rank	CCPN_聚类	A_ 聚类	B_ 聚类	子目标关系
滇中新区	1.001	0.756	0.245	11	9	13	3	3	3	较为一致
哈尔滨新区	1.167	0.890	0.277	5	3	9	2	2	3	A高B低
长春新区	1.339	0.983	0.356	2	2	3	2	2	2	较为一致
赣江新区	0.920	0.716	0.204	13	12	17	3	3	4	A高B低

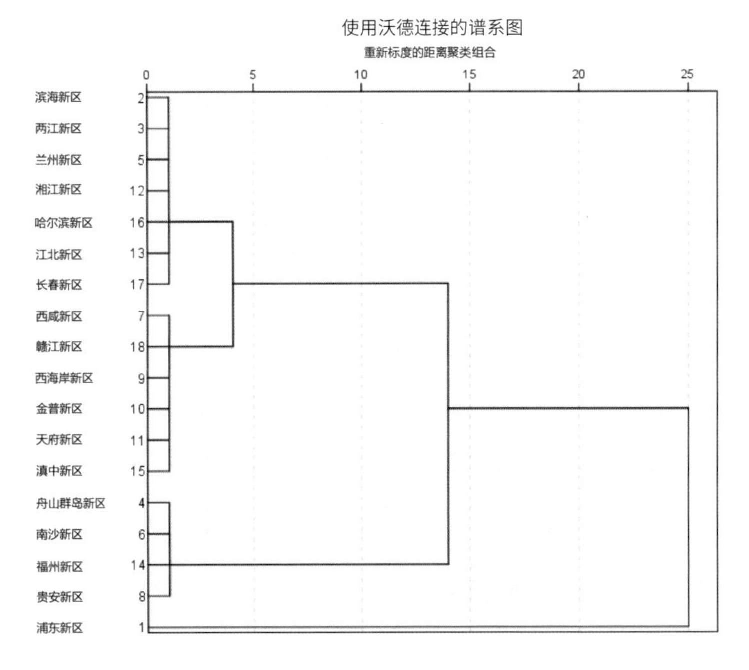

图 6-7　国家级新区 CCPN 聚类分布图

2.各新区子目标紧凑度一致性

在根据 CCPN 得分进行分类的聚类基础上，结合各新区 A 空间布局紧凑和 B 发展高效紧凑两个子目标的两次聚类分析结果和排名来看，第一梯队聚类的新区两大子目标高度一致，第二和第三梯队聚类的新区存在“子目标相对一致”和“子目标紧凑失衡”两种情况，而第四梯队聚类的新区即为子目标双低。

首先 CCPN 得分位于第一梯队聚类的浦东新区，其 A 空间布局紧凑和 B 发展高效紧凑两个子目标所属聚类也均为第一梯队聚类，且第一梯队聚类有且只有浦东新区，两个子目标之间的紧凑具有高度一致性和协调性。这一方面说明浦东新区的整体紧凑度水平远高于其他 17 个国家级新区，另一方面说明浦东新区紧凑的空间布局形态取得了较为可持续的发展效应。

在第二和第三梯队聚类中，两大子目标相对一致的是在各个子目标排名差异与波动性较小的新区，分别包括第二梯队长春新区、江北新区与湘江新区，第三梯队的西海岸新区、滇中新区和西咸新区。其中第二梯队的新区两大子目标排名均相对靠前，主要是因为在划为新区之前该区内就已进行过规模化的规划建设，如长春新区的长春产业园区，湘江新区前身为大河西先导区，江北新区即为原本南京江北区，区内均以产业园区建设为主。因此用地较为集聚且 GDP 产出较高，两个子目标之间具有较好的一致性和同步性。而第三梯队聚类的新区的两大子目标相较第二梯队聚类则相对靠后，为后 50%，其主城的社会经济发展水平相较第一梯队、第二梯队聚类的新区较低，且新区多为新设立新规划新建设，建成区空间布局与较强的规划指引性，但目前其建成区规模面积仍相对较小，因此其两大子目标与综合紧凑度均处于中下水平，没有相对突出项。

在第二梯队和第三梯队聚类中，两大子目标紧凑失衡的新区分为 A（空间布局紧凑）高 B（发展高效紧凑）低和 A 低 B 高两种情况。其中 A 低 B 高的新区分别包括 CCPN 得分位于第二梯队聚类的滨海新区、两江新区和第三梯队聚类的天府新区。这类新区自身所处的主城或是地区的社会经济发展水平高，且起步较早，如滨海新区和两江新区，因此子目标 B 在 18 个新区中处于较高水平。而这类新区的子目标 A 则由于其空间布局形态多为组团式布局，较之浦东、兰州等分片团块式集中布局的新区排名和得分则相对较低。另一种 A 高 B 低情况的新区分别包括 CCPN 得分位于第二梯队聚类的哈尔滨新区、兰州新区和第三梯队聚类的赣江新区。这类新区自身所处的地区社会经济发展较为落后，因此新区自身的社会经济发展水平也较差。而子目标 A 较高的原因是这几个新区尚处于起步期，主要建设团为产业园区组团，因而整体用地布局形态呈团块式集中布局且用地形态轮廓规整。

第四种双低的新区即为第四梯队的新区，这类新区的两大子目标得分与排名均处于末位 25%。从前文 4.1 节的分析可以看到这几个新区的空间布局紧凑度主要受到自然地理条件的限制，建设用地多为飞地式分散布局，且建设用地斑块破碎度高，均质化现象较为严重。如福州新区自身规划为沿海岸带带状蔓延，舟山群岛新区以岛为组团单位进行开发建设，贵安新区两大片区空间距离远且适建用地分散分布。此外，在新区发展效率方面，除贵安新区位于西部山地地区且本身社会经济发展水平就相对落后外，其余三个新区南沙、福州和舟山均为沿海城市，但从其子目标 B 下的社会、经济和环境三大维度的效应来看，其经济和环境效应均较低。这不仅是由于其不紧凑的空间布局形态所导致的土地和空间效率低下和绿色生态空间的高破碎度，也是由于这三个新区都是沿海地区重要的对外开放门户，产业结构以第三产业为主，但主导产业尚处于培育阶段或是处于退二进三的产业结构转型期，因此相对其他以第二产业为主导产业或是第三产业成熟度较高新区的产出水平较低。

总的来说，在 18 个国家级新区中，浦东新区作为第一个国家级新区，其综合紧凑度远高于其他新区，空间形态和发展效率之间具有较高的一致性和协调性。而位于第二梯队、第三梯队聚类的新区的两大子目标之间均衡性存在较大分化，具有较为显著的不一致性，空间布局形态与发展效率两大子目标之间并未协调发展。第四梯队聚类的新区的综合紧凑度处于低位，伴随其松散空间布局的是环境和经济的低效。

3.不同发展阶段新区综合紧凑度

从不同发展阶段新区 2018 年 CCPN 平均值来看，排序为成熟期 > 成长期 > 起步期。其中成熟期的新区 CCPN 远高于成长和起步期新区。从 CCPN 标准差来看成熟期 > 起步期 > 成长期（图 6-8，图 6-9）。

进而从其两大子目标来分析不同发展阶段的新区间以及同一发展阶段内新区间的差异来源（图 6-10）。可以看到成熟期新区的两大子目标得分均显著高于成长和起步期新区。从子目标 A 的两大分维度来看，成熟期新区的 A2 布局结构维度得分远高于成长和起步期新区，而 A1 几何形态则基本持平，成熟和起步期新区略高于成长期新区。从子目标 B 来看，成熟期 > 成长期 > 起步期新区，且成熟期远高于后两者。说明位于成熟期的国家级新区在社会经济发展上已具有较高水平，因而整体发展高效。进一步从子目标 B（发展高效紧凑）在社会、经济、环境三个维度上的得分来看（图 6-11），各维度得分排序与子目标 B 得分排序一致，各类新区在子目标 B 层面的差距主要来自经济维度。成熟期新区经济维度得分远高于成长和起步期新区，成长期新区经济和环境维度得分相对高于社会维度得分，起步期新区三维度得分基本持平。从各指标得分来看，在经济维度，成熟期主要是建设用地的开发强度与土地产出效率远高于成长期和起步期新区；在环境维度，成熟期新区的绿色生态空间连接度和城市绿地斑块聚合度均远高于成长和起步期新区，而人均绿地面积指标反而是成熟期新区最低。

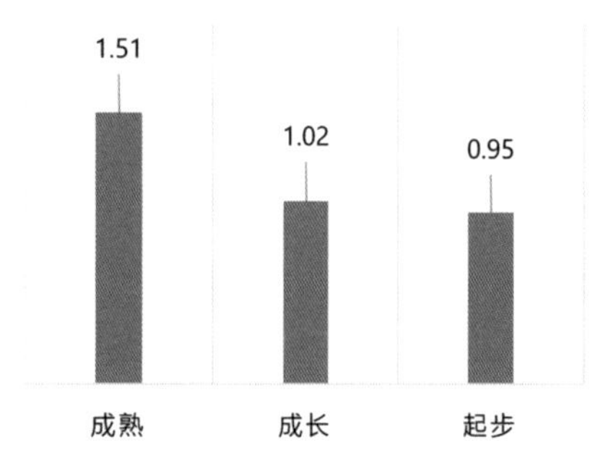

图 6-8 各发展阶段新区 CCPN 平均值

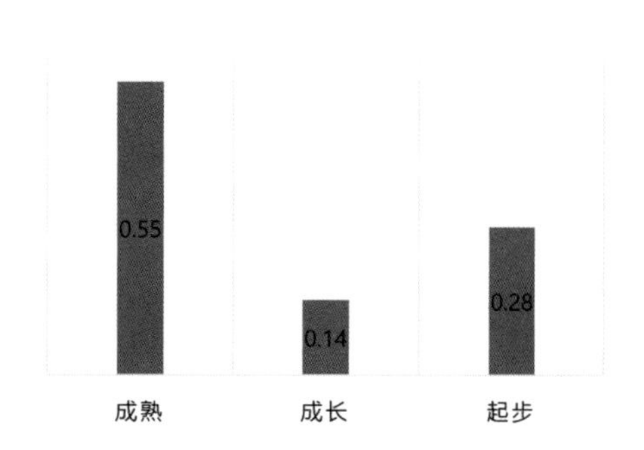

图 6-9 各发展阶段新区 CCPN 标准差

综上来看，处于成熟期的两大新区浦东和滨海新区，其 CCPN 显著高于成长和起步期新区，且这一优势主要来自浦东新区。成熟期新紧凑的空间布局形态带来了较好的经济和环境效益。成长期新区 CCPN 平均值略高于起步期新区，而其标准差在三类新区中最小，因而其内部各新区间紧凑发展水平最均衡。起步期新区的子目标 B 得分为三类新区中最低，其中经济维度处于劣势地位，土地的开发强度和产出效率较低，这可能也是因为起步期新区多位于中西部经济发展水平和人口规模小的城市。

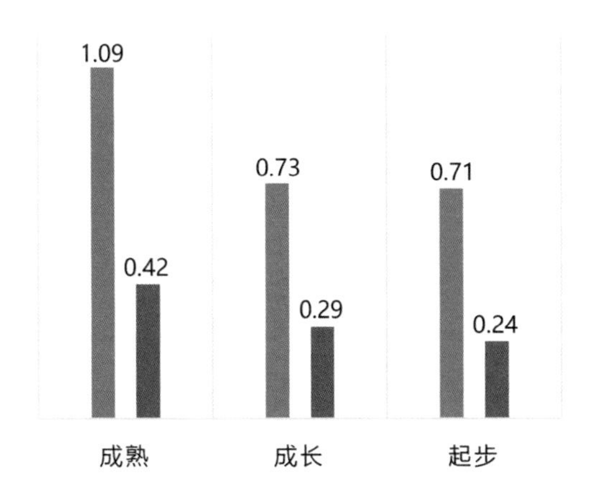

图 6-10 各发展阶段新区 CCPN 子目标平均值

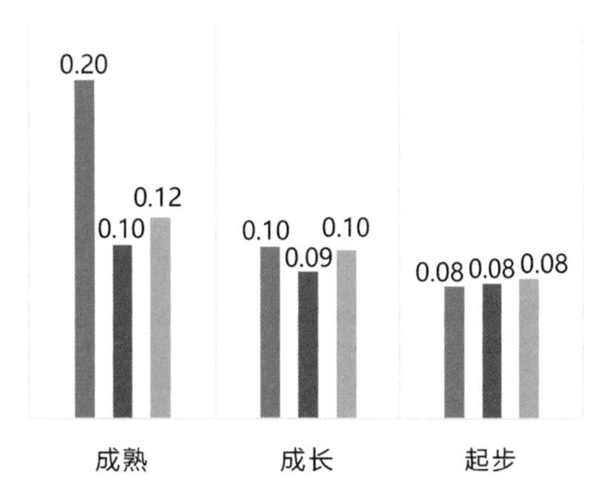

图 6-11 各发展阶段新区子目标 B 平均值

6.1.3 城市新区建设过程紧凑性的地域差异

基于前文的空间布局紧凑度和综合紧凑度测度的结果，通过分组比较探索新区建设过程紧凑性的地域差异。主要分为不同发展地区、不同地形区和不同气候区三个维度。

1.不同发展地区

根据 18 个国家级新区所处的空间区位和经济带可以分为东部沿海地区、中部内陆地区和西部内陆地区三大类（表 6-8），通过对不同发展地区新区空间布局紧凑度（SCPN）和综合紧凑度（CCPN）各年平均值、标准差和子目标得分情况的具体分析，总结不同发展地区新区紧凑发展特征和差异成因。

表 6-8 不同发展地区国家级新区分类

空间区位	经济带	新区名称
内陆	西	两江新区、兰州新区、西咸新区、贵安新区、天府新区、滇中新区
	中	湘江新区、哈尔滨新区、长春新区、赣江新区
沿海	东	浦东新区、滨海新区、舟山群岛新区、南沙新区、西海岸新区、金普新区、江北新区、福州新区

1）不同发展地区空间布局紧凑度演变特点

首先，根据三类新区 2010—2018 年间的 SCPN 平均值、SCPN 平均值增长率和 SCPN 标准差分析不同发展地区新区间的紧凑性差异。从 SCPN 平均值来看，2010—2015 年东部沿海新区 > 中部内陆新区 > 西部内陆新区，但 2015—2018 年间中部内陆新区 SCPN 高速增长反超东部沿海新区（图 6-12），变为中部内陆新区 > 东部沿海新区 > 西部内陆新区。总的来说，西部内陆地区一直处于落后状态。从 2010—2018 年的 SCPN 平均值增长率来看，中部内陆新区（28.7%）> 西部内陆新区（9.6%）> 东部沿海新区（4.9%）。其中，中部内陆新区在 2015—2018 年 SCPN 得分增长最显著，增长率达 22.2%。从 SCPN 标准差来看（图 6-13），东部沿海新区 SCPN 的标准差始终高于中、西部内陆新区，中部内陆新区标准差最低。其中东部沿海新区和西部内陆新区 SCPN 标准差均在 2015—2018 年出现显著增加，中部内陆新区的标准差在 2010—2018 年先增后减因而整体保持稳定，无显著增加。

进一步分析各类新区 SCPN 平均值、平均值增长率和标准差变化的原因：

（1）中部内陆新区的 SCPN 整体发展态势较好，一直处于稳步增长状态，且其内部各新区之间的 SCPN 得分差距最小。这一方面是由于中部内陆新区的数量较少且 2015—2018 年哈尔滨新区在原有小规模用地斑块的基础上进行了集中、连片的用地拓展，基本形成了分片式集中布局的空间形态，因此其 SCPN 得分显著增长，提升了中部内陆新区整体 SCPN 平均值的同时，也使得哈尔滨从中部内陆新区中的最末位基本追平其余三个新区，各新区之间的 SCPN 得分差距得以缩小。另一方面，从中部内陆地区各新区内部地形来看，整体起伏不大，虽然有城内丘陵，但适建性用地的分布较为集中，因此其空间布局形态多为星状或分片式集中布局，SCPN 得分每年均在 1.0 上下且持续稳步增长。

（2）东部沿海新区的 SCPN 得分始终处于较高水平，但各新区之间 SCPN 得分差距较大。其中 SCPN 得分相对较高的为浦东、滨海、西海岸和江北四个新区，且浦东和滨海起步早，西海岸和江北则为直接将原行政区划为新区，因此其整体得分均在

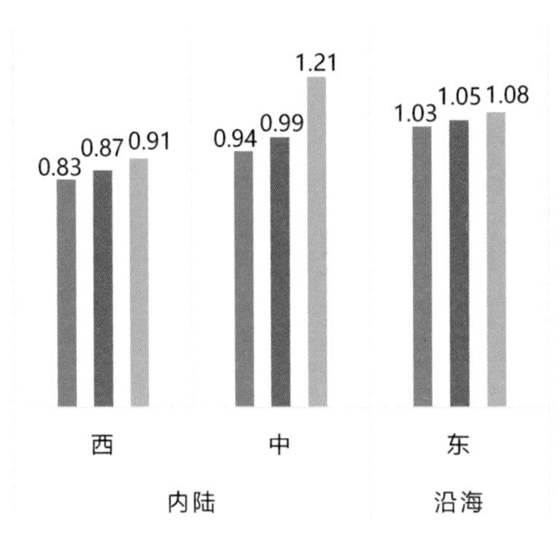

图 6-12 东中西三地新区 SCPN 平均值

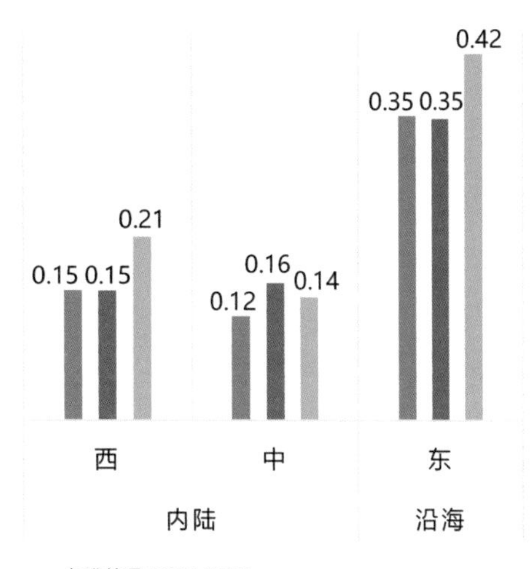

图 6-13 东中西三地新区 SCPN 标准差

1.0 以上，排名均在 18 个新区的中上水平。而位于末位的福州、舟山群岛、南沙三个新区则是受到地形、海岸带、海域、水网等限制，整体用地空间布局非常分散，因此 SCPN 得分较低。此外，位于长三角地区的浦东新区和江北新区 2010—2018 年的 SCPN 得分增长率均远高于 18 个新区的平均增长率，而其余新区则普遍低于该值，且滨海新区的 SCPN 一直处于大幅降低状态，其个体降速基本持平浦东新区的增速。因而在高者愈高、低者愈低的发展态势下，整体 SCPN 增长“正负相消”呈基本不变的状态，东部沿海新区 SCPN 得分的内部差距也日益增加。

（3）西部内陆新区的 SCPN 处于稳定小幅增长的发展态势，但其 SCPN 得分一直处于三类新区的末位。这是由于除两江新区和贵安新区的 SCPN 得分与排名一直处于中部内陆水平外，西咸、贵安和天府三个新区的 SCPN 得分均在 0.8 ～ 0.9，排名也基本处于末位。此外，除两江新区和兰州新区 SCPN 的增长率高于 18 个新区平均值和中位值外，其余新区均低于此值。说明西部内陆地区的复杂地形和落后的社会经济水平对其建设过程中紧凑度的提升起到了较为显著的限制作用。

2）不同发展地区综合紧凑度空间分布特点

这里分别从三类不同发展地区新区的综合紧凑度（CCPN）地域差异的整体特征、CCPN 两大子目标的地域间差异特征和 CCPN 子目标 B 三大地域内部得分差异这三个方面进行分析。

首先，从三类新区 CCPN 地域差异的整体特征来看：2018 年的 CCPN 得分平均值（图 6-14）从高到低排名依次为中部内陆新区 > 东部沿海新区 > 西部内陆新区；三类新区的 CCPN 得分标准差（图 6-15）为东部沿海地区 > 西部内陆新区 > 中部内陆地区，其中，中、西部内陆新区的标准差较为接近，而东部沿海地区内部差距远高于中、西部内陆新区。因此，中部内陆地区的国家级新区不仅整体紧凑发展水平较高，其内部发展也较为均衡。而东部沿海地区虽然整体得分也较高，但其内部新区间发展差距较大，这一差距主要来自头部的浦东、滨海和江北新区与末位的福州、南沙和舟山群岛新区。

然后进一步比较三类新区 CCPN 的两大子目标得分情况（图 6-16）。前文空间布局紧凑度小节已分析 SCPN 演变情况，因而此处不再赘述，本节主要分析子目标 B 的特征。子目标 B 发展高效紧凑得分的平均值为东部沿海新区 > 中部内陆新区 > 西部内陆新区。其中，中部内陆地区和东部沿海地区之间的差距较小，而西部内陆地区与中部内陆、东部沿海地区间差距较大。从三个地区新区间子目标 B 各维度的得分差距来看，三个地区间在经济维度的差距较大，东部沿海地区经济维度得分显著高于中、西部内陆地区（图 6-17），且经济维度的土地投入产出效率指标远高于中、西部内陆地区的新区。社会维度三个地区间没有显著差距。西部内陆地区环境得分最高，其人均绿地面积和城市绿地斑块聚合度均高于其他两个地区的新区，而东部沿海地区环境得分则最低。这说明虽然西部地区复杂的自然地理条件限制了其空间布局形态和开发建设活动，使其整体空间布局形态紧凑度分散低下且空间效率低，但也因而较好地保护了大面积的绿色生态空间，凸显了其生态环境优势。而东部地区的高强度高密度开发建设水平与人口分布虽然带来了较高的社会经济水平，但同时也使得城市生态环境水平相对低下，成为可能制约其紧凑化、可持续发展的短板。

最后，从三个地区新区内部各新区子目标 B 的不同维度得分情况来看各地区内部

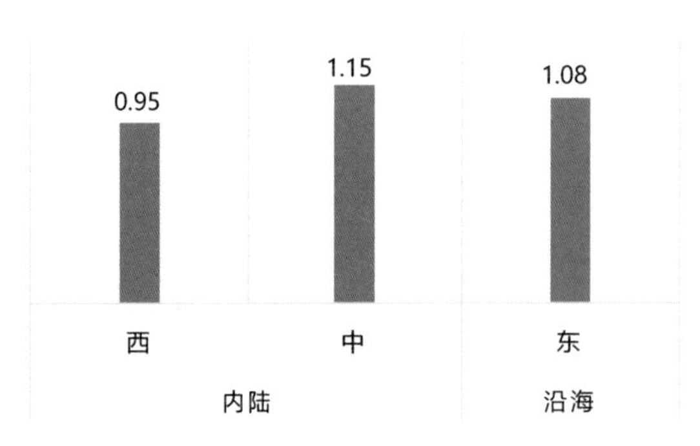

图 6-14 不同发展地区新区 CCPN 平均值

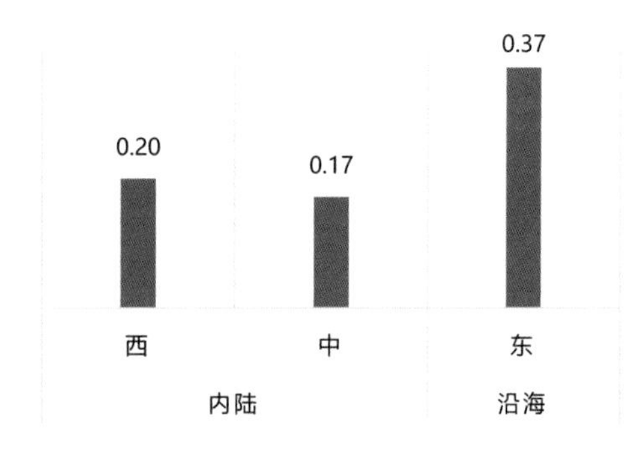

图 6-15 不同发展地区新区 CCPN 标准差

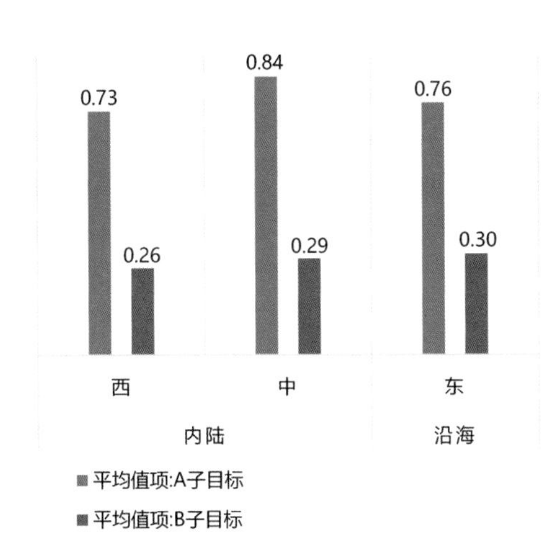

图 6-16 不同发展地区新区 CCPN 两大子目标平均值

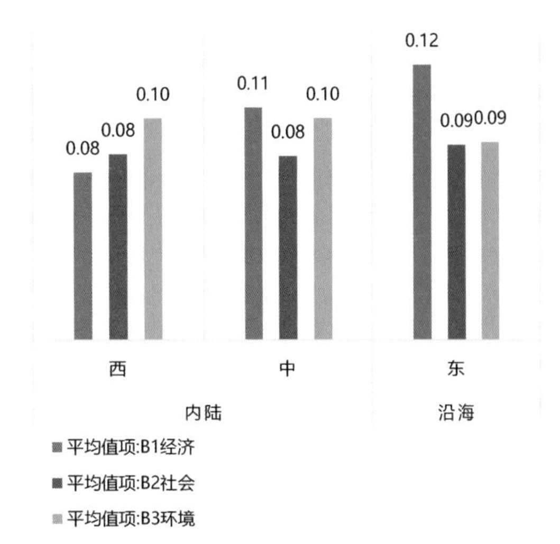

图 6-17 不同发展地区新区 CCPN 子目标 B 平均值

的紧凑度发展差异（图 6-18—图 6-20）。东部沿海新区和西部内陆新区 CCPN 得分的差距也主要来自经济维度，其中东部沿海的浦东、滨海和江北等华东地区新区和华北新区间的经济维度得分差距显著，这也是造成东部地区新区间 CCPN 得分差距大的重要原因。西部内陆地区天府和两江新区的经济维度优势突出，而贵安和兰州新区的经济维度得分十分落后。中部内陆地区在经济维度上也存在一定差距，但并不如东部沿海、西部内陆地区差距显著。

3）国家级新区建设过程紧凑性的地域差异

综合对东部沿海、中部内陆和西部内陆三个不同发展地区新区的 2010—2018 年空间布局紧凑度演变特征和 2018 年的综合紧凑度空间分布特征的分析，可以发现不同区域的社会经济发展差异和地形条件差异使的各新区的空间布局紧凑性与紧凑发展效应层面的社会、经济维度间出现较大差距。社会经济发展水平高的新区紧凑发展效应水平也更高；地形相对平坦、受到自然地形因素制约更少的新区，其建设用地的空间拓展与布局往往更为连续集中。因此 18 个国家级新区的紧凑度呈现出现东部沿海、中部内陆高而西部内陆低的空间分异格局，且西部内陆地区显著落后于中部内陆、东部沿海地区新区，同时三大地区内部也因此存在一定的发展差距。

首先，东部沿海地区新区紧凑发展水平在三类新区中处于较高水平是由于东部沿海地区新区往往设立更早，处于成熟和成长阶段的新区较多。同时沿海地区的经济发展优势使得该区域新区的发展高效紧凑子目标得分远高于中部和西部内陆新区。而东部沿海地区内部发展差距较大的原因一方面是新区所处空间区位和发展阶段的差异。长三角、京津冀地区的社会经济发展水平在沿海地区位于前列，同时浦东和滨海设立时间也较早，因此这两个新区在 “发展高效紧凑” 这一子目标下的经济、社会维度得

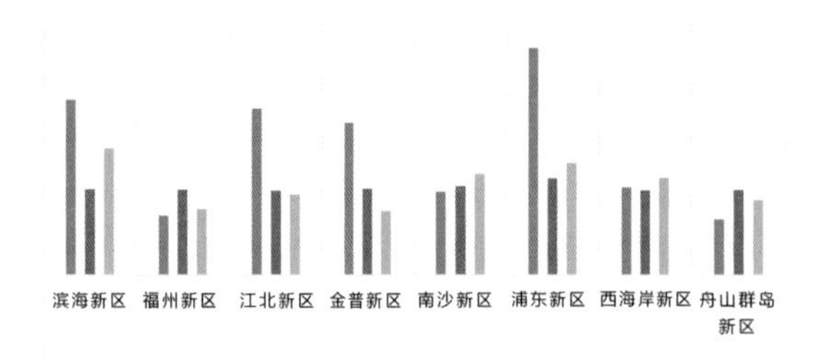

图 6-18　东部新区子目标 B

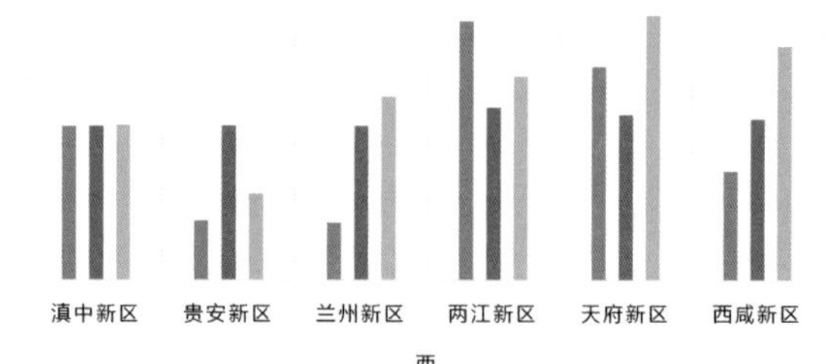

图 6-19　西部新区子目标 B

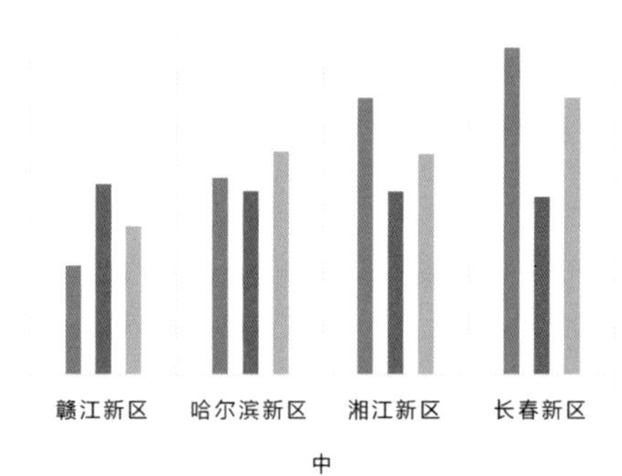

图 6-20　中部新区子目标 B

分均显著高于其他地区的新区。另一方面，沿海地区的海岸带、水网等自然因素的限制也使得部分新区如福州、南沙、舟山群岛等新区规划布局结构多为带状 / 分散式组团布局，因而其空间布局紧凑度也较低。

对中部内陆地区新区而言，国家层面中部崛起战略的推进逐渐使中部内陆地区与东部沿海地区间的发展差距缩小，虽然其整体社会经济水平相对落后于东部沿海地区，但其整体地形较为平坦，且中部内陆地区的新区如哈尔滨新区、长春新区和湘江新区的规划范围内均包括已有一定建成发展水平的工业园区，因而新区的产业发展和功能培育方面已有一定的建设基础，其起步难度和发展速度也相对会更快，所以随着新区不断发展其逐渐追平东部沿海地区。此外，由于中部地区新区数量较少且获批与开始建设时间较为接近，因而其内部发展差距并不如东部和西部地区新区显著。

在西部内陆地区，西部大开发、成渝经济圈、丝绸之路经济带等国家级战略加大了西部地区的政策和资源倾斜，政策驱动力持续推进了各新区用地拓展和地区的产业升级与创新，但西部内陆新区与中部内陆和东部沿海新区之间的差距始终存在则说明社会经济发展水平落后、地形带来的高开发建设成本等难以逾越的“先天不利因素”仍然是西部内陆地区新区发展的重要制约因素，这一制约在短期内难以突破。从区域内部的发展差距来看，得分较高的新区主要为西南地区的重庆两江新区和成都天府新区。这一方面是由于云贵地区和成渝地区间的社会经济发展水平本就存在较大差距，而成渝经济圈战略地推进强化了极化效应的同时进一步加大了这两大区域间的发展差距，同时其作为增长极的扩散效应也尚未凸显，因而对周边地区带动效应也有限。另一方面，云贵地区的地形限制和生态敏感度高于成渝地区，因而滇中和贵安新区的空间布局模式都为飞地分散式的小规模组团布局，而成渝则为规模化等级化显著的组团布局。因此两地区的新区空间布局紧凑度也存在显著差异。

2.不同地形区域

地理地形条件根据绝对高度和相对高度主要可以分为平原、丘陵、山地、高原和盆地地区类。由于样本数量较少，为了形成较为显著的聚类差异，本节根据新区的高程、坡度以及各类地形的占比将新区所处的地理地形条件大致分为平原和山地两大类，分别指代地形基本无变化和地形变化差异较大两类地形条件。其中平原类是坡度在 5°以下、高程在 200 米以下的新区，山地类包括丘陵（绝对高度 200 ～ 500 米，相对高度不超过 200 米）、山地（绝对高度 500～1000 米以上，相对高差 200 米以上）和高原（绝对高度 1000 米以上）三类地形条件。具体分类如表 6-9 所列。

1）不同地形区域空间布局紧凑度演变特点

首先，根据三类新区 2010—2018 年间的 SCPN 平均值、SCPN 平均值增长率和 SCPN 标准差分析不同地形区域新区的紧凑性差异。从 SCPN 平均值来看（图 6-21），平原地区的新区 SCPN 平均值始终高于山地地区的新区。从 2010—2018 年两类新区 SCPN 平均值的增长率来看，山地地区新区增长率(12.8%)略高于平原地区新区(10.6%)，且两类新区的 SCPN 平均值都是在 2015—2018 年出现显著大幅增长。从平原和山地

表 6-9 不同地形区域国家级新区

自然地形	新区名称	数量
平原	浦东新区、滨海新区、西海岸新区、金普新区、南沙新区、湘江新区、江北新区、福州新区、哈尔滨新区、长春新区、赣江新区	11
山地	云南滇中新区、贵安新区、兰州新区、两江新区、天府新区、西咸新区和舟山群岛新区	7

两类新区的 SCPN 标准差来看（图 6-22），平原地区新区标准差始终高于山地地区，两类新区标准差均在 2015—2018 年出现显著增加。平原地区新区内部差距增加的原因主要是由于滨海新区得分逐年降低，而浦东、哈尔滨和长春新区增长率高于 30%，在 2015—2018 年 SCPN 出现显著增长。其余新区 SCPN 增长率均在 10% 上下，增长波动水平不显著。因而在高者愈高，低者愈低而中部基本稳定的发展态势下，平原区新区内部空间布局紧凑性的内部差距增加。山地新区标准差骤升的原因主要是兰州新区在 2015—2018 年的 SCPN 得分增幅远高于其他山地地区的新区。兰州新区虽处于高原地区，但其地貌为高原盆地，受限于四周山脉，建设用地集中于中部地势较为平坦的腹地，因而在其 2015—2018 年进行了集中的用地增长后 SCPN 也随之增加。

总的来说，地形条件对新区的空间布局紧凑度起到了显著的影响，平原地区由于地形地势条件更优，开发建设成本更低，因此 SCPN 平均值始终高于山地地区，且地形更为平坦、用地分布更集中的新区其 SCPN 增长率往往也更高，因而在平原地区内部也会因地形和规划引导下的空间布局模式差异形成内部紧凑发展差距。对山地地区新区而言，其建设用地的空间布局受到显著的地形条件约束，适宜建设用地分布相对分散，因此在规划的空间布局结构中，新区建成区各组团间的分散程度更高，外围轮廓也更多变复杂，其 SCPN 得分也因而较之平原地区新区更低。但随着各个组团不断外延拓展并接壤连片，逐渐形成规模化，主次层级结构明晰的用地布局形态如两江和天府，山地新区 SCPN 得分也因而逐步增加，因此山地类新区的 SCPN 增长率将高于在起步时就已经初具规模且用地集中布局的平原地区新区。

2）不同地形区域综合紧凑度空间分布特点

首先从两类新区的综合紧凑度（CCPN）平均值和标准差来看，平原地区新区的 CCPN 平均值（1.13）和标准差（0.31）均高于山地地区新区（平均值 0.93；标准差 0.19）。

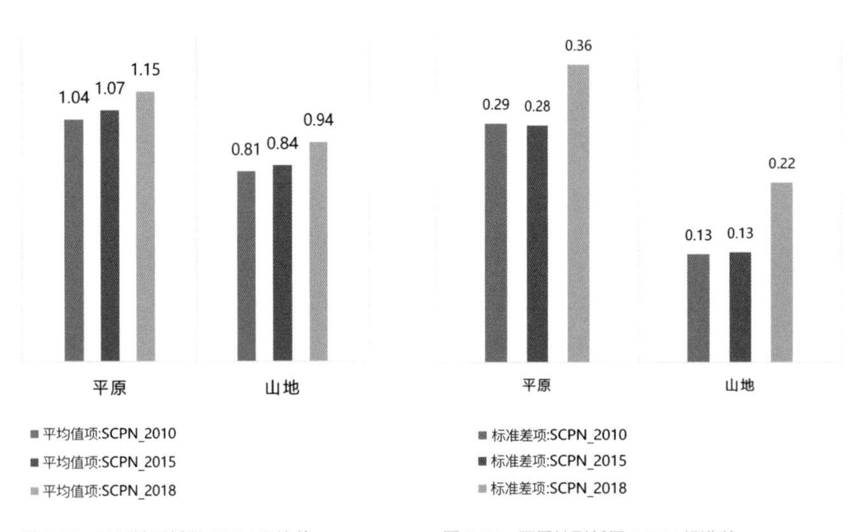

图 6-21 不同地形新区 SCPN 平均值

图 6-22 不同地形新区 SCPN 标准差

进一步从综合紧凑度的两大子目标来看，平原地区的两大子目标得分均高于山地地区新区（图 6-23）。子目标 A 空间布局紧凑（SCPN）中，平原地区新区的优势主要来自 A2 布局结构维度，前文已有分析，此处不再赘述。在子目标 B 中，平原地区发展高效紧凑度的优势主要来自经济维度（图 6-24），环境维度基本持平。经济维度下平原地区新区的 3 个指标均远高于山地地区，尤其是土地投入产出效率。因此，地形条件不仅影响新区的空间布局紧凑度，山地地区相对落后的经济发展水平和土地开发建设的高成本要求也影响了新区的土地投入产出和经济增长。

3.不同气候区

根据新区所处的气候区域分为南、北两大地区（表 6-10）。

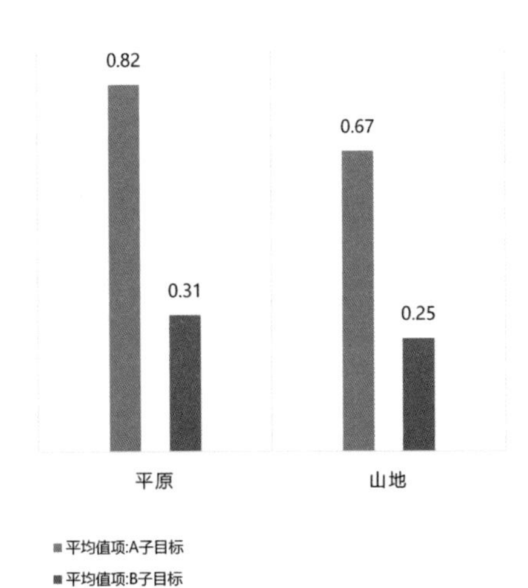

图 6-23 不同地形新区 CCPN 两大子目标得分平均值

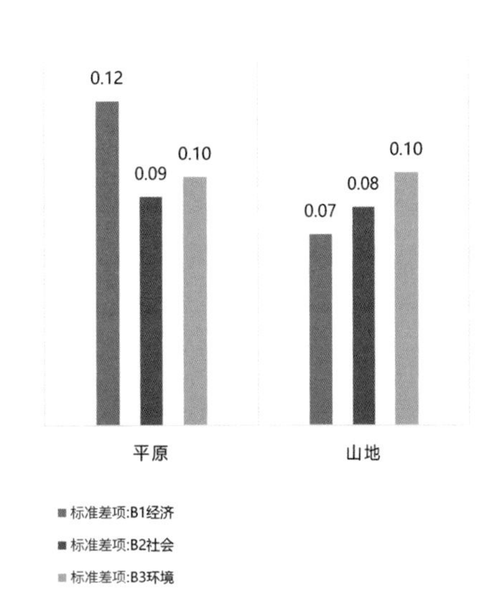

图 6-24 不同地形新区 CCPN 子目标 B 经济维度各指标得分

表 6-10 不同气候区国家级新区分类

气候区	新区名称	数量
南	浦东新区、两江新区、舟山群岛新区、南沙新区、贵安新区、西海岸新区、天府新区、湘江新区、江北新区、福州新区、滇中新区、赣江新区	12
北	哈尔滨新区、长春新区、金普新区、西咸新区、兰州新区、滨海新区	6

1）不同气候区空间布局紧凑度演变特点

首先，从 2010 年、2015 年和 2018 年 3 个时间断面上南、北两类新区的 SCPN 平均值来看（图 6-25），北方新区略高于南方新区，两类新区 SCPN 平均值均在 1.0 上下波动。从两类新区 SCPN 平均值在 2010—2018 年的增长率来看，北方新区整体增长率为 9.7%，其显著增长主要出现在 2015—2018 年。南方新区增长率为 14%，整体呈稳定增长态势。

其次，从南、北两类新区的 SCPN 标准差变化来看，两类新区变化方向完全相反（图 6-26），南方新区的 SCPN 得分标准差持续增加，其中 2015—2018 年出现显著增加，增幅为 56%。北方新区的 SCPN 得分标准差则稳定降低，整体降幅为 39%，因此发展至 2018 年，北方新区的 SCPN 标准差从高于南方新区变为低于南方新区。根据各新区的 SCPN 变化可以发现南方新区内部差距增加的原因主要是两江、江北和浦东新区的 SCPN 增幅较大，尤其是浦东新区，而其他新区的 SCPN 增长较缓，因而内部差距逐年增加。2010—2015 年降幅较大，2010—2018 年整体降幅为 48.6%。这一变化的原因主要是由于滨海新区 SCPN 的逐年急剧下降，而哈尔滨、兰州和长春新区在 2018 年 SCPN 出现显著增加，因而在高降低长的变化下北方地区新区内部差距逐渐缩小。

综合南、北新区的 SCPN 得分来看，气候对新区的影响本质上还是由于南北地区的自然地形条件。北方地区整体地势相对平坦，建设用地的空间分布更为集中，且由于其街区单元尺度相较南方更大且更规整，因此在进行空间扩张时边界轮廓也相对更规则，用地布局连续性更强，其初始的团块式或分片式集中布局形态往往得到进一步强化。而南方地区多山地丘陵，整体地貌不如北方新区平坦，因此在用地布局和拓展上分散性和跳跃性更强，其用地拓展斑块尺度也更小、更不规则。同时在后来的新区发展中，地形限制相对较弱的新区会随着组团规模的形成和接壤逐渐提升其 SCPN，

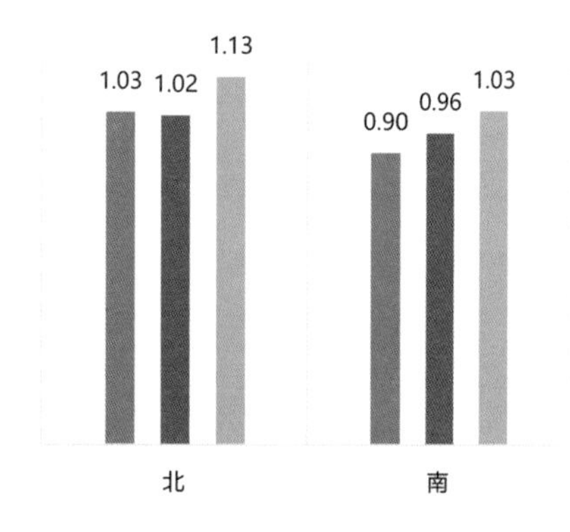

图 6-25 南北新区 SCPN 各年平均值

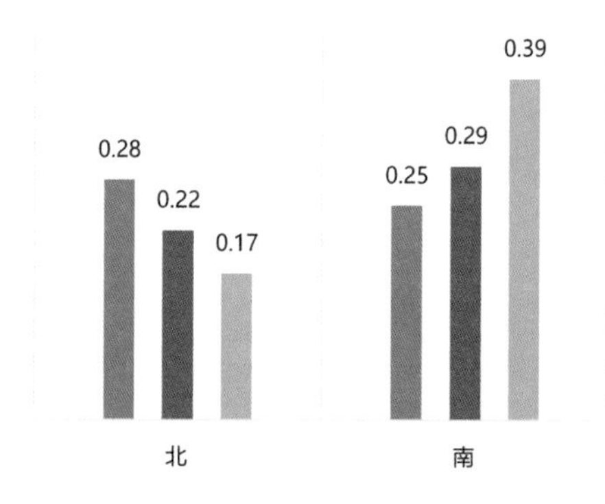

图 6-26 南北新区 SCPN 各年标准差

而地形限制大的新区如贵安新区，则始终延续小规模分散的布局形态，SCPN 增长率相对低下，因此南方新区内部空间布局紧凑的差距也会逐渐增加。

2）不同气候区综合紧凑度空间分布特点

南、北方不同新区的综合紧凑度（CCPN）差距不大，北方新区的 CCPN 平均值为 1.11，略高于南方的 1.02。而从两类新区 CCPN 的标准差来看南方新区的标准差为 0.34，远高于北方新区的 0.14。

从两大子目标来看，两类新区的子目标 A 空间布局紧凑度之间差距相近（图 6-27），差距主要源于子目标 A 的布局结构维度的 A21 建设用地空间聚合度指标。而子目标 B 发展高效紧凑的得分无较大差距，北方新区略高于南方新区。进一步从子目标 B 发展高效紧凑的三个维度来看（图 6-28），北方新区在环境维度更具优势，该维度下各指标较之南方新区均表现得更高，这是由于北方新区的建设用地多集中布局，且城市街区基本格网尺度也较大，因而其绿色空间的完整性和连通性更强，城市绿地斑块尺度和聚合度也更高。经济维度北方地区略高于南方新区，其中北方新区土地投入产出效率远高于南方地区新区，而南方新区的建设用地开发强度高于北方地区，且南方新区在社会维度得分相对更高，其混合度和可达性指标均显著高于北方地区。这主要因为北方新区产业结构多为“二、三、一”，其中长春、滨海、金普等第二产业驱动的新区有较高的 GDP 产出，因此土地投入产出率高。而南方地区一方面由于西部地区新区经济水平相较落后，另一方面新区产业结构方面新区多处于退二进三的发展转换期或是“三、二、一”的产业结构，第三产业贡献率仍较低，因而除浦东新区有较高 GDP 产出外，其余新区 GDP 产出不高。但相应的在社会维度上，以第三产业为主导且街区单元尺度更小、单位开发强度更高的南方地区新区往往具有更高的功能混合度和设施可达性。

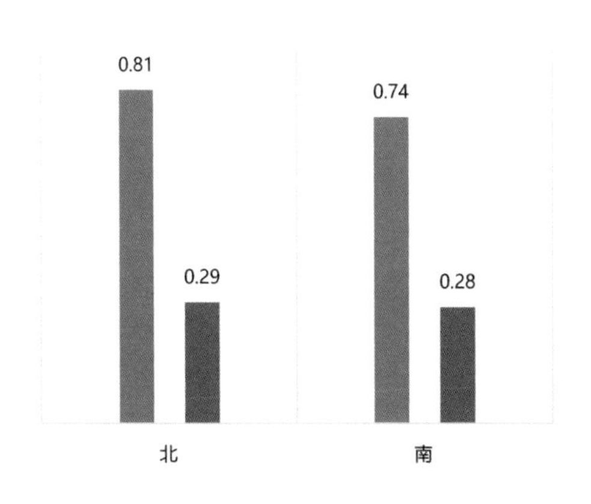

图 6-27　南北新区 CCPN 两大子目标平均值

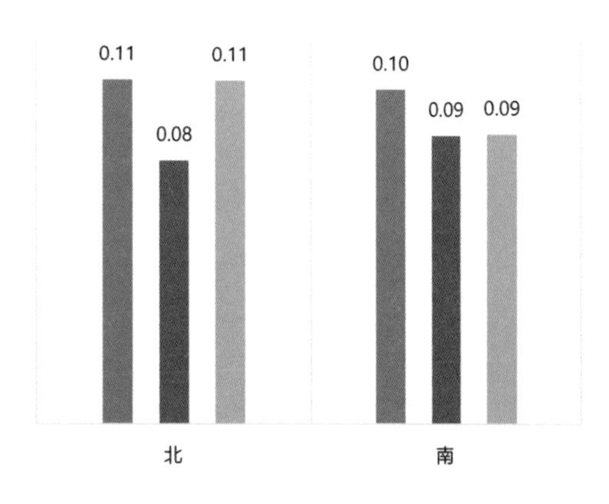

图 6-28　南北新区 CCPN 子目标 B 各维度

综合南、北地区新区的 2018 年 CCPN 得分及各子目标各维度、各指标得分情况来看。降水对 CCPN 的制约并不显著，而可能受到地形、用地单元尺度和产业结构等方面的影响更为显著。

国家级新区建设过程紧凑性呈现如下特征：①时间维度，新区的空间布局紧凑度和发展效应水平均与新区所处发展阶段同步演进，新区发展越成熟，其用地布局越紧凑，社会、经济和环境等多维度的发展效应越好；②空间维度，受到区域条件、主城条件、自然条件等外部环境的共同影响，所处空间条件越好，国家级新区发展越紧凑，因此呈现东、中部高而西部低，平原地区高于山地地区，北方高于南方的空间分异格局。

6.1.4 空间紧凑性管控策略

结合前文新区建设过程紧凑度的时空分异特点，针对新区规划建设的全过程提出相应的优化策略，分别包括：①新区规划前和批复时的空间选址与功能定位；②规划实施建设中的空间布局和功能组织模式优化；③新区发展全过程的管治模式与政策供给优化。

1.国家级新区空间选址和功能定位优化

在空间选址方面，需从国家和地方两个层级切入。在国家层面，在未来国家级新区的批复和选址中，首先，需构建中央和地方的双向互动机制，国家在区域战略层面提出重点部署和发展区域，避免地方政府为获批国家级新区进行区域内部的恶性竞争和遍地开花的新区建设，引导地方政府积极融入区域发展，积极进行新区体制机制的创新。其次，在新区的批复中，国家层面需综合统筹国家区域战略落实的长远效应以及新区投入产出效益，不仅要考虑区域自身的发展能力和水平，也需要考虑区域在区域间竞争中的定位和优势。因而在国家级新区未来的批复和选址中可以优先选择中西部地区相对发达地区，以及沿海地区内相较落后但属于重要功能区或区域战略的地区。在地方层面的国家级新区的空间选址则需兼顾“建成度”和“邻近度”。“建成度”即尽可能选择已进行过相关规划和开发建设的地区或园区，保证新区有基础的功能活动和设施支撑，有利于降低新区建设的起步难度和前期投入。“邻近度”包括两个方面，分别是新区与主城之间和新区各功能分区之间。在新区与主城的邻近度方面，尽可能在主城近郊的城区进行选址，在选址时基于城市空间结构，研判主城与新区未来功能结构和社会经济发展的主要联系方向以确定其最优区位，通过整合新区自组织的空间拓展力与主城方向的经济引导力，减少新区的空间发展阻力，节约新区发展的时空成本从而提高其发展效率，推动城市空间结构重构和优化（李建伟，2012）。新区自身功能分区之间的邻近度，即指空间区划形式尽可能以市辖区为主，避免过远空间距离的跨市或是市辖县形式，从而保证新区行政主体和行政结构的精简，解决权力边界模糊与管理权分散的问题。

强调区域差异性和新区特点的功能定位：国家级新区功能定位具有战略性、地域性和动态性（叶姮，等，2015），但目前 18 个国家级新区的规划定位和主导功能存在着内容趋同且缺乏特色、分工不明确以及定位不合理等问题。因此，需通过对国家级新区进行差异化的功能定位，一方面避免区域内因功能定位相近造成的同质化竞争，另一方面通过识别新区自身的资源禀赋和特色，并结合区域发展战略进行功能定位，构建其特色化的发展路径，实现其作为区域增长极的发展目标。首先，在新区的功能定位中，根据新区所辐射和影响的空间尺度、主城的区域分工与支撑条件、产业发展水平以及资源禀赋等方面的不同，通过对各新区发展潜力的评估，结合区域战略要求进行差异化的功能定位和发展目标的完善，进一步细化相应功能定位下的主导产业、产业结构以及区域产业合作方式。如沿海地区紧凑度较低的舟山，其定位是海洋经济的战略先导区，但是相较其他沿海新区如浦东、西海岸等新区，其经济基础和创新要素落后，因而充分利用其区位优势，强化港口贸易产业的物流枢纽和交通中心的功能定位，并逐步推进其他沿海地区城市向其进行相关海洋和进出口贸易产业的转移，及其与区域内上海、宁波等沿海城市的分工协作。内陆地区的贵安新区以西部大开发战略的推进为首要目的，而制约其发展与导致紧凑度低的重要原因，是整个区域的产业结构落后、社会经济发展水平的低下，发展新兴产业所需的人才和技术资源支撑不足。因此，要实现其创新发展试验区的定位，需立足其已有的传统制造业，以特色资源和相对充沛的土地资源为投入要素，并积极承接川渝地区乃至东部沿海地区的产业转移，吸引人才和企业以来获得产业的创新升级。

2.国家级新区空间布局和功能组织模式优化

局部集中紧凑整体有机分散的空间布局：国家级新区的空间布局形态直接影响新区内各类社会经济活动和产业功能等要素在空间上的布局、组织和演替发展。综合前文对不同新区的紧凑度和空间布局结构的总结，可以发现团块式集中布局、较为集中的组团式布局，或是以交通干道为发展轴的轴向布局新区往往紧凑度更高，而带状或是飞地分散式布局的新区紧凑度则更低。总的来说，紧凑度较高的空间布局形态往往具有“局部集中紧凑整体有机分散”的空间布局特点，即将建设用地集中于某一组团或是功能区内，保证周边非建设用地区域完整性和连通性的同时，各功能分区或组团间的空间距离相对邻近，亦或是有主要的发展轴线（多为交通干道）串联，从而提升彼此间的可达性。因此在规划初期就需根据新区所处的具体空间区位，对“局部集中紧凑整体有机分散”的空间布局模式进行因地制宜地诠释。首先，各个功能组团尽可能以完整的团块式或组团式布局，保证不同功能分区的完整性与独立性。组团 / 分区间又保持一定的空间距离并通过有效的增长管理工具，如城市增长边界、城市绿带保证组团间适度有机分散，并在新区的全发展阶段对其空间拓展进行有效引导和管控，避免在发展过程中因为监管失位，导致空间布局脱离原有规划布局形态，向低效式分散或连片蔓延发展。如在平原地区新区多为团块式集中布局，则可参考浦东新区以基本农田为城市绿带，将城市内部建设用地分隔成主次规模有序的多个功能组团。而山地地区则可如两江新区以自然山脉为绿带，形成主次分级的组团式布局，各组团内部功能完善相对独立但又形成互补。其次，各组团间的有机分散布局需要依托高效连通的基础设施来实现彼此间的紧密高效的联系。因此在新区的开发建设过程中强调 TOD 导向的土地开发模式，依托大容量、高可达性、广覆盖面的公共交通设施“发展轴线”，在主城与新区间、新区内部各分区间架构实现功能要素联系与流通、迁移再组织的骨架，以交通设施点为“发展重点”，围绕点进行公共服务设施、住宅和商业办公等功能的混合布局，吸引人口、就业和社会经济活动等要素在点周边的集聚，最后通过点在轴上的扩散连片发展，构建新区高效的空间布局结构。

多样与混合导向的功能布局与组织模式：在不同尺度上强调国家级新区混合多样的功能组织与布局模式，可以有效提高土地和空间的开发利用效率。新区尺度的功能布局规划，需综合考虑主城与新区之间的功能共生关系和新区自身功能的综合性，将新区的主导功能、主城的转移和补充功能等一级功能细分为不同的二级、三级功能片区，以“产居商游复合”的功能组团布局模式，对不同细分功能的片区进行合理时空布局序列安排，明确各功能片区内的主导功能和基础功能。这种强调功能复合和完善性的功能布局模式，有利于强化主城和新区的共生关系，以及新区自身功能的综合性、各组团间的系统协调性和各组团的相对独立性，从而逐步减少新区与主城之间、各组团片区之间的跨区域通勤，为新区吸纳更多人口的同时，为其提供完善和边界生活服务，实现整个城市层面和新区内部的职住平衡，从而提升新区紧凑发展在社会、经济和环境等多方面的正面效应。社区尺度功能的混合布局则以人本主义为导向，旨在提高居民的生活质量和区域活力。在社区的功能布局和规划中，以核心公共服务设施或公共空间为导向布局住宅，依托慢行交通系统为支撑构建 15 ～ 20 分钟的社区生活圈，在社区尺度减少日常机动车出行需求，将居民多样化的生活服务需求集中于某一区域内解决，提高社区生活圈内的功能活动多样性从而提升空间利用效率。同时强调商业功能和居住小区类型的多样性，通过混合式住宅的布局和多样的商业空间设计，避免社会空间分异和空间非正义等紧凑化发展带来的负面社会效应。建筑尺度通过立体化开发提高城市空间和建筑内部空间的开发利用效率，并基于不同的时间和分区进行功能的混合布局，进一步提升以建筑为“点”的空间集聚效应和活力。

3.国家级新区管治模式与政策供给优化

推进管治模式向属地型政府转型：管委会管治模式相较属地模式，新区的管理效率和紧凑发展能力更低的原因主要有两个，一是行政主体间关系复杂且整合度较低，在缺乏内在需求耦合的合作前提下，不同行政层级和管理主体间处于松散联合的合作模式。二是社会和经济事务的分离，社会和经济事务的分割将成为未来新区发展中行政管理效率提升和走向产城融合的重要因素。因此属地型管治模式的优点在于整合了行政边界与新区规划边界，避免了权力边界模糊的问题。同时，政府有着对新区各项事务的全权处理和决策权力，通过在地域、社会、经济、政治等多个方面的统一，构建政区合一的实体化政治空间。通过将行政主体间协调工作转变为内部行为，有效提升了管理效率，新区的紧凑发展水平也更高。因此，长远来看，随着新区功能的不断完善和常住人口的增加，政府的经济职能需转向综合管理职能，其管治模式最终需转向属地型管治模式。如上海浦东新区在1993—2000年是管委会模式，在其快速发展完成前期要素集聚后，2000年通过设立浦东新区人民政府，完成了管委会向属地政府模式的转型，引导其实现了高新区—综合新区—新城市空间的发展路径。

针对性和动态性的多层级政策供给：国家级新区紧凑度时空分异问题，需要从区域战略与政策层面，缩小全国层面区域间发展差距，以及对不同发展阶段新区面临的发展问题进行动态性和针对性的政策供给两方面切入，涉及中央、地方和新区等多个层级的行政主体。缩小区域发展差距包括区域间和区域内两个层面，需要在中央和地方两个层面持续推进和部署区域协调发展战略。首先，针对区域间东部地区和中西部地区新区之间的紧凑度差距，需从中央层面继续加大对中西部地区的财政扶持和战略部署力度，通过在产业政策、财税政策和金融政策等方面给予相应支持，由此形成一个有利于东、西部良性互动、促进产业转移的支持政策体系（李言，等，2019），为中西部地区创造更好的投资营商以及承接产业转移的环境，加快引导企业和新兴产业向中西部新区转移扩散（魏后凯，等，2012）。其次，在各区域内部，缩小沿海地区东部、南部和北部新区之间，西南和西北地区以及西南内部新区之间的发展差异，需构建区域协作的制度机制，避免区域内部的恶性竞争。同时以国家级新区为龙头，强化其扩散和辐射带动作用来引领区域发展。通过降低区域产业分工网络中的交易费用（晁恒，等，2015），引导区域内不同地区间形成高效的分工协作模式，重构区域内的产业分工格局，促进区域内部的协调发展。要发挥新区的引领作用亦需要强化新区的比较优势并针对不足和劣势补足短板，通过一定的政策倾斜和针对性的政策鼓励形成差异化的竞争环境。如针对西北地区的新区的人口和经济落后问题，需要强化以产促人和以产促城的发展路径，通过人才引进和鼓励创新产业等政策提高地区的产业和人口集聚能力；针对西南地区内部发展不均衡问题，需积极发挥川渝经济圈吸引力的同时强化其扩散能力，通过区域协作推动云贵地区的发展。从新区发展阶段来看，不同发展阶段的新区发展重点和发展目标不同，决定了实施政策产生的边际效应和发展需求不同，且处于起步期的新区其政策驱动效应和需求更为显著。但在同一区域内不同生命时期新区之间如果分工不合理，彼此间的竞争也会导致后建的新区在“政策福利”

等软件相似而社会经济发展条件不均等硬件条件较差的情况下处于劣势，加速资源向处于较高发展水平国家级新区的集聚。从目前我国不同发展阶段国家级新区的空间分布来看，成熟期新区主要分布在华东沿海地区，中西部地区则多为成长和起步期新区。东部地区新区整体的经济发展水平、设施完善度、产业结构和市场化程度都较高，以人力资本、技术和环境敏感的资本或技术密集型企业为主，因而相关的科技创新、环境保护等政策可能产生更高的边际效应。而中西部地区起步和发展阶段的新区还处于基础设施完善、人口和产业集聚以及扩大市场环境需求的起步和成长阶段，因此金融财税、土地、人才引进等相关政策更有利于其完成前期的要素积累，促进产业转型升级和产城融合相关的软硬件升级。

6.2 城市新区开发时序研究

6.2.1 新区绿色发展阶段划分、评价与历时性规律

绿色发展已经成为全球发展的大势所趋，目前绿色发展的相关研究多以宏观的发展政策为主，且侧重于经济和公共政策方面，研究包含交通、城市结构、发展政策等多个角度，但城市新区的绿色发展评价相关研究缺失。本节以西南地区的四个城市新区为例，形成了城市新区绿色发展状态的评价方法。从“自然—经济—社会”三维度出发，对城市新区绿色发展状态的时间变化趋势、各新区间发展水平的对比、各维度发展水平的对比进行分析，发现新区绿色发展规律。

1.新区绿色发展阶段划分

目前已有的新区发展阶段划分研究中，沈娉等人以新区历年不透水地表比例作为新区发展阶段的评判依据（沈娉，张尚武，潘鑫，2020），张娟锋等人通过地区生产总值、新区经济对区域的带动效应、新区人口的变化特点划分新区发展阶段（张娟锋，贾生华，2012）。本书综合已有研究的阶段划分依据以及不同发展阶段的发展特点，通过地区生产总值、地区常住人口、城市新区不透水地表比例（Gong P，Li X C，Zhang W，2019）等内容，对城市新区的发展状态进行综合判断，进而划分城市新区的发展阶段。

地区生产总值从经济方面反映城市新区的发展状态，通过经济数据及其增长率的变化分析可以得到该地区的经济发展速度，以及该城市新区的设立对其周边区域的辐射带动作用；地区常住人口反映该新区的成立对人口吸纳作用，人口的聚集从一定程度上可以代表该新区发展活力的提升、就业岗位的增加；城市新区不透水地表比例为新区已建设空间占新区总面积的比例，反映城市新区的建设与扩张速度（图 6-29，图 6-30）。

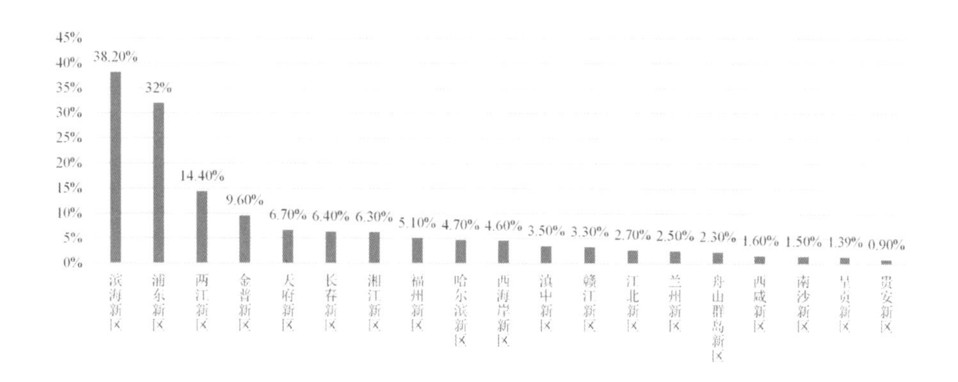

图 6-29 2018 年城市新区地区生产总值占所在省（市）比重（%）排名
资料来源：作者根据《国家级新区发展报告 2019》自绘（有改动：由于研究需要，将呈贡新区数据纳入进行对比分析）。

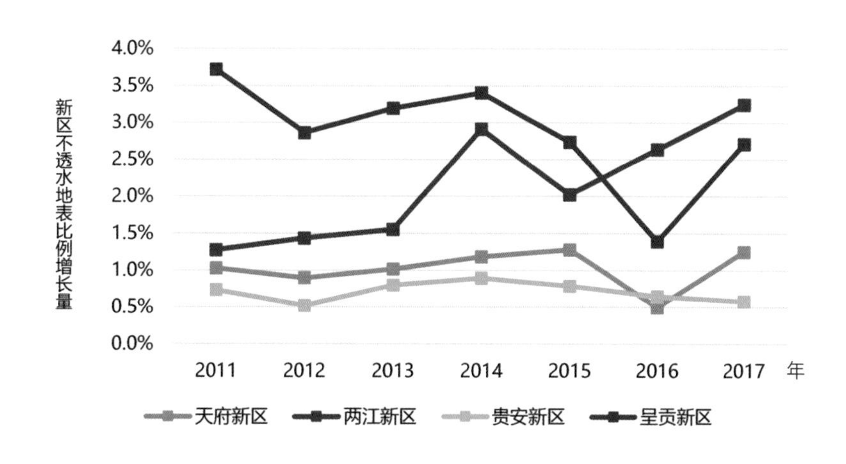

图 6-30 西南地区四个新区不透水地表比例增长量

根据其在不同发展阶段发展状态的差异性，一般可分为孕育初创期、快速生长期、优化调整期三个阶段。孕育初创期是城市新区的规划筹备阶段，这一阶段的用地效率较低，空间质量差，城市空间低速扩张，但往往在生态方面有很大优势。快速生长期是新区的快速壮大阶段，这一阶段大量产业与人口迅速在新区聚集，新区的城市建设用地不断扩张，功能不断发育。优化调整期是新区的调整完善阶段，这一时期城市新区的各项指标都达到了较高水平，增长速度逐渐减缓，城市建设从快速扩展转向缓慢扩展的内涵提升阶段，城市基础设施不断完善，第三产业快速发展，逐步取代第一产业、第二产业地位。

贵安新区占地区经济总量的比重低，仅有 0.9%，对地区经济的带动作用尚不明显，年均已建设空间比例增加不超过 1%，空间增长乏力，因此研究认为，贵安新区在 2018 年仍处于新区的孕育初创阶段（表 6-11）。

将两江新区、天府新区、呈贡新区三个城市新区的地区生产总值、人口数据等进行汇总分析，最终得到城市新区的绿色发展阶段划分结果如下（表 6-12）。

表 6-11 城市新区发展阶段划分依据

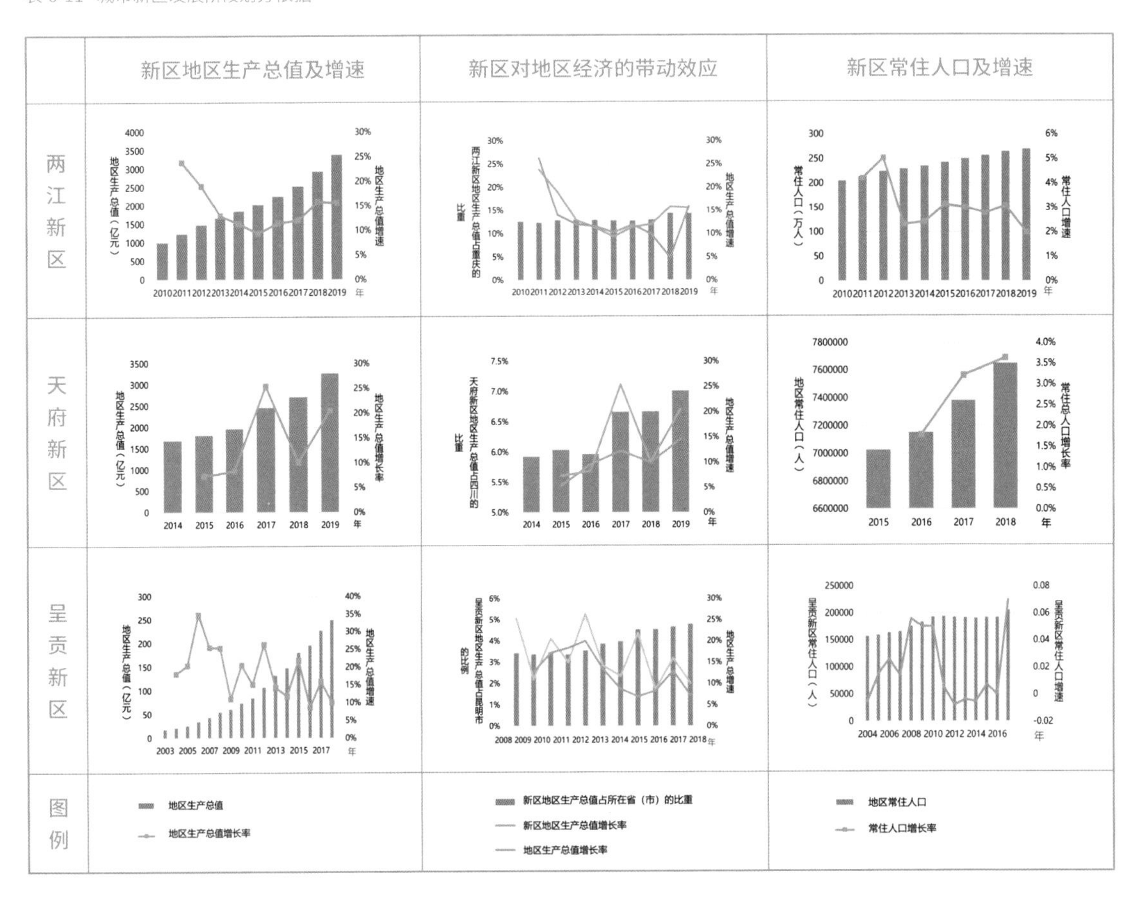

表 6-12 城市新区发展阶段划分结果

新区	阶段划分
两江新区	孕育初创期：2010—2013 年；快速生长期：2013 年至今
天府新区	孕育初创期：2014—2017 年；快速生长期：2017 年至今
贵安新区	孕育初创期：2014 年至今
呈贡新区	孕育初创期：2003—2008 年 快速生长期：2008 年至今

2. 城市新区绿色发展评价

1）研究区域指标体系的构建

指标体系构建的原则：根据科学性、系统性、阶段性、数据可获得性与可操作性等原则，并基于绿色发展的内涵，收集、分析城市绿色发展评价研究方面的国际公认绿色发展评价体系、多个生态城市指标体系、代表性学术研究文献等，最终确定了西南地区城市新区绿色发展评价因子的集合为 22 项指标，又参考《2017/2018 年中国绿色发展指数报告》等目前公认的指标体系，采用系统分层法对指标进行编制，最终形成了西南地区城市新区绿色发展评价的三级指标体系（表 6-13）。

2）研究区域数据来源及处理

数据收集：研究数据主要来自各城市新区研究年份的新区发展报告、新区发展年鉴，部分数据来自城市新区包含的各区域数据汇总，各区域数据来自各区域研究年份的年鉴、政府工作报告等。

指标权重确定：由于评价系统含有多目标、多准则、多时期的评价内容，且有多个样本区域，不同样本区域之间的数据差异较大，客观赋权方法受基础数据影响较大，为保证不同样本区域之间权重标准的一致性，研究选取层次分析法计算各指标权重。

指标理想值确定：指标理想值，是指城市在绿色发展状态下，各指标期望达到的较优数值。参考以下标准确定标准值：①对于国家或地区已经颁布的相关行业标准，按相关评价标准指定理想值。如《城市用地分类与规划建设用地标准》《环境空气质量标准》等。②西南地区相关政策、城市新区总体规划中确定的预期值、多个生态城市指标体系中制定的预期值。③部分经济类指标选择发展水平处于西南地区领先地位的城市新区的 2020 年目标值。④难以找到理想数值的指标，根据地区指标的现状平均值或全国期望值作为理想值；或根据历年指标中的最优值作为理想值。由于城市新区的绿色发展是一个动态过程，有时空差异性，研究制定的理想值只能作为西南区域城市新区绿色发展近期评价的理想值。

最终得到的指标权重及理想值来源汇总于表 6-14。

3）评价模型建立

（1）评价样本矩阵的建立及数据标准化处理

设评价样本集为 M：M={ 样本 1，样本 2，⋯，样本 m }={M_1，M_2，⋯，M_n}。

评价指标集为 N：N={ 指标 1，指标 2，⋯，指标 n }={N_1，N_2，⋯，N_n}。

样本 M_i 对指标 N_j 的属性值为 X_{ij}（$i=1,2,\cdots,m, j=1,2,\cdots,n$），在这里 X_{ij} 为指标的原始数据。记理想决策样本为 M_0，其对应的理想指标因子为 X_{0j}，则称增广型矩阵 $X=(X_{ij})_{(m+1)\times n}$（$i=1,2, \ , m, j=1,2,\cdots,n$）为样本集 M 对指标集 N 的评价样本矩阵。

表 6-13 城市新区绿色发展评价指标体系

一级指标	二级指标	三级指标	指标属性
绿色生态	绿色资源禀赋	绿化覆盖率	+
		人均绿地面积	+
		人均水资源	+
	环境污染负荷	年均二氧化硫密度	-
		废水排放强度	-
	城市环境净化	环境空气质量优良率	+
		生活垃圾无害化处理率	+
		污水集中处理率	+
绿色经济	经济投入水平	全社会固定资产投资	+
		单位 GDP 能耗	-
		单位 GDP 水耗	-
	经济效益产出	经济密度	+
		人均 GDP	+
	经济结构优化	第三产业比重	+
绿色社会	社会发展压力	人口密度	-
		人口自然增长率	-
		失业率	-
	社会保障水平	人均居住面积	+
		居民可支配人均收入	+
	绿色交通	公交站点 500 米覆盖率	+
	设施完善	科教文化设施密度	+
		体育设施密度	+
		医疗设施密度	+

表 6-14 城市新区绿色发展评价指标权重及理想值

一级指标	二级指标	权重	三级指标	权重	最终权重	理想值	单位	标准来源
绿色生态 0.333	绿色资源禀赋	0.22933	绿化覆盖率	0.25304	0.019324	45	%	②
			人均绿地面积	0.36861	0.028149	34	平方米 / 人	②
			人均水资源	0.37838	0.028896	1000	立方米 / 人	①
	环境污染负荷	0.36345	年平均二氧化硫浓度	0.5	0.060563	20	微克 / 立方米	①
			废水排放强度	0.5	0.060563	813.8	吨 / 平方千米	④
	城市环境净化	0.40974	环境空气质量优良率	0.333		100	%	②
			生活垃圾无害化处理率	0.333		100	%	②
			污水集中处理率	0.333	0.45513	100	%	②
绿色经济 0.333	经济投入水平	0.323331	地均固定资产投资	0.07969		8309	万元 / 平方千米	③
			单位 GDP 能耗	0.46017		0.9	吨标煤 / 万元	①
			单位 GDP 水耗	0.46017		30	立方米 / 万元	②
	经济效益产出	0.323331	经济密度	0.5	0.053882	53333	万元 / 平方千米	③
			人均 GDP	0.5	0.053882	13	万元 / 人	③
	经济结构优化	0.353331	第三产业比重	1	0.11773	60	%	③
绿色社会 0.333	社会发展压力	0.18876	人口密度	0.20105	0.010262	10000	人 / 平方千米	①
			0.333	0.11369	0.003169	4.95	‰	④
			失业率	0.68496	0.049486	45	%	①
	社会保障水平	0.46728	人均居住面积	0.4625	0.076401	45	平方米 / 人	②
			居民可支配人均收入	0.5375	0.07938	50000	元 / 人	③

续表

一级指标	二级指标	权重	三级指标	权重	最终权重	理想值	单位	标准来源
绿色社会 0.333	绿色交通	0.13155	公交站点 500 米覆盖率	1	0.04379	100	%	②
	设施完善	0.21245	科教文化设施密度	0.37239	0.030113	16.7	个 / 平方千米	④
			体育设施密度	0.32877	0.022853	3.7	个 / 平方千米	④
			医疗设施密度	0.29877	0.017843	15.5	个 / 平方千米	④

（2）指标同趋势化处理

由于评价指标往往具有不同的量纲和属性，为避免不同量纲造成的评价结果不可比，因此对不同的指标数据进行标准化处理。首先对所有数据进行同趋势化处理，使所有指标的数据均为越大越优，研究采用取倒数的方法对逆向指标进行处理。

$$X_{ij}^{'} = \frac{1}{X_{ij}} \tag{6-1}$$

（3）采用目标渐进法计算得分

参考《2017/2018 年中国绿色发展指数报告》，采用目标渐进法，将各指标的理想值作为数据参照指标，满足或者超过理想值的都赋值 100，未达到理想值的按照：指标 / 理想值 ×100 进行标准化处理。

对于正向指标：$$X_{ij}^{''} = \frac{X_{ij}}{X_{0j}} \times 100 \tag{6-2}$$

对于逆向指标：$$X_{ij}^{''} = \frac{X_{ij}^{'}}{X_{0j}} \times 100 \tag{6-3}$$

式中，$X_{ij}^{''}$ 是指标标准化后的值，X_{oj} 是指标的理想值。

（4）建立加权规范化矩阵

通过加权求和法计算最后得分：

$$V = |V_{ij}|_{m \times n} = W_j \cdot Y_{ij} \tag{6-4}$$

式中，Y_{ij} 为标准化之后的矩阵。

3.新区绿色发展的时间性规律探讨

将收集到的数据进行总结分析（图 6-31，图 6-32）发现：总体来讲，随着城市新区的发展，城市新区绿色发展的总体得分逐渐提升。

在孕育初创期，有多个数据在绿色生态方面的评分较好，具有一定的优势，但随着城市新区的逐步建设，到快速生长期城市新区在生态方面的优势变得不再明显，本书中的四个西南城市新区都处于生态高度敏感区，存在水土流失、土地荒漠化等突出生态问题，新区作为一个地区的示范性建设区域，绿色生态的建设随着新区建设逐渐失去优势，必须提起足够重视。

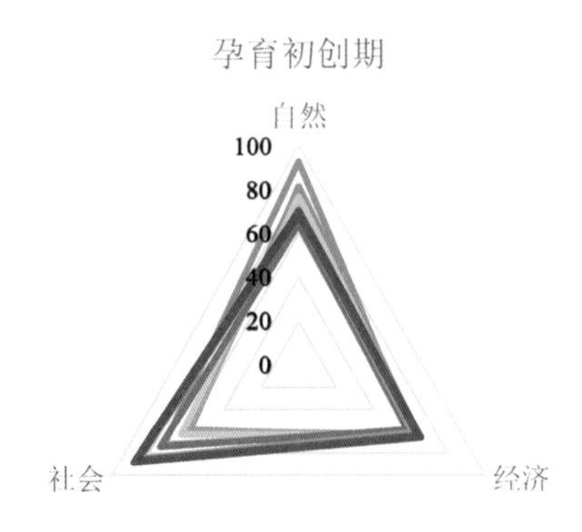

图 6-31 城市新区不同发展阶段的各维度表现打分

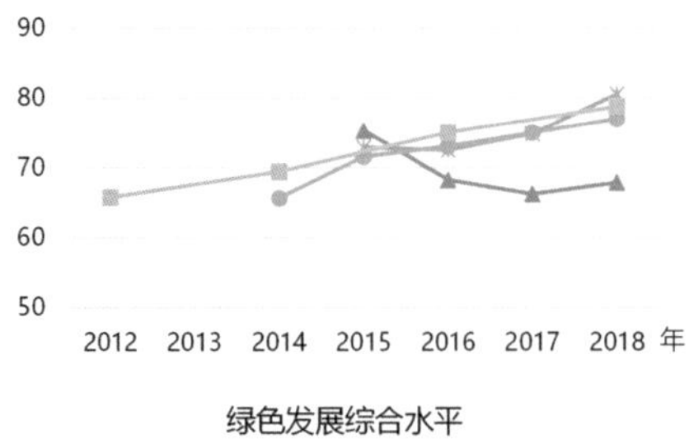

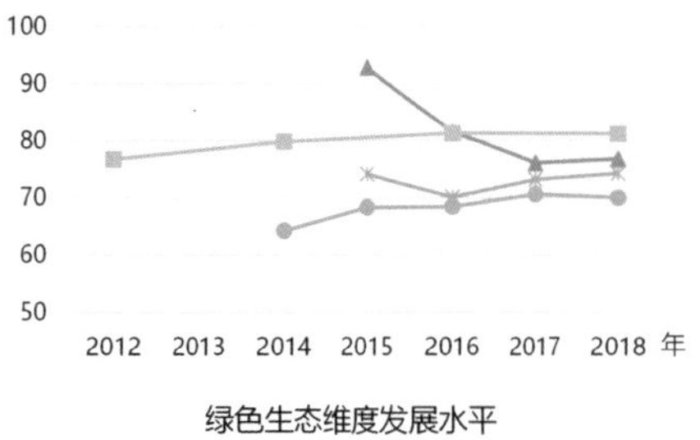

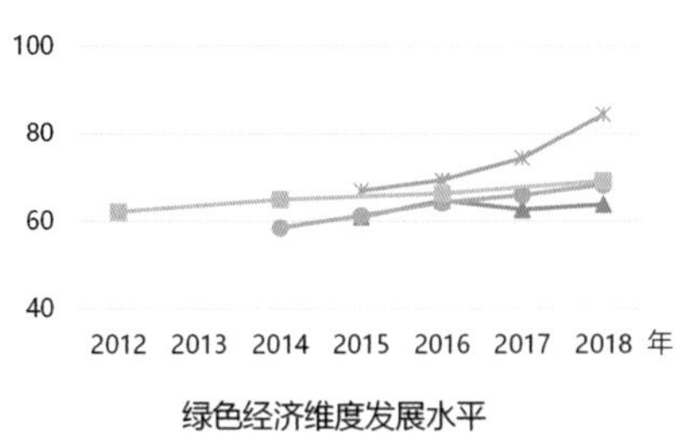

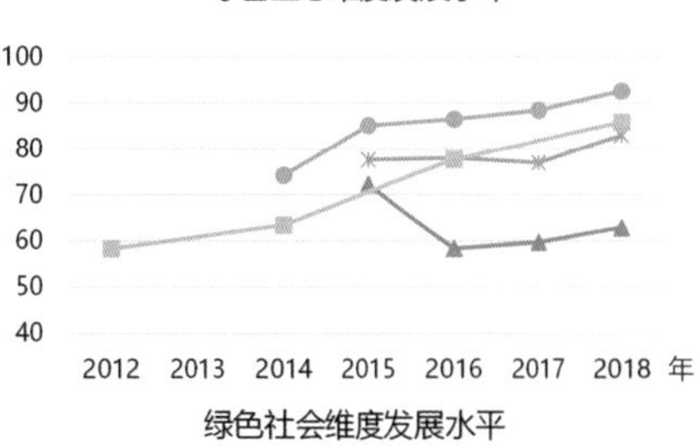

贵安新区
两江新区
天府新区
呈贡新区

图 6-32 城市新区各维度绿色发展水平

在快速生长期，随着资金与技术的大量投入，城市新区的绿色经济整体水平得到了明显提升，这说明城市新区的建设确实对当地的绿色发展产生了一定的推动改善作用，且由于城市新区的建设对当地的经济结构、经济质量有了一定的正向影响，城市新区在绿色经济方面的评分存在明显提升。但城市新区在各方面的发展水平有较大差异，存在明显的发展不均衡现象，尤其是在绿色社会维度的表现并没有随着城市新区的建设成长有明显的优化提升，且在不同发展期的发展状态都不均衡。这也反映出了当今城市新区建设普遍存在的问题，即城市新区建设依靠政府主导的投资拉动模式带动，注重企业以及房地产建设，但社会福利方面相关建设速度较慢。

在优化调整期，有相关研究发现，这个时期的城市新区处于调整完善阶段，各项利用效率达到较高水平，新区具有明显优势（沈娉，张尚武，潘鑫，2020），本书中没有发展到优化调整期的新区样本，但根据新区发展规律，优化调整期的新区绿色发展会达到各维度发展相对均衡的状态，新区发展有明显优势，总体得分较高 。

6.2.2 新区开发时间节律管控

城市新区的建设不是一蹴而就的，而是一个漫长而又持续的过程，在新区的规划中，应该充分把控新区在不同阶段的建设重点，考虑城市新区的生长规律，不仅要协调好系统内部的关系，更应该关注内部要素与外部要素的均衡发展。新区孕育初创期，应充分了解当地生态本底结构，规划建设保护好原有的自然资源，结合本地特色规划产业布局，同时也应充分利用各项红利政策，完成新区的初步建设；新区快速生长期应有针对性的增强优势、补全短板，注重交通格局的构建与基础设施的完善，提升经济发展质量，营造宜居宜业的城市环境；优化调整期注重城市韧性能力的提升，通过更加细化、持续性的优化完善城市的各项功能，并通过社会绿色意识的培育，提升城市整体绿色发展水平。

1.城市新区孕育初创期绿色发展优化管控对策

根据前文分析结果，城市新区在建设初期一般有较好的生态水平，但随着城市建设的逐步开展，城市生态资源禀赋优势不再明显，环境污染负荷加大，城市环境净化能力不足，最终导致城市生态优势逐渐丧失，因此城市新区孕育初创期，应重点关注宏观层面对自然、经济以及社会管理的整体把控。

1）搭建生态格局，保护自然环境

构建连续互动的生态格局，在城市新区扩展时应避免对自然空间结构的连续性造成破坏，应保留重要的生态网络廊道，将林地、水系、山体等彼此连结，建立城市与自然生态系统的“共生链”（鱼晓惠，2020），严格划定“三线”，建立土地生态系统维护和生态文明建设的有效倒逼机制。保护自然资源本底，优化城市新区林地、农田、水体、山体等自然基底，形成新区发展的绿色基础资源并进行管控，保障生态本底不破坏、环境质量不退化，促进区域生态环境的持续改善。缓解建设工程伤害。新区建设中应注重地质灾害防治，根据不同的地形区域、灾害类型及时的出台防控措施，保障新区生态安全。

2）优化产业布局，激发内生动力

优化产业布局，集中布局资源共享，预留第三产业发展空间。借鉴已发展成熟的城市新区的产业发展经验，为保持新区发展的持续动力，应该预留充分的后续发展空间，为第三产业的发展奠定基础。推动产业结构升级，提升自主创新能力，培育壮大绿色产业。

3）创新管理机制，保障政策公平

全过程管控体系，时间轴为主线，建设空间为载体的管控体系。第一，在规划编制阶段加强对新区空间发展目标的评价，包括新区选址、建设面积、建设模式等，关注城市新区的自然地理环境、母城经济发展水平等对新区发展的影响；第二，加强对新区发展方案的评价选择，通过方案模拟等方式，选择对环境影响最小，资源配置最高效的建设方案；第三，加强新区建设过程检测，通过动态评估，及时对新区建设中产生的问题进行调整优化；第四，加强持续动态的规划技术方法研究，通过大数据等智能规划手段，将规划动态应对能力与规划实施行动能力结合起来（沈娉，张尚武，潘鑫，2020）。

组织管理体系：由政府单中心模式向网络合作模式转变。新区地方政府应积极鼓励各方社会组织以及新区居民在新区开发和治理中的参与，推动区域治理模式由原来的政府单中心模式逐渐向以政府、企业、社会组织等共同参与的网络型合作互动模式转变（薄文广，殷广卫，2017）。

2.城市新区快速生长期绿色发展优化管控对策

新区快速发展期应做好各项基础设施的跟进工作，完善各项营利性及非营利性设施建设，避免重速度轻质量的建设方式，同时关注启动区的建设，通过启动区域的示范带动作用，为新区建设树立目标，引领新区绿色发展（表 6-15）。

1）定位重点空间，提升建设效率

对于重点区域选取的方式可以通过 GIS 的空间分析，包括公共绿地资源覆盖情况、公服设施分布情况、公共中心可达性等。对于发展劣势区域引起重视，对于发展成型区域，继续推动产业集群发展。最终形成建设一片、完善一片的以点带面的集中发展状态，避免分散式、低质量的建设方式。

2）启动区带发展，大事件聚人气

城市新区的启动区，是指在城市新区开发建设中，最先进行开发的区域，启动区的开发建设为整个新区建设的发展方向、整体定位等起到引领示范作用，对新区的形象树立有重要作用。通过启动一片、建设一片、发展一片的点状开发形式，不仅可以减少建设资源浪费，还可以避免由于资金、设施、人气不足造成的发展停滞现象，最

表 6-15 城市新区重点区域的优化提升措施

重点区域	优化提升措施
部分正在开发建设中的新建区域下列加粗	推动基础设施、绿地资源的同步建设
较早建设的产业园区、村庄区域	加快空间更新置换，注入更多生活性服务功能
远离新区中心的新区边缘区域	完善交通设施，推动基础设施、绿地资源的同步建设
企业发展初具规模区域	吸引同类型企业入驻，资源共享，形成企业规模效应

终可以以点带面，推动新区绿色发展。

启动区建设：选址在重要发展节点，留足发展储备用地。启动区选址要选在整个新区的重要发展节点，周边要有方便、可共享的大型基础设施，与母城的距离适中，同时生态资源良好，另外启动区的规划要有弹性，要有足够的发展储备用地，尤其启动区若是未来的城市新区中心，必须要留有足够的第三产业发展用地。

启动区与大事件联动：主题活动造热度，优惠政策聚人气。新区应该在启动区的建设中设计丰富的大事件，将启动区发展与大事件联动起来，为区域发展集聚人气，吸引更多的企业入驻和资金投入。新区的大事件可以是一些与新区发展方向、发展主题相关的大型活动、大型项目，也可以是一些推动启动区建设发展的优惠性政策。

3）完善基础设施，实现产城融合

基础设施的完备对城市运转的资源效率、时间效率都极为重要，通过社会资源的合理配置，提升城市新区的整体运行效率，是实现新区绿色发展的重要方式。

注重产城融合。多数城市区域都是在出现职住不平衡问题之后，才会考虑通过用地置换等方式实现产城融合，但这种被动的产城融合因为涉及用地权属、用地变更等问题，在后期进行产城融合转型困难较大，因此产城融合的实施需要在规划初期就充分考虑，预留足够的后续发展用地，尤其对于第三产业用地要做好前期规划。对于产业为主的用地，要做好住区规划与基础设施服务配套用地的建设，完善相应的生产生活配套服务设施。

打造绿色交通体系。新区政府可以鼓励新区建设中的绿色大众交通优先发展策略，建立智能交通系统，实现对交通路网、交通负荷、交通需求等的实时动态监控，建立一体化的交通信息管理和信息发布平台，根据新区发展的交通需求、人流走向，确定优先发展的大众交通线路，按照交通参与者的心理需求，完善新区的大众交通系统，尽量弥补在新区的快速生长期因为建设不平衡、不充分产生的交通需求问题。

3.城市新区优化调整期绿色发展优化管控对策

优化调整期城市新区的生态、经济、社会各个维度的绿色发展水平都有了一定提升，这一时期的任务主要是继续优化新区建设成果，做好微观层次的细致提升，通过精细化管理，提升新区运行效率，进一步改善新区环境，并以城市新区绿色意识水平的提升、绿色社会的构建为重点，使城市新区系统达到绿色健康的最佳状态。

1）精细评价管理，反馈建设成果

选择对绿色发展有重要影响作用的指标作为城市系统评价指标，可以包括传统的规划管控相关要素，比如园林绿化与品质、绿色建筑比例等总体规划中所设定的评价指标，也可以包括按照公民生活方式、企业生产方式等不同对象进行划分的绿色发展相关要素，如绿色出行率等，同时，也应该包括居民对城市绿色发展的综合满意度进行评价，最终形成精细化、完整性的城市系统绿色发展运营评价体系。

2）基本单元着手，绿色社区营造

绿色社区在建设时就应该充分考虑社区建筑材料等对环境的影响，在尽可能使用绿色建筑材料的基础上，尽量减少建筑材料的损耗，将房屋建设资源成本降到最低。在社区的能量消耗上，尽量减少对区外基础设施的依赖。

在社区建设中也应该以社区为基本单元，响应职住平衡的发展政策，预留一部分的就业空间，提供就业生活一体化环境，从城市建设的微观环节为新区建设的职住不平衡问题作出积极应对。在后续社区管理过程中，注重绿色发展理念的实践，由街道、居委会牵头，在社区推广绿色消费理念，引导社区居民有序的进行绿色消费，鼓励整个社区形成绿色发展的良好竞争氛围。

3）绿色观念引导，鼓励政策助力

加强绿色生活观念引导。在街道、社区进行多种方式和手段的绿色生活观念宣传，引导民众转变传统的高能耗、高污染的生活方式，另外引导居民形成绿色消费观念，由追求物质消费向追求多元精神消费转变，对高污染、耗资源产品减少购买量，从而倒逼企业生产转型，居民的绿色生活观念也是市场企业绿色发展转型的最佳动力（肖钦，2019）。

加强绿色生活激励政策。民众绿色生活观念的形成是一个漫长的过程，政府可以通过设立奖励政策来鼓励居民的绿色生活行为，运用政策手段加速绿色生活观念的形成。澳大利亚的哈里法克斯生态城市建设中，将乡村地区的退化土地同样划入规划范围，新城的每个居民都被要求恢复至少 1 公顷退化的土地，通过堤岸改造、本土植被种植等措施，稳固土地植被（陈勇，2001）。在新区建设中可借鉴此种全体公民共同参与的方式，通过设立个人任务与奖励政策，使居民为新区环境优化建设贡献力量。

4）构建非政府组织，推动绿色发展氛围形成

城市新区中构建的绿色非政府组织应该充分吸取已有绿色组织的建设经验，一方面降低非政府组织对于新区政府的依赖性，提升社会组织自身运营管理的能力，另一

方面，新区政府应该完善对绿色非政府组织的激励机制，降低非政府组织入会门槛，鼓励更多合法合规的企业参与到绿色非政府组织中去（肖钦，2019）。

6.2.3 城市新区建设中生态网络演化研究

城市生态网络与城市可持续发展的综合目标相结合，对促进城市与自然的协调互动和健康发展具有重要意义，被认为是在有限条件下提升城市生态系统空间质量的有效方法（Cook，1991）。

本节利用新区遥感影像数据（夏季云量小于 10% 的 Landsat 数据），通过辐射定标、大气校正、去云等数据预处理，利用 ENVI5.3 波段计算工具进行 NDVI、MNDWI 反演、植被提取和植被覆盖度估算，通过 GIS 平台整理分析，综合运用景观格局分析、形态学分析和生态网络指数等方法，对新区绿地进行分析研究。

1.研究方法

1）评价指标

评价指标由景观格局指数和生态网络结构指数两部分构成。其中，景观格局指数包括以下三类：一是反映斑块数量及规模大小的斑块总数量（*NP*）、斑块总面积（*CA*）、平均斑块面积（*MPS*）、最大斑块指数（*LPI*）、景观面积比（*PLAND*）；二是反映斑块整体集聚程度的聚集度指数（AI）、斑块密度指数（*PD*）、景观分割指数（*DIVISION*）、斑块结合度（*COHESION*）；三是反映斑块整体形状特征的景观形状指数（*LSI*）。生态网络结构指数包括网络闭合度（α）、网络线点率（β）、网络环通度（γ），用以衡量生态过程与生态功能联系程度。

2）分析方法

（1）形态学空间格局分析

形态学空间格局分析（MSPA）作为一种基于腐蚀、膨胀、开运算、闭运算等数学形态原理提出的度量、识别、划分栅格图像空间格局的图像处理方法，可将景观类型快速划分为形态互不重叠的七类景观，是近年来兴起的一种快速提取生态源地及结构性廊道的方式（图 6-33，表 6-16）。本节基于 Gudios Toolbox 工具（Soille P，Vogt P，2008），使用研究区二值栅格图进行 MSPA 分析，采用八领域法，边缘宽度在考虑研究区尺度及生态廊道宽度的情况下设置为 30 米，用以获取多时段景观类型的分析成果。

（2）生态网络拓扑模拟

基于图论分别设置连接距离为 2000 米、1000 米、500 米、250 米，抽象模拟不同扩散能力的物种运动，利用 GIS 软件中 Matrix Green 分析工具（Zetterberg，等，2010；Zhang，等，2006），生成不同情景下的绿地生态网络图谱，用以研究不同生态网络对模拟物种扩散行为的支撑能力。

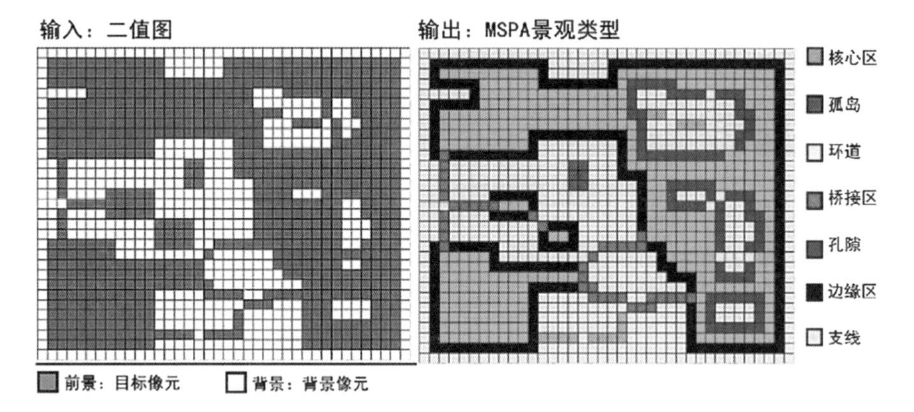

图 6-33 基于 MSPA 划分的七种景观形态类型
资料来源：Gudios Toolbox 使用手册 https://forest.jrc.ec.europa.eu/en/activities/lpa/gtb.

表 6-16 MSPA 景观类型及生态含义

景观类型	生态学含义
核心	前景像元中较大的生境斑块，可以为物种提供较大的栖息地，对生物多样性的保护具有重要意义，是生态网络中的生态源地
孤岛	不与其他绿地斑块相连的孤立、破碎的斑块，连接度较低，对外进行物质、能量、信息交流和传递的可能性比较小
穿孔	核心区和内部非绿色景观斑块之间的过渡区域，即斑块内部孔洞的边缘
边缘	核心区与外部非绿色景观斑块之间的过渡区域，即斑块外部边缘
桥接	连通不同核心斑块的狭长区域，代表生态网络中连接斑块的廊道，对生物迁移和景观连接具有重要生态学意义
环	同一核心斑块之间的连接廊道，是同一核心区内物种穿过孔洞区域进行迁移运动的途径
分支	只有一端与边缘区、桥接、环或孔隙相连的区域

2.国家级城市新区绿地景观格局特征研究

1）国家级城市新区植被覆盖度特征

（1）孕育初创期植被覆盖特征

孕育初创期，多数国家级城市新区拥有良好的植被覆盖状态。同时，不同气候、地形地貌环境下新区的植被覆盖特征具有区域差异，主要具有以下特征（表 6-17）。

（2）建设过程中植被覆盖变化特征

建设过程中，多数新区植被覆盖度整体呈降低趋势（西海岸新区、湘江新区、贵安新区、金普新区为上升趋势）。其中，高、中高植被覆盖度土地易产生面积减少现象，

表 6-17　国家级城市新区孕育初创期植被覆盖特征

因素	区域差异特征	
气候	初创期植被覆盖状态与气候因素关联较紧密。南方新区较北方新区而言，植被覆盖土地具有更高的面积比重，且在高覆盖段的差距尤为明显，拥有更大比重的高植被覆盖土地，但在中覆盖、中低覆盖区段，南北新区的比重基本持平。表明建设初期南方新区的绿地空间本底较北方新区而言更好，主要在高植被覆盖度区段拉开生态优势的差距	不同气候类型新区初期植被覆盖平均占比 ■南方 ■北方 平均占比（%） 高覆盖：47.22%　31.73% 中覆盖：15.56%　21.24% 中低覆盖：18.08%　20.17%
地形	初创期植被覆盖状态与地形因素关联较为紧密。山地新区初期状态总体较平原新区而言更有生态优势，尤其是在高植被覆盖区段具有明显优势。但山地新区内部仍存在较大差异，其中 80% 的山地新区拥有面积比重超过 40% 的植被高覆盖土地，而 20% 的山地新区初期植被覆盖状态低于平原新区	不同地形类型新区初期植被覆盖平均占比 ■山地 ■平原 平均占比（%） 高覆盖：44.11%　37.56% 中覆盖：17.84%　17.69% 中低覆盖：16.92%　15.68%
总体特征		
大多数国家级城市新区孕育初期自然本底环境较好，以植被高覆盖土地为主要土地类型，而少部分新区初期生态环境的服务能力较弱，绿色空间需优化提升	国家级城市新区初期不同植被覆盖度面积占比结构统计图 100.00% 90.00% 80.00% 70.00% 60.00% 50.00% 40.00% 30.00% 20.00% 10.00% 0.00% 浦东新区 滨海新区 两江新区 舟山群岛新区 兰州新区 南沙新区 西咸新区 贵安新区 西海岸新区 金普新区 天府新区 湘江新区 江北新区 福州新区 滇中新区 哈尔滨新区 长春新区 赣江新区 ■水域裸地 ■建设用地 ■中低覆盖植被 ■中覆盖植被 ■高覆盖植被	

多以逐级退化的方式消减。另外，中低、中覆盖度区段的土地最易发生转变，裸地和低覆盖土地亦有向更高植被覆盖度转化的现象，说明建设中开展的绿化建设工作对整体绿色空间做出了有益补充，但此类变化规模普遍较小。

2）国家级城市新区绿地面积规模特征

（1）国家级城市新区绿地总面积及占比

国家级城市新区绿地面积整体呈下降趋势，多数新区呈现缩减状态，少部分新区为增长状态，变化量情况呈哑铃状，两端极值间差异较大，中部多数新区的变化基本持平。绿地面积变化总量及变化速率的差异，与新区建设实践的时间、所处的地形气候环境具有相关关系，具体特征如下（表 6-18）。

表 6-18 国家级城市新区绿地面积规模特征

<table>
<tr><th colspan="3">现状特征（2020 年）</th></tr>
<tr><td colspan="2">整体特征</td><td>现状绿地面积总量相互差异较大；绿地总面积及占比与气候、地貌因子具有相关关系</td></tr>
<tr><td rowspan="4">影响因素</td><td rowspan="2">气候</td><td>（1）绿地总面积平均值：北方新区（479.01 平方千米）<南方新区（581.257 平方千米）。
（2）内部差异（标准差）：北方新区（294.89 平方千米）>南方新区（278.03 平方千米）。
（3）绿地占比（PLAND）平均值：北方新区<南方新区</td></tr>
<tr><td>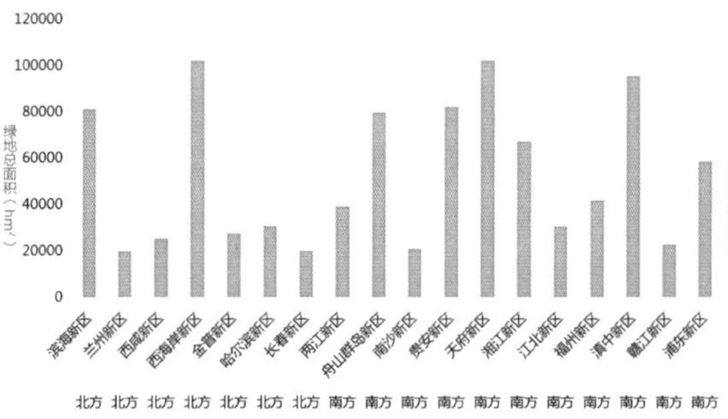

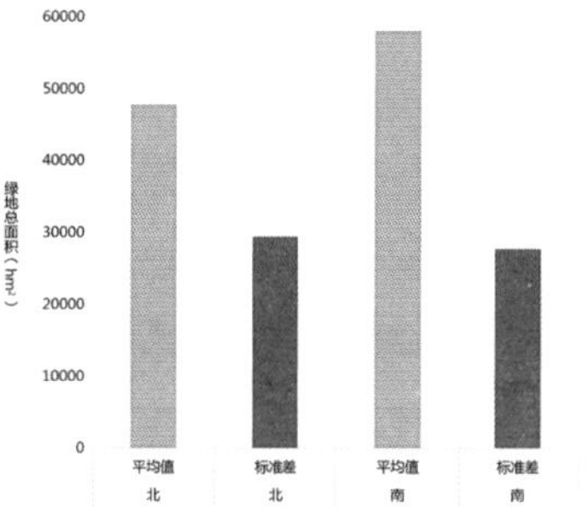
</td></tr>
<tr><td rowspan="2">地形</td><td>（1）绿地总面积平均值：山地新区（559.86 平方千米）>平原地区（529.8 平方千米）。
（2）内部差异（标准差）：山地新区（285.90 平方千米）>平原新区（292.96 平方千米）。
（3）绿地占比平均值：山地新区>平原新区</td></tr>
<tr><td>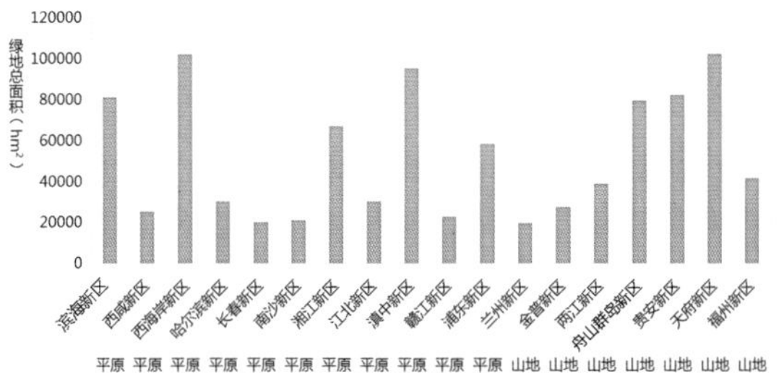

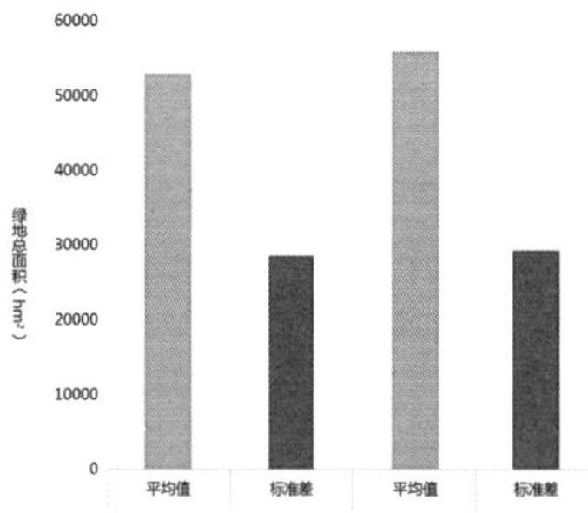
</td></tr>
</table>

续表

<table>
<tr><th colspan="3">现状特征（2020 年）</th></tr>
<tr><td>影响因素</td><td>建设阶段</td><td>绿地占比平均值：孕育初构期（44.75%）＞快速扩张期（30.95%）＞成熟优化期（38.84%）</td></tr>
<tr><th colspan="3">建设变化特征</th></tr>
<tr><td colspan="2" rowspan="2">整体特征</td><td>（1）变化规模：多数国家级城市新区绿地总面积规模下降，绿地面积总体变化的均值为 -51.8 平方千米。其中，两江新区与金普新区的绿地缩减总量最为突出，而西海岸新区、湘江新区、贵安新区和舟山群岛新区正向增长。
（2）变化速率：多数新区绿地面积整体变化为负向趋势（12 个新区），整体而言，年均减少 5.99 平方千米</td></tr>
<tr><td>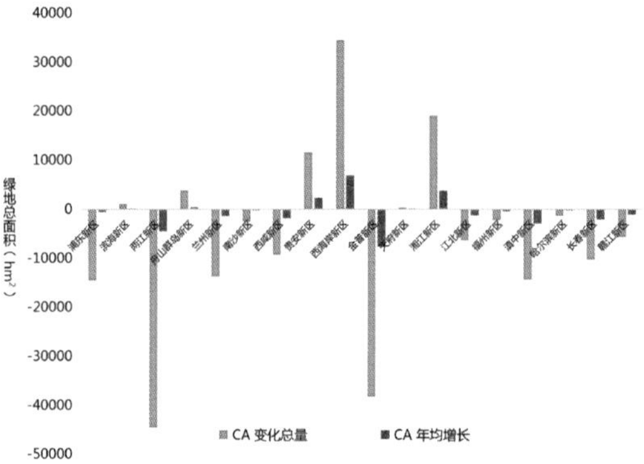

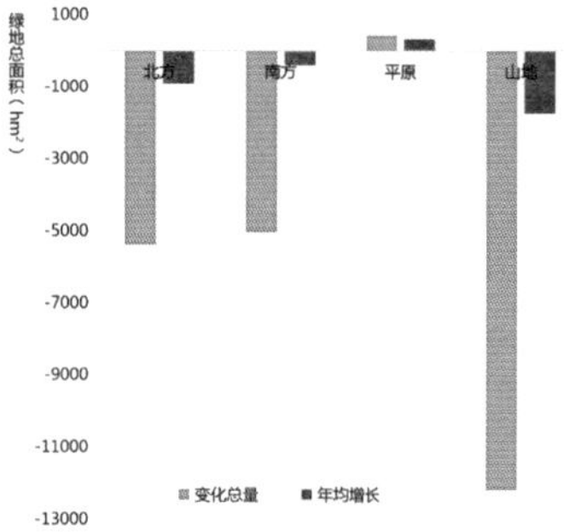
</td></tr>
<tr><td rowspan="3">变化总量</td><td>气候</td><td>北方新区（平均减少 53.85 平方千米）＞南方新区（平均减少 50.51 平方千米）</td></tr>
<tr><td>地形</td><td>山地新区（平均减少 121.95 平方千米）＞平原新区（平均增加 4.31 平方千米）；
山地新区在建设过程中绿地面积缩减的趋势明显突出</td></tr>
<tr><td>建设阶段</td><td>快速扩张期新区＞成熟优化期新区＞孕育初构期新区；
第二批新区在快速扩张的过程中，对绿地进行了大量的侵占，导致其总量急剧下降，此阶段应为优化调控的重点时段</td></tr>
<tr><td rowspan="3">变化速率</td><td>气候</td><td>北方新区（年均减少 9.03 平方千米）＞南方新区（年均减少 4.06 平方千米）</td></tr>
<tr><td>地形</td><td>山地新区（年均减少 17.58 平方千米）＞平原新区（年均增加 3.28 平方千米）；
山地新区绿地的缩减速率最为突出</td></tr>
<tr><td>建设阶段</td><td>绿地年均减少面积：首批国家级城市新区（年均减少绿地 2.70 平方千米）＜孕育初创阶段的第三批新区（年均减少绿地 3.79 平方千米）＜第二批新区（年均减少绿地 14.25 平方千米）</td></tr>
</table>

（2）绿地斑块数量特征

国家级城市新区建设过程中斑块数量整体变化趋势为增加，年均斑块数量小幅增长。其中，气候、地形及建设阶段对斑块年均增长数量影响较大，而斑块总数差异主要在不同建设阶段的新区中有所体现，具体特征如下（表 6-19）。

表 6-19 国家级城市新区绿地斑块数量特征

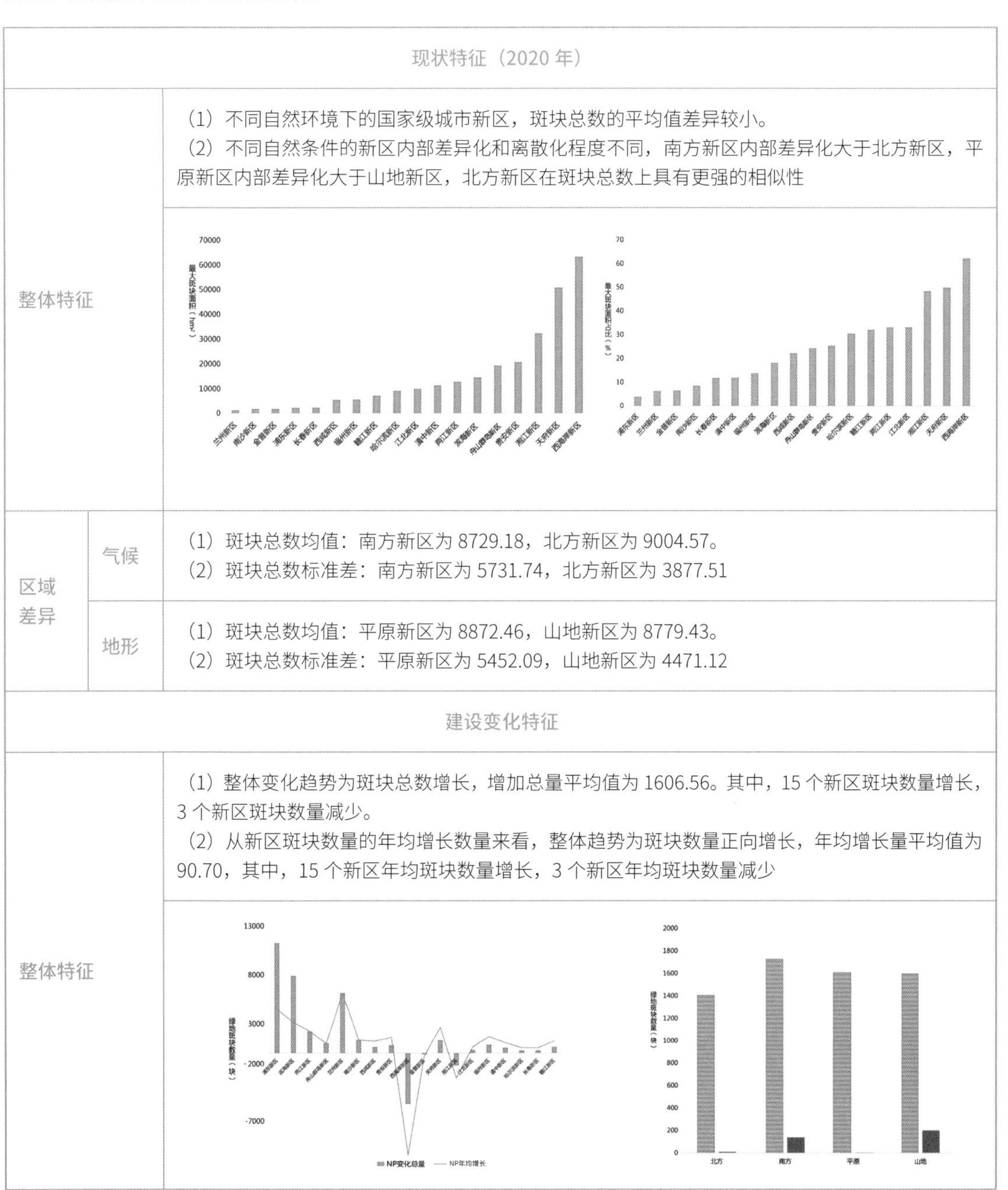

现状特征（2020 年）		
整体特征		（1）不同自然环境下的国家级城市新区，斑块总数的平均值差异较小。 （2）不同自然条件的新区内部差异化和离散化程度不同，南方新区内部差异化大于北方新区，平原新区内部差异化大于山地新区，北方新区在斑块总数上具有更强的相似性
区域差异	气候	（1）斑块总数均值：南方新区为 8729.18，北方新区为 9004.57。 （2）斑块总数标准差：南方新区为 5731.74，北方新区为 3877.51
区域差异	地形	（1）斑块总数均值：平原新区为 8872.46，山地新区为 8779.43。 （2）斑块总数标准差：平原新区为 5452.09，山地新区为 4471.12
建设变化特征		
整体特征		（1）整体变化趋势为斑块总数增长，增加总量平均值为 1606.56。其中，15 个新区斑块数量增长，3 个新区斑块数量减少。 （2）从新区斑块数量的年均增长数量来看，整体趋势为斑块数量正向增长，年均增长量平均值为 90.70，其中，15 个新区年均斑块数量增长，3 个新区年均斑块数量减少

续表

现状特征（2020 年）		
变化总量	气候	南方新区斑块数量均值大于北方新区
	地形	山地新区和平原新区斑块数量均值几乎相等
	建设阶段	首批新区斑块总数增加量远大于其余新区，其均值为 9607，第二批新区斑块数量平均增加 2692.5，第三批新区斑块数量平均减少 88.83
年均变化	气候	南方新区大于北方新区
	地形	山地新区远高于平原新区
	建设阶段	首批国家级城市新区增长速率最快速，其次为第二批国家级城市新区，变化幅度较大，而第三批国家级城市新区的斑块年均变化量为负向减少，变化幅度较小

（3）平均斑块面积大小

斑块总体数量和平均斑块面积的变化情况显示，多数新区斑块总数增加的同时平均斑块面积减小，表明其内部在建设过程中普遍存在绿地破碎化，生境减小的特征。其中，西北干旱气候区域的兰州新区、西咸新区破碎化特征最为突出（表 6-20）。

（4）最大斑块面积及占比

国家级城市新区最大绿地斑块面积变化呈哑铃状，两江新区和浦东新区内部的最大斑块受损最严重，反向大幅下降，而西海岸新区最大绿地斑块面积正向大幅上升，其余新区的变化总量则较为持平，区域差异较小，具体变化特征如下（表 6-21）。

3）整体形状特征

景观整体形状指数 *LSI* 值越大，代表绿地与周边用地之间的公共边界越长，更易与周边用地产生频繁的物质、生物、能量等方面的互动。

2020 年国家级城市新区现状整体形状指数现状差异较大，整体平均值为 115.05。多数新区在建设过程中表现出绿地空间整体形状指数上升的现象，部分新区由于孕育初创期片区集中建设，致使早期 *LSI* 值表现出下降趋势（图 6-34）。

4）空间集聚特征

基于景观格局指数，对国家级城市新区绿地整体空间集聚特征进行分析，具体指数及变化特征如下（表 6-22）。

表 6-20 国家级城市新区绿地平均斑块面积特征

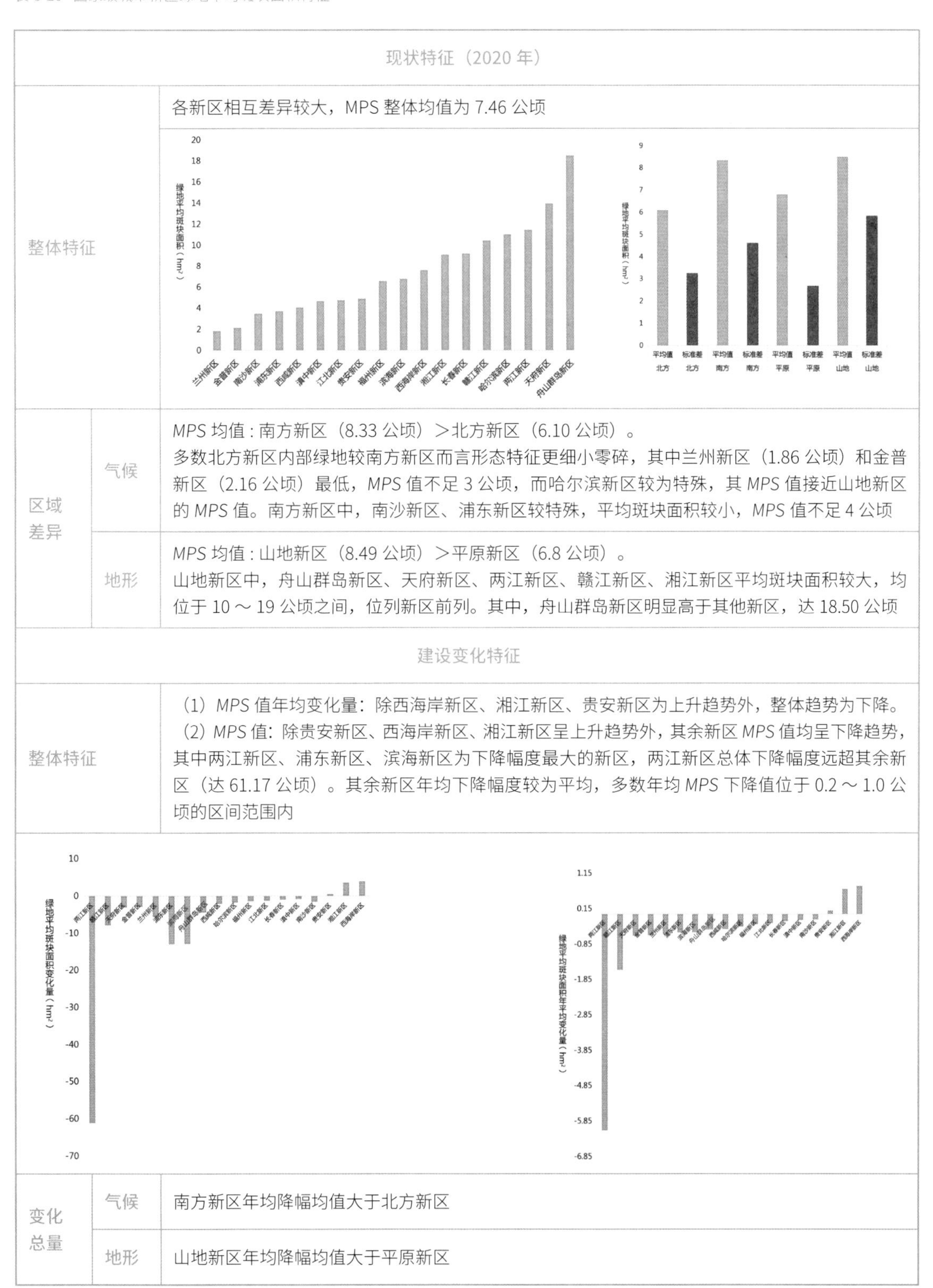

现状特征（2020 年）		
整体特征		各新区相互差异较大，MPS 整体均值为 7.46 公顷
区域差异	气候	*MPS* 均值：南方新区（8.33 公顷）＞北方新区（6.10 公顷）。 多数北方新区内部绿地较南方新区而言形态特征更细小零碎，其中兰州新区（1.86 公顷）和金普新区（2.16 公顷）最低，*MPS* 值不足 3 公顷，而哈尔滨新区较为特殊，其 *MPS* 值接近山地新区的 *MPS* 值。南方新区中，南沙新区、浦东新区较特殊，平均斑块面积较小，*MPS* 值不足 4 公顷
	地形	*MPS* 均值：山地新区（8.49 公顷）＞平原新区（6.8 公顷）。 山地新区中，舟山群岛新区、天府新区、两江新区、赣江新区、湘江新区平均斑块面积较大，均位于 10 ～ 19 公顷之间，位列新区前列。其中，舟山群岛新区明显高于其他新区，达 18.50 公顷
建设变化特征		
整体特征		（1）*MPS* 值年均变化量：除西海岸新区、湘江新区、贵安新区为上升趋势外，整体趋势为下降。 （2）*MPS* 值：除贵安新区、西海岸新区、湘江新区呈上升趋势外，其余新区 *MPS* 值均呈下降趋势，其中两江新区、浦东新区、滨海新区为下降幅度最大的新区，两江新区总体下降幅度远超其余新区（达 61.17 公顷）。其余新区年均下降幅度较为平均，多数年均 *MPS* 下降值位于 0.2 ～ 1.0 公顷的区间范围内
变化总量	气候	南方新区年均降幅均值大于北方新区
	地形	山地新区年均降幅均值大于平原新区

表 6-21 国家级城市新区绿地最大斑块面积及占比特征

<table>
<tr><td colspan="3">现状特征（2020 年）</td></tr>
<tr><td colspan="2" rowspan="2">整体特征</td><td>（1）MPA 值：国家级城市新区最大绿地斑块面积分布呈现长尾状，相互差距较大。其中，最大斑块面积大于 200 平方千米的新区共 4 个，大于 100 平方千米的共 6 个，表明多数新区内部拥有大型绿地斑块，为其提供主要生态服务。
（2）LPI 值：新区整体差距较大。其中，7 个新区 LPI 值超过 30%，最高达 62%，表明新区区域内部具有优势斑块；7 个新区 LPI 值位于 11.85% ～ 25% 之间，说明其内部具有相对较大的绿地斑块；其余 4 个新区 LPI 值位于 3.96% ～ 8.6% 之间，其内部不存在优势绿地斑块，景观破碎化现象明显</td></tr>
<tr><td>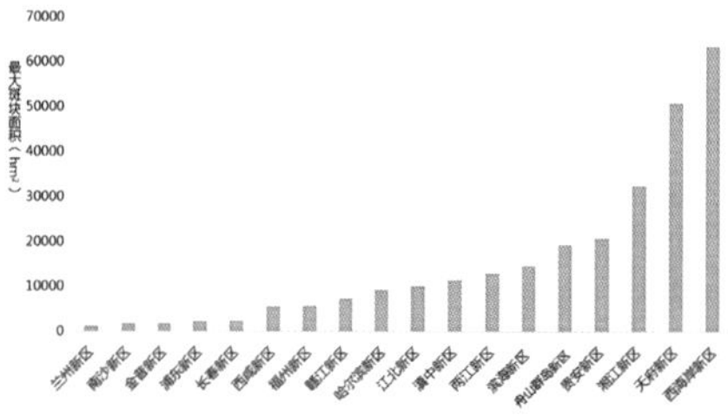

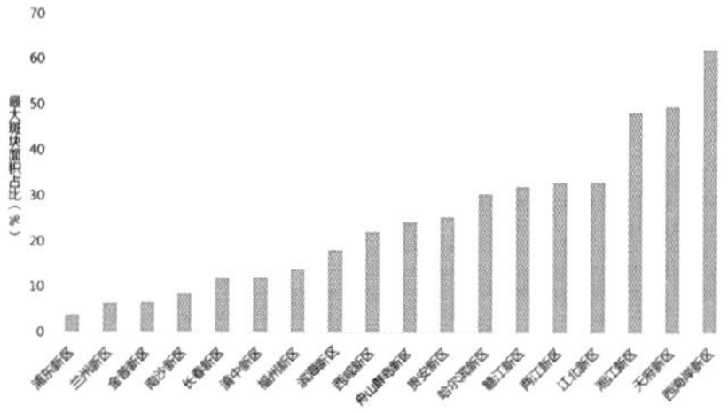
</td></tr>
<tr><td rowspan="2">区域差异</td><td>气候</td><td>最大斑块面积均值：南方新区（159.54 平方千米）＞北方新区（140.93 平方千米）</td></tr>
<tr><td>地形</td><td>最大斑块面积均值：山地新区（161.56 平方千米）＞平原新区（146.41 平方千米）</td></tr>
<tr><td colspan="3">建设变化特征</td></tr>
<tr><td colspan="2">整体特征</td><td>（1）MPA 值：MPA 变化呈哑铃状，整体呈下降趋势。其中 12 个新区 MPA 值呈下降趋势，6 个新区呈小幅上升趋势。
（2）LPI 值：总体呈下降趋势</td></tr>
<tr><td colspan="3">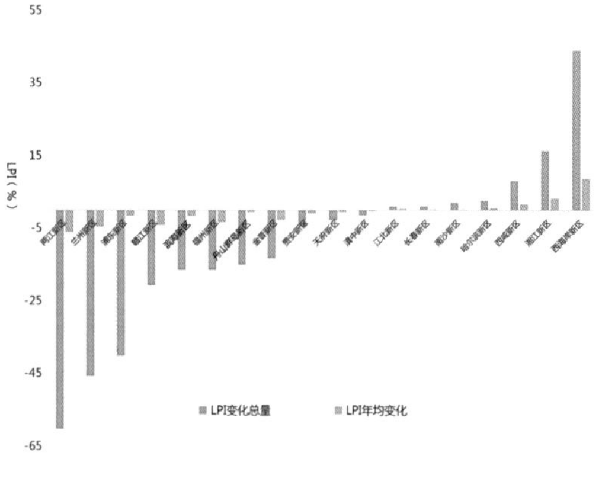

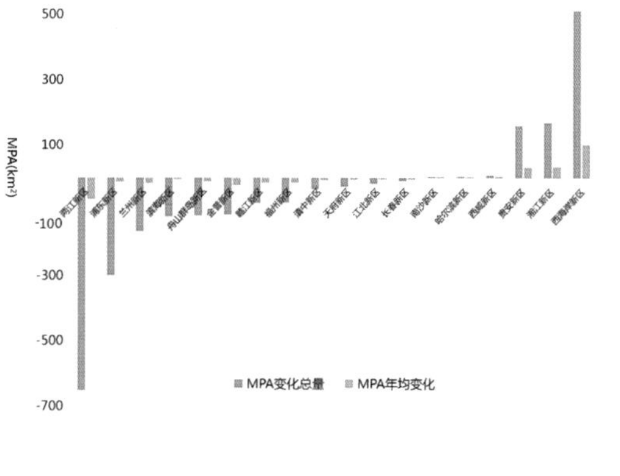
</td></tr>
</table>

续表

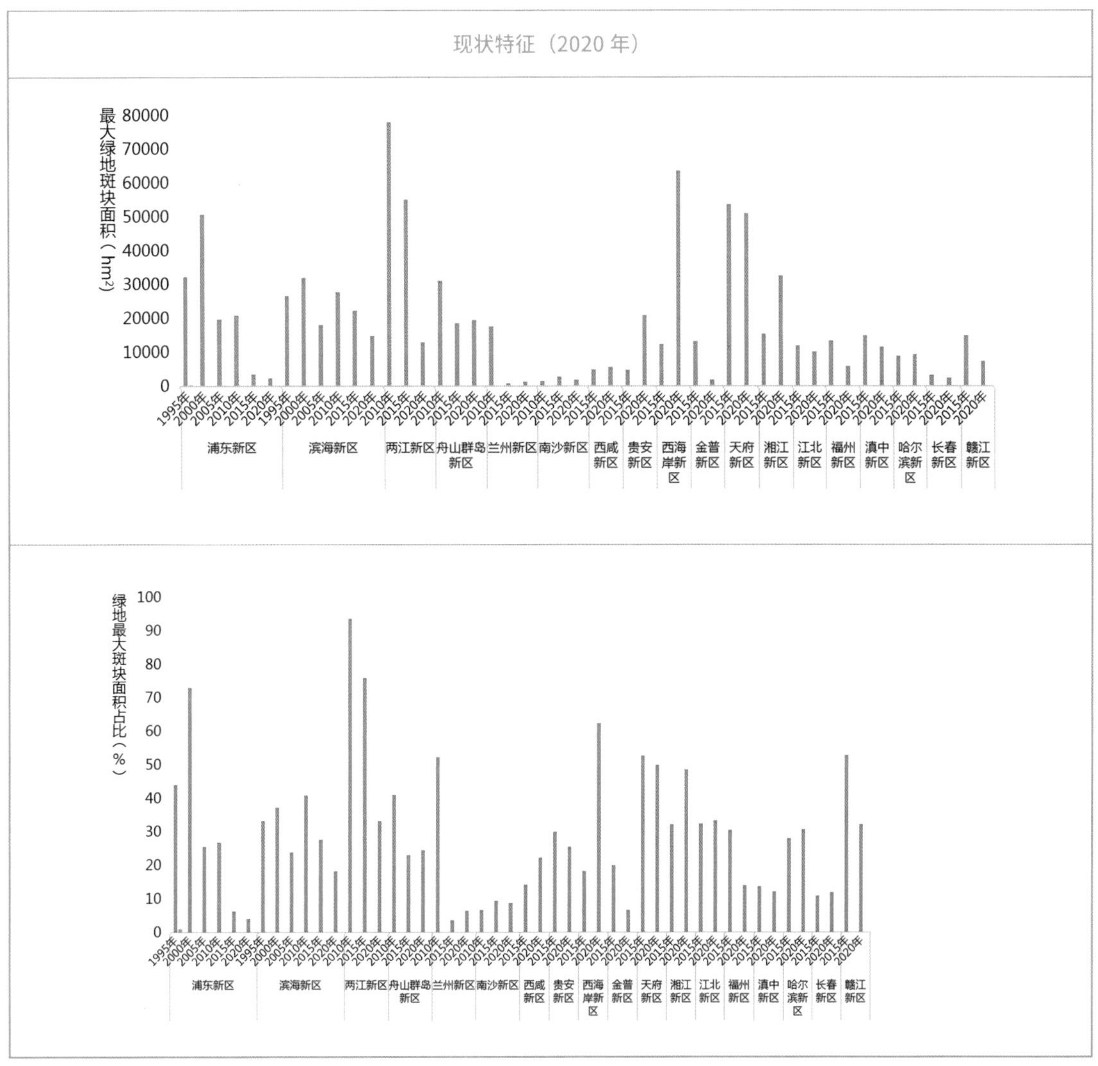

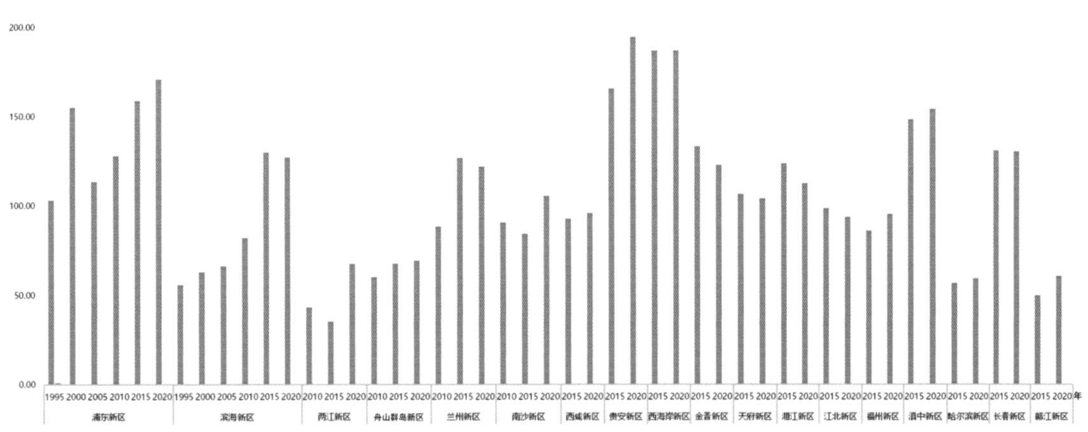

图 6-34 国家级城市新区各时期景观整体形状指数 *LSI* 对比

表 6-22 国家级城市新区绿地最大斑块面积及占比特征

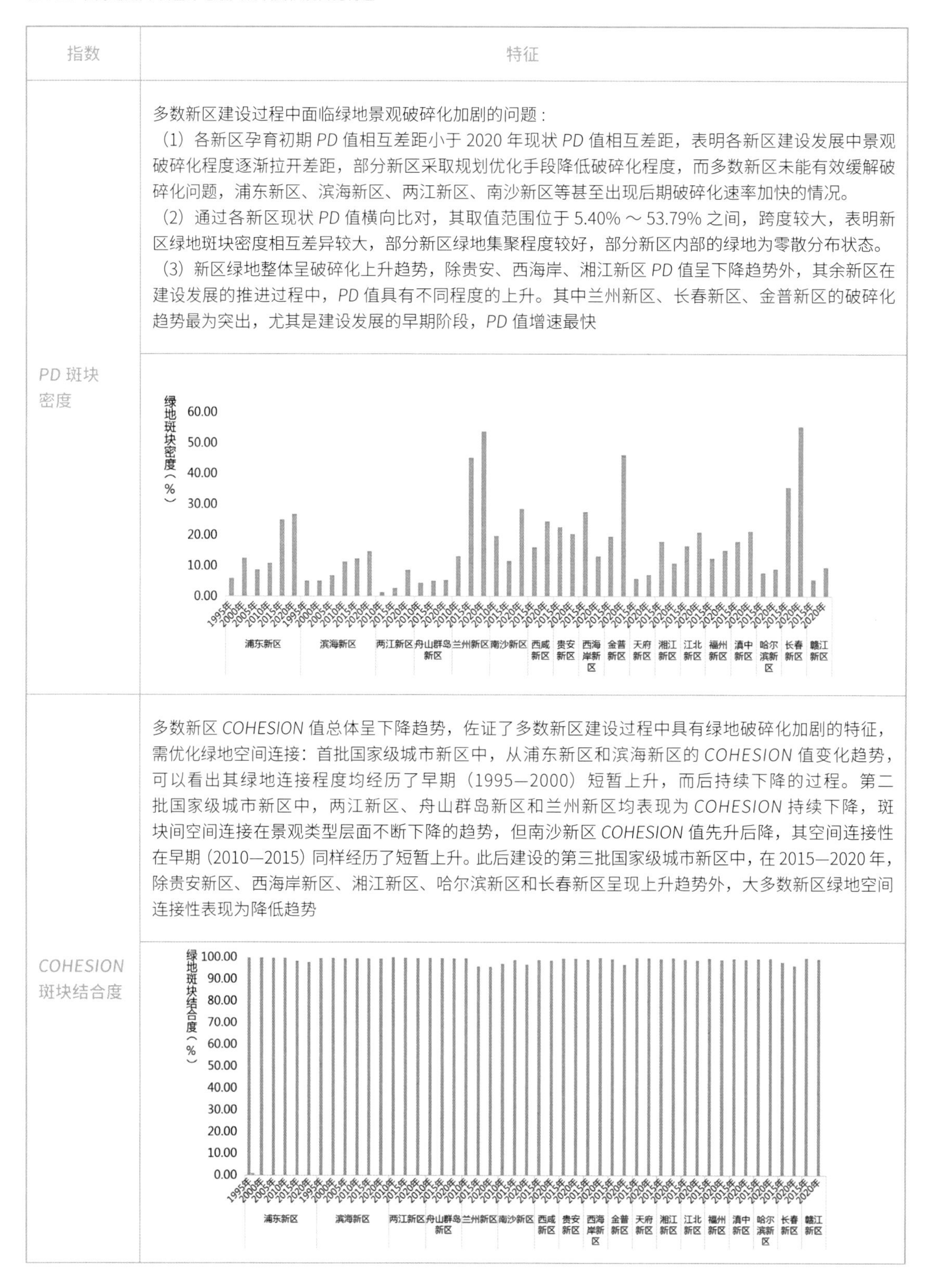

指数	特征
PD 斑块密度	多数新区建设过程中面临绿地景观破碎化加剧的问题： （1）各新区孕育初期 *PD* 值相互差距小于 2020 年现状 *PD* 值相互差距，表明各新区建设发展中景观破碎化程度逐渐拉开差距，部分新区采取规划优化手段降低破碎化程度，而多数新区未能有效缓解破碎化问题，浦东新区、滨海新区、两江新区、南沙新区等甚至出现后期破碎化速率加快的情况。 （2）通过各新区现状 *PD* 值横向比对，其取值范围位于 5.40% ～ 53.79% 之间，跨度较大，表明新区绿地斑块密度相互差异较大，部分新区绿地集聚程度较好，部分新区内部的绿地为零散分布状态。 （3）新区绿地整体呈破碎化上升趋势，除贵安、西海岸、湘江新区 *PD* 值呈下降趋势外，其余新区在建设发展的推进过程中，*PD* 值具有不同程度的上升。其中兰州新区、长春新区、金普新区的破碎化趋势最为突出，尤其是建设发展的早期阶段，*PD* 值增速最快
COHESION 斑块结合度	多数新区 *COHESION* 值总体呈下降趋势，佐证了多数新区建设过程中具有绿地破碎化加剧的特征，需优化绿地空间连接：首批国家级城市新区中，从浦东新区和滨海新区的 *COHESION* 值变化趋势，可以看出其绿地连接程度均经历了早期（1995—2000）短暂上升，而后持续下降的过程。第二批国家级城市新区中，两江新区、舟山群岛新区和兰州新区均表现为 *COHESION* 持续下降，斑块间空间连接在景观类型层面不断下降的趋势，但南沙新区 *COHESION* 值先升后降，其空间连接性在早期（2010—2015）同样经历了短暂上升。此后建设的第三批国家级城市新区中，在 2015—2020 年，除贵安新区、西海岸新区、湘江新区、哈尔滨新区和长春新区呈现上升趋势外，大多数新区绿地空间连接性表现为降低趋势

续表

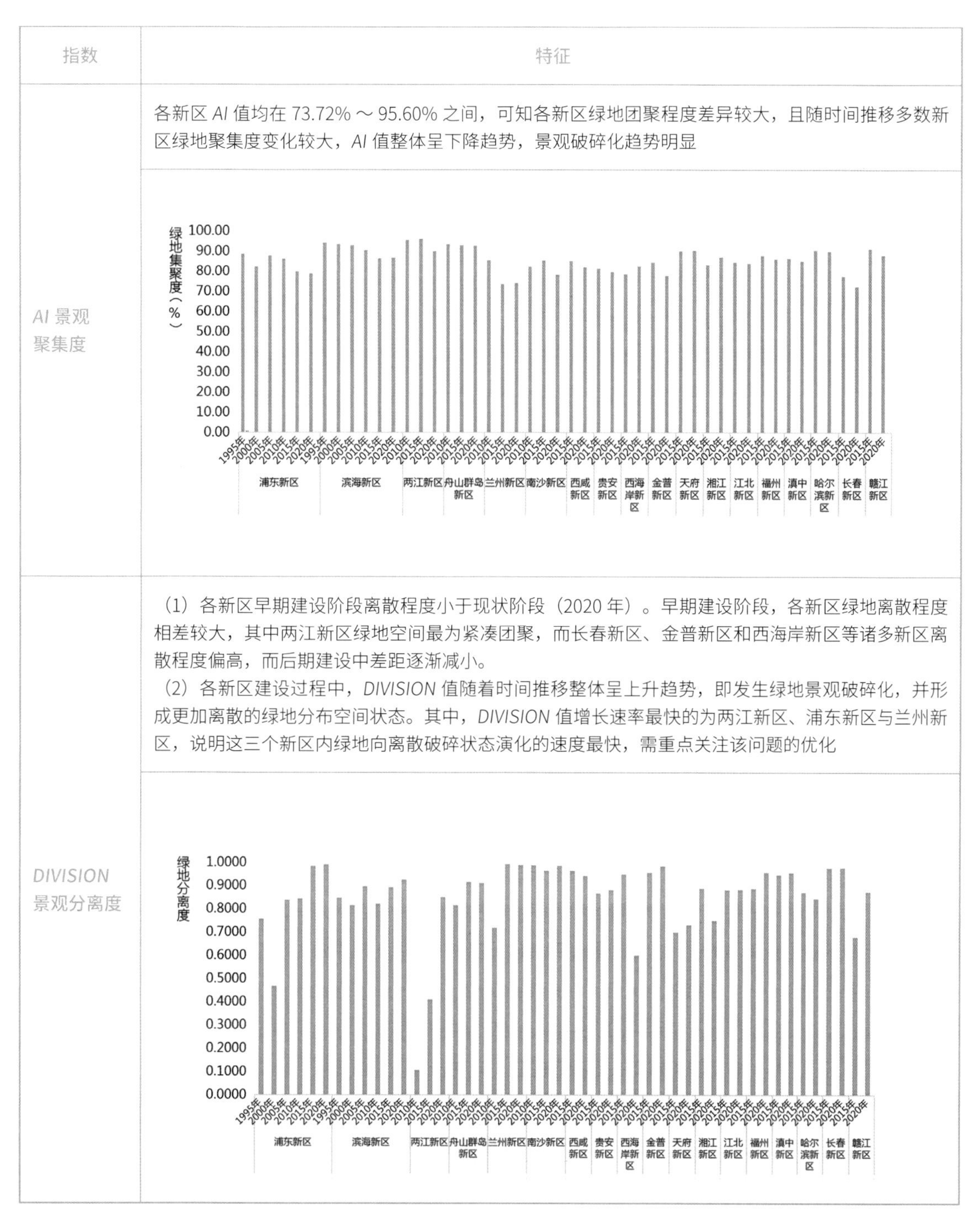

指数	特征
AI 景观聚集度	各新区 *AI* 值均在 73.72% ～ 95.60% 之间，可知各新区绿地团聚程度差异较大，且随时间推移多数新区绿地聚集度变化较大，*AI* 值整体呈下降趋势，景观破碎化趋势明显
	（图）
DIVISION 景观分离度	（1）各新区早期建设阶段离散程度小于现状阶段（2020 年）。早期建设阶段，各新区绿地离散程度相差较大，其中两江新区绿地空间最为紧凑团聚，而长春新区、金普新区和西海岸新区等诸多新区离散程度偏高，而后期建设中差距逐渐减小。 （2）各新区建设过程中，*DIVISION* 值随着时间推移整体呈上升趋势，即发生绿地景观破碎化，并形成更加离散的绿地分布空间状态。其中，*DIVISION* 值增长速率最快的为两江新区、浦东新区与兰州新区，说明这三个新区内绿地向离散破碎状态演化的速度最快，需重点关注该问题的优化
	（图）

3.国家级城市新区生态网络结构变化特征

在国家级城市新区建设过程中，不同的建设阶段呈现出不同的绿地空间结构特征，绿地系统结构不断由自然大地绿化向系统形态演化，从集中连片的自然环境向城郊融合的有机网络演变。本节将生态网络空间特征分为两部分内容进行研究，一是对不同形态特征的绿地交织而成的实体生态网络结构，进行构成要素的提取、分析和时空变化研究。二是对多扩散阈值下的生态网络结构进行拓扑模拟，计算生态网络结构指数，评价新区潜在生态网络连通度的变化。

1）国家级城市新区绿地实体生态网络结构演变

形态学分析法（MSPA）划分的七类绿地空间形态类型，包括核心、边缘、桥接、环、穿孔、分支、孤岛，分别对应不同的生态学意义，该方法虽不能进行完全的生态学解释，但仍能通过绿地空间形态类型构成的分析，快速评价绿地实体空间结构的连接状况，并可以在平面上精准识别各类型绿地的空间位置。本节将 MSPA 法运用于生态源地及结构性廊道的快速提取中，将 18 个国家级城市新区各时期绿地均按七种形态类型划分，并统计各类型面积大小及面积占比，进行不同新区的横向对比和同一新区的纵向时间对比，对国家级城市新区绿地整体形态构成、生态网络构成要素两方面的变化特征作出评价，反映新区绿地结构的时空演变特征（图 6-35）。

（1）绿地整体结构构成变化特征

主要形态构成类型：根据国家级城市新区内部绿地的形态类型构成结构的横向对比，可以看出不同新区绿地形态构成虽存在差异，但主要形态类型均为核心，其次为边缘，而面积占比形态类型第三位的差异较大，包括桥、分支、穿孔和孤岛四种类型。

整体形态构成变化：根据早期与现期各类绿地结构的占比差值，可以看出以下变化特征：①多数新区的绿地核心区在建设过程中呈逐步缩减的趋势，且为七类绿地中减少最多的类型，表明新区建设过程中块状核心绿地受损最为严重。②新区孕育初期占比与现状占比相比，核心区普遍高于现状，孤岛区普遍小于现状，桥接区普遍小于现状，分支普遍小于现状（图 6-36）。

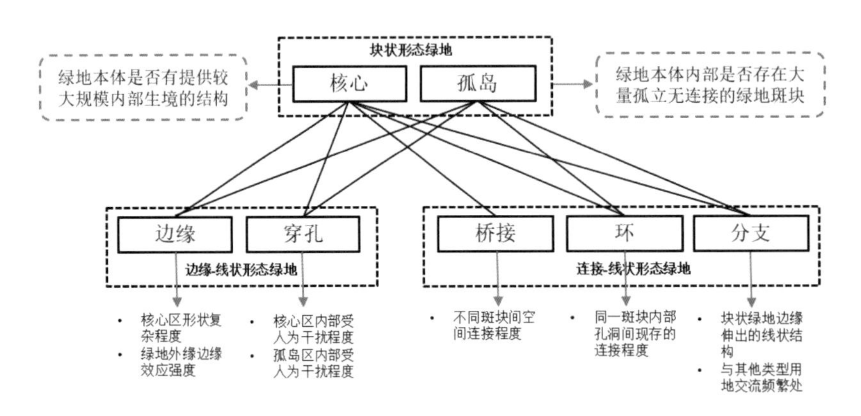

图 6-35 MSPA 七种形态类型与绿地功能的关系

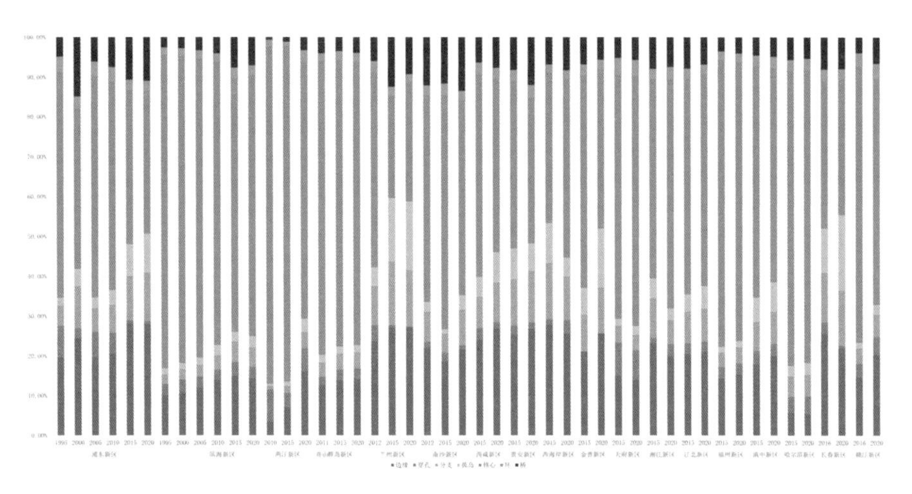

图 6-36 国家级城市新区绿地形态类型构成结构变化

（2）主要网络结构要素变化特征

生态网络结构可分为“网络本体—网络边缘”两部分结构，MSPA 划分的七种景观形态类型中，块状核心区和与其相连接的桥、环共同组成网络本体，边缘与穿孔构成网络内外边缘，五种形态的绿地共同构成实体空间上的绿地网络（表 6-23）。

2）国家级城市新区潜在绿地生态网络结构特征

提取 MSPA 分析结果内面积大于 1 公顷的核心区作为生态源地，基于 ArcGIS 中 Matrix Green 分析插件，设置连接距离为 250 米、500 米、1000 米、2000 米，分别生成研究区多情景下生态网络的网络图谱，并计算网络结构指数，对其网络闭合度、线点率、连通度进行评价，以揭示国家级城市新区自设立以来建设过程中绿地空间连通性的动态变化过程。

研究结果显示，从连接数及节点的变化情况来看，同一时间同等节点数的情况下，扩散距离与连接数呈正比关系增长，随着距离阈值的增大，核心斑块之间连接数也不断增加，生态网络结构特征在不同的扩散距离阈值下存在明显差异，主要特征如下。

（1）小尺度扩散距离内的潜在生态网络结构特征

250 米阈值下生态网络存在极少数分支状连接结构，环状网络结构极少。紧密团聚的小斑块之间易形成极少数简单环状，随着具有中介作用的小型踏脚石消失，原有的细小简单连接结构受损而逐渐消减。同时，大部分中心城区内城市绿地呈散点状分布，其间多无连接。

500 米阈值下的生态网络主要为简单分支及环状结构混合，多数斑块仍为散点无连通的散布状态。其中，简单环状结构主要出现在紧密团聚的小斑块群组内，一般为简单的环状分支混合结构，随着建设推移，简单环状极易断裂为简单分支结构。此阈值下，中心城区内部少数绿地存在简单环状结构，但规模较小，空间分布分散。

表 6-23 国家级城市新区绿地网络结构构成要素变化特征

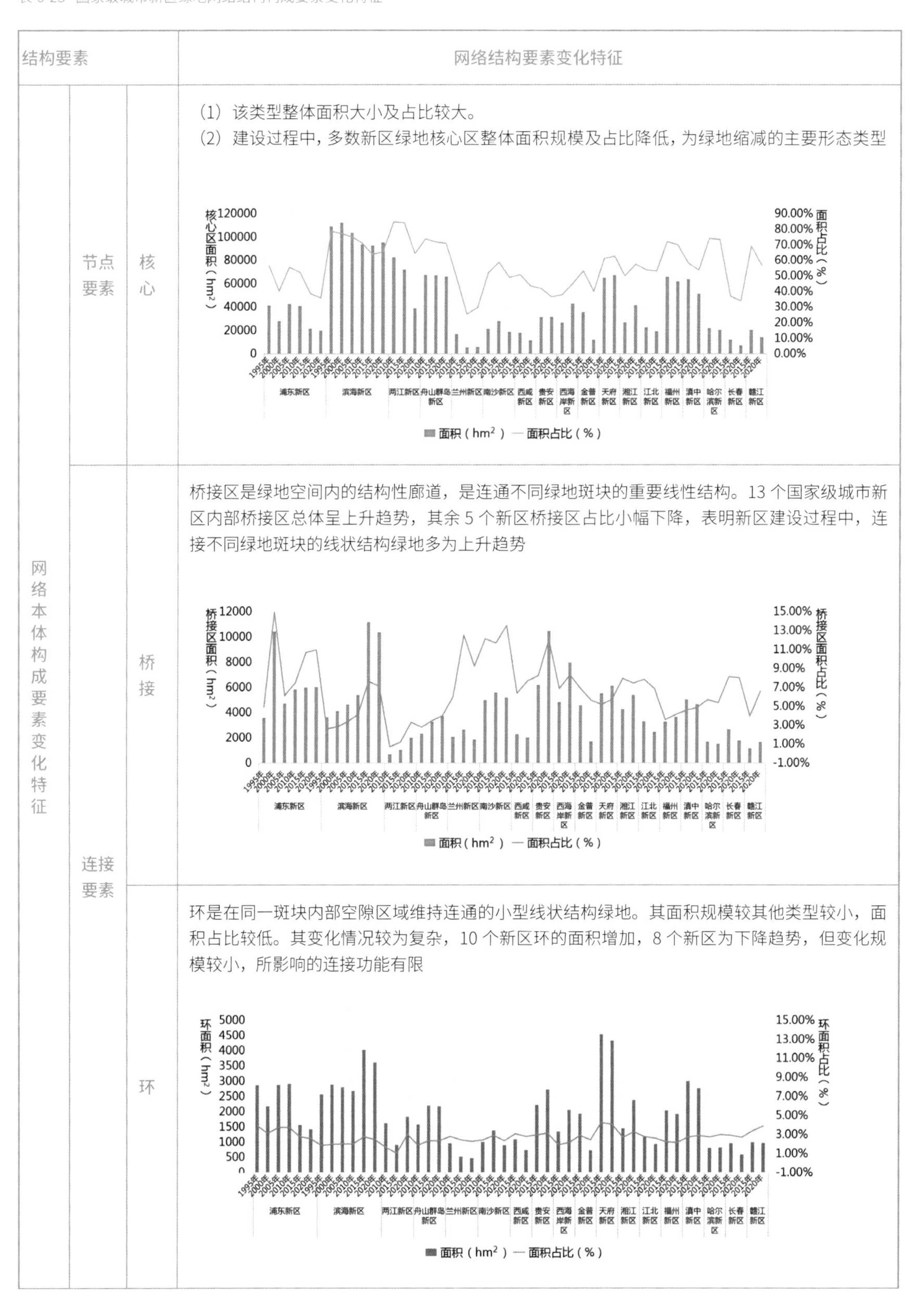

结构要素			网络结构要素变化特征
网络本体构成要素变化特征	节点要素	核心	(1) 该类型整体面积大小及占比较大。 (2) 建设过程中，多数新区绿地核心区整体面积规模及占比降低，为绿地缩减的主要形态类型
	连接要素	桥接	桥接区是绿地空间内的结构性廊道，是连通不同绿地斑块的重要线性结构。13 个国家级城市新区内部桥接区总体呈上升趋势，其余 5 个新区桥接区占比小幅下降，表明新区建设过程中，连接不同绿地斑块的线状结构绿地多为上升趋势
		环	环是在同一斑块内部空隙区域维持连通的小型线状结构绿地。其面积规模较其他类型较小，面积占比较低。其变化情况较为复杂，10 个新区环的面积增加，8 个新区为下降趋势，但变化规模较小，所影响的连接功能有限

续表

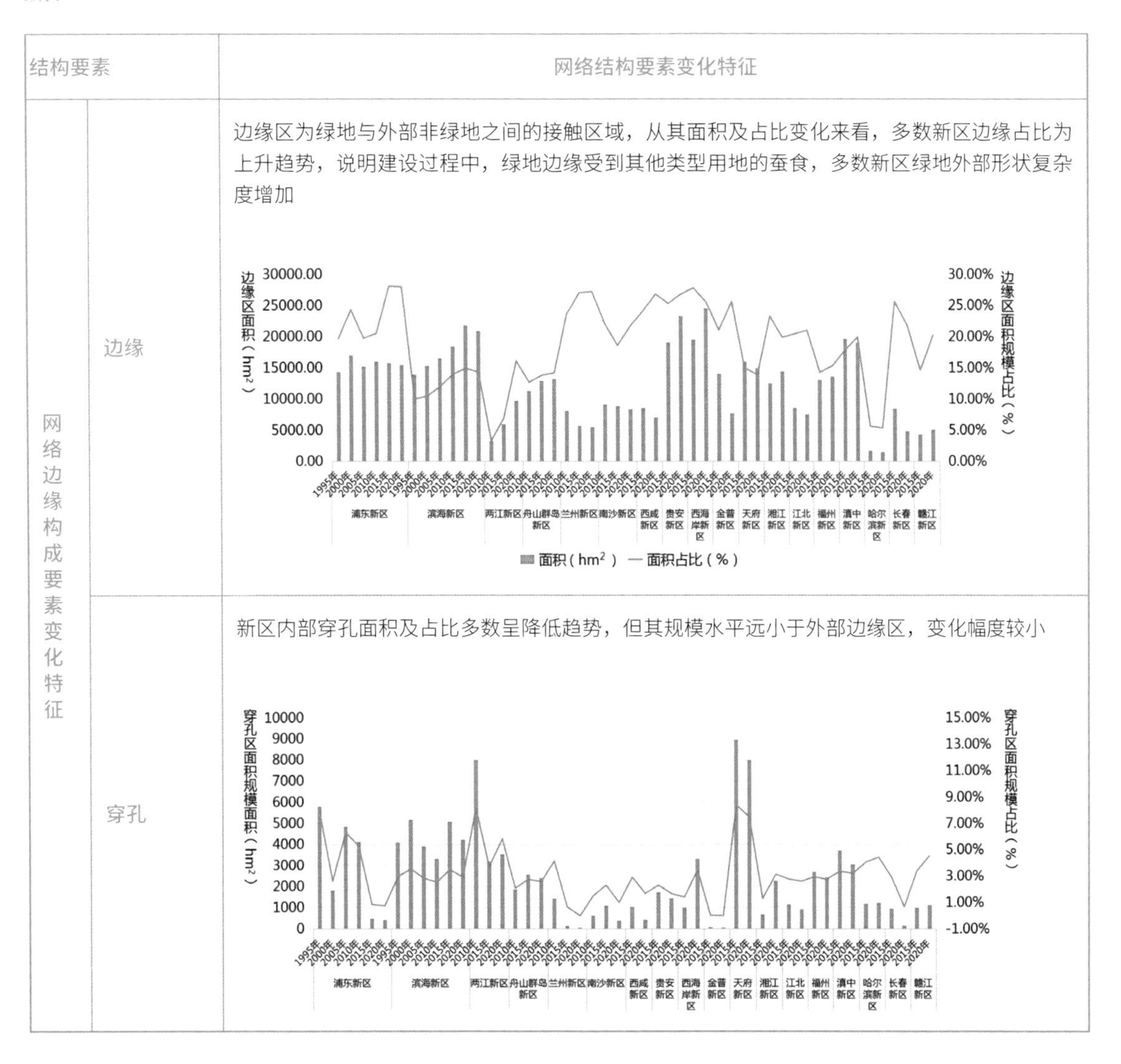

结构要素		网络结构要素变化特征
网络边缘构成要素变化特征	边缘	边缘区为绿地与外部非绿地之间的接触区域，从其面积及占比变化来看，多数新区边缘占比为上升趋势，说明建设过程中，绿地边缘受到其他类型用地的蚕食，多数新区绿地外部形状复杂度增加
	穿孔	新区内部穿孔面积及占比多数呈降低趋势，但其规模水平远小于外部边缘区，变化幅度较小

（2）中尺度扩散距离内潜在的生态网络结构特征

1000 米阈值下的生态网络多表现为混合型网络结构（部分新区早期为完全连通结构，城区内部绿地与外围绿地间具有紧密的连通关系），内部存在大量环状结构，少量散点分布于中心城区内，但网络结构连通性随建设过程推移而呈现下降趋势，建设过程中，局部极复杂的网络结构往往伴随景观破碎化的发生而出现。

2000 米阈值下的生态网络整体连通性好，早期多为完全连通结构，连通路径极丰富，部分新区进入成熟优化期后演变为混合结构，出现散点及分支状，同时环状结构逐渐脆弱化演变（表 6-24）。

表 6-24 国家级城市新区建设中各时段网络结构指数

新区名称	时间	扩散距离（米）	连接数 L	节点 V	闭合度 α	线点率 β	环通度 γ
浦东新区	1995 年	250	2773	4436	-0.19	0.63	0.21
		500	10128	4436	0.64	2.28	0.76
		1000	35301	4436	3.48	7.96	2.65
		2000	123327	4436	13.41	27.80	9.27
	2000 年	250	128	2081	-0.47	0.06	0.02
		500	1531	2081	-0.13	0.74	0.25
		1000	6764	2081	1.13	3.25	1.08
		2000	26424	2081	5.86	12.70	4.24
	2005 年	250	50	1531	-0.48	0.03	0.01
		500	829	1531	-0.23	0.54	0.18
		1000	3767	1531	0.73	2.46	0.82
		2000	13983	1531	4.07	9.13	3.05
	2010 年	250	81	1754	-0.48	0.05	0.02
		500	996	1754	-0.22	0.57	0.19
		1000	4425	1754	0.76	2.52	0.84
		2000	16113	1754	4.10	9.19	3.07
	2015 年	250	112	2392	-0.48	0.05	0.02
		500	1716	2392	-0.14	0.72	0.24
		1000	7738	2392	1.12	3.23	1.08
		2000	29386	2392	5.65	12.29	4.10
	2020 年	250	122	2393	-0.47	0.05	0.02
		500	1689	2393	-0.15	0.71	0.24
		1000	7688	2393	1.11	3.21	1.07
		2000	29510	2393	5.67	12.33	4.11
滨海新区	1995 年	250	39	1006	-0.48	0.04	0.01
		500	365	1006	-0.32	0.36	0.12
		1000	1413	1006	0.20	1.40	0.47
		2000	4411	1006	1.70	4.38	1.46
	2000 年	250	36	1155	-0.49	0.03	0.01
		500	437	1155	-0.31	0.38	0.13
		1000	1714	1155	0.24	1.48	0.50
		2000	5651	1155	1.95	4.89	1.63
	2005 年	250	43	1269	-0.48	0.03	0.01
		500	506	1269	-0.30	0.40	0.13
		1000	1949	1269	0.27	1.54	0.51
		2000	6502	1269	2.07	5.12	1.71

续表

新区名称	时间	扩散距离（米）	连接数 L	节点 V	闭合度 α	线点率 β	环通度 γ
滨海新区	2010年	250	72	1595	-0.48	0.05	0.02
		500	706	1595	-0.28	0.44	0.15
		1000	2820	1595	0.38	1.77	0.59
		2000	9425	1595	2.46	5.91	1.97
	2015年	250	96	2208	-0.48	0.04	0.01
		500	1167	2208	-0.24	0.53	0.18
		1000	4790	2208	0.59	2.17	0.72
		2000	16579	2208	3.26	7.51	2.51
	2020年	250	92	2058	-0.48	0.04	0.01
		500	1035	2058	-0.25	0.50	0.17
		1000	4247	2058	0.53	2.06	0.69
		2000	14646	2058	3.06	7.12	2.37
两江新区	2010年	250	1	247	-0.50	0.00	0.00
		500	70	247	-0.36	0.28	0.10
		1000	295	247	0.10	1.19	0.40
		2000	1079	247	1.70	4.37	1.47
	2015年	250	19	459	-0.48	0.04	0.01
		500	168	459	-0.32	0.37	0.12
		1000	712	459	0.28	1.55	0.52
		2000	2466	459	2.20	5.37	1.80
	2020年	250	21	811	-0.49	0.03	0.01
		500	278	811	-0.33	0.34	0.11
		1000	1184	811	0.23	1.46	0.49
		2000	3990	811	1.97	4.92	1.64
舟山群岛新区	2010年	250	24	882	-0.49	0.03	0.01
		500	303	882	-0.33	0.34	0.11
		1000	1031	882	0.09	1.17	0.39
		2000	2951	882	1.18	3.35	1.12
	2015年	250	26	934	-0.49	0.03	0.01
		500	297	934	-0.34	0.32	0.11
		1000	1072	934	0.07	1.15	0.38
		2000	3046	934	1.13	3.26	1.09
	2020年	250	34	1050	-0.48	0.03	0.01
		500	408	1050	-0.31	0.39	0.13
		1000	1448	1050	0.19	1.38	0.46
		2000	4188	1050	1.50	3.99	1.33

续表

新区名称	时间	扩散距离（米）	连接数	节点	闭合度	线点率	环通度
			L	V	α	β	γ
兰州新区	2010 年	250	20	764	-0.49	0.03	0.01
		500	283	764	-0.32	0.37	0.12
		1000	1145	764	0.25	1.50	0.50
		2000	3845	764	2.02	5.03	1.68
	2015 年	250	30	779	-0.48	0.04	0.01
		500	355	779	-0.27	0.46	0.15
		1000	1281	779	0.32	1.64	0.55
		2000	4214	779	2.21	5.41	1.81
	2020 年	250	27	678	-0.48	0.04	0.01
		500	259	678	-0.31	0.38	0.13
		1000	939	678	0.19	1.38	0.46
		2000	2746	678	1.53	4.05	1.35
南沙新区	2010 年	250	53	1125	-0.48	0.05	0.02
		500	710	1125	-0.18	0.63	0.21
		1000	3397	1125	1.01	3.02	1.01
		2000	12858	1125	5.23	11.43	3.82
	2015 年	250	33	889	-0.48	0.04	0.01
		500	491	889	-0.22	0.55	0.18
		1000	2260	889	0.77	2.54	0.85
		2000	8235	889	4.14	9.26	3.09
	2020 年	250	51	1086	-0.48	0.05	0.02
		500	725	1086	-0.17	0.67	0.22
		1000	3258	1086	1.00	3.00	1.00
		2000	12237	1086	5.15	11.27	3.76
福州新区	2015 年	250	34	1000	-0.48	0.03	0.01
		500	400	1000	-0.30	0.40	0.13
		1000	1801	1000	0.40	1.80	0.60
		2000	5940	1000	2.48	5.94	1.98
	2020 年	250	47	1214	-0.48	0.04	0.01
		500	590	1214	-0.26	0.49	0.16
		1000	2535	1214	0.55	2.09	0.70
		2000	8690	1214	3.09	7.16	2.39
哈尔滨新区	2015 年	250	19	506	-0.48	0.04	0.01
		500	241	506	-0.26	0.48	0.16
		1000	1024	506	0.52	2.02	0.68
		2000	3607	506	3.08	7.13	2.39

续表

新区名称	时间	扩散距离（米）	连接数 L	节点 V	闭合度 α	线点率 β	环通度 γ
哈尔滨新区	2020 年	250	11	510	-0.49	0.02	0.01
		500	227	510	-0.28	0.45	0.15
		1000	1029	510	0.51	2.02	0.68
		2000	3662	510	3.11	7.18	2.40
江北新区	2015 年	250	33	990	-0.48	0.03	0.01
		500	510	990	-0.24	0.52	0.17
		1000	2305	990	0.67	2.33	0.78
		2000	8244	990	3.67	8.33	2.78
	2020 年	250	30	863	-0.48	0.03	0.01
		500	426	863	-0.25	0.49	0.16
		1000	1894	863	0.60	2.19	0.73
		2000	6471	863	3.26	7.50	2.51
贵安新区	2015 年	250	81	2117	-0.48	0.04	0.01
		500	1050	2117	-0.25	0.50	0.17
		1000	4629	2117	0.59	2.19	0.73
		2000	17024	2117	3.53	8.04	2.68
	2020 年	250	123	2980	-0.48	0.04	0.01
		500	1873	2980	-0.19	0.63	0.21
		1000	8363	2980	0.90	2.81	0.94
		2000	31498	2980	4.79	10.57	3.53
金普新区	2015 年	250	36	1473	-0.49	0.02	0.01
		500	591	1473	-0.30	0.40	0.13
		1000	2513	1473	0.35	1.71	0.57
		2000	9068	1473	2.58	6.16	2.05
	2020 年	250	40	1632	-0.49	0.02	0.01
		500	652	1632	-0.30	0.40	0.13
		1000	3004	1632	0.42	1.84	0.61
		2000	9887	1632	2.53	6.06	2.02
天府新区	2015 年	250	53	1320	-0.48	0.04	0.01
		500	575	1320	-0.28	0.44	0.15
		1000	2444	1320	0.43	1.85	0.62
		2000	8425	1320	2.70	6.38	2.13
	2020 年	250	58	1416	-0.48	0.04	0.01
		500	717	1416	-0.25	0.51	0.17
		1000	2922	1416	0.53	2.06	0.69
		2000	10010	1416	3.04	7.07	2.36

续表

新区名称	时间	扩散距离（米）	连接数	节点	闭合度	线点率	环通度
			L	V	α	β	γ
湘江新区	2015年	250	44	1358	-0.48	0.03	0.01
		500	743	1358	-0.23	0.55	0.18
		1000	3217	1358	0.69	2.37	0.79
		2000	11644	1358	3.79	8.57	2.86
	2020年	250	66	1374	-0.48	0.05	0.02
		500	770	1374	-0.22	0.56	0.19
		1000	3362	1374	0.73	2.45	0.82
		2000	11706	1374	3.77	8.52	2.84
西咸新区	2015年	250	33	942	-0.48	0.04	0.01
		500	412	942	-0.28	0.44	0.15
		1000	1856	942	0.49	1.97	0.66
		2000	6773	942	3.10	7.19	2.40
	2020年	250	32	897	-0.48	0.04	0.01
		500	449	897	-0.25	0.50	0.17
		1000	1919	897	0.57	2.14	0.71
		2000	6877	897	3.34	7.67	2.56
赣江新区	2015年	250	15	333	-0.48	0.05	0.02
		500	147	333	-0.28	0.44	0.15
		1000	608	333	0.42	1.83	0.61
		2000	1778	333	2.19	5.34	1.79
	2020年	250	13	531	-0.49	0.02	0.01
		500	230	531	-0.28	0.43	0.14
		1000	1046	531	0.49	1.97	0.66
		2000	3482	531	2.79	6.56	2.19
西海岸新区	2015年	250	38	1458	-0.49	0.03	0.01
		500	812	1458	-0.22	0.56	0.19
		1000	3417	1458	0.67	2.34	0.78
		2000	10921	1458	3.25	7.49	2.50
	2020年	250	44	1374	-0.48	0.03	0.01
		500	968	1374	-0.15	0.70	0.24
		1000	3871	1374	0.91	2.82	0.94
		2000	10928	1374	3.48	7.95	2.66
长春新区	2015年	250	31	1133	-0.49	0.03	0.01
		500	563	1133	-0.25	0.50	0.17
		1000	2428	1133	0.57	2.14	0.72
		2000	8974	1133	3.47	7.92	2.64

续表

长春新区	2020 年	250	17	550	-0.49	0.03	0.01
		500	234	550	-0.29	0.43	0.14
		1000	895	550	0.32	1.63	0.54
		2000	2882	550	2.13	5.24	1.75
滇中新区	2015 年	250	24	625	-0.48	0.04	0.01
		500	541	625	-0.07	0.87	0.29
		1000	1067	625	0.36	1.71	0.57
		2000	3562	625	2.36	5.70	1.91
	2020 年	250	30	743	-0.48	0.04	0.01
		500	613	743	-0.09	0.83	0.28
		1000	1327	743	0.40	1.79	0.60
		2000	3860	743	2.11	5.20	1.74

4.国家级城市新区建设中生态网络优化策略

（1）重点保护高、中高植被覆盖度绿地：各新区内部高、中高植被覆盖度土地是易受人为干扰而产生退化和转变的主要土地类型，植被覆盖程度降低的问题普遍存在。因此，应重点保护高、中高植被覆盖度土地，对其制定针对性的规划对策。

（2）绿地空间规模调整：对于建设初创期的城市新区，加强结构性引导，提前进行生态网络规划设计，划定需要重点保护的生态空间，避免产生无序破坏。对于快速扩展期的新区，根据该时期绿地急速下降的特征，重点关注绿地空间保护及同步开展的绿化工作。对于成熟优化期的新区，更应该注重生态修复和整体区域范围内结构的优化，可在重要节点建设生态公园作为小踏脚石，以完善绿地网络结构。

（3）绿地规划布局紧凑化：根据不同扩散距离下网络指数的分析可知，随着扩散距离的减小，网络结构指数减小，形成的网络结构简单而脆弱。其中 250 ～ 500 米扩散距离下，连通度极低，只有少数局部集聚度较好的斑块之间形成连通关系。同时，部分新区斑块密度及斑块分离度较低，整体空间分布格局较分散。可见，斑块集中、团聚有利于增强整体生态空间连通度，增强生物多样性的保护，绿地规划建设过程中应当尽量使绿地之间的距离处于物种有能力进行迁移运动的最大距离之内，使其作为绿地配置间距标准的参考依据，指导绿地的补充建设工作，可按“集中绿地 + 小尺度踏脚石”的形式，构建分级集中、逐级连通的绿地空间格局，在城市建设区域内部提供踏脚石和迁移通道。同时在生态网络结构薄弱、稀疏之处新增生态节点，可通过中小型公园建设、林地建设等方式扩充原有斑块。

（4）基于生态网络的结构保护及生态恢复：根据生态斑块在网络结构中的结构重要性程度和自身资源承载能力，实施生态源地的分级分类保护，斑块与廊道按照其在生态网络连接中所起作用划定保护级别，将网络中核心斑块及踏脚石 斑块作为重点区域进行保护与生态恢复。同时，对于规模较小，且靠近城镇区域的节点，易受城市扩张影响，对这些区域应该严格界定生态与城镇空间边界，对节点完整性和廊道连通性进行保护，对其他节点应该按照相关生态要求进行一般保护。

（5）针对性生态修复：根据研究区各新区的 MSPA 分析结果，可知较多大型绿地斑块内部分布着穿孔，且易随着人为建设扰动而扩大，或变得更加密集，针对性地恢复此类区域，可提升绿地斑块的整合度，防止大量穿孔的产生及扩张导致斑块割裂破碎。对桥接区减少的新区，可针对性地进行线形修复，为网络空间连接性的完善和修复提供依据。

（6）重要结构性绿地保护边界划定：新区绿地系统规划布局结构、生态网络规划两方面对新区整体结构层面控制过于笼统，宏观层面需要控制的节点、轴线在边界划定上也较为模糊。基于生态网络的分析，可构建更侧重于区域生物多样性的维护与生态系统稳定的绿地结构，也是新区绿地系统规划的重要目标之一。

（7）优化绿地形状及边缘：生态源地形状越接近圆形越有利于增加物种扩散效率，对物种多样性越有利，但实际情况中，新区生态源地形态都很复杂，尤其是斑块外边缘易受城市建设等人为扰动蚕食而愈加复杂，甚至导致边缘产生破碎斑块，加剧整体破碎化程度。在新区建设过程中，需要对生态空间边缘区域进行更深入研究，部分重要区域划定边界以实现边缘的控制与保护。

6.2.4 城市新区建设中城市公园建设研究

城市公园绿地作为城市生态系统的重要组成部分，在休闲游憩、环境净化、微气候调节等方面发挥重要作用。城市新区作为我国城市建设和推动地方经济发展的主要载体，其公园绿地的建设特征和演化规律对城市绿色发展和规划技术优化具有重要价值。本节以国家级城市新区公园绿地为研究对象，总结不同地形和气候条件下公园绿地的空间形态、规模和结构特征，探索新区建设中城市公园的发展规律、控制方法与优化策略。

1.城市新区公园绿地建设特征

通过 GIS 提取 2013 年、2016 年、2019 年国家级城市新区遥感影像中的公园绿地数据（张云英，等， 2016），构建国家级城市新区公园绿地数据库，分析各新区公园绿地建设特征，研究不同地形、气候条件对新区公园绿地建设的影响；通过各新区 2013—2019 年公园绿地建设过程分析，总结国家级城市新区公园绿空间格局演化特征。

1）组成结构

总体而言，国家级城市新区公园绿地建设以小型、中型公园绿地为主，缺乏大型、巨型公园绿地。部分新区（两江新区、兰州新区、西海岸新区、湘江新区、福州新区）小型和中型公园绿地占据数量优势，大型、巨型公园绿地占据面积优势（图 6-37）。

数量上，多数新区公园绿地小于 10 个，贵安新区和哈尔滨新区仅有 1 个，其余新区公园在 10 ～ 15 个之间（图 6-38）。

规模上，浦东新区公园绿地占总用地面积比最高（0.69%），舟山群岛新区、贵安新区、金普新区、哈尔滨新区、赣江新区占比最小（＜ 0.1%），其余在 0.1%～ 0.4% 之间（图 6-39）。天府新区和浦东新区公园绿地平均面积较大（分别为 185.29 公顷、64.56 公顷），其余新区均小于 50 公顷，舟山群岛新区公园绿地平均面积最小（8.14 公顷）（图 6-40）。

类型上，天府新区、浦东新区目前以巨型公园绿地建设为主（巨型公园数量占比较多），其他新区均以中小型公园绿地建设为主（巨型公园数量比重较小）；部分新区（舟山群岛新区、贵安新区、金普新区、江北新区、滇中新区、哈尔滨新区、长春新区、赣江新区）缺乏大型、巨型公园绿地建设（大型、巨型公园绿地数量为 0）（图 6-41）。

2）空间分布

各新区城市公园绿地的空间分布可通过最邻近点指数、核密度和集聚度体现。

从最邻近点指数看，除贵安新区和哈尔滨新区无法计算最邻近点指数外（仅 1 个公园），其余新区公园绿地空间上呈均匀分布（$R>1$），其中滇中新区（R=151.46）和赣江新区（R=144.34）公园绿地空间分散程度远高于其他新区；滨海新区（R=1.01）和西海岸新区（R=1.07）接近集聚型，公园绿地空间分布明显集聚（图 6-42）。

从核密度来看，各新区公园绿地整体核密度值较低，空间分布较为不均，仅少数新区公园绿地有高核密度区（浦东新区、滨海新区、两江新区、江北新区），其他新区均未形成规模化组团；兰州新区和西咸新区的公园绿地集中在中心区，其余集中在其城市边缘区域（表 6-25）。

从集聚度来看，滇中新区、贵安新区、西海岸新区聚集度指数（分别为 65.78%，78.62%，78.42%）最小，其公园绿地空间上较为分散，主要由面积相差较大的离散斑块组成；天府新区、滨海新区聚集度指数（97.61%，96.29%）较大，其公园绿地聚集程度相对较高，面积大小较为一致且高度连接；其余聚集度在 83%～ 96%之间（图 6-43）。

3）空间连接度

舟山群岛新区公园绿地的平均几何最近距离最大（18827 米），其次是福州新区、南沙新区和长春新区（6900 ～ 10000 米），说明其公园绿地连接度较低，分布相对零散；部分新区（滨海新区、两江新区、兰州新区、西海岸新区、金普新区、湘江新区、

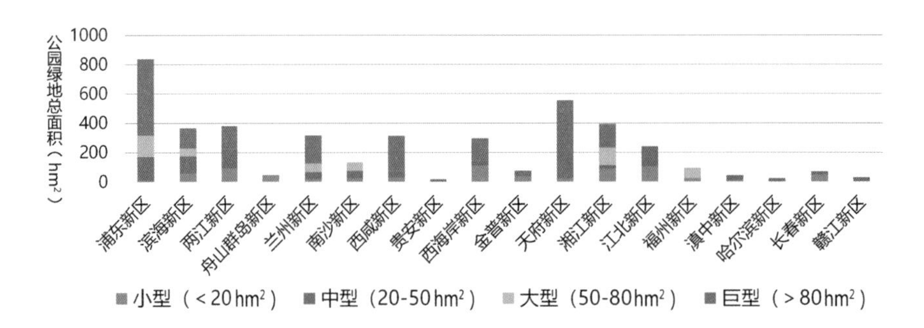

图 6-37 各新区不同类型公园绿地面积

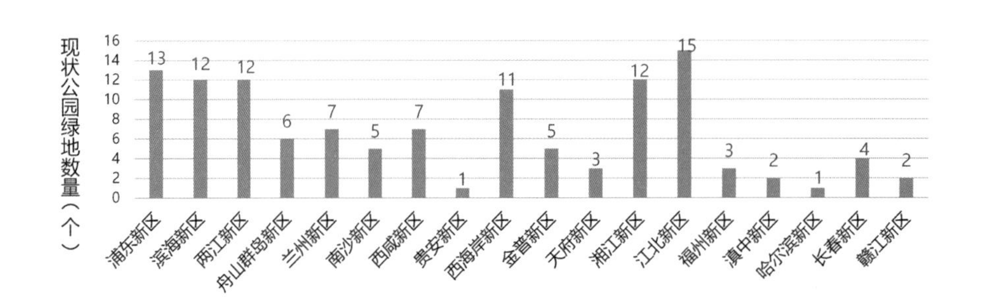

图 6-38 各新区现状公园绿地建设数量

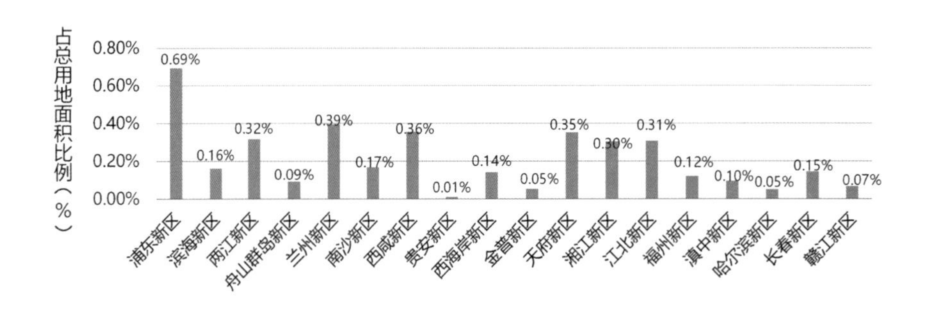

图 6-39 各新区现状公园绿地占用地总面积比例

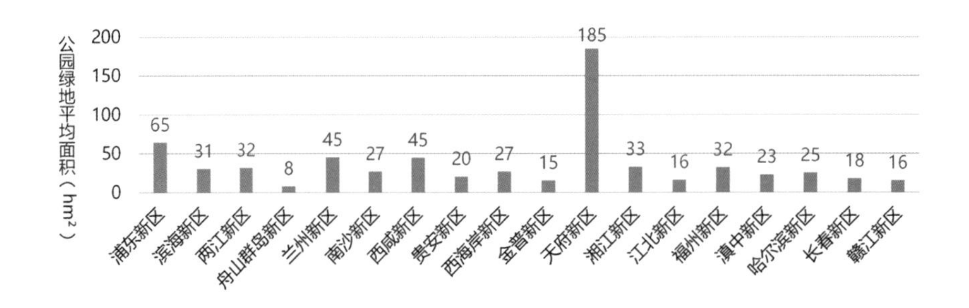

图 6-40 各新区现状公园绿地平均面积

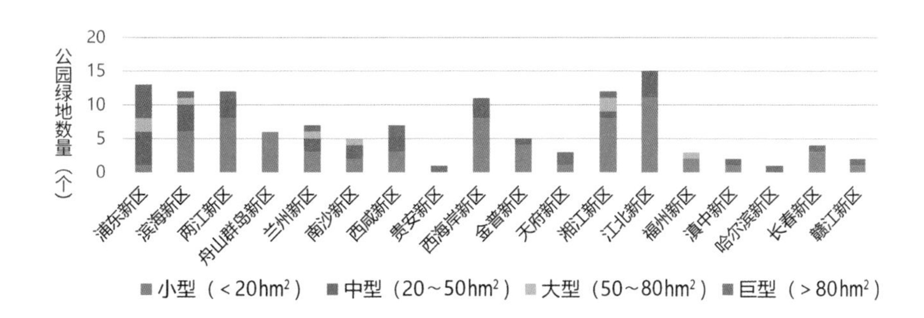

图 6-41 各新区现状不同类型公园绿地数量

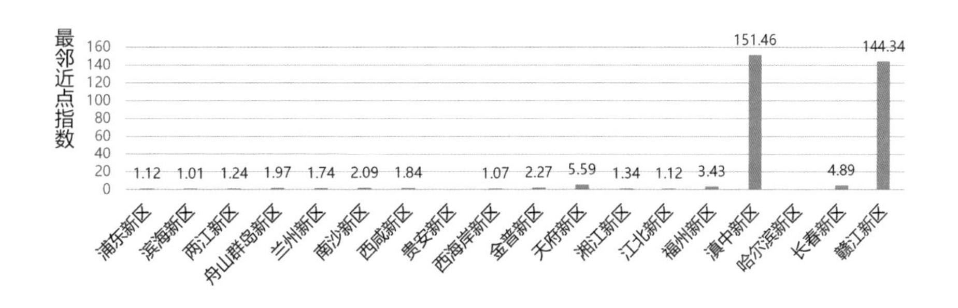

图 6-42 各新区现状公园绿地最邻近点指数

表 6-25 各新区现状公园绿地核密度分析

新区名称	浦东新区	滨海新区	两江新区	舟山群岛新区	兰州新区
图示	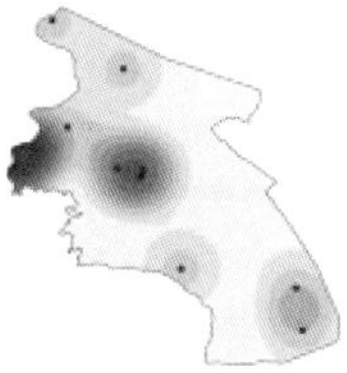				
特征	具有明显分散特征，高密度区集中在西北部	整体呈簇群状，簇群集中在中部和北部	高密度区集中在西南部，其他区域公园较少	整体呈簇群状，高密度组团集中在东南部	高密度区集中在中部，其他区域绿地较为缺乏

续表

新区名称	南沙新区	西咸新区	贵安新区	西海岸新区	金普新区
图示	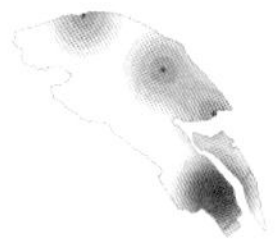				
特征	空间明显集聚，西部公园绿地缺乏	空间分布差异明显，南部集聚，北部分散	中、高等密度区位于东部和中部，南部较少	主要沿东南海岸带分布，高密度区位于东部	西部和南部集聚、东部均衡、中部和北部分散。
新区名称	天府新区	湘江新区	江北新区	福州新区	滇中新区
图示			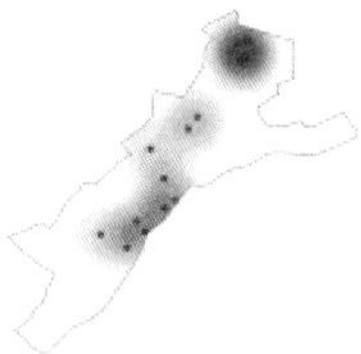		
特征	高密度区集中在中部，东部、西部公园较少	整体不均衡，高密度区集中在东部	东部、北部形成高密度组团，东南部绿地较少	呈带状分布，北侧公园绿地较为集聚	东部较为均衡，西部与老城区接壤处形成高密度区
新区名称	哈尔滨新区	长春新区	赣江新区		
图示	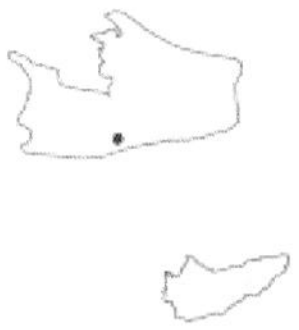				
特征	整体均衡，南、北部均呈现集聚特征	整体均衡，南部相对集聚	中、南部形成簇群状聚集区，东北侧绿地缺乏		

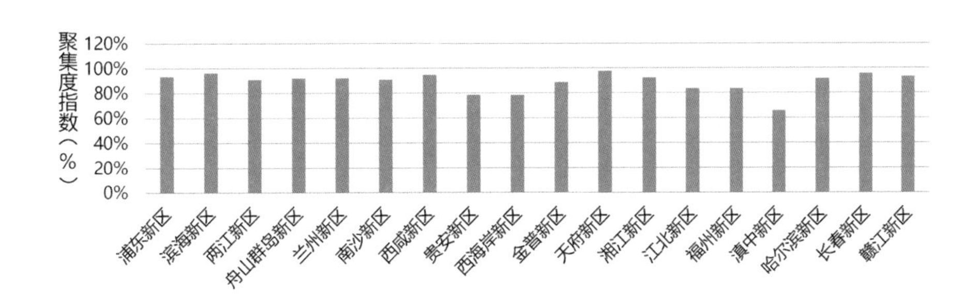

图 6-43 各新区现状公园绿地聚集度

江北新区）平均几何最近距离相对较小（< 3000 米），说明其公园绿地间连接度较高，空间结构关系较为密切；多数新区公园绿地平均几何最近距离在 4000 ～ 6000 米之间，相对差别较小。

4）形态分析

将形状指数和平均形状指数作为各新区公园绿地形态分析的主要指标。18 个国家级城市新区的公园绿地形状指数集中在“不复杂（1 ～ 1.5）”等级，仅少数新区（西海岸新区、浦东新区、湘江新区、江北新区）公园绿地形状指数属于“较复杂（2.0～2.5）”等级；没有新区现状公园绿地形状指数属于“复杂（> 2.5）”等级（图 6-44），说明在现状建设中，公园绿地总体形状复杂程度较低，块状、规则式人工化公园绿地依然是目前主要趋势。

从平均形状指数看，贵安新区、福州新区、西海岸新区现状公园绿地整体形状较为复杂，整体景观格局复杂性较高（平均形状指数> 1.5）；舟山群岛新区、西咸新区、长春新区、赣江新区公园绿地整体形状较为规则（平均形状指数为 1.0 ～ 1.3），在建设实施中受自然地形限制较少，点状、块状、规则式人工公园绿地较多（图 6-45）。

5）周边用地分析

各新区公园绿地周边用地大部分为居住区和商业区（图 6-46）。多数新区（滨海、两江、舟山群岛、南沙、贵安、金普、湘江、江北、福州、滇中、哈尔滨、赣江）有 50% 以上的公园位于居住区；少数新区（浦东、舟山群岛、金普、天府）有 30% 以上的公园位于商业区；部分新区（浦东、滨海、兰州、西海岸、湘江）的少量公园周边为工业用地；长春新区处于文化与高新科技区的公园明显多于其他城市新区。

2.城市新区公园绿地空间格局演化特征

1）新增公园绿地数量、面积、类型和规模稳步增长

2013—2019 年：各城市新区公园绿地的数量、规模均有所增加。

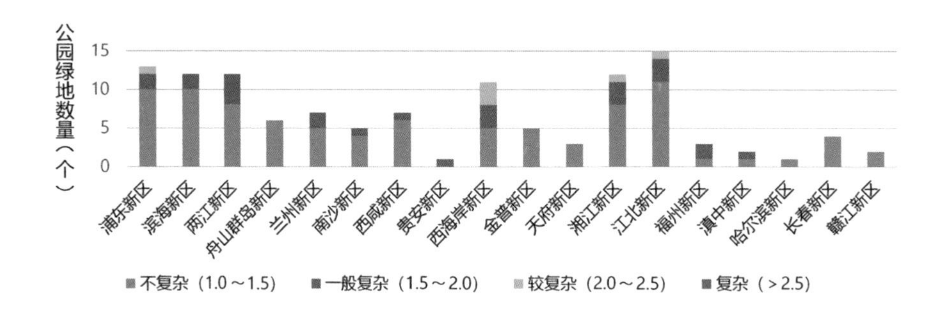

图 6-44 各新区现状公园绿地数量

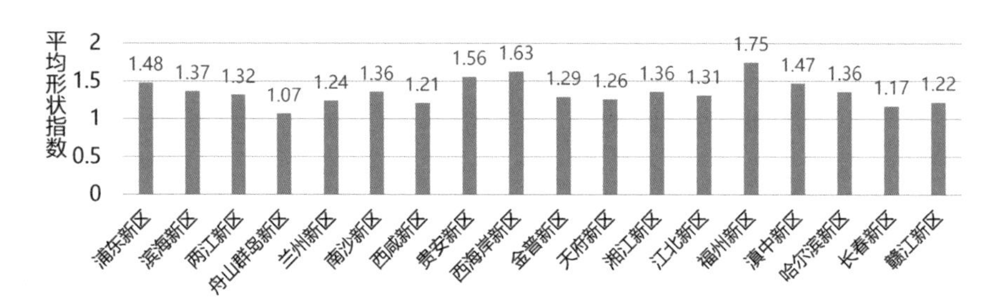

图 6-45 各新区现状公园绿地建设平均形状指数

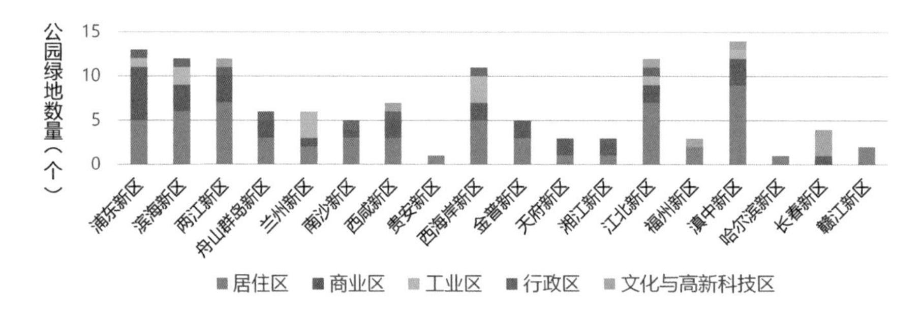

图 6-46 各新区现状公园绿地周边用地功能区分布

2013—2016 年：滨海、江北新区新增公园绿地数量较多，浦东、滨海、两江、兰州、西咸、江北新区新增公园绿地面积较多（图 6-47，图 6-48）。

2016—2019 年：两江、湘江新区新增公园绿地数量较多，浦东、滨海、西海岸、天府、湘江新区新增公园绿地面积较多。

2）公园绿地空间增长由分散向聚集式演化

根据各新区 2013—2019 年度聚集度指数（图 6-49）、最邻近点指数（图 6-50）和平均几何最近距离（图 6-51），各新区公园绿地空间增长逐渐向聚集式或多中心聚集式演化。

2013—2016 年：浦东、滨海、两江新区公园绿地聚集度增大、邻近距离由大变小，最邻近点指数减小，说明城市新区公园绿地总体呈“分散—集聚式”空间增长。江北

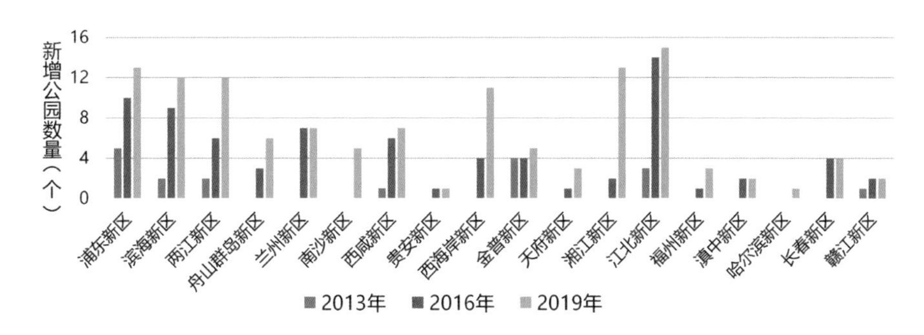

图 6-47 2013—2019 年各新区不同类型公园绿地数量变化

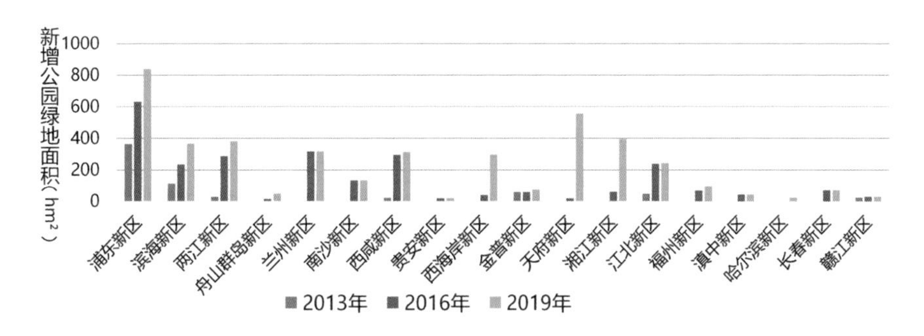

图 6-48 2013—2019 年各新区不同类型公园绿地面积变化

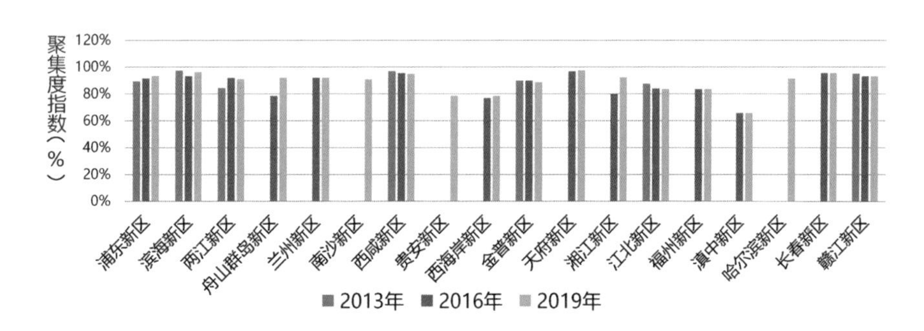

图 6-49 2013—2019 年各新区公园绿地聚集度指数变化

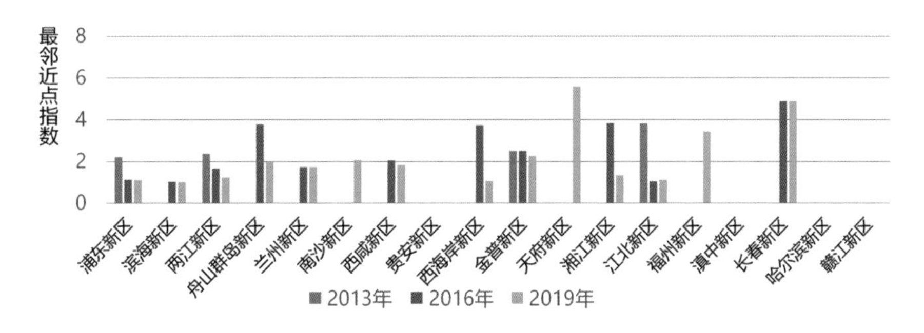

图 6-50 2013—2019 年各新区公园绿地最邻近点指数变化

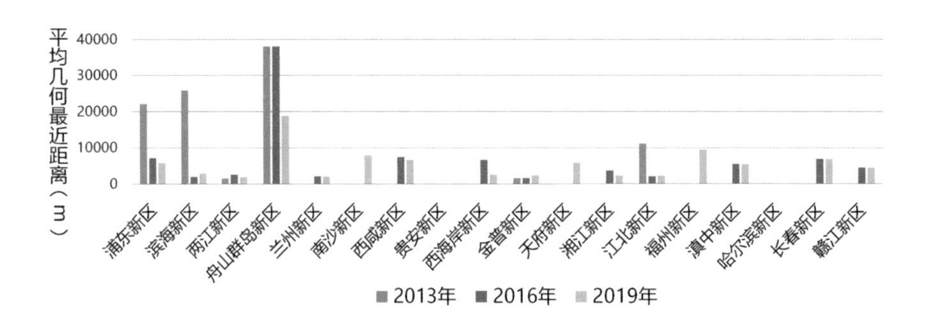

图 6-51　2013—2019 年各新区公园绿地平均几何最近距离变化

新区公园绿地聚集度减小、邻近距离由大变小，最邻近点指数减小，说明城市新区公园绿地总体呈“分散—多中心集聚式”空间增长。

2016—2019 年：浦东、舟山群岛、西海岸、天府、湘江新区公园绿地聚集度增大、邻近距离由大变小，最邻近点指数减小，说明其公园绿地总体呈“分散—集聚式”空间增长。两江、西咸、金普、江北新区公园绿地聚集度减小、邻近距离由大变小，最邻近点指数减小，说明其公园绿地总体呈“分散—多中心集聚式”空间增长。滨海新区公园绿地聚集度、邻近距离、最邻近点指数增大，说明城市新区公园绿地总体向“多中心集聚式”空间增长。金普新区公园绿地聚集度减小，邻近距离增大，最邻近点指数减小，说明其公园绿地总体向“多中心集聚式”空间增长。

3）空间分布上由边缘向中部不均衡增长

由各新区核密度变化可知，各个新区公园绿地整体上呈现不均衡增长，2013—2016 年，各城市新区公园绿地数量少，且主要分布在各城市新区边缘。2016—2019 年，随着城市建设，新增公园绿地逐渐向新区内部增长。2013—2019 年，公园绿地经历由边缘向中部，老城区向新城不均衡增长的动态过程。

4）公园绿地形状由规则式向复杂式演化

2013—2019 年，各新区新增公园绿地的形状指数均呈现上升趋势，说明随着城市发展，公园绿地建设在形状上更为复杂多样（图 6-52）。

5）公园所处功能区主要以商业区和居住区为主

2013 年：除没有新建公园绿地的新区外，其他新区公园绿地周边用地均以商业、居住用地为主。

2016 年：兰州新区公园绿地所处功能区主要为工业区，福州、长春新区绿地所处功能区主要为文化与高新科技区，其他新区公园绿地所处功能区主要为商业区和居住区。

2019 年：兰州新区公园绿地所处功能区多为工业区，长春新区绿地所处功能区主要为文化与高新科技区，其他新区公园所处功能区主要为商业区和居住区。

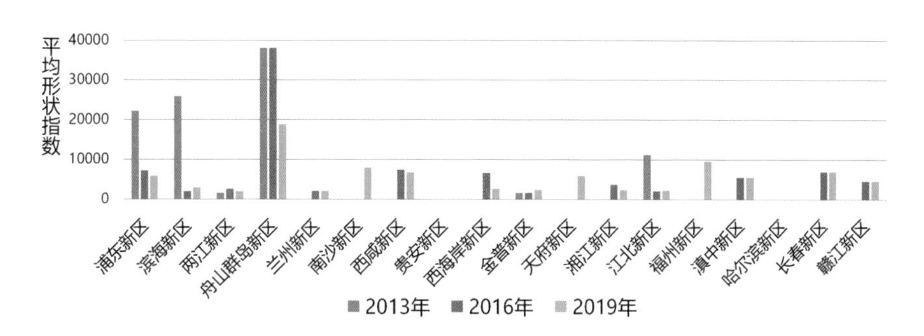

图 6-52 2013—2019 年各新区公园绿地平均形状指数变化

3.城市新区建设中公园建设的区域差异

1）地形条件对城市新区公园绿地建设的影响

均值与标准差分析：平原城市新区公园绿地规模大于山地城市（平均面积 56.42 公顷＞ 36.64 公顷、公园数量 7 个＞ 5 个），类型均以中型公园为主；山地城市新区公园绿地的空间分布比平原城市新区更分散（最邻近点指数 2.12 ＜ 2.21，聚集度 82.2%＜90.37%），但空间连接度高于平原城市（平均几何最近距离 4826.47 米＜5808.8 米），且形态比平原城市更复杂（平均形状指数 1.47 ＞ 1.33）；两种新区公园绿地所处功能区均以居住区为主（表 6-26）。

相关性分析：不同地形条件对城市新区公园绿地建设中的空间分布及形态有显著影响（与聚集度、形状指数的相关系数分别为 -0.508，0.523），公园绿地的数量、类型、最邻近点指数、平均几何最近距离和所处功能区类型等与地形条件相关性较弱（相关系数绝对值＜ 0.5）（表 6-27）。

2）气候条件对城市新区公园绿地建设的影响

均值与标准差分析：北方城市新区公园绿地规模大于南方城市（平均面积 59.51 公顷＞ 45.46 公顷，公园数量 7 个＞ 6.7 个）；除舟山群岛新区、赣江新区外，北方城市新区公园绿地空间分布比南方城市更为集聚（最邻近点指数 2.14 ＜ 2.23，聚集度 91.05% ＞ 86.22%），且空间连接度高于南方（平均几何最近距离 3986.75 米＜ 6509.11 米），但形状没有南方城市新区公园绿地复杂（平均形状指数 1.39 ＞ 1.33）；所处功能区均以居住区为主（表 6-28）。

相关性分析：不同气候条件对城市新区公园绿地建设中的规模与类型、空间分布、连接度、形态均无显著影响（相关系数绝对值＜ 0.5）（表 6-29）。

3）城市新区建设中公园绿地的区域差异

根据不同地形和气候条件对公园绿地建设影响的分析结果，发现城市新区建设中公园绿地在规模、空间形态和结构等方面存在差异。

表 6-26 不同地形条件对公园绿地现状建设的影响分析（平均值 ± 标准差）

	指标	平原	山地
规模	平均面积	56.42±61.76[a]	36.64±12.86[a]
	数量	7±4.6[a]	5±4.6[ab]
分布	最邻近点指数	2.21±1.57[a]	2.12±1.15[ab]
	聚集度	90.37%±6.39%[a]	82.2%±10.7%[ab]
距离	平均几何最近距离	5808.81±4583.24[a]	4827.47±3568.8[ab]
形状	形状指数	1.33±0.15[a]	1.47±0.20[ab]

注：a 代表没有显著性差异，ab 代表有显著性差异（p<0.05）。

表 6-27 不同地形条件对公园绿地现状建设的相关性分析

变量一	变量二		Spearman 相关性系数	相关程度
平原（1）、山地（2）城市新区	规模与类型	平均面积	0.155	微弱相关
		数量	-0.252	微弱相关
		类型	0.058	微弱相关
	分布	最邻近点指数	0.065	微弱相关
		聚集度	-0.508*	显著相关
	距离	平均几何最近距离	-0.219	微弱相关
	形状	形状指数	0.523*	显著相关
	所处功能区主要类型		-0.151	微弱相关

注：n=18，$^{*}p < 0.05$；$^{**}p < 0.01$。

表 6-28 不同气候条件对公园绿地建设的影响分析（平均值 ± 标准差）

	指标	南方	北方
规模	平均面积	45.46±50.43[a]	59.51±55[ab]
	数量	6.7±5.2[a]	7±3.6[ab]
分布	最邻近点指数	2.23±1.57[a]	2.14±1.31[ab]
	聚集度	86.22%±9.27%[a]	91.05%±5.72%[ab]
距离	平均几何最近距离	6509.11±4979.62[a]	3986.75±2047.07[ab]
形状	形状指数	1.39±0.18[a]	1.33±0.14[ab]

注：a 代表没有显著性差异，ab 代表有显著性差异（p<0.05）。

山地类型城市新区公园绿地建设与平原城市差异明显：山地类型城市新区公园绿地建设规模小于平原城市，空间分布更加分散，但其空间连接度和形态复杂程度高于平原城市。这主要由复杂的地形因素决定，同时也与山地城市有限的用地空间密切关联。

北方城市新区公园绿地建设与南方城市差异明显：北方城市新区公园绿地规模、空间连接度大于南方城市，整体空间分布更加集聚，但形状不如南方城市复杂。这些差异主要由降雨量、平均气温、日照时间等自然因素共同决定，但同时也受到新区经济发展、社会结构、管理机制等因素影响。

表 6-29 不同气候条件对公园绿地现状建设的相关性分析

变量一	变量二		Spearman相关性系数	直线相关性
南方（1）、北方（2）城市新区	规模与类型	平均面积	0.132	微弱相关
		数量	0.033	微弱相关
		类型	-0.106	微弱相关
	分布	最邻近点指数	-0.352	低度相关
		聚集度	0.243	微弱相关
	距离	平均几何最近距离	-0.168	微弱相关
	形状	形状指数	0.209	微弱相关
	所处功能区主要类型		0.321	低度相关

注：n=18，$^*p < 0.05$；$^{**}p < 0.01$。

地形条件是影响公园绿地空间分布和形态的重要因素：城市新区公园绿地的形态和空间分布比规模、类型更易受地形条件影响，即山地城市和平原城市新区公园绿地在形态和空间分布上的差异比规模、类型等方面的差异更大。

气候条件对公园绿地建设无显著影响：城市新区公园绿地建设的规模、空间分布、形态和结构与气候条件并不明显相关。也就是说，虽然降水、气温和日照等气候条件可能会影响城市公园的植被生长及其生态服务功能，但与公园绿地的空间分布和格局并不直接相关。

4.城市新区建设中公园建设的优化策略

（1）协调城市空间发展，实行协同开发模式：城市新区公园绿地空间上由边缘向中心不均衡增长，由分散式向（中心）聚集式演化，但整体建设滞后于城市建设用地发展速度。针对公园绿地与城市建设用地发展不平衡的问题，可通过“协同开发”进行优化，即建设用地开发和公园绿地同步规划、启动、推进和验收。

（2）建立区域平衡机制，缓解建设资金压力：加强公园绿地内部的经营性开发限制，通过土地指标计划管理，建立区域平衡机制，以解决公园绿地动迁建设的资金平衡压力。公园绿地内部大型绿地单元应与重点建设地块开发进行“一对一”捆绑协同开发，并通过专项规划进行指标统筹，明确生态要素验收标准。

（3）统筹城市生态资源，增效系统服务功能：地形条件是影响国家级城市新区公园绿地建设的重要因素，不同地形条件下的城市自然和生态资源差异较大，因此城市公园绿地的建设和实施应基于区域自然环境条件的分析和调查，据此评估施工难度并制定适宜性实施方案，运用地形设计、景观设计等技术手段，建设与城市环境相协调、反映地域景观特色、充分发挥生态系统服务功能的公园绿地。

6.3 城市新区开发结构研究

6.3.1 城市新区公园与生活圈的耦合关系研究

1. 公园与生活圈的基本认识

公园与生活圈居住区建设的共存状态体现在过去及现行的相关国家标准和设计规范上，共同引导城市建设。其位置和规模按照居住区分级规模的形式来确定，通常作为本级中心绿地出现，并强调与相应的道路相邻，便于居民使用。目前，①公园功能认识向综合性和社会性转向，综合性体现在城市公园的景观、游憩、生态、社会四方面功能，社会性具体体现在生理、心理和社会三方面。从生理上，公园为人群提供户外活动场地；从心理上，使人舒缓精神，享受快乐、安宁的状态；从社会层面，公园可作为城市应急防灾场所，保障群众生命财产安全，同时公园作为一种特殊的公共服务设施，需要涉及如何评价和实现空间公平性和空间正义性的需求；公园所提供的生理、心理、社会三方面功能将共同强化社会福祉的实现。②公园与城市建设相互促进。城市历史的向前推进和城市的发展带来历史遗留公园景观活化、开发与再利用；对工业转型期的遗迹进行遗址公园、矿山公园改造和提升促成城市人性化发展和高效拓展；先于城市发展的园林展会公园和新城新区中央公园等大型公园的建设有助于城市新建用地和新建功能的拓展，引导城市发展方向。③公园与城市空间的互动从“园在城心”的类中央公园模式、“园在城中”的绿地系统模式、“园在城外”的区域绿地网络与绿带，逐步走向城在园中、城园交融的新态，对城市自然化的追求成为未来城市建设和环境更新的新方向。④公园的外部性最直观地体现在为周边城市居民提供景观服务，同时，经济外部性提高了一定范围内地开发强度和土地价值，为政府、开发商及其他团体和个人带来切实的经济收入。除此之外，作为一种整合公共资源的手段，公园在规划和建设的过程中，能够推动实现片区各功能的最优配置。

生活圈的需求面并不仅局限于基本公共服务设施、便民商业服务设施、公共活动空间等物质环境，而是一种自城市顶层，到生活圈圈层中层，再落实到个人微观层面的三层需求体系，并且涵盖政策、社会、经济等各方面需求。城市公园不仅作为城市内部的自然生态空间和游憩场地，并且在社会和安全功能上对城市生活具有重要意义，在城市发展中具有引导城市整体格局和触媒城市单元的作用，在片区开发和运营中则强化了市场价值规律。因此，从供给出发，城市公园对上述生活圈的三层需求体系具有回应作用（图 6-53）。

在公园与生活圈三层次供需耦合关系基础上分析二者耦合互动的作用原理，从城市公园的供给面出发，其对应的功能表征为公园整体服务水平，从生活圈需求面出发，其对应的功能表征为生活圈服务与建设现状。公园与生活圈的三层次供需耦合关系分别对公园节点的服务水平和周边场域的生活圈服务与建设状况提供优化，在生活圈服务与建设范围产生各层次服务需求，在公园服务水平覆盖的适宜半径内提供各层次服务供给，需求与供给相互协调，动态统一；城市公园服务水平和服务能力有助于改善、调整各类服务供给的相对位置，生活圈服务与建设状况反映场域内各类服务和各外部性开发活动的集聚效应，效应集聚与相对位置间相互协调，动态统一；公园服务供给与生活圈服务需求的互动与协调，还有服务供给位置与各服务效应集聚的互动与协调，共同促进了公园与生活圈供需耦合关系的实现（图 6-54）。

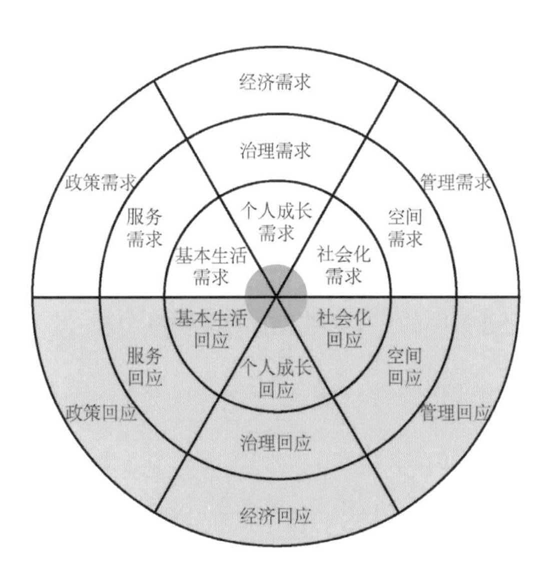

图 6-53　公园与生活圈供需回应模式

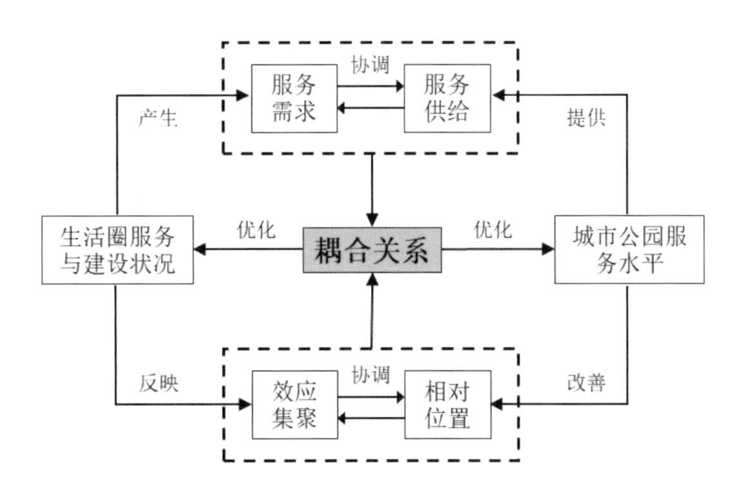

图 6-54　公园与生活圈耦合关系的作用原理

基于公园与生活圈的供需耦合与互动，从生活圈角度出发，社区逐步走向无界化，即无“墙”等实体边界围合的开放式社区。体现在连通性、共享性和混合性三方面：①社区与周边城市其他用地功能连接并融合，社区内主要道路引入城市路网系统，社区内部绿地是绿地系统在地块内的延伸。②社区与周边其他用地、尤其是边缘位置的开放空间、服务设施、交通设施共享。③开放社区及其周边用地性质混合、建筑功能混合、设施种类混合。从公园角度出发，公园逐步走向开放与溶解（俞孔坚，李迪华，潮洛蒙，2001）。体现在：①边界的溶解，即开放公园建设。②用地的溶解，即公园本身和周边用地功能的混合。在公园绿地用地规划中适当纳入其他用地功能；公园周边用地更加多元、均衡，强调公共价值判断；一体化考虑公园内外（园内与城中）各功能空间的整合、用地协调、设施共享、交通衔接等问题。③功能的溶解，公园及其周边综合性用地，从休闲娱乐功能，走向景观、游憩、生态、社会等综合性功能，尤其强调其社会功能在片区范围的实现，如防灾避险、社会服务、社会福祉等方面（图 6-55）。

2. 四个国家级新区建设中的公园与生活圈耦合关系分析

1）分析研究方法

（1）空间单元划分方法

筛选面积大于 5 公顷的公园绿地作为研究对象。引入泰森多边形法，以城市公园的几何质心为离散点，所得到的以各中心城市公园及其边界确定的空间单元，即为公园与生活圈供需耦合分析的基本空间单元。引入 *CV* 变异系数分别对以现状建设公园和规划拟建公园为几何质心所划分的空间单元的分布特征进行量化分析和对比评价。

（2）空间适宜性指标体系

借助层次分析法，建立三层次结构模型。以在公园与生活圈供需耦合关系下对空间单元适宜性进行判断为目标层。将所涉及的要素按照以公园供给面出发的相关服务

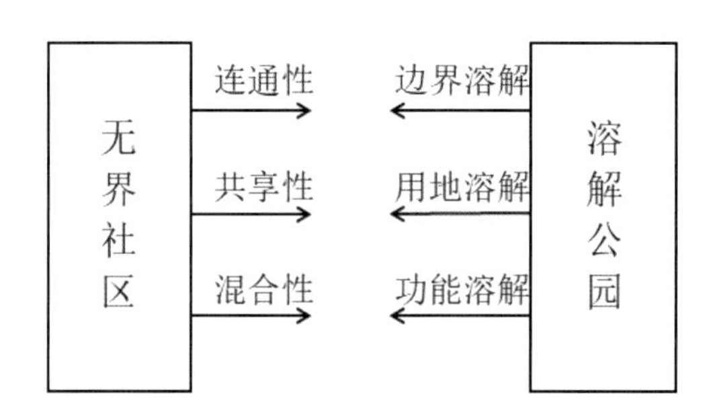

图 6-55 无界社区与溶解公园的耦合互动关系

水平、以生活圈需求面出发的相关活动水平及其暗含和影响的管理和开发水平等特性进行归纳，构成评价模型的准则层。第三层指标层，评价层次模型具体见图 6-56 所示。

基于上述评价指标体系，为提高评价结果的科学性，结合专家打分法对各指标进行主观赋权和群决策计算，并对各指标进行简单描述和计算方法释义，结果列于表 6-30。

（3）公园与生活圈耦合关系测度

节点 - 场所（Node-Place）理论模型是轨道交通站点与周围土地开发的发展动态与协调程度进行量化评估的模型。本书引入节点 - 场所模型用于对公园与生活圈耦合关系的相关分析，从公园服务支持度和生活圈功能集聚度两方面入手，对公园与生活圈耦合关系的协调程度进行判断（表 6-31）。

在研究节点指标和场所指标时，对各单项指标赋权重为 1（杨进原，2018）。二者耦合程度的比较是对两个综合价值一级指标分别进行 Z-Score 标准化处理，以场所综合值的 *Z* 值为横轴，以节点综合值的 *Z* 值为纵轴，所绘制的散点图即为各单元的生活圈功能集聚度（场所价值）与公园服务支持度（节点价值）相对大小的散点图。

（4）研究对象及具体范围

研究对象为四个国家级新区，其具体研究范围主要来源于相关规划，并根据现状建成情况进行调整，具体研究范围信息如表 6-32 所示。

（5）数据来源与处理

在实际计算中，本节所使用的具体数据如表 6-33 所示。

公园确定与空间单元划分。研究范围边界对 ArcGIS 软件邻域分析工具生成的泰森多边形进行裁剪，公园质心落在研究区域外的空间单元不作为后续分析，最终划分的研究面积如表 6-34 所示。

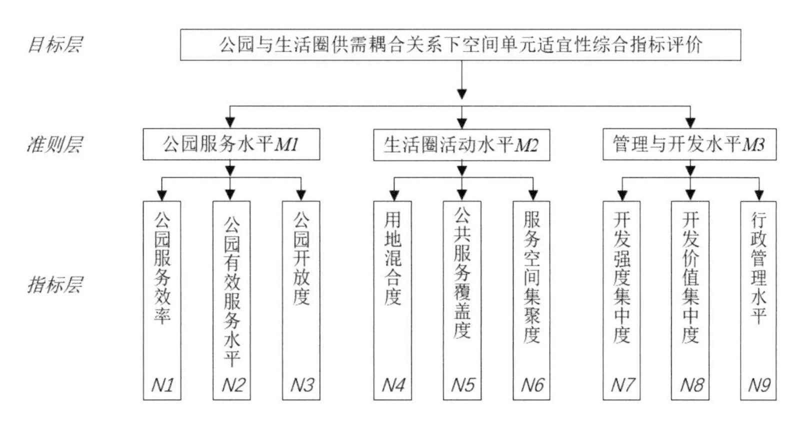

图 6-56　空间单元适宜性评价结构模型

表 6-30 空间单元适宜性评价指标权重及释义

一级指标	权重	二级指标	权重	计算公式	指标描述
公园服务水平 M1	0.5177	公园服务效率 N1	0.1252	$SE=1/\ln\frac{S}{s}$	单位公园面积所能服务的开发单元面积总量
		公园有效服务水平 N2	0.2594	$ESL=\frac{C}{S}$	各单元内公园有效服务面积的覆盖程度
		公园开放度 N3	0.1331	$PO=\frac{I}{L}$	公园邻路边长与公园总周长的比值
生活圈活动特征 M2	0.3529	用地混合度 N4	0.0859	$H=-\sum_{i=1}^{m}P_i\cdot\ln P_i$	参考香农指数，定量描述空间单元内用地功能的混合程度
		公共服务覆盖度 N5	0.2194	$PE=-\sum_{i=1}^{n}W_iT_i$	空间单元内基本公共服务设施的 500 米服务半径覆盖度
		服务空间集聚度 N6	0.0476	$ASS=\frac{n}{N}$	必要公共服务设施在公园有效服务范围内空间集聚程度
管理与开发水平 M3	0.1294	开发强度集中度 N8	0.0359	$CDI=\frac{F_a}{F_b}$	土地开发强度在公园 1000 米有效服务范围的集中程度
		土地价值集中度 N9	0.0592	$CLV=\frac{V_a}{V_b}$	地均 GDP 产出在公园 1000 米有效服务范围内的集中程度
		行政管理水平 N7	0.0343	$AM=\begin{cases}1, & 是\\0, & 否\end{cases}$	开发单元是否有独立的行政管理机构

表 6-31 公园与生活圈耦合关系测度指标

一级指标	二级指标
公园服务支持度 A1	公园服务效率 P1
	公园有效服务水平 P2
	公园开放度 P3
生活圈功能集聚度 A2	用地混合度 P4
	公共服务覆盖度 P5
	服务空间集聚度 P6
	开发强度集中度 P7
	土地价值集中度 P8

表 6-32　四个国家级新区相关信息及研究范围

新区名称	设立时间	规划面积（平方千米）	具体研究范围	研究范围描述	研究范围总面积（平方千米）
两江新区	2010 年	1200		《两江新区总体规划（2010—2020）》的空间布局结构，选取江北金融中心和现代服务业片区中的观音桥组团、人和组团，增加北部礼嘉组团，作为研究对象	209.72
天府新区	2014 年	1578		《四川省成都天府新区总体规划（2010—2030）》对新区空间结构规划提出的“一带两翼，一城六区”，选取“一城”，即天府新城，作为研究对象	134.94
浦东新区	1992 年	1210		《上海市城市总体规划（2017—2035）》中浦东新区战略指引，浦东新区划分为 1 个主城区，4 个城镇圈，选取其中的主城区为研究对象	408.7
滨海新区	2006 年	2270		《天津市国土空间总体规划（2019—2035）》的滨海新区空间结构规划，选取滨海新区的滨海核心区（内含滨海 CIZ）作为研究范围	210.72

表 6-33 数据资料统计表

数据种类	数据时限	数据来源
用地属性数据 (.shp)	2018 年	中国科学院资源环境科学数据中心
EULUC-China(.shp)	2018 年	http://data.ess.tsinghua.edu.cn/
兴趣点 POI(.shp)	2018 年	高德地图 API
道路数据 (.shp)	2018 年	OpenStreetMap
建筑轮廓 (.shp)	2018 年	百度地图数据
GDP(.tif)	2015 年	中国科学院资源环境科学数据中心
《重庆两江新区总体规划（2010—2020）》(.jpg)	2010 年	中国城市规划设计研究院
《四川省成都天府新区总体规划（2010—2030）》(.jpg)	2010 年	中国城市规划设计研究院
《上海市城市总体规划（2017—2035 年）》(.jpg)	2017 年	上海市人民政府
《天津市国土空间总体规划（2019—2035 年）》(.jpg)	2019 年	中国城市规划设计研究院、天津市城市规划设计研究院

表 6-34 四个新区实际研究单元面积

新区名称	研究范围面积（平方千米）	划分基本单元总面积（平方千米）
两江新区	209.72	205.09
天府新区	134.94	122.57
浦东新区	408.70	376.97
滨海新区	210.72	188.11

高德地图 POI 数据分类依据及研究对象预处理。结合高德地图 API 的 POI 分类对照说明，确定必要公共服务设施包括：商业设施（生活服务大类全部中小类，涵盖中介机构、桑拿、洗衣店、物流、自来水营业厅、电力营业厅、维修点、生活服务场所、美容美发店、彩票销售点等；购物服务大类中的综合市场、商场、花鸟鱼虫市场、超市、便民商店；金融保险服务大类中的银行）；教育设施（中学、小学、幼儿园及科教文化场所）；体育设施（各类体育场馆和体育休闲服务场所）；医疗设施（卫生院、诊所、医疗保健服务 / 相关用品、药房）；交通设施（汽车站、停车场、公交车站、地铁站）。以各新区内所划分的全部空间单元为范围，筛选的归属必要公共服务设施的 POI 分类及数量如表 6-35、表 6-36 所示。

表 6-35 必要公共服务设施 POI 筛选结果

公共服务设施类别	两江新区 POI 数量	天府新区 POI 数量	浦东新区 POI 数量	滨海新区 POI 数量
商业设施	24245	4374	8127	7546
行政管理与服务	786	243	1590	692
教育设施	1555	578	724	887
体育设施	1019	353	1999	382
医疗设施	2165	967	2252	845
交通设施	3914	2661	12052	5583
合计	33684	9176	26744	15935

表 6-36 基本公共服务设施 POI 筛选结果

公共服务设施类别	高德 POI 大类	高德 POI 中类	高德 POI 小类	两江新区 POI 数量	天府新区 POI 数量	浦东新区 POI 数量	滨海新区 POI 数量
商业设施	购物服务	超级市场		486	94	790	339
		综合市场		1886	241	6	719
		便民商店		2445	368	7	599
	生活服务	邮局		71	13	75	48
		物流速递		1276	265	4	754
		电讯营业厅		248	105	186	144
		洗衣店		531	106	470	174
	金融保险服务	银行		517	123	723	506
行政管理与服务	政府机构及社会团体	政府机关	乡镇以下级政府及事业单位	389	142	933	267
		公检法机构	社会治安机构	49	12	131	11
教育设施	科教文化服务	学校	幼儿园	359	117	443	514
		学校	小学	76	22	148	78
体育设施	体育休闲服务	运动场馆		676	232	1362	271
医疗设施	医疗保健服务	诊所		592	172	268	160
		医药保健销售店	药房	1096	402	627	359
交通设施	交通设施服务	公交车站		669	400	1789	968
合计				11366	2814	7962	5911

2）公园与生活圈服务空间单元划分分析

整理上述四个国家级新区的空间单元相关信息，汇总结果如下表 6-37 所示。

横向对比空间单元个数，位于西部的两江新区和天府新区具有一致特征，公园建设现状均远远小于规划公园个数，说明新区核心研究区域仍处于快速建设中；而设立最早、建设时间最长的浦东新区和滨海新区，则都是现状建设公园个数大于规划公园个数。

横向对比空间变异系数，两江、天府、浦东均是现状公园划分的空间单元相较规划方案的空间单元具有更高的离散性，也侧面说明规划方案较之建设现状来说，公园及其所引导的开发单元分布更均衡。

横向对比平均面积和平均服务半径，位于西部的两江新区和天府新区具有一致特征，规划方案公园所划分的空间单元面积大小均远远小于建设现状划分单元，空间单元平均半径也小于建设现状，说明两地在规划时对城市公园的空间分布、对公园服务适宜性的考量均较好。并且随着建设的持续推进，在公园与生活圈耦合关系下的空间划分会更加合理，适应日常使用的步行特征。同时，两新区的建设现状与规划空间单元平均半径均与生活圈空间单元尺度相近，通过城市公园参与生活圈居住区的组织与开发，以此落实公园服务、生活圈活动、管理开发等，存在现实可行性。而设立最早，建设时间最长的浦东新区和滨海新区，其规划方案公园划分的空间单元面积较大，与之相随的空间单元平均半径也大于建设现状。

浦东新区空间单元尺度较大，平均服务半径较大的原因可能有两点：一是浦东新区研究区域面积较大，用地未经过密集城镇化过程的区域较多；二是浦东新区规划市域生态空间呈网状布局，在主城区绿地网络中，大多数绿地并非以城市公园的形式存在，本书仅筛选规划中所涉及的大型城市公园，并综合主要城市公园规划中对公园的相关标注地点的绿地，对未在规划图纸中体现的小型公园无法进行确定。因此浦东新区所得开发单元个数较少，各单元平均面积较巨大，最终单元平均服务半径较大，无法构成合理的步行可达的公园 - 生活圈空间单元。

表 6-37　四个国家级新区空间单元相关信息

新区名称	建设现状 / 规划方案空间单元个数		建设现状 / 规划方案空间单元变异系数（%）		建设现状 / 规划方案空间单元平均面积（公顷）		建设现状 / 规划方案空间单元平均服务半径（米）	
两江新区	29	44	58.82	49.66	707.21	473.57	1500	1200
天府新区	14	50	74.16	52.97	817.12	251.82	1600	900
浦东新区	32	14	50.97	42.28	1178.04	2879.01	1900	3000
滨海新区	19	16	82.11	106.20	990.05	1316.98	1700	2000

滨海新区同样存在以规划方案公园进行空间单元划分，所划分的单元尺度和平均服务半径较大。原因可能在于规划方案绿地提取存在局限，其规划方案的绿地提取自天津市国土空间总体规划，因是宏观尺度，所以相对于新区片区的规划仅能以主导功能分区的形式提取出公共休闲区，因此较小尺度的详细公园会被忽略。

3）公园与生活圈服务空间单元适宜性评价

按照 0.2 的统一间隔对各新区适宜性评价结果进行重新划分等级。四个新区均无得分小于 0.2 的服务单元，因此最小分级为 0.2 ～ 0.4。将分级结果统一为四级，具体划分如表 6-38。

各新区空间单元的适宜性评价结果主要分布在 0.4 ～ 0.8。两江新区、天府新区、浦东新区的空间单元适宜性评价结果落于 0.6 ～ 0.8 区间的比例最高，滨海新区落于 0.4 ～ 0.6 区间的比例最高（图 6-57，图 6-58）。

空间单元得分在 0.8 以上的极少，仅有天府新区、浦东新区两个新区存在 1 个空间单元。

从分级特征趋势线上看，天府新区、浦东新区、滨海新区均为下降曲线，三个新区的空间单元适宜性提升的潜在趋势不明显。仅两江新区为上升曲线，存在空间单元适宜性持续提升的趋势。

0.6 ～ 0.8 得分区间的空间单元分布均与河湖水域相关：两江新区分布于研究区域东部，靠近渝中半岛和嘉陵江一侧；天府新区分布于靠近中心城区，自北至南由府河串联；浦东新区沿黄浦江一带延伸；滨海新区则沿海河沿岸集聚（图 6-59）。

得分较高的 0.6 ～ 0.8 的区间，均与相关规划中城市主中心、副中心、地区中心、组团中心、城市服务中心等规划区位密切相关。规划重点区域建设落实较完善，因此建设现状较好；规划重点地区建设现状与本文提出的公园与生活圈供需耦合关系下的空间单元评估匹配度较高，单元内公园服务水平、生活圈活动特征、管理与开发水平较高，因此空间适宜性评价综合得分较高；其他规划非重点地区在相关项目和地区服务落实之后，随着建设过程的推进，空间适宜性均将有所提升。

得分区间在 0.2 ～ 0.4 的单元均分布于研究区域边缘。客观上，边缘地区靠近城市低效开发用地或未开发建设用地，边缘外多为限建区（天府、浦东、滨海新区），因此各服务水平均有所削减；主观上，边缘地区因对研究区域外围城市公园考虑不足，因此存在划分单元较实际单元大的现象，对评价结果产生一定影响。

4）公园与生活圈服务耦合关系评价

在数量特征上，四个国家级新区均有约 1/4 的空间单元公园与生活圈耦合关系较好。

四个国家级新区节点价值大于场所价值的空间单元占比与节点价值小于场所价值的空间单元占比较均衡，均约 50%。说明总体上，各新区内，无单元间公园服务水平或生活圈活力差异巨大的现象，其差异主要存在于各单元内部（表 6-39）。

表 6-38　四个国家级新区空间单元适宜性评价结果分级

新区名称	一级得分范围	二级得分范围	三级得分范围	四级得分范围
两江新区	0.395917 ～ 0.400000	0.400001 ～ 0.600000	0.600001 ～ 0.780656	
天府新区	0.331458 ～ 0.400000	0.400001 ～ 0. 600000	0.600001 ～ 0.80000	0.800001 ～ 0.876742
浦东新区	0.309449 ～ 0.400000	0.400001 ～ 0.600000	0.600001 ～ 0.80000	0.800001 ～ 1.189486
滨海新区	0.367650 ～ 0.400000	0.400001 ～ 0.600000	0.600001 ～ 0.751977	

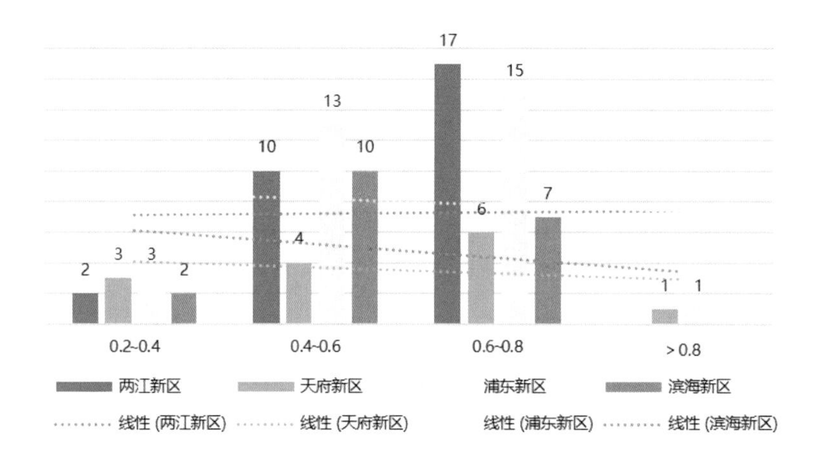

图 6-57　空间单元适宜性评价结果分级数量及趋势对比

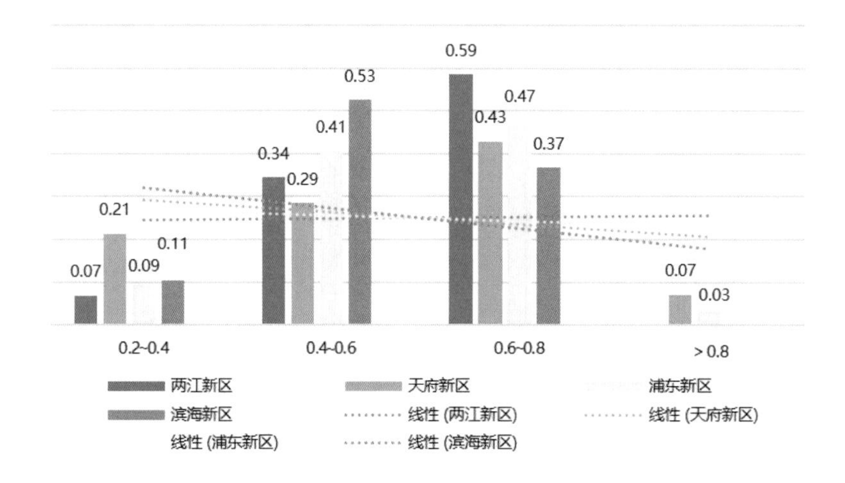

图 6-58　空间单元适宜性评价结果分级占比及趋势对比

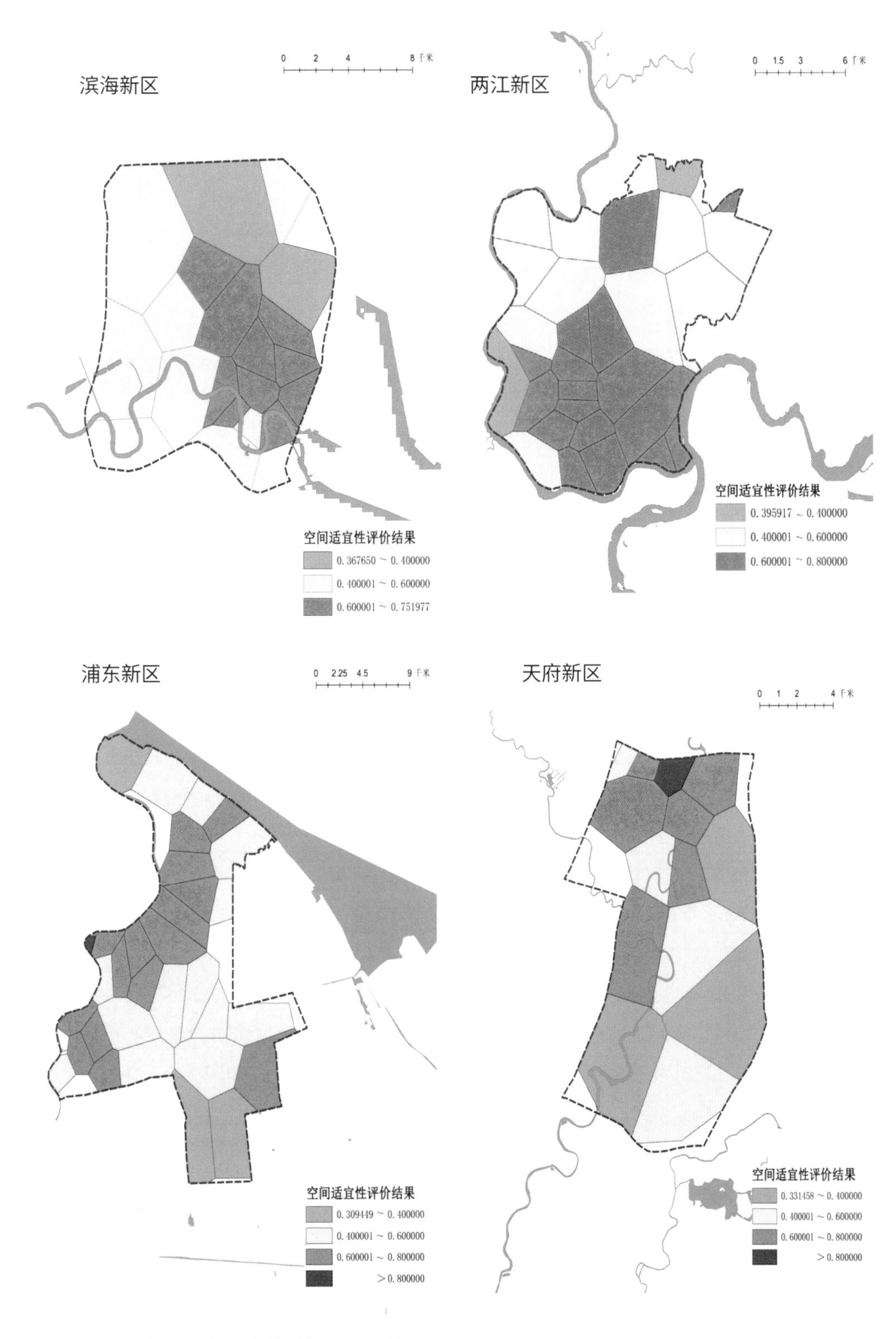

图 6-59 四个国家级新区空间适宜性评价结果空间分布

表 6-39　四个国家级新区公园与生活圈耦合关系相关信息横向对比

新区名称	空间单元数量（个）	耦合关系相对均衡的单元数量（个）与占比（%）	节点价值＞场所价值的单元数量（个）与占比（%）	场所价值＞节点价值的单元数量（个）与占比（%）
两江新区	29	7	15	14
		24.14%	51.72%	48.28%
天府新区	14	3	7	7
		21.43%	50.00%	50.00%
浦东新区	32	9	14	18
		28.13%	43.75%	56.25%
滨海新区	19	4	9	10
		21.05%	47.37%	52.63%

在空间分布上（图 6-60），天府新区的节点价值 - 场所价值综合指标差异结果分布较为规律，从靠近中心城区的北部向南差异程度递增，且相较其他三个新区有明显的耦合度较高的组团，公园服务水平与生活圈功能活力程度趋于均衡。

两个西部新区的节点价值 - 场所价值综合指标差异结果与空间单元适宜性分布结果相似。多数空间单元适宜性较高的片区，其生活圈功能集聚度水平与公园服务支持度水平耦合度较高，二者供需相对均衡。

浦东新区和滨海新区的节点价值 - 场所价值综合指标差异结果相似，在空间单元适宜性较好的单元，存在许多节点价值 - 场所价值差异明显的地区，无明显规律。同时，浦东新区和滨海新区在空间适宜性一般的单元也存在相似之处，部分单元的场所价值远远大于节点价值，存在高强度生活圈开发建设，但绿化环境服务水平未跟进的问题。

四个新区均存在靠近江河的空间单元，尤其是靠近滨江的、规划为城市功能中心的单元，节点价值远远大于场所价值的现象。该地区凭借靠近江河湖的景观优势，绿色空间服务功能已得到发挥，但与生活圈功能组织与活力相关、与周围场域开发相关的建设措施并未得到跟进。

3. 城市新区公园与生活圈空间单元优化策略

影响公园与生活圈耦合关系下的空间单元的综合服务水平和空间质量的因素可以归纳为城市公园数量、公园服务效率、用地混合程度、服务空间集聚程度、周围土地价值和开发强度集中度、公园与生活圈服务均衡六方面。空间优化策略也以此展开。

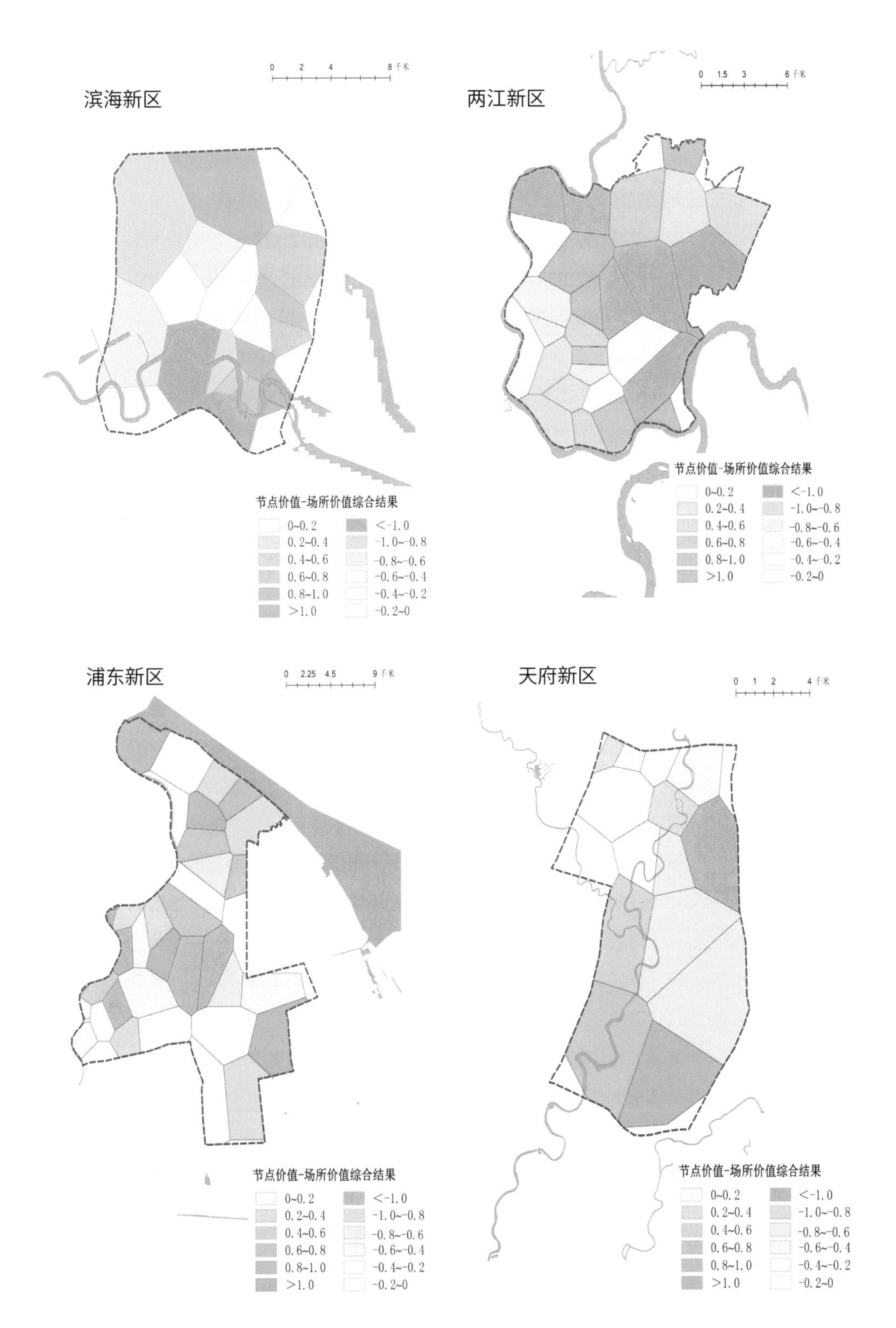

图 6-60 四个国家级新区节点价值 - 场所价值综合指标差异空间分布

1）织密城市公园空间网络

织密城市公园空间网络，提高城市开放空间节点数量，落实或优化落实相关规划对于开放空间的设计，是对公园与生活圈耦合关系作用下的空间单元进行优化的首要策略。

2）提升城市公园服务效率

参考空间单元总面积及单元内预期服务人口数量，以确定各处城市公园的合理用地面积；对公园可步行范围内交通的优化，如提升路网密度、调整出入口，对封闭居住、行政、商业用地的开放式设计，对步行环境舒适性的优化提升等，可提高居民对空间单元中心的城市公园的步行可达性，实现公园实际服务能力和服务水平的提升扩大公园邻路界面的占比，有助于提高公园的开放程度，并影响公园可达性的提升。同时，公园服务效率也与本书评价体系尚未涉及的城市公园自身服务水平相关，如公园的景观质量、内部空间布局形式、营造场景能否满足群众活动的多元需求、配套设施完善程度、管理维护水平等，因此也需从公园自身建设质量出发，提升公园自身的服务水平和服务质量。

3）丰富空间单元用地多元性

空间单元内的用地类型越多元，其功能与居住、生活、游憩、工作、商业服务等越密切，越能激发单元内、公园与周边生活圈用地间的互动，提高空间单元整体活力，提高地区整合发展效率，使空间单元能够良性发展，使公园及其所确定的空间单元范围能够满足其内的居民对居住、生活的多样化需求。

4）提高公园可步行范围内的生活服务设施集中与覆盖

首先，生活服务设施在有效空间内的集中布置有利于降低步行成本，提升资源使用效率。其次，服务设施在城市公园周边的集聚有利于丰富步行环境体验，提升城市公园周边土地开发及功能业态的多样性，带动空间单元的价值提升。同时，集中带来的多样化设施融合与用地功能混合的作用相似，均会增加片区活力。

对于生活服务设施的集中，需考虑到：①各类服务设施分布的均衡性，在类别趋同分布时也考虑相对的分散性，以保证各区位住宅人群获取服务的步行距离相对公平。②精细化服务及设施灵活共享，根据各空间单元人群分异现状及使用特征，提供多元设施类别，如针对年龄结构偏年轻的群体，在服务设施聚集类别上，强调第三空间等创意空间邻近公园优质环境集中布置。③针对老龄和幼儿群体较多的空间单元，则强调各类生活辅助设施，文化站、诊所和日间照料邻近公园周围优质环境集中布置。

5）提升城市公园有效服务范围内的土地价值

公园作为提供景观、游憩、生态、社会等服务功能的公共资源及它的外部性特征均有一定的作用范围，并呈现边界效益递减规律。因此，推动公园周边各功能的合理布局，有效提升该范围内用地的建设开发强度与水平，是合理配置、高效利用城市资源，实现生活圈空间单元经济价值提升的关键。

6）均衡公园与生活圈的服务价值水平

对耦合测度综合指标的相关方面进行建设优化，可以实现空间单元内城市公园与生活圈服务价值水平的相对均衡性。若空间单元的节点价值远高于场所价值，则需从生活圈功能集聚度方面出发，提高生活圈场所功能活力与服务价值，加强生活圈的相关建设强度与建设水平。若空间单元的场所价值远高于节点价值，则需从公园服务支持度方面出发，增强公园自身的服务水平与服务效率，提高公园与周边土地的开放程度，提高公园在一定范围内的可达性。

6.3.2 国家级新区建设中土地利用效益与交通发展水平的耦合协调研究

作为国家级新区发展的载体与重要支撑系统，土地利用与交通发展的协调互动，是新区健康发展、持续引领区域经济社会水平提升的重要前提。两系统间通过互馈效应不断协调发展，也是从根源上实现用地综合效益、缓解现有城市交通问题的关键。国家级新区成立以来，经济社会结构、土地利用方式及交通发展水平都产生了很大变化，当前多数国家级新区处于蓬勃发展阶段，城市化建设对土地的需求会持续加重土地资源的供给压力，用地规模的扩展也对交通发展提出新的要求，但土地资源有限，建设资金的投入产出比也有待提升，国家级新区的可持续发展面临较大挑战。在此背景下，从土地利用效益与交通发展水平切入，对国家级新区用地与交通的协调发展情况进行研究具有一定的现实意义。

1. 新区建设中土地利用效益与交通发展水平耦合机理及模型构建

1）耦合机制分析

城市化进程中用地扩展增生的交通需求与城市交通供给的错位发展激化了交通与用地矛盾。土地利用与城市交通的高度关联决定了城市的可持续发展依赖于土地利用 - 交通系统间整体结构与功能发展不断趋于完善的耦合关系。已有研究表明，耦合关系分为耦合协调与耦合不协调关系，可进一步细分为低水平耦合、拮抗、磨合、良性耦合四个阶段（王成，唐宁，2018）。依据耦合阶段的划分，研究将国家级新区土地利用与交通系统的耦合机制分为促进机制、制约机制、整合机制、协同机制四个方面。

（1）促进机制

城市土地利用与交通发展的相互促进体现在两个方面（图 6-61）：一是土地利用模式决定交通需求，并促进交通系统完善。城市土地利用分为高密度集中与低密度分散两种模式，而交通需求源于土地利用。不同密度、布局的土地利用模式，从微观上决定了城市交通源、交通量及交通模式，从宏观上决定了城市交通结构、交通设施建设水平以及城市布局形态（李聪颖，2005）。二是交通发展水平的提升，交通系统的完善度与可达性可吸引居住、产业等功能空间的集聚，进而促进土地利用空间布局的形成。

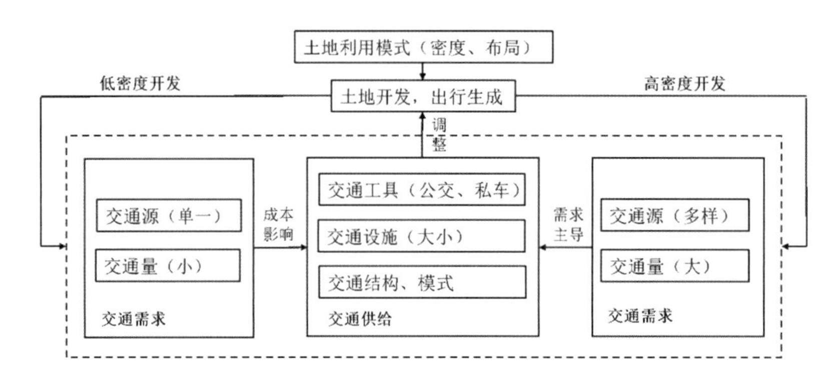

图 6-61　土地利用模式对交通需求的影响

（2）制约机制

土地利用与城市交通系统是城市发展的重要依据，二者在城市运行系统中相互作用与制约。当土地利用与交通系统的发展不相适应时，二者则会出现相互制约的关系（图 6-62）。

城市通过土地利用模式及用地性质规模的变化调整其区域主体功能，影响人流分布以及交通出行需求，进而直接或间接地制约城市交通系统发展（图 6-63）。土地利用对于交通系统的直接制约作用主要表现在对于交通需求的抑制。若土地利用的布局方式以及开发强度与当前区域交通承载力相适应，则无需新的资金及土地投入来扩大交通供给，交通系统发展受到制约。而土地利用对于交通发展的间接制约则通过政策管理方式得以实现。当城市土地利用强度及模式催生的大规模交通出行需求，远超城市交通系统容量时，城市易产生交通拥堵、环境污染、热岛效应等城市病。为了缓解交通系统超负荷运转带来的负面效应，政府部门往往采用交通限行、公交优先等交通需求管理措施抑制交通车辆的使用及交通网络的发展。

交通发展则通过对城市效益的直接或间接影响实现对土地利用开发的制约作用。直接方面主要表现在经济社会水平以及城市规划通过限制路网的分布与完善进而达到限制用地开发的目的。城市交通发展对于土地利用的间接性制约体现在二者发展的不同步。城市道路系统的完善与发展是一个渐进式的长期过程，城市的土地开发利用受制于当前的交通供给能力。若用地开发显著超前于道路网络发展，则土地开发带来的大规模出行需求难以被满足，城市将会面临巨大的交通压力，城市运行秩序将受到影响，同时也将抑制这些居民的出行意愿，从而制约进一步用地开发。

（3）整合机制

城市交通系统的完善与发展不仅是为了满足随着土地开发利用不断攀升的交通出行需求，更为重要的是通过整合土地开发利用，实现城市交通健康发展，引导城市用地空间有序扩展，形成土地利用与城市交通相互协调的发展关系。城市土地利用与交

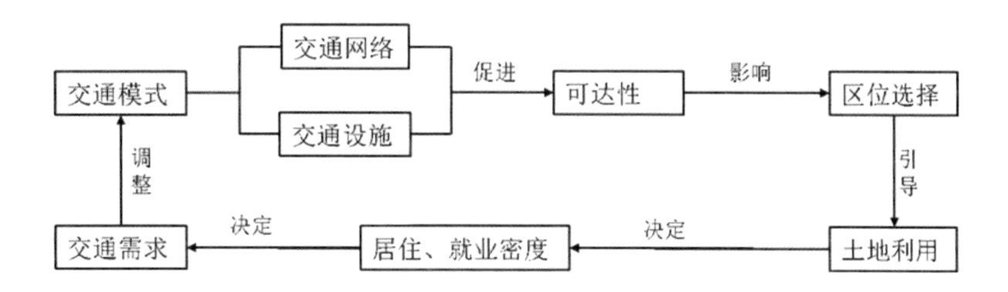

图 6-62 交通模式与土地利用相互作用机制

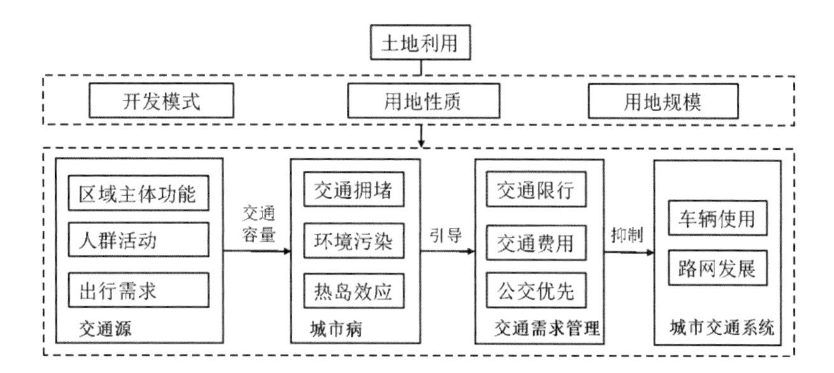

图 6-63 土地利用对交通系统的抑制作用

通发展的整合机制是指交通规划管理者根据城市交通供给能力以及土地开发所产生的交通需求相耦合发展的模式，对交通系统资源有效整合，提高道路交通系统利用率。同时，充分结合交通供给水平，引导土地合理开发，有效避免因逐利心理导致的土地高强度开发对城市交通系统发展的阻碍，使城市路网与用地开发相互耦合，实现城市交通供需平衡，提高城市发展的整体功能效应。

（4）协同机制

城市土地利用与交通发展的协同指两系统发展相互适应的过程。土地利用与交通发展是相互渗透、相互影响的源流关系。在我国，受限于现实条件，交通规划与土地利用规划通常是不同步的。城市规划若是单纯考虑土地利用而忽视交通系统的完善与发展，那土地利用规划则难以与交通发展进程相协调；离开用地规划进行交通系统规划，则交通规划会如无源之水，失去依托，同时也容易导致交通资源、城市土地的浪费。土地利用规划与城市交通规划是相互关联、相互影响的关系，交通规划中的道路交通发展规划及道路网络体系规划都融于城市土地利用规划中的总体规划、控制性详细规划及分区规划中，二者在城市的发展运行中相互作用、互补交叠、循环反馈，形成迭代的规划过程，促进整个系统大环境的调整与完善。

2）耦合研究思路

土地利用效益与城市交通发展水平的耦合关系研究分三步进行（图 6-64）。第一步，系统分析两者的相关理论研究及耦合机制，构建相应耦合模型；第二步，以耦合评价模型为依托，选取成立时间久、发展较为成熟的两个典型国家级新区进行土地利用与交通系统的耦合关系实证研究，对比分析新区两系统间的耦合发展情况及耦合关系存在的问题；第三步，通过对案例的土地利用效益与城市交通水平系统耦合关系的具体研究测度，针对性提出耦合协调发展的提升建议，为未来国家级新区的建设发展提供参考。

3）土地利用效益与交通发展水平耦合评价指标体系建构

对新区土地利用效益与交通发展水平的耦合关系进行定量研究，首先需明确研究对象与目的，基于所研究的系统要素及其影响因素建立可量化的评价指标体系，并依据该指标体系对新区不同时间的土地利用效益与交通发展水平的耦合度进行评价与研究。建立评价指标体系的过程是将两系统间的耦合关系进行定量分析的前提条件，而评价指标的选取及指标间的结构层次关系是评价指标体系构建的核心内容。

通过对既有研究的评价指标总结，结合浦东新区的实际情况，综合考虑各项指标的数据可获得性、连续性以及研究的科学规范性，从土地利用的经济、社会、生态效益三个维度共选取 13 个指标，构建浦东新区土地利用效益的评价指标体系，在交通建设规模、交通运输能力、交通发展潜力三个维度共选取 16 个指标，构建浦东新区交通发展水平的评价指标体系（表 6-40）。

4）土地利用效益与交通发展水平耦合评价指标数据预处理

（1）数据来源

研究根据数据可得性与完整性选择浦东新区 1995—2018 年共 24 年的土地利用与交通发展相关数据作为研究样本进行分析研究，数据来源包括《浦东新区年统计年鉴》《浦东年鉴》《浦东开发》期刊以及上海浦东官网相关统计数据。

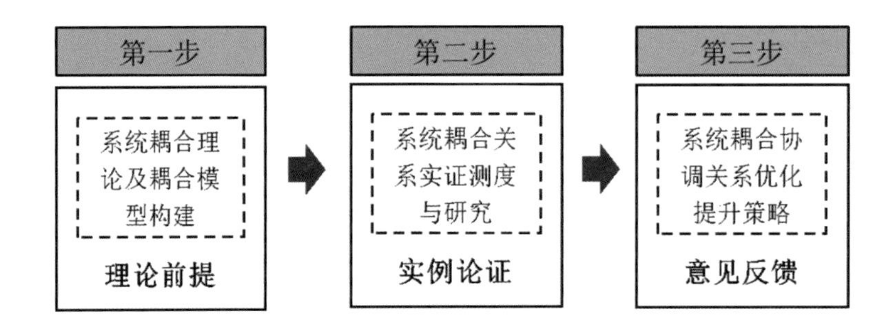

图 6-64 耦合研究思路分析

表 6-40 浦东新区土地利用效益与交通发展水平评价指标体系

目标层	准则层	指标层	单位	属性
土地利用效益	经济效益	地均生产总值	万元 / 平方千米	正
		地均工业生产总值	万元 / 平方千米	正
		地均财政收入	万元 / 平方千米	正
		地均投资强度	万元 / 平方千米	负
	社会效益	人口密度	人 / 平方千米	正
		土地面积	平方千米	正
		建成区面积	平方千米	正
		就业人口	万人	正
	生态效益	绿化覆盖率	%	正
		绿化覆盖面积	万平方米	正
		公共绿地面积	万平方米	正
		人均公共绿地面积	平方米 / 人	正
交通发展水平	交通建设规模	城市道路面积	万平方米	正
		城市道路长度	千米	正
		公路里程	千米	正
		公共交通运营线路长度	千米	正
		公共交通全年运客总量	万人	正
		机场旅客吞吐量	万人	正
		集装箱吞吐量	万标箱	正
		港口货物吞吐量	万吨	正
	交通发展潜力	年末营运公共车辆	辆	正
		交通运输 / 仓储和邮电通信就业人员数	人	正
		交通邮电投资额	亿元	正
		交通运输 / 仓储和邮政业产值	亿元	正

表 6-41　浦东新区土地利用效益与交通发展水平评价指标权重

目标层	准则层	权重	指标层	权重
土地利用效益	经济效益	0.2755	地均生产总值（万元/平方千米）	0.1108
			地均工业生产总值（万元/平方千米）	0.0244
			地均财政收入（万元/平方千米）	0.1099
			地均投资强度（万元/平方千米）	0.0304
	社会效益	0.4261	人口密度（人/平方千米）	0.0374
			土地面积（平方千米）	0.1800
			建成区面积（平方千米）	0.0936
			就业人口（万人）	0.1151
	生态效益	0.2983	绿化覆盖率（%）	0.0292
			绿化覆盖面积（万平方米）	0.0886
			公共绿地面积（万平方米）	0.0610
			人均公共绿地面积（平方米/人）	0.0441
			园林绿地面积（万平方米）	0.0754
交通发展水平	交通建设规模	0.2366	城市道路面积（万平方米）	0.0495
			城市道路长度（千米）	0.0384
			公路面积（万平方米）	0.0686
			公路里程（千米）	0.0801
			公共交通运营线路长度（千米）	0.0643
	交通运输能力	0.3315	公共车辆平均每日乘客人数（万人）	0.0336
			公共交通全年运客总量（万人）	0.0520
			机场旅客吞吐量（万人）	0.0813
			集装箱吞吐量（万标箱）	0.0827
			港口货物吞吐量（万吨）	0.0818
	交通发展潜力	0.3675	年末营运公共车辆（辆）	0.0505
			交通运输/仓储和邮电通信就业人员数（人）	0.0702
			城市基础设施投资额（亿元）	0.0495
			市内公共交通投资（亿元）	0.0680
			交通邮电投资额（亿元）	0.0453
			交通运输/仓储和邮政业产值（亿元）	0.0839

（2）指标的无量纲处理

选择极值法进行评价指标的无量纲化处理，将所有指标数值全部转化为 0 ～ 1 之间的数值，并将处理后的指标右移一个最小单位值，以满足运算需求。

（3）指标权重确定

研究选取熵值法作为国家级新区土地利用效益与交通发展水平耦合关系评价的指标赋权方式，通过对各项指标进行客观赋权，计算得出系统的综合指数值，使评价研究结果更为准确，为两系统的耦合协调发展提供科学依据。指标赋权结果如表 6-41 所示。

5）土地利用效益与交通发展水平耦合评价模型选取及评价结果判定标准

（1）耦合度的计量模型及判定标准

借鉴耦合计算公式（苏屹，2017），研究采用的土地利用效益与城市交通发展水平的耦合度测度模型为：

$$C=2\sqrt{\frac{U_1\cdot U_2}{(U_1+U_2)(U_1+U_2)}} \tag{6-5}$$

式中，U_1 为新区土地利用效益综合评价函数值，U_2 为新区交通发展水平综合评价函数值，C 即为土地利用效益系统和交通发展水平系统的耦合度。参照已有研究并结合实际，将土地利用效益与交通发展水平的耦合度值划分作四个阶段，对应不同的耦合特征。具体如表 6-42 所示。

（2）耦合协调度的计量模型及判定标准

耦合度虽然反映新区土地利用效益与交通发展水平间的相互作用程度，但无法表征两子系统间是处于高水平的相互促进或是低水平的相互制约状况。因此，研究引入耦合协调度计算方式，通过对新区土地利用效益与交通发展的耦合协调度研究以反映两系统间的实际耦合协调情况。具体计算方式如下。

表 6-42　耦合度判定标准

耦合度	耦合阶段	特征
$C\in[0，0.3]$	低水平耦合阶段	土地利用效益与交通发展水平的初始博弈，系统耦合水平较低，其中，当 C=0 时，两系统的发展互不相关且呈现无序发展状态
$C\in(0.3，0.5]$	拮抗阶段	土地利用效益与交通发展水平的相互作用加强，出现一方优势更强且压制另一方发展的现象
$C\in(0.5，0.8]$	磨合阶段	土地利用效益与交通发展水平两子系统间开始相互制衡、配合，呈现良性耦合特征
$C\in(0.8，1]$	高水平耦合阶段	土地利用效益与交通发展水平两子系统间的良性耦合作用加强并逐渐向有序方向发展，处于高水平的协调耦合阶段，其中，当 C=1 时，两系统的发展呈现良性共振耦合并趋向新的有序结构

$$\begin{cases} D=\sqrt{CT} \\ T=\alpha U_1+\beta U_2 \end{cases} \tag{6-6}$$

式中，C 为耦合度，D 为耦合协调度，反映土地利用效益系统与交通发展水平系统的协调耦合程度；T 为两系统的综合协调指数，反映二者的整体协同效应；α 和 β 为待定系数，代表土地利用效益系统与交通发展水平系统对两系统耦合的贡献系数，本节参照既有研究及专家建议，将待定系数值确定为 α= 0.5，β=0.5。在耦合协调度判定标准方面，部分学者将耦合协调度从失调状态到协调状态划分为十个等级，划分阶段较为详细（杨永春，杨晓娟，2009；彭婕，2019）。本节为避免因数据误差导致评价结果偏差过大，在耦合度评判标准的选择上不过度细分，但考虑到若划分等级过少，则容易导致耦合协调度变化幅度难以辨别。因此，参照王成学者的划分方式（王成，2018）将耦合协调度划分为五个等级（表 6-43）。

上述判断标准可以根据耦合协调度的具体值判断新区发展过程中土地利用效益与交通发展水平的耦合协调类型，但是无法直观地反映出两系统间的优劣势关系，因此结合学者（李儒童，2018）已有研究对该判定标准进一步细化（表 6-44）。

2. 浦东新区土地利用效益与交通发展水平的耦合协调关系研究

1）土地利用效益及其子系统综合指数值分析

（1）土地利用效益综合指数分析

观察土地利用效益综合指数的变化情况（图 6-65），浦东新区土地利用效益整体呈上升趋势，从 1995 年的 0.0366，持续增长至 2018 年达到 0.8073。土地利用综合效益的实现受多重因素的推动进而不断上升，也说明浦东新区开发开放 30 年来在土地利用方面取得了显著成绩。结合浦东新区建设发展背景与土地利用效益综合指数变化情况看，由于新区成立初期，基础建设条件差，土地利用发展受限，起步缓慢，1990 年代土地利用效益综合评分较低，世纪交替之际，经历了近十年的基础设施建设与发展探索，土地利用效益实现第一次飞跃发展，增长速率高达 79%，随后几年一直保持中高速增长，直至 2005 年以后，土地利用效益增长速度逐渐放缓，但仍保持小幅上涨趋势，推测其原因可能是由于开发建设成本提升且土地存量不断减少。2009 年浦东新区行政区划变动，可建设用地面积倍增，为新一轮的土地开发注入了新鲜血液，新区土地利用效益综合指数迎来了第二次跨越式发展。进入“十一五”后，土地利用效益综合评分增速放缓，此后长期保持低速增长，究其根源或许是新区建设发展达到一定规模及人口容量，土地利用效益若想实现突破发展，则需大幅提升其建设投资额度，而新区基础设施投资额保持稳定增长，加上规划实践的经验提升，产业结构的调整，新区土地利用效益得以保持小幅稳步提升趋势。2018 年由于国际贸易摩擦，外部环境不稳定，新区生产总值、财政收入及固定资产投资等都大幅下降，加上房地产市场波动，土地

表 6-43 耦合协调度判定标准

耦合协调度（D）	耦合协调类型	特征
$D \in [0, 0.2]$	严重失调	新区交通发展水平显著超前于土地利用效益的实现，耗费大量的人力物力财力，新区发展承受较大社会经济压力；或是新区大规模进行土地开发，但由于道路交通发展与其不相匹配，致使土地利用效益较低
$D \in (0.2, 0.4]$	中级失调	新区交通发展水平仍然处于优势地位，土地利用效益也逐步提升，但是仍然无法弥补交通资源及用地资源浪费带来的损失；或是土地利用效益处于优势地位，道路交通逐渐发展完善，但发展水平相对滞后，土地价值提升受到限制
$D \in (0.4, 0.6]$	基本协调	土地开发利用及道路交通网络扩张速度放缓，开始注重土地利用的综合效益及交通整体发展水平的实现
$D \in (0.6, 0.8]$	中级协调	新区道路交通发展水平较高，土地利用整体效益得到较大提升
$D \in (0.8, 1.0]$	良好协调	新区土地利用与交通发展相互适应、促进，新区建设实现有序发展

表 6-44 耦合协调发展情况判定标准

耦合情况	耦合协调度（D）	耦合发展类型	U_1 与 U_2 对比关系	基本类型
协调类	(0.8，1]	良好协调	$U_1 > U_2$	良好协调交通发展水平滞后型
			$U_1 = U_2$	良好协调系统间发展同步型
			$U_1 < U_2$	良好协调土地利用效益滞后型
	(0.6，0.8]	中级协调	$U_1 > U_2$	中级协调交通发展水平滞后型
			$U_1 = U_2$	中级协调系统间发展同步型
			$U_1 < U_2$	中级协调土地利用效益滞后型
	(0.4，0.6]	基本协调	$U_1 > U_2$	基本协调交通发展水平滞后型
			$U_1 = U_2$	基本协调系统间发展同步型
			$U_1 < U_2$	基本协调土地利用效益滞后型
不协调类	(0.2，0.4]	中级失调	$U_1 > U_2$	中级失调交通发展水平滞后型
			$U_1 = U_2$	中级失调系统间发展同步型
			$U_1 < U_2$	中级失调土地利用效益滞后型
	[0，0.2]	严重失调	$U_1 > U_2$	严重失调交通发展水平滞后型
			$U_1 = U_2$	严重失调系统间发展同步型
			$U_1 < U_2$	严重失调土地利用效益滞后型

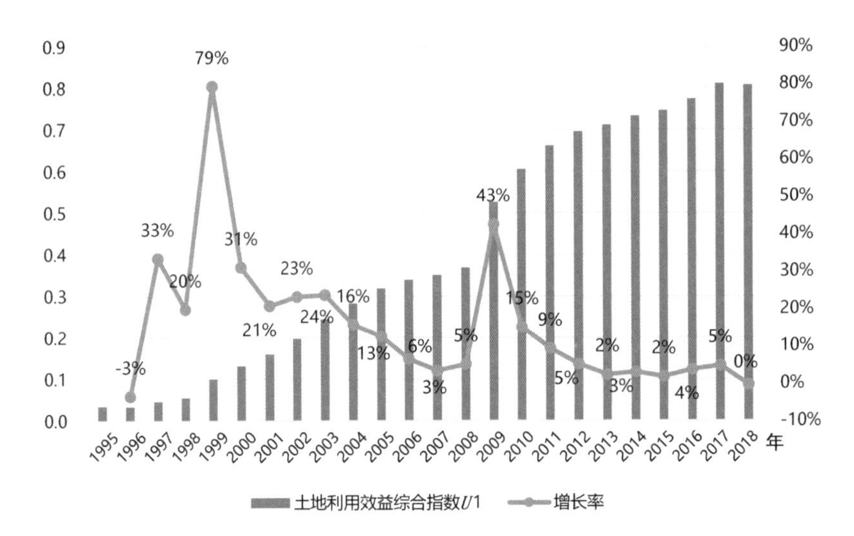

图 6-65 浦东新区土地利用效益综合指数变化情况

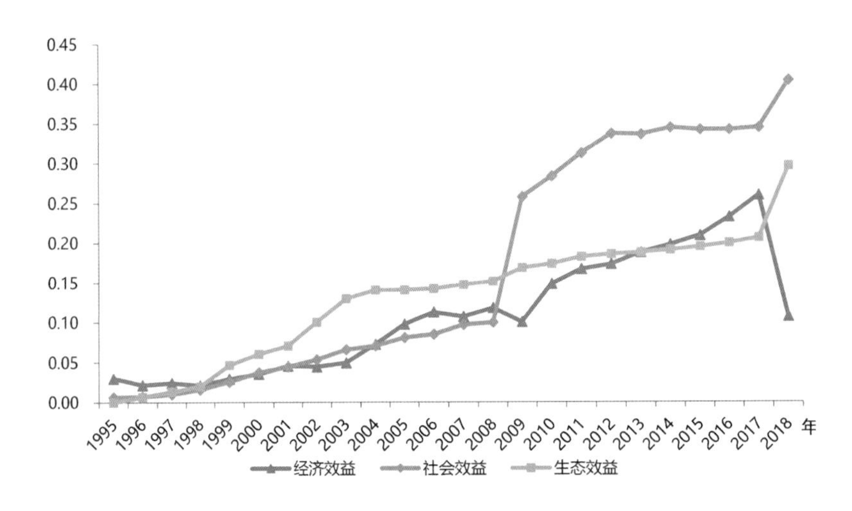

图 6-66 1995—2018 年浦东新区土地利用效益子系统综合指数

开发建设热情受挫，致使土地利用效益综合指数出现 21 世纪以来的首次负增长。

综合上述分析，结合浦东发展阶段的相关研究结果，浦东新区土地利用效益发展在观测期内可大致划分成四个阶段：1990—1995 年，开发奠基阶段；1996—2000 年，基础开发与功能培育阶段；2001—2008 年，功能开发高速发展阶段；2009—2018 年，二次创业阶段（表 6-45）。

(2) 土地利用效益子系统综合指数分析

据图 6-66 可以看出，可以看出，1995—2018 年土地利用生态效益、社会效益与经济效益大体呈上升趋势。1990 年代时期，开发建设处于起步阶段，土地利用效益各子系统综合指数均较低。进入 21 世纪后，建设条件改善，土地利用效益开始较快增长，

表 6-45 浦东新区土地利用效益发展阶段划分

发展阶段	曲线趋势与特征	曲线解释	演进特征	阶段背景资料
开发奠基阶段（1990—1995）		宏观经济政策调控和市场经济自发调节，土地开发以重点小区为主	受基础设施条件限制，土地利用效益整体水平较低，增长缓慢	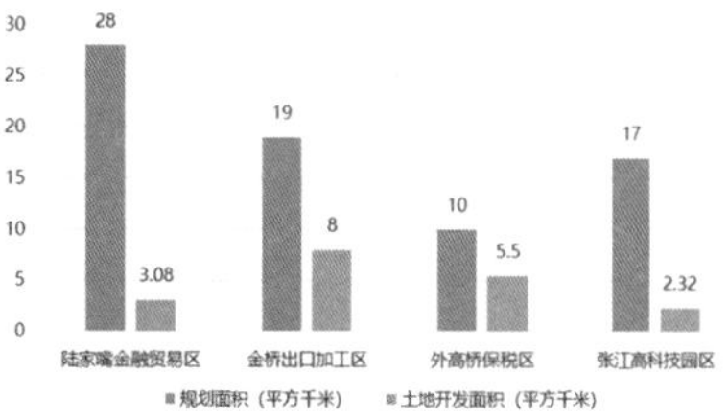 浦东新区重点开发小区土地开发情况
基础开发与功能培育阶段（1996—2000）	短暂下滑后高速上升达到峰值，后维持高速增长	宏观经济环境及开发形势变化致使土地滚动开发因投入产出不平衡而降速，曲线发展短暂下行；十大基础设施工程的开发建设带动浦东功能开发；关注生态环境建设，建成区绿化覆盖率提高	以4个重点小区为重点组团式开发，带动城市整体发展。城市建设导致城市布局变化，发展为以四大重点开发区建设为主导的多核心格局，空间集聚效应明显；生态工程建设提土地生态效益	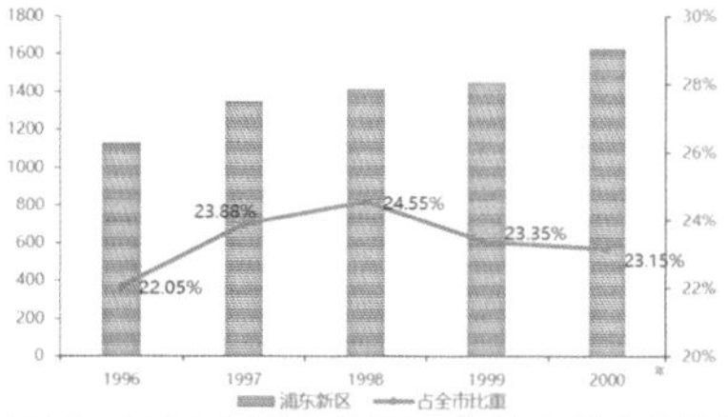 1996—2000 年浦东新区工业总产值变化情况 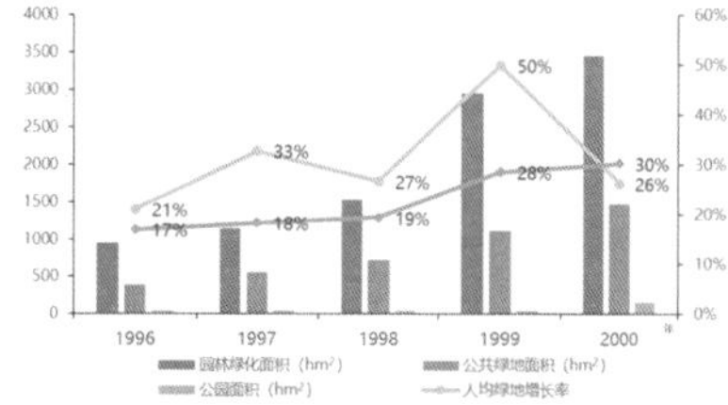 1996—2000 年浦东新区园林建设情况
功能开发高速发展阶段（2001—2008）	中速上升后增速减缓	“一轴、三带、六功能区”新规划布局；2001 年中国加入世界贸易组织（WTO），浦东作为试验窗口，改革力度加大，国家级开发区功能外延拓展；2004 年成立六个功能区域，区域一体化加速；2005 年综合配套改革，土地管理转向结构管理，土地资源严重制约浦东的发展	土地以存量优化为主，用地结构调整，高端消费空间逐渐代替大量低收益工业空间，土地利用效益持续提升，但随着建设推进，土地资源的制约影响较大，土地效益增速不高	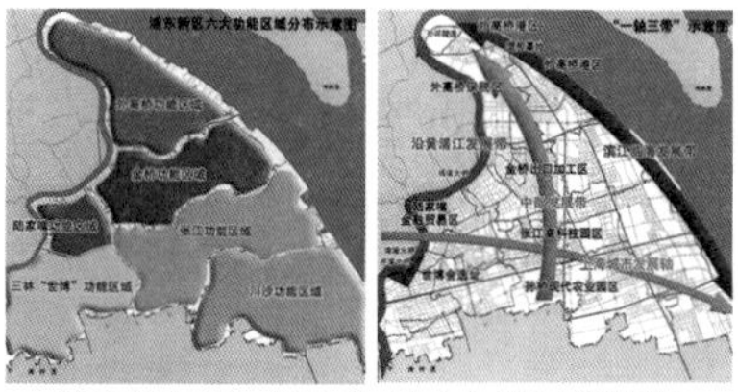 浦东新区重点开发小区土地开发情况

续表

发展阶段	曲线趋势与特征	曲线解释	演进特征	阶段背景资料
二次创业阶段（2008—2018）	快速升至第二轮波峰波动后逐渐调整为低速增长	2009 年南汇并入，以及 2010 年上海世界博览会开展推动了新区用地结构调整与布局优化。2013 年自贸区成立加速产业转型，用地集约，但地区土地利用效益综合指数已达到较高水平，增长速度难以为继；2018 年房地产行业受宏观政策调控，土地开发速度减缓	两区合并，新区产业转型和土地开发加速，进入精细化开发的二次创业阶段，土地利用效益大幅提升	浦东新区政区演变图（1993—2009）

资料来源：根据浦东新区相关规划整理。

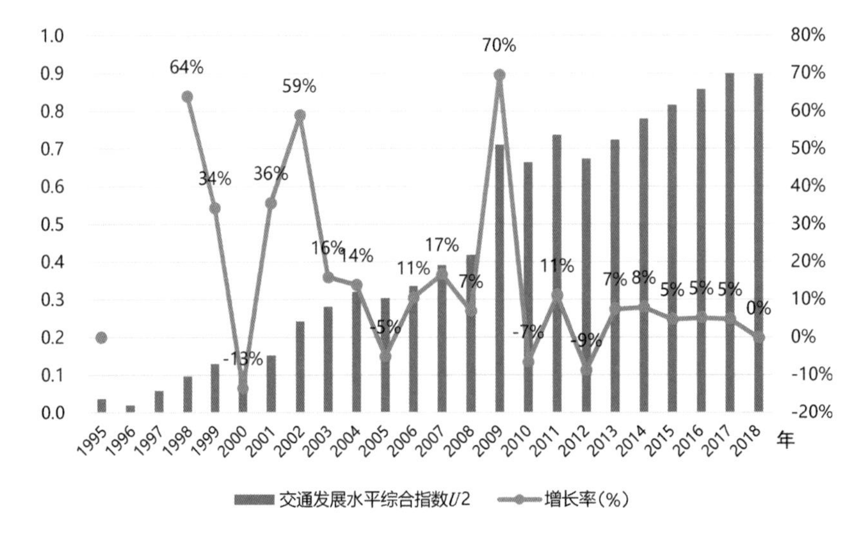

图 6-67 1995—2018 年浦东新区交通发展水平综合指数

尤其是生态效益，得益于新区第二轮基础设施建设时对市政园林建设的重视而提升较快，经济效益与社会效益则此起彼伏，难分伯仲。2004—2008 年各子系统综合指数变化不明显，系统间差距有所减小，直至 2009 年，两区合并，建设用地面积和居住人口的大幅上升，致使新区社会效益爆发式增长，并超过生态效益，综合指数值位居第一，且逐渐与社会、经济效益综合指数拉大差距。经济效益综合指数则因 2008 年经济危机出现短暂波动，但很快恢复上涨。2013 年，上海自贸区成立，经济发展实现加速，产业转型升级，土地利用经济效益超过生态效益综合指数，随后保持较高增长速度。2018 年由于国际贸易摩擦和房地产市场下行，新区土地利用经济效益综合指数显著下滑，但社会效益和生态效益却因为建成区扩展和绿地建设而显著提升。新区后续发展过程中需及时针对经济效益下滑问题提出应对策略，使各子系统保持和谐稳定增长趋势，共同助力土地利用综合效益提升。

2）交通发展水平及其子系统综合指数值分析

（1）交通发展水平综合指数分析

浦东新区自成立以来，交通发展经历了多个阶段。从浦东新区交通发展水平综合指数曲线（图 6-67），结合标志性事件来看，1990 年代，新区尚处于开发建设初期，交通发展水平逐渐提高但整体较低，且期间出现短暂倒退现象，交通发展水平增长率经历了一次大波动，比较好的解释是新区成立初期主要依靠国家相关政策调控，开发建设具有不稳定性。21 世纪中国加入 WTO 之后，新区开发建设步伐明显加快，交通发展水平迅速提高，整体增长呈现高速和平稳态势。2005 年，增长率出现短暂剧烈下降，之后迅速恢复并继续保持增长。至 2008 年，在全球金融危机的冲击下，发展步伐再次减慢。这一阶段，受益于入世带来的发展刺激，作为国家对外改革开放的综合试验窗口，政府主导“交通先行”的浦东新区发展步伐加快，整体交通水平随之提升较快，

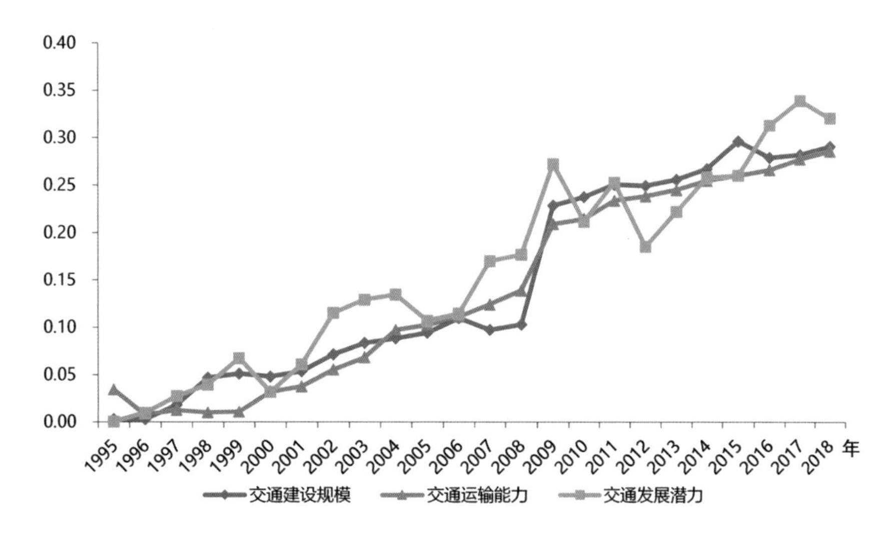

图 6-68 1995—2018 年浦东新区交通发展水平各子系统综合指数变化情况

但也受到宏观不确定性环境变化的冲击。金融危机冲击致使国家宏观调控经济发展，全国基础设施建设步伐整体加快，在世博会契机的建设激励下，浦东新区基础设施建设也迈上了新台阶；2009 年以来，政府主导新区全面启动基础设施建设，交通系统出现爆发式增长，交通水平大幅度提高，当年增长率高达 70%。经过了三年的波动建设调整，2012 年以后交通建设呈平稳增长态势。直至 2018 年，中美贸易摩擦，浦东新区交通建设步伐再次趋缓，进入新的休整蓄力期，亟待新一轮交通改革完善升级。

综合上述分析，结合新区发展建设背景，浦东新区交通发展在观测期内可大致划分成三个阶段，分别是 1990—1999 年：开发起步阶段；2000—2008 年：快速建设阶段；2009—2018 年：完善升级阶段（表 6-46）。

（2）交通发展水平子系统综合指数分析

观察浦东新区 1995—2018 年交通发展水平各子系统的综合得分可发现，交通发展水平各子系统综合指数呈波动式上升趋势（图 6-68）。1995—2000 年，各子系统综合指数较低，尤其是交通运输能力因为路网系统不完善的缘故而明显不足，但交通发展水平处于上升阶段。进入 21 世纪后，加入 WTO 给浦东经济发展增添活力，交通发展潜力、运输能力及建设规模子系统都呈加速发展趋势，由于交通运输行业的大规模投资，交通发展潜力持续上涨，且与其他子系统逐渐拉大差距。2005 年，浦东实施综合配套改革，改革初期新区交通发展建设速度放缓，随着改革持续推进，整体交通发展水平则加速推进。2009 年，以世博会举办为契机新区交通建设投资加大。同时，两区合并后交通建设规模与运输保障能力的同步提升，各子系统综合得分出现大幅增长。2010—2012 年，由于投资减少，交通运输行业从业人员数量波动，交通发展潜力出现下滑，而交通运输能力和交通建设规模由于信息化管理技术及交通建设水平的提升而呈小幅上涨趋势。2017—2018 年，经济市场大环境变化，各子系统的发展也相对缓慢，交通发展潜力方面受经济投资下降的影响，整体得分出现小幅下降。三个子系统的总体走势可以看出，其发展变化的大致历程与交通发展水平一致，一定程度上可以佐证前一部分关于交通发展阶段的划分。

3）土地利用效益与交通发展水平综合指数评价

根据图 6-69 与表 6-47 可以发现，土地利用效益系统与交通发展水平系统均呈现由低到高的上升发展态势，且交通发展水平综合指数常年高于土地利用效益综合指数。1996 年、2000—2001 年、2005—2006 年及 2012 年土地利用效益综合指数曾短暂领先于交通发展水平综合指数。1995 年土地利用效益综合指数为 0.0366，随后逐步提升，至 2018 年时综合指数值为 0.8073，总体上升了 0.7707 个百分点，年均上升 0.0335 个百分点。1995 年交通发展水平综合指数为 0.0378，随后稳步增长，2018 年达到 0.8976，总体增长 0.8598 个百分点。据此可以看出浦东新区自开发建设以来，对于土地和交通的发展一直在加大力度，以不断提高土地利用综合效益及交通发展整体水平。对比两系统发展曲线具体来看，1997 年之前由于基础设施缺乏，开发建设处于起步阶段，土

表 6-46 浦东新区交通发展水平发展阶段划分

发展阶段	曲线趋势与特征	曲线解释	交通发展水平演进特征	阶段背景资料
开发起步阶段（1990—1999）	快速上升	基础设施先行，十大基础设施工程	交通建设投资强度大，交通系统建设规模，运输能力快速提升，与浦东社会经济发展相互促进	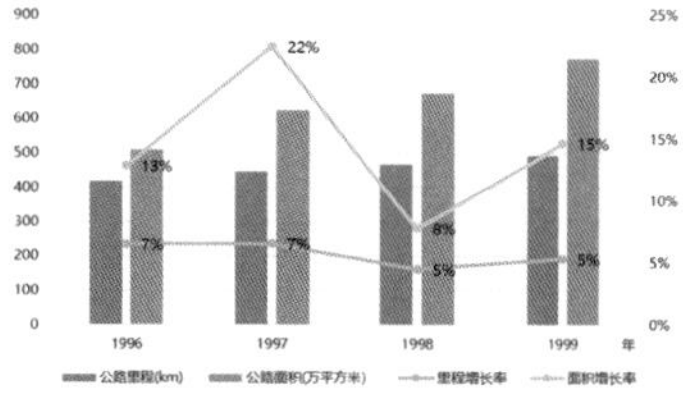 900 800 700 600 500 400 300 200 100 0 25% 20% 15% 10% 5% 0% 22% 13% 15% 8% 7% 7% 5% 5% 1996 1997 1998 1999 年 公路里程(km) 公路面积(万平方米) 里程增长率 面积增长率 1996—1999 年浦东新区公路建设情况
快速建设阶段（2000—2008）	急速下滑后高速回升达到峰值，后经历小幅波动，为敌中低速增长	新区政府成立，政务交接适应，城市基础设施投资较保守；加入 WTO 后，经济形势向好，“四网”“三港”建设促进交通发展；2005 年开发重点转向功能区建设管理，交通行业投资降低；综合配套改革带动下恢复增长	“四网”“三港”建设使浦东交通发展水平有了质的提升，黄浦江两岸联系加强	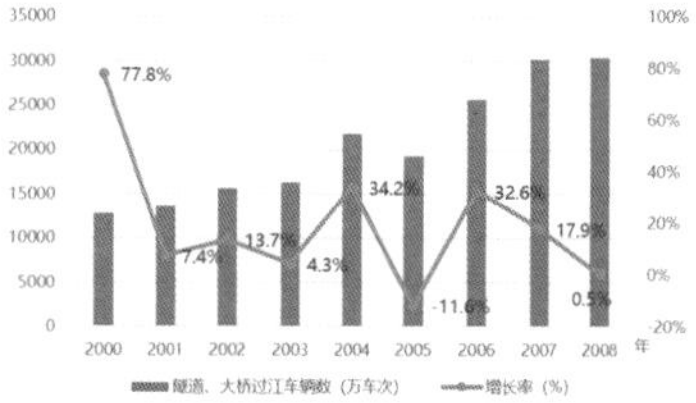 35000 30000 25000 20000 15000 10000 5000 0 100% 80% 60% 40% 20% 0% -20% 77.8% 7.4% 13.7% 4.3% 34.2% -11.6% 32.6% 17.9% 0.5% 2000 2001 2002 2003 2004 2005 2006 2007 2008 年 隧道、大桥过江车辆数（万车次） 增长率（%） 2000—2008 年浦东新区隧道大桥通行情况
完善升级阶段（2001—2008）	高速上升经历波动式调整后呈低速平稳上升态势，至 2018 年进入休整蓄力期	迎世博为契机，基础设施建设加速；自贸区挂牌，带动区域经济社会发展及配套设施建设；2018 年中美贸易摩擦，经济形势不稳定，交通建设步伐放缓	2009 年以来，政府主导新区全面启动基础设施建设，交通发展水平爆发式增长，经过三年的波动建设调整后交通建设呈平稳增长态势，直至中美贸易摩擦，浦东新区交通发展水平再次趋缓	

地利用与交通发展的水平都较低，随着第一轮十大基础设施建设完工和第二轮基础设施工程的启动，浦东开发的土地利用效益综合指数及交通发展水平综合指数大幅提升。1995—2008 年，两系统的综合指数值大体相近，交通发展水平增长速度总体而言略高于土地利用效益提升速度。2009 年以浦东扩区和迎世博为契机，新区土地利用与交通发展迎来新一轮高潮，交通发展水平增长速度领先于土地利用效益，随后经历两次波动，2013 年自贸区建设又加速了新区交通发展，土地利用效益也因经济发展的带动得以平稳提升，但 2018 年两系统综合指数均有回落，推测为中美贸易摩擦和房地产市场不稳定所致，所幸下滑幅度不大，在后续发展过程需防范外部风险挑战，发展新的经济增长点，提升新区系统内部稳定性。

4）土地利用效益与交通发展水平耦合协调结果分析

（1）耦合度分析

测度得出 1995—2018 年浦东新区土地利用效益与交通发展水平的耦合度（*C*）处于 0.9650 ～ 0.9999 之间，呈现细微变化幅度（图 6-70）。参照耦合度判定标准，可以得出 1995—2018 年浦东新区土地利用效益与交通发展水平的耦合度极高，两系统间的相互作用力度明显，处于高水平耦合阶段。但仅凭耦合程度不足以判断两系统的发展水平，因此需借助耦合协调度进行判定。

（2）耦合协调度分析

从耦合协调度层面看，1995—2018 年浦东新区土地利用效益与交通发展水平的耦合协调度（*D*）处于 0.1646 ～ 0.9240 之间。从图 6-71 中曲线看，两系统间的耦合协调趋势大致分为三个阶段，即 1995—2000 年耦合协调度上升较快，在 1996 年耦合协调度有所下降，推测是由公共交通行业改革引起；2001—2008 年耦合协调度平稳上升，加入世贸带来的经济社会效益，促使浦东新区土地利用与交通运输加速发展，2005 年

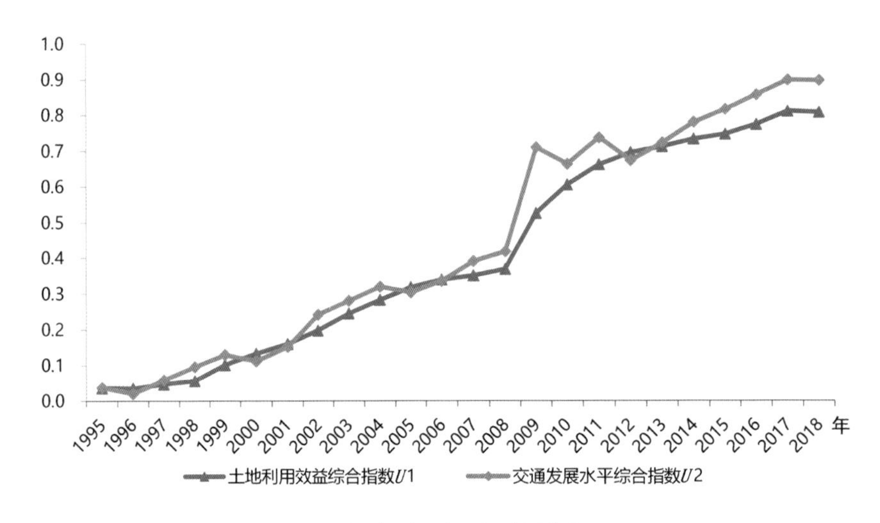

图 6-69 1995—2018 年浦东新区土地利用效益与交通发展水平综合指数

表 6-47 1995—2018 浦东新区土地利用效益与交通发展水平综合指数

年份	土地利用效益综合指数 U_1	增长率（%）	交通发展水平综合指数 U_2	增长率（%）
1995 年	0.0366		0.0378	
1996 年	0.0353	-3.35	0.0208	-45.04
1997 年	0.0472	33.47	0.0590	184.08
1998 年	0.0565	19.88	0.0967	63.99
1999 年	0.1014	79.46	0.1299	34.33
2000 年	0.1330	31.08	0.1124	-13.46
2001 年	0.1606	20.81	0.1525	35.65
2002 年	0.1979	23.21	0.2424	58.94
2003 年	0.2448	23.68	0.2810	15.95
2004 年	0.2833	15.72	0.3201	13.89
2005 年	0.3188	12.54	0.3038	-5.08
2006 年	0.3395	6.50	0.3357	10.50
2007 年	0.3511	3.39	0.3916	16.65
2008 年	0.3691	5.14	0.4186	6.89
2009 年	0.5261	42.55	0.7099	69.58
2010 年	0.6054	15.06	0.6636	-6.52
2011 年	0.6619	9.34	0.7373	11.10
2012 年	0.6959	5.13	0.6731	-8.71
2013 年	0.7120	2.31	0.7231	7.42
2014 年	0.7332	2.98	0.7802	7.90
2015 年	0.7464	1.80	0.8166	4.66
2016 年	0.7740	3.70	0.8582	5.09
2017 年	0.8106	4.73	0.8991	4.77
2018 年	0.8073	-0.41	0.8976	-0.17

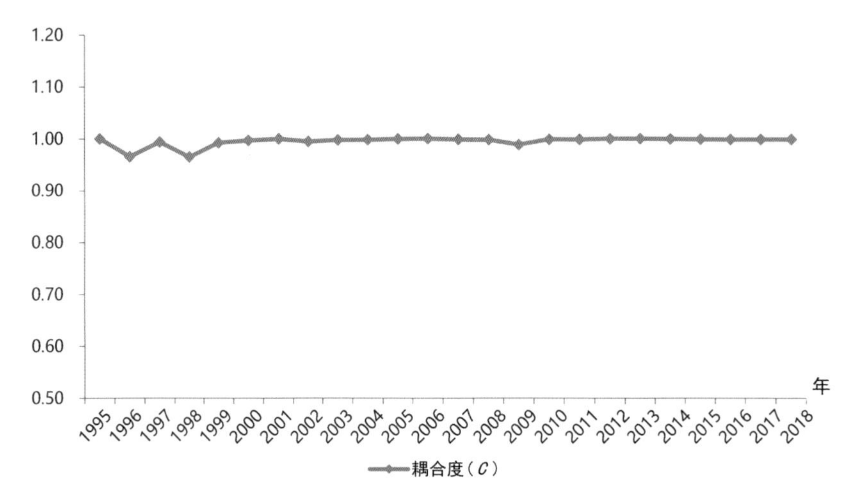

图 6-70 1995—2018 年浦东新区土地利用效益与交通发展水平耦合度变化趋势

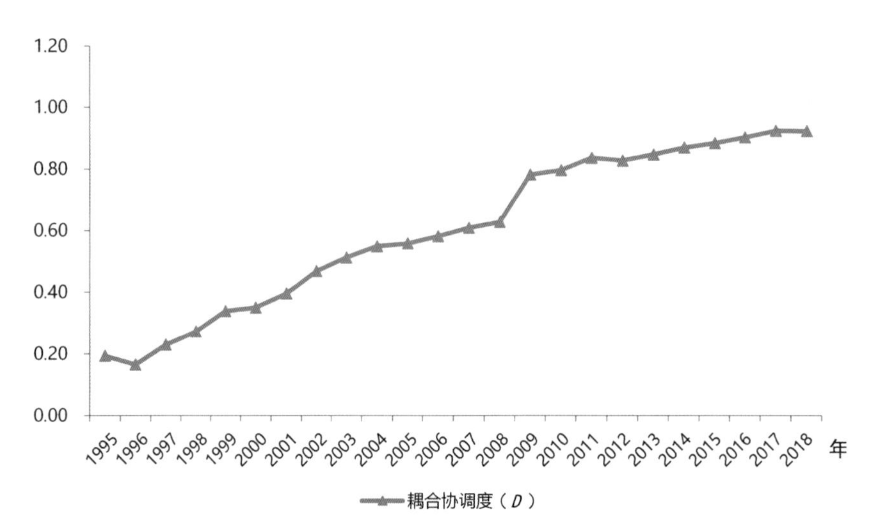

图 6-71 1995—2018 年浦东新区土地利用效益与交通发展水平耦合协调度变化趋势

后综合配套设施改革，发展重心调整，系统耦合协调度低速上升；2009—2018 年阶段耦合协调度增长速度放缓。2009 年，由于世博会举办推动浦东交通和配套设施发展，交通发展水平和土地利用效益耦合协调度大幅提升，但在此之后，两系统的耦合协调度则增幅不明显。从二者各自发展情况看，2009 年以后交通发展虽然经历了短暂波动，但其综合评价指数常年高于土地利用效益评价指数值，且系统间的差距有逐渐增大的趋势，这是造成两系统耦合协调度增长减缓的重要原因。2018 年两系统发展皆出现下降，推测受中美贸易摩擦影响和房地产行业波动，新区土地利用开发建设速度放缓，交通运输水平发展亦受到影响。

从耦合协调度评价表来看，浦东新区土地利用效益与交通发展水平耦合协调度发展经历了五个阶段，1995—1996 年为严重失调阶段，1997—2001 年为中级失调阶段，

2002—2006 年为基本协调阶段，2007—2010 年为中级协调阶段，2011—2018 年为良好协调阶段。20 世纪 90 年代，新区土地利用效益与交通发展水平较低，两系统发展处于失调阶段。2000 年以后，土地利用效益与交通发展水平综合指数持续提升，二者的耦合协调程度也不断提高，在 2002 年浦东磁悬浮列车运营、地铁线路时耦合协调度实现了质的飞跃（>0.4），系统间的相互协调程度由失调转变为协调状态。2007 年随着功能区域建设推进，产业结构调整以及道路交通网络的完善，新区土地利用效益与交通发展水平耦合协调发展进入中级协调阶段。此后两系统的耦合协调程度也一直不断提升。在 2009 年的两区合并和 2010 年的世博效应刺激下，浦东终于在 2011 年实现了土地利用效益和交通发展水平两系统间的良好耦合协调，发展趋势不断向好。由表 6-48 可以发现，在观测期内浦东土地利用效益与交通发展水平的耦合协调度大致是增长向上的趋势，两系统间是相互促进与融合不断增强，代表更高效、协调的土地利用与交通运输系统正在逐渐成形。1995—2018 年，二十多年的建设发展使两系统间的耦合协调度实现了 378.63% 的增长，期间完成了多次阶段性跨越，并实现较理想的发展状态。未来土地利用与交通发展的耦合协调程度还将有可能产生新的变化，需保持警觉，强化抗风险能力，加强系统建设，确保两系统长期稳定协调发展。

3. 浦东新区发展中土地利用效益与交通发展水平耦合协调

1）浦东新区土地利用效益与交通发展水平耦合协调类型

按照耦合协调度发展情况评判，结合浦东新区土地利用效益综合指数 $U1$ 和交通发展水平综合指数值 $U2$，总结 1995—2018 年浦东新区土地利用效益系统与交通发展水平系统的耦合协调发展情况如表 6-49 所示。2001 年以前，浦东新区土地利用效益与交通发展水平处于失调状态，2002 年以后达到协调。结合两系统综合指数评价值，可以发现，2007 年以前各协调发展阶段土地利用效益滞后型与交通发展水平滞后型都有出现，且频率相差不大。2007 年起进入中级协调发展阶段后，协调发展类型总体为土地利用效益滞后型。

2）浦东新区土地利用效益与交通发展水平耦合协调问题

浦东新区发展至今经历了约 30 年，从建设初期的“一张白纸”到如今实现土地利用效益与交通发展水平的高度协调，也曾经历懵懂时期的摸爬滚打，以及成长阶段的探索前行。总结其发展建设过程中土地利用效益与交通发展水平的耦合协调问题，大致有如下两点：

（1）资金利用率低

建设初期，基础设施匮乏限制新区的开发推进速度，政府牵头，轮番进行基础设施建设，新区建设环境改善，交通发展水平显著提升。基础设施先行的初衷是优化新区建设条件，吸引投资，促进新区发展。然而在具体实施过程中，基础设施建设的大规模开展，投入了大量的经济成本，而土地开发同样需要大量的启动资金，迫于财政

表 6-48 1995—2018 年浦东新区土地利用效益与交通发展水平耦合协调发展情况

年份	耦合度（C）	增长率（%）	等级	耦合协调度（D）	增长率（%）	等级
1995 年	0.99987		高水平耦合阶段	0.19276		严重失调
1996 年	0.96566	-3.42	高水平耦合阶段	0.16456	-14.63	严重失调
1997 年	0.99378	2.91	高水平耦合阶段	0.22963	39.54	中级失调
1998 年	0.96502	-2.89	高水平耦合阶段	0.27191	18.41	中级失调
1999 年	0.99240	2.84	高水平耦合阶段	0.33881	24.61	中级失调
2000 年	0.99649	0.41	高水平耦合阶段	0.34966	3.20	中级失调
2001 年	0.99966	0.32	高水平耦合阶段	0.39562	13.14	中级失调
2002 年	0.99489	-0.48	高水平耦合阶段	0.46800	18.30	基本协调
2003 年	0.99762	0.27	高水平耦合阶段	0.51215	9.43	基本协调
2004 年	0.99814	0.05	高水平耦合阶段	0.54875	7.15	基本协调
2005 年	0.99971	0.16	高水平耦合阶段	0.55788	1.66	基本协调
2006 年	0.99998	0.03	高水平耦合阶段	0.58105	4.15	基本协调
2007 年	0.99851	-0.15	高水平耦合阶段	0.60892	4.80	中级协调
2008 年	0.99802	-0.05	高水平耦合阶段	0.62697	2.96	中级协调
2009 年	0.98889	-0.92	高水平耦合阶段	0.78177	24.69	中级协调
2010 年	0.99894	1.02	高水平耦合阶段	0.79614	1.84	中级协调
2011 年	0.99855	-0.04	高水平耦合阶段	0.83583	4.99	良好协调
2012 年	0.99986	0.13	高水平耦合阶段	0.82729	-1.02	良好协调
2013 年	0.99997	0.01	高水平耦合阶段	0.84706	2.39	良好协调
2014 年	0.99952	-0.05	高水平耦合阶段	0.86969	2.67	良好协调
2015 年	0.99899	-0.05	高水平耦合阶段	0.88359	1.60	良好协调
2016 年	0.99867	-0.03	高水平耦合阶段	0.90280	2.17	良好协调
2017 年	0.99866	0.00	高水平耦合阶段	0.92398	2.35	良好协调
2018 年	0.99860	-0.01	高水平耦合阶段	0.92262	-0.15	良好协调

表 6-49 1995—2018 年浦东新区土地利用效益与交通发展水平耦合协调发展情况

年份	耦合度（C）	耦合协调度（D）	$U1$ 与 $U2$ 关系	协调发展类型
1995 年	0.9999	0.1928	$U1 < U2$	严重失调土地利用效益滞后型
1996 年	0.9657	0.1646	$U1 > U2$	严重失调交通发展水平滞后型
1997 年	0.9938	0.2296	$U1 < U2$	中级失调土地利用效益滞后型
1998 年	0.9650	0.2719	$U1 < U2$	中级失调土地利用效益滞后型
1999 年	0.9924	0.3388	$U1 < U2$	中级失调土地利用效益滞后型
2000 年	0.9965	0.3497	$U1 > U2$	中级失调交通发展水平滞后型
2001 年	0.9997	0.3956	$U1 > U2$	中级失调交通发展水平滞后型
2002 年	0.9949	0.4680	$U1 > U2$	基本协调土地利用效益滞后型
2003 年	0.9976	0.5122	$U1 < U2$	基本协调土地利用效益滞后型
2004 年	0.9981	0.5487	$U1 < U2$	基本协调土地利用效益滞后型
2005 年	0.9997	0.5579	$U1 > U2$	基本协调交通发展水平滞后型
2006 年	1.0000	0.5811	$U1 > U2$	基本协调交通发展水平滞后型
2007 年	0.9985	0.6089	$U1 < U2$	中级协调土地利用效益滞后型
2008 年	0.9980	0.6270	$U1 < U2$	中级协调土地利用效益滞后型
2009 年	0.9889	0.7818	$U1 < U2$	中级协调土地利用效益滞后型
2010 年	0.9989	0.7961	$U1 < U2$	中级协调土地利用效益滞后型
2011 年	0.9985	0.8358	$U1 < U2$	良好协调土地利用效益滞后型
2012 年	0.9999	0.8273	$U1 < U2$	良好协调交通发展水平滞后型
2013 年	1.0000	0.8471	$U1 > U2$	良好协调土地利用效益滞后型
2014 年	0.9995	0.8697	$U1 < U2$	良好协调土地利用效益滞后型
2015 年	0.9990	0.8836	$U1 < U2$	良好协调土地利用效益滞后型
2016 年	0.9987	0.9028	$U1 < U2$	良好协调土地利用效益滞后型
2017 年	0.9987	0.9240	$U1 < U2$	良好协调土地利用效益滞后型
2018 年	0.9986	0.9226	$U1 < U2$	良好协调土地利用效益滞后型

压力，新区只能利用有限资金对部分重点区域进行开发建设，致使交通发展水平提升及建设环境改善所带来的土地价值未及时有效的转化为土地利用实际效益。土地利用效益整体的增长幅度不高，建设资金的利用率不足。

（2）土地管理机制不健全

浦东新区建设前期另一个较为显著的问题为土地管理机制不健全。新区成立前期本就是如火如荼大搞建设的阶段，用地规模快速扩张与基建工程加速推进是这一时期建设的主要特征。基础设施条件改善加快新区的土地流转速度，但由于欠缺完善的土地管理机制，新区土地批租缺乏对市场环境及开发商开发建设能力的综合考量，因而造成新区大量土地闲置及土地开发效率不高等现象，并未将基建发展及交通发展水平提升带来的土地增值有效转化为土地利用效益。此外，缺乏管理和计划的大规模土地批租导致政府手中的土地可批租面积不断减少，市政基础设施完善使新的土地需求持续涌现，土地供应紧张。难以满足基础设施重大工程进一步发展的用地需求，交通发展水平的进一步提升受到限制。土地利用效益的有效提升与交通发展水平的持续发展都因土地管理机制的不健全而受到制约，于土地资源非常有限的浦东而言，不利于其可持续发展的实现。同时，这也是对国家及地方对于浦东所给予的政策、资金以及资源的一种浪费。

3）浦东新区土地利用效益与交通发展水平耦合协调发展

纵观浦东新区的发展进程，新区成立以来始终坚持规划先行，以基础设施引领城市建设，走稳扎稳打路线，成立近 30 年来，土地利用效益与交通发展水平稳步推进，当前新区土地利用效益与交通发展水平的耦合情况已达到良好协调状态，整体发展情况较好。但研究分析发现两系统进入良好协调状态以来，协调发展类型长期为土地利用效益滞后型。因此，对于浦东而言，未来土地利用效益与交通发展水平耦合发展方向主要是对于土地利用效益的提升。具体实施方面，可以考虑：

（1）发挥产业功能区集群效应

结合产业转型调整，通过实施优惠政策或提供生产流通设施等方式引导同构性较强的产业或关联产业向产业园区集聚，强化对于功能区集群效应的打造，同时也避免产业零星分布对于空间及设施的浪费，有效提升浦东新区土地利用的集约性，增强新区产业发展合力。

（2）实行土地利用精细化管理

建立新区土地管理机制，明确各类功能用地的现状及发展规划。放慢土地开发速度，挖掘存量空间，优化现有空间。对于用地资源紧缺且土地价值较高的地区强化空间的立体开发，尤其是要严防工业空间的大面积铺开，将公共设施及工业企业等放置到垂直空间方向上来，提高土地利用集约度，增强土地利用效益。

（3）土地利用动态监测

在强调用地紧凑与集约的同时，也要注重对土地开发利用的动态监测，及时进行交通系统的跟进与调整，使设施配套与空间需求相匹配，从而实现土地利用效益与交通发展水平的持续性协调发展。

4. 交通与土地利用耦合策略

除浦东新区外，当前已有的国家级新区大部分处于发展建设的起步阶段，虽然不同新区发展建设背景及地理条件相差较大，但新区发展的大致历程是具有参考性的，浦东数十年的发展与探索，对处于幼年期的其他新区而言，仍然具有较强的借鉴意义。

1）积极看待新区发展进程

大部分新区建设初期，建成环境较差，基础设施及用地效益水平较低。要制定新区发展的阶段性计划，稳扎稳打，推进新区建设，切勿急于求成。事实上，在新区起步阶段，建设资金有限，建设时间也较短，出现土地利用效益与交通发展水平的不协调是新区发展的正常现象，不应过度在意发展的速度。尤其是要避免因过分注重对基础设施建设或用地规模扩张的追求而导致新区土地利用效益与交通发展水平的严重失调，使新区土地利用集约度不足、资金效率低，进而影响新区的持续发展。

2）基础设施适度先行

基础设施是新区发展的先决条件，道路交通网络更是城市发展的骨架，是城市运转的支撑体系。浦东新区两轮十大基础设施建设为新区的发展奠定了基础，因此新区起步建设阶段要注重对基础设施的建设。但同时也要注重对基础设施建设的把控，结合新区发展阶段计划与发展方向，对重点区域进行优先建设，避免基建工程大面积铺开，造成财政压力。

3）制定土地管理计划

在新区成立初始阶段，根据新区的发展目标与功能定位，制定各阶段的土地管理计划，是控制土地开发蔓延式发展的有效途径。土地管理既包括对新区用地总量的宏观控制，也包括对各类型用地比例的宏观调控。在对用地总量控制方面，应细化到各功能区的用地限制，但要注意避免一刀切，可以根据新区各功能区的发展阶段及发展潜力，差异化用地供给。同时，可以通过建立考评机制，对于综合效益较高，发展潜力较大的区域实行土地奖励，以鼓励各区域主动致力于提升土地利用效益；对于土地利用结构的把控方面，要在总体规划与控制性详细规划阶段结合新区发展明确各类地块的面积，但也要预留弹性用地空间，以便于根据新区整体建设发展状况对用地结构进行及时调整。

4）土地交通一体化规划

城市的发展需求带动了其土地开发利用，增加了交通出行需求，并通过交通等基础设施的改善再次刺激新的土地开发，重新开始土地利用与交通系统的互相循环，直到二者趋于平衡。国家级新区的功能定位对其发展规模与空间辐射效应提出了较高的要求。随着建设推进，新区空间拓展与用地开发使交通运输需求日益加大，粗犷式的交通建设使土地资源缩减、环境压力加大，不利于新区的可持续发展。因此，在新区规划建设时应统筹考虑土地利用与交通规划，以减少城市空间浪费，提升新区运行效率。由于城市规划的长期性，在规划前期需要结合新区发展的重要影响因素，对新区的发展进行模拟、预测，并以此为依据，制定合理的土地利用与交通规划。

5）土地与交通的动态监管

新区发展过程中土地利用与交通系统的发展是动态变化，而非静态均衡的。有经验的规划师与工程师只能对交通与用地系统的发展进行大方向的把握及阶段性的调控，新区建设初期土地利用与交通发展的一体化规划难以适应新区建设环境的复杂性变化。因此，新区土地利用效益与交通系统的耦合协调提升除了两系统的独立发展提升，还需要通过采用遥感等数字技术对系统间的相互作用进行动态监测，根据二者的变化情况做出及时的规划建设反馈。使土地利用效益与交通发展水平系统呈现交替发展，相互引领的态势，进而实现两系统的良性协调互动。

6.3.3 新区建设系统综合管控

以交通系统、土地利用为指示指标，二者的协同为判别指标，对建设系统结构进行组织并检验与预警。新区建设投资收益模型可作为辅助管控指标。该模型在整个新区基本适用，但内部的具体逻辑、相互作用强度，在不同的时空条件下，存在不同的表现。

1. 建设时序系统管控

详细分析规划方案的空间路径依赖性、系统功能构建的次序依赖性、社会经济收益的时间贴现；优化建设内容的先后次序和空间组合，构建科学的开发路径。

城市新区常常是地方经济增长的重要驱动区域，规模较大，功能齐全，发展型政府对规划建设速度往往要求较高，规划设计通常只能套用现有的、相对成熟的规划设计方法，问题针对性、场地的适应性、系统韧性不足，规划方案中的空间路径依赖性常常内含在规划方案之中，尽管有分期建设规划，但难以全面揭示方案的空间依赖性。建设路径规划必须全面分析方案的空间依赖性，特别是高效开发对道路交通、基础设施、公共服务、环境景观的依赖性，土地开发过程中地块之间的互相依赖性，基于高效绿色发展组织建设空间时序。

城市新区发挥经济驱动功能还需要完善的功能体系支撑，而功能系统的构建也有一个次序的问题，不合理的建设次序会严重影响功能的整体发挥，绿色高效新区建设还需要关注系统功能构建的次序依赖性，基于完整，理清功能系统次序，建设一块、使用一块。

城市新区建设投资巨大，投资效益非常重要，建设过程必须关注投资回报的时间，将贴现率作为建设的依据，尽量虽短会经济收益的见效时间，提高投资回报。新区是城市发展的战略支点，是带动城市发展的重点区域，其空间拓展要符合城市发展的一般规律，片面强调速度、强调增长率的粗犷式建设方式，难以持续发展，新区建设过程必须基于空间结构、系统功能构建和建设内容先后次序、考虑社会经济收益，制定科学的建设路径，优化建设内容的先后次序和空间组合，实现绿色发展。

2. 建设过程空间协同管控

根据各种不同尺度的功能单元在新区空间系统中存在的协同效应，基于空间效用最大化来协调空间建设的时空组合。

加强新区土地与空间资源协同布局，提升综合服务能效。促进人工建设空间与生态维育空间相耦合，城市一片区一组团不同层级公园绿地形成高效服务配置模式，保障足够的公共绿地服务半径覆盖率，同时规避人工空间对生态空间的负外部性。促进不同功能单元之间合理安排，保障公共服务设施均衡服务，实现职住平衡，减少区间通勤，提高绿色出行率。通过城市形态设计，引导不同功能单元的开发强度和建筑高度，形成丰富优美的城市形象。以公共交通系统为先导协调近远期土地开发时序，提高用地紧凑度，保证新区开发稳定性。

3. 绿色建设技术选择管控方法

新区建设宜采用适应地域特征、经济发展状态的绿色技术体系，降低建设过程对环境的影响。

城乡建设过程中，绿色技术种类繁多、环境效应与经济技术指标各有差异、且各类新技术层出不穷，新区建设中绿色技术的选择，应该从当地地域环境特征出发，尊重当地的气候、地貌、水文等要素，结合各类技术的成本与效益，尽量选择低成本、高收益的绿色技术，慎重选择没有经过时间考验的技术类型，避免不必要的风险。重点关注适应生态环境的空间规划技术、低冲击环境技术、效果明显低排放技术、高效的能源利用技术，这些技术要为绿色城区提供基础保障。

4. 反馈系统建设

按生态环境效应反馈、经济与财务健康反馈、满意度反馈三个反馈环，形成规划建设反馈系统，将建设过程纳入实时调整优化循环。

规划建设反馈系统是为了弥补以往规划实施评价的不足而构建的一种新型闭环反馈机制。以往的规划评估注重规划实施结果的评价，忽视规划实施过程中的动态监测，导致评估结果应用的滞后性。基于绿色发展的导向，提高新城建设与治理的效率，可以构建“评价反馈一调整优化落实一再评价再反馈”的动态监测的闭环反馈机制。

为了尽量客观评价新区建设情况，主动查找建设过程的问题和短板，为绿色发展的精准决策提供技术支撑，可以选择生态环境效应评价反馈、经济与财务健康评价反馈、社会满意度反馈的三个方面的反馈系统。这三种反馈系统将采用多层次多维度、全要素多主体的技术方法，将技术指标划分为区域 - 街道 - 社区 - 居住单元的多空间层级，为各级政府提供可实施操作的评价反馈结果。

反馈内容可以《城市体检工作方案》为基础，结合其他相关绿色生态评价为补充。生态环境效应反馈主要包括：城市开发强度、土地集约利用、蓝绿空间占比、城市水环境质量、空气质量优良天数、能源损耗等。经济与财务健康反馈主要包括：负债率、产业收益增长率等。社会满意度反馈主要包括：交通便捷、健康舒适、整洁有序等。

第 7 章

运营管理阶段规划治理方法与技术优化

7.1 城市新区运营阶段规划治理概述

7.1.1 新区运营阶段规划治理的内涵

改革开放以来，新区建设成为承载我国快速城镇化的重要载体，各个城市普遍采用新区建设的方式满足城市人口增长和经济发展需求，部分新区建设较早，已经成为主城区的一部分。我国新区建设尽管取得了巨大成就，但同城市发展普遍面临的挑战一样，新区往往也面临人口、产业、资源、环境发展失衡的问题，制约了新区绿色发展目标的实现。

相比于选址和规划阶段，运营阶段城市新区建成区的道路交通和基础设施系统已经基本建设完毕并投入运行，城市建设用地已完成出让和建设，产权主体明确，制造业、服务业企业逐步入驻，影响新区空间发展质量的要素基本明确，面向绿色目标的提升改善行动涉及资金投入、设施改造和诸多利益协调问题。

我国以资本型增长为特征的城镇化 1.0 阶段已接近尾声，以运营型增长为特征的城镇化进程的下半场已经开始（赵燕菁，2019）。面对新区建成区绿色发展中的人口、资源、环境挑战，以及政府、市场、个人等利益主体的协调与博弈，新区运营在本质上是城市治理问题，运营阶段的规划管控本质上是对包括人口、土地、交通、产业、基础设施等空间要素的空间治理，空间治理的技术方法除了传统的蓝图作业和蓝图管控，更重要的是通过持续的体检监测对新区空间发展质量进行科学评估，借由各类计划和项目的实施实现规划的动态维护，不断提升新区城市运营能力，综合运用经济、社会、法律手段，对利益主体采取激励和限制，通过全社会的共同行动实现绿色目标的实现。

7.1.2 新区运营阶段的规划治理方法创新

新区在规划建设阶段，已经通过控制性详细规划的实施，完成了道路、市政、住宅、产业、公共服务等的配置。但由于产业发展政策、环境保护要求、轨道交通等区域性交通设施建设的变化，以及绿色发展目标的不断升级，在刚性执行既有规划的同时，需要对既有建成区、半建成区进行规划修改和优化，如结合轨道交通站点进行土地使用功能和强度的调整，在国际国内产业转型背景下新区既有建成区中的工业、仓储用地的产业结构调整和用地盘活，结合生态园林城市建设对既有建成空间进行挖潜，提高绿化空间面积和绿地质量等。这些规划优化均基于产权明晰的用地，围绕着空间的变化而展开利益博弈，需要通盘考虑产业、财政、金融、土地等多种工具，规划管控方法需要刚柔并济，实现从刚性的蓝图规划到更为综合的空间治理的过渡。

国内很多城市结合自身发展面临的迫切问题，为实现高质量发展的目标，在城市新区运营阶段的规划管控和治理方面做出了积极的探索。例如：

深圳以《深圳市城市更新办法》《深圳市城市更新办法实施细则》等为工具，逐步探索建立较为完整的城市更新体制，并完善了相关法规、政策、技术标准、操作等层面的制度建设。

北京在控制性详细规划制度创新中，面对市场的不确定性，以及传统规划“自上而下”管控的巨大经济和社会成本，探索了街区指引和综合实施方案的控规编制和管理路径，将规划从“管理”转向“治理”（王引，2019），强调规章制度的融合，统筹协调，共享共治，增加自下而上的协商机制，达到上下统一，同时突出过程管控的灵活性。

成都公园城市建设是以人民美好生活和生态宜居城市为目标的城市运营工作，通过公园城市建设的制度、规划、实施模式等的新探索，统筹空间、规模、产业三大结构，促进城市发展方式变革，实现城市精明增长和高质量发展，统筹改革、科技、文化三大动力，引领经济组织方式变革，构建形成产业生态化和生态产业化经济体系，统筹生产、生活、生态三大布局，引领市民生活方式变革，推动现代城市生活与节约社会理念相得益彰，统筹政府、社会、市民三大主体，引领社会治理方式变革，形成共建共享新型社区发展共同体（范锐平，2019）。

7.2 空间质量评价

7.2.1 国内外城市发展评估

当前国内外城市在城市运营治理中广泛建立了城市发展监测评估制度，以城市发展的长期战略为目标，选取可度量、可量化的指标，建立包涵经济、社会、环境等领域的指标体系，运用大数据平台实现高频率（一般是以年度为单位）的监测评估。评估的结果用于修正近期行动计划、修订各项配套政策。在监测评估的程序上，往往采取政府、社会共同参与和第三方评估的方式，确保评估的客观公正。

1. 国外城市发展评估

为保持和持续提升城市竞争力，发达国家大城市在拟定面向长期发展的城市战略规划、结构规划、国土空间规划以外，还建立了以战略目标为导向的定期评估、调整和近期建设规划制度。如纽约面向 2050 发展的《一个纽约计划 2050》（*OneNYC 2050*）、日本东京面向奥运会的 2020 实施计划、伦敦实施的《伦敦规划》（*The London Plan*），等等，这三个城市均设立了规划年度评估和调整的制度，分别由纽约市长办公室、东京都政府、伦敦市长办公室负责总体工作。

OneNYC 2050 是展望纽约市未来 30 年发展的蓝图式战略规划，包括充满活力的

民主、包容性经济、繁荣的社区、健康生活、教育公平与卓越、宜居的气候、高效机动性、现代基础设施 8 个方面的宏观愿景，并进一步细化为 30 项附属于宏观愿景的战略规划。该战略规划通过 *OneNYC 2050* 治理行动、年度评估报告、指标检测报告和开放数据平台确保规划目标落实、信息公开与监督。在指标方面，围绕 8 个宏观愿景分别设立了 3 ～ 5 个可量化的年度阶段子目标，每项子目标再度分解为 1 ～ 5 个重点实施地区和重点行动项目。例如在减少交通拥堵和废弃排放方面，提出提高地铁可负担性和可达性、车辆需求管理、充电设施、车辆尾气排放等方面的年度指标和重点项目，在公园绿地方面，提出增强社区公园和开放空间市民可达性、提升共享空间促进社会融合等方面的年度指标和重点项目。为配合年度评估和城市治理行动计划，纽约建立了开放数据平台，服务城市发展、管理与规划响应。开放数据平台定期公布行动计划的成效指标（OneNYC Indicators），提供可视化、统计对比、API 接口等交互式功能。通过 OneNYC 所涉详细指标的数据追踪与信息公开，实现问责制、透明度以及对战略规划和政策有效性的评估。

伦敦在 *The London Plan* 实施过程中，广泛采取多主体合作机制。确定具体年度计划目标实施的组织主体、编制主体与实施主体，鼓励公共部门与私人部门等多元主体进行合作，广泛运用社区规划、社区土地信托基金等新兴非公共部门手段。例如公共部门作为主导性组织主体，组织社会组织、民间机构等作为参与性实施主体，结合大伦敦地区咨询与研究机构进行部分议题的持续性跟进研究等。作为传统城市发展规划的补充，伦敦还专门编制了《智慧伦敦计划》（*Smart London Plan*），针对数字与智慧城市技术的运用、推广和管理。为了监测规划执行情况，伦敦市长办公室将执行情况细化为 24 项核心成果指标（Key Performance Indicators, KPIs），通过年度执行报告的形式实施监督。以 2017—2018 年度总第 15 版执行报告为例，24 项核心成果指标与伦敦规划提出的六大战略目标相互承接对应，可大致归纳为社会设施（教育、住房等）优化供给类、交通优化类、生态环境类、就业与经济促进类等。

2. 我国的城市体检

2017 年，习近平总书记视察北京城市规划建设管理工作时，提出要“健全规划实时监测、定期评估、动态维护机制，建立城市体检评估机制，建设没有城市病的城市”。近年来，城市体检评估的目标从服务规划编制和动态维护的规划实施评估，拓展到服务城市综合治理和运营为目标的全面评估。如广州自 2011 年起形成了常态化年度评估工作，构建了“1+4”的年度体检体系；重庆围绕总规指标体系开展了城市运行监测；上海开展了总规目标绩效评估；北京在新总规批复后，也建立了“一年一体检，五年一评估”的工作机制，并在 2018 年、2019 年连续两年开展年度体检，成为总体规划实施体系的重要环节。

2020 年住房和城乡建设部发布《住房和城乡建设部关于支持开展 2020 年城市体

检工作的函》以及《2020 年城市体检工作方案》，选定 36 个样本城市，在生态宜居、健康舒适、安全韧性、交通便捷、风貌特色、整洁有序、多元包容、创新活力 8 个方面，选取 50 个指标，采用 2019 年统计数据、遥感数据、社会大数据等，结合线上问卷调查方式，全面了解人民群众在疫情期间反映强烈的城市建设问题，形成城市体检报告。

总体而言，国内城市体检制度和评估方法，呈现以下特点：①大数据监测技术运用于体检评估，使得监测数据更加精准、颗粒度更加精细、更具实效性，保障了数据可获取、可计算、可分解、可追溯、可反馈。②评估指标的选取更加全面，突出以人为本，突出健康和可持续，评估的手段更加智能化。③更加注重公众参与，反映市民呼声，面向城市更新和城市治理的新阶段，构建从“开门做规划”到“开门实施规划”全过程的公众参与机制。

3. 我国城市的绿色发展质量评价

我国现有的生态城市相关评价体系主要衍生于各部委的规划管理指标，在实施中要求纳入法定规划，落实到用地布局、交通模式、产业发展和设施建设的各个方面。这些指标具有建设要求的特征，从投入视角对建设执行情况进行评价（李冰，2016；杜海龙，2018）。2015 年《城市生态建设环境绩效评估导则（试行）》出台，该导则主要适用于绿色生态城区的环境绩效考核后评估工作，将城市建设工作对环境的影响转化为易于识别的环境状况指标，便于直观了解环境保护的成效。2016 年住房和城乡建设部出台了《绿色生态城区评价标准》，是目前我国各地开展绿色生态城区规划、建设、评选工作的权威性指导文件。该标准设立了土地利用、生态环境、绿色建筑、资源与碳排放、绿色交通、信息化管理、产业与经济、人文 8 大类指标，对各类示范区有较好的适应性，在设计阶段和运营阶段均可使用，指标既可反映设计阶段的问题，亦可反馈建设后的实际情况。同时，通过设置技术创新章节，鼓励示范区在先进技术、管理制度等方面创新。我国首批的 8 个绿色生态城区，包括天津生态城、深圳光明新区、昆明呈贡新区等，也建立了基于自身情况的绿色发展指标。

总体而言，国内关于生态城市绿色运营质量方面的评价体系已经初步建立，在国家层面和典型生态城区层面均得到了应用，未来的提升改善应侧重于以下方面：①建立与指标应用相结合的常态化的体检评价制度，使得各项评价指标在实践中得到检验，并使得评价工作在规划优化、建设和更新行动中发挥实际作用。②新区运营治理能力是影响绿色发展质量的重要因素，这既包括对新区运行进行监测的智慧化平台，也包括规划动态调整机制、公众参与机制、新区财务能力等，而目前国内外生态城市运行管理评价体系大都欠缺这方面的评价指标。

7.2.2 新区绿色运营质量评价指标体系

随着中国对高质量发展提出要求和对碳中和目标做出承诺，新区绿色运营质量体检评估不仅要借鉴城市体检的经验和方法，更应以寻找绿色发展短板，明确新区近期规划和建设行动为主要目的，筛选运营管理和评估的核心指标。

城市新区运营质量评价指标体系的建立应遵循“客观 - 主观相结合、通用 - 专用（全国 / 地域）相结合、结果 - 过程相结合、整体 - 局部相结合”的原则，建议指标见表 7-1。

1. 城市运行质量

职住平衡系数：为新区范围内居住本地劳动者与新区范围内面向本地的就业岗位数量比值。我国新区距离城市主城区的距离往往相对较远，在新区建设运营的初期，与主城区之间存在大量通勤交通，衡量新区的职住平衡水平是为了促进新区岗位聚集，降低出行距离，提高新区活力。当新区范围内就业人口的数量与住户的数量维持在大体平衡状态时，大部分居民可以就近工作，采用步行、自行车或者其他的非机动车方式通勤，即使是使用机动车，出行距离和时间也比较短，有利于减少化石燃料的使用。

空间紧凑度：“紧凑发展”对土地紧约束条件下的我国新区发展至关重要，为了避免城市新区开发建设遍地开花，提高基础设施和公共服务效能，塑造建成区整体城市氛围，设定空间紧凑度指标。为了简便计算，计算公式为：建成区连片部分用地面积除以建成区范围面积。

土地开发与基础设施建设协同度：表征新区运营阶段土地开发与道路基础设施建设的协调水平。基础设施先行是城市新区建设的必要条件，我国城市新区建设过程中普遍存在道路和市政设施超前建设，而土地开发相对滞后的现象，究其原因，既有对未来土地开发过度乐观的主观因素，也有经济发展和人口增长波动造成的客观因素。为了避免过度超前造成的财政压力和城区荒凉化的现象，设立土地开发和基础设施建设协同度指标。为了简化计算，其计算公式为: 新区内已建成地块沿道路的边长除以（新区内已建成道路长度 ×2）。

表 7-1 城市新区绿色运营质量评价指标体系

一级指标	二级指标
城市运行质量	职住平衡系数、建成区空间紧凑度、建成区混合街坊比例、土地开发 - 基础设施建设协同度、绿色交通出行分担率、新区常住人口平均单程通勤时间（小时）、新建建筑中绿色建筑占比
生态环境质量	单位 GDP 碳排放量、再生水利用率、可再生能源使用率、城市水环境质量优于 V 类比例（%）、运营公园绿地服务人口半径覆盖率、垃圾分类处理能力
运行能力建设	智慧城市监测水平、规划动态调整机制、公众参与水平、地方政府负债率

混合街坊比例：表征新区建成区各种城市功能的混合程度。大量研究证实，土地混合使用，尤其是商业 - 居住、办公 - 居住混合可以有效提升城市活力，降低通勤消耗。可采用“一个标准小地块中两种功能同时存在的程度，以及这一模式在整个城市化地区的典型程度”来评价土地利用的混合情况。计算公式为：混合使用的地块面积总和除以建成区用地总面积。

绿色交通出行分担率：表征绿色出行在交通出行中的比例。指标为新区建成区居民选择公共交通、自行车和步行的出行量占出行总量的比例。

新区常住人口平均单程通勤时间：为表征新区整体交通服务水平设定本指标，表征新区常住人口单程通勤所花费的平均时间。

新建建筑中绿色建筑占比：为降低生活能耗，减少碳排放，鼓励绿色建筑的规划设计和建造，设定绿色建筑占比指标。该指标为新区建成区本年度竣工的民用建筑（包括居住建筑和公共建筑）中按照绿色建筑相关标准设计、施工并通过竣工验收的建筑面积占全部新建建筑的比例。

2. 生态环境质量

单位 GDP 碳排放量：是城市新区绿色发展质量的重要表征指标，是新区碳排放总量与新区地区生产总值的比值。其中排放总量包括新区在生产、生活、交通等领域的燃煤、燃气、燃油碳排放量与调入电力所蕴含的碳排放总和，减去新区调出电力所蕴含的碳排放量。

可再生能源使用率：是城市新区能源结构的绿色化指标。包括太阳能、水能、风能、生物质能、波浪能、潮汐能、海洋温差能、地热能等在内的可再生能源占全部能源使用的比例，为促进新区能源系统的优化设立该指标。

再生水利用率：是衡量新区水资源循环利用水平的指标，为再生水利用量与污水排放量之比。我国新区水资源状况差异性较大，部分城市新区水资源匮乏，部分城市新区水网密布，但水环境质量不高。鼓励再生水利用，推动以水质再生为核心的“水的循环再用”和“水生态的修复和恢复”，有助于从根本上实现水生态的良性循环，保障水资源的可持续利用。

城市水环境质量优于五类比例：为提升新区水环境质量，形成良好的城水关系，设定城市水环境质量评价指标，公式为：水环境质量优于 V 类数量除以水体数量。

运营公园绿地服务人口覆盖率：我国城市新区在建设阶段往往注重大型公园绿地和绿道的建设，而忽视公园绿地的可达性，一方面居民使用不便，另一方面对于不利于确保公园绿道的运行效率和活力。为此设定投入运营中的公园绿地覆盖人口的比例，建议计算的范围为 15 分钟步行距离为半径，公式为：15 分钟步行半径覆盖的居民和就业人口除以新区建成区总居民和就业人口。

生活垃圾分类处理能力：为提高垃圾分类收集和处理的水平，提高垃圾资源化水平，设定垃圾分类收集率和垃圾分类处理率两个指标，即分类收集和处理的生活垃圾量占全部生活垃圾的比例。

3. 运行能力建设

智慧城市监测水平：为提高新区治理现代化水平，对新区绿色发展进行实时动态监测，设定新区智慧平台的建设水平指标。该指标可从监测领域、监测覆盖范围、监测精度、数据整合和应用场景等维度进行衡量。如能否有效监测交通出行、污染排放、能源使用、环境质量、人口职住关系等，能否覆盖新区建成区，以居民、家庭、建筑单体尺度，还是在住区、地块尺度上进行监测，是否有效融合多源数据，对于新区运营治理的应用场景能否提供有效支持。

规划动态调整和实施机制：为了应对经济社会环境的变化，解决新区发展中面临的种种问题，需要对规划进行动态调整，并落实于近期行动。为此，设立本指标以判断新区是否建立了规划动态调整和实施机制，并形成与近期建设计划相配套的土地、财政、管理的相关政策。

公众参与水平：新区建成区的运营治理是多主体参与的共同行动，存在不同程度利益博弈。因此新区在各类开发建设和更新项目中，是否建立了公众参与的机制和相应的平台，能否有效协调各利益主体的诉求，不仅可以表征以人为本理念的贯彻程度，也可以侧面反映各类项目的操作性和执行力。

地方政府债务率：表征新区运行的财务可持续性。由于新区绿色发展的公共性，需要政府的大量投入，地方政府债务率直接影响新区公共投入能力。本指标中以债务余额除以综合财力衡量地方政府债务水平，其中债务余额既包括纳入预算的显性债务，也包括隐性债务。

7.2.3 评价方法与流程

城市新区空间质量评价的周期原则上与规划实施评价一致，建议采用常态化评估（一年一次）与阶段性评估（3～5 年一次）相结合的评价方式，二者在评价内容上可有所区别与侧重，具体内容应根据新区面临实际问题与目标以及指标评价紧迫性等特征确定。

城市新区绿色运营质量评价由新区政府负责并发布最终评价成果，由第三方专业机构作为评价主体。为确保评价结果的标准性，评价流程、方法等应尽可能简单明确。指标筛选阶段建议根据前文的通用指标为基础，针对评价新区所处发展阶段、地域特征、功能定位、主要服务人群进行具体指标筛选。数据采集建议综合考虑标准统计数据、大数据等多源数据的可获取性、可靠性与实效性，建立采集时间、统计口径一致的数据库。单项评价之外的综合评价可采用层次分析法、专家打分法等手段确定指标权重。除定量评价结果之外，还应配套提供解释说明，并形成指向政策建议的专题报告。

7.3 运营能力建设

以治理能力现代化为目标的运营能力建设是新区运营阶段实现绿色发展的重要支撑。面对新区既有建成区的各类空间、各个产权主体，要求新区政府具有精细化的治理手段；同时，要协调多方的利益，面对经济社会发展的不确定性，并实现绿色发展的目标，要求多元化的治理工具。本节尝试搭建符合我国新区发展现实需求，推动绿色发展的工具包框架，为提升新区运营能力建设提供参考。

7.3.1 世界主要国家和城市推动绿色发展的手段

国际范围，城乡规划领域对于绿色发展的相关问题长期关注。1960—1970 年代为应对环境危机，“生态城市”的思想兴起，设计结合自然的理念也在这一时期产生巨大影响，生态规划和设计开始逐步渗透到城乡规划的各个方面，其影响一直持续至今。21 世纪，伴随着对于可持续发展的深度探讨，低碳思维与生态城市进一步结合。

在国家层面，各个国家根据自身的发展需求和现实问题，围绕低碳经济、绿色能源、低碳建筑、绿色交通、资源循环利用等领域制定了相应的策略和行动计划（表 7-2）。

美国面对全球经济重构、气候变化等新世纪的挑战，为保持国家的持续繁荣，制定了《美国 2050》（*America 2050*），其中提出要促进景观保护，超越财产和行政边界采取整体方法来管理流域和栖息地，解决气候变化等长期问题。美国为约束大兴工业设施和发电厂，制定分区域减排行动，包括东北各州区域温室气体行动（GRRI）、西部气候行动（WCI）、中西部地区温室气体减排协议（MGGRA）等。

荷兰提出《国家基础设施与空间规划战略》（*National Policy Strategy for Infrastructure and Spatial Planning*），将提高强竞争力、提高可达性、促进宜居和安全作为 2040 年荷兰发展愿景，实践可持续理念。强调通过环境保护、经济发展、生物多样性保护确保乡村保持吸引力，保护独特的地方特色，并在低地地区的水资源和水环境保护、传统农业景观保护、风力发电等方面付诸行动。荷兰通过基础设施建设确保国家免于海平面上升和极端天气的威胁，保障淡水供应，并倡导成为可持续交通的引领者，串联国际流动网络枢纽。荷兰还提供了丰富的治理措施，如在行政管理方面签订绩效协议（包括国家与省、市政府的绩效协议，与邻国政府签订的国际协定），在投资方面设立丰富的金融工具（包括基础设施基金、荷兰三角洲基金等），在技术创新方面设立知识和技能共享工具（包括设立政府专家顾问委员会为可持续发展提供智力支持，并分享全球最佳可持续发展技术成果和城市实践）。

表 7-2 世界主要国家绿色发展实践路径

国家	实践路径
美国	为约束大兴工业设施和发电厂，制定分区域减排行动：东北各州区域温室气体行动（GRRI），西部气候行动（WCI），中西部地区温室气体减排协议（MGGRA）
英国	低碳产业远景战略（Low Carbon Industrial Strategy），主要内容包括提高能源效率计划、鼓励可再生能源使用计划、开发和生产新能源汽车、建设低碳研发中心
日本	推动城市垃圾细分、可再生能源项目，住宅节能性能评价制度，促进节能建筑普及
法国	建设森林生态城市，鼓励城市自行车租赁系统，发展核能
韩国	施行社区和城市的“变废为宝”行动，建设“能源环境城”，发展绿色公交等
瑞士	实施社会领域的绿色行动，教育先导，提升公民与企业环境保护意识
荷兰	通过基础设施建设确保国家免于海平面上升和极端天气的威胁，保障淡水供应

资料来源：根据顾朝林（2013）整理。

瑞士编制并实施《瑞士空间规划与开发》（*Spatial Planning and Development in Switzerland*），重点关注经济活跃地区、国家重点基础设施附近地区、通往邻国的交通走廊附近地区、人口衰减地区、农业转型地区等的可持续能力建设。同时，瑞士围绕规划实施采取了许多社会领域的绿色行动，实施教育先导计划，用于提升公民与企业的环境保护意识，并在环保领域投入大量科研资金和力量，使政府、学术界和国民更好地了解生态系统和人类活动之间的互动关系，研发并落实促进绿色发展的技术、经济、社会乃至政治工具。

在城市层面，作为将国家行动转化为行动和实现绿色运营的主体，国际城市结合自身的特点采取多样的绿色运营手段（表 7-3），这些手段可以归纳为以下 3 类。

项目示范类：大多国际城市通过示范项目，探索绿色技术应用集成运用的可行性。如伦敦计划在 2020—2025 年于一些城镇中心建设零排放社区；洛杉矶为了推动低影响开发，强化流域管理，推动绿色基建，在《绿色洛杉矶：绿色建筑项目》（*Green LA: Green Building Program*）中推进霍伦贝克公园湖复兴项目；纽约制定金融区和南街海港气候恢复总体规划，建设《巴特利 / 南巴特利公园城市复兴》（*Battery/South Battery Park City Resilience*）项目；巴塞罗那通过建设新能源研究中心及周边的可持续发展区，示范建设智能网络和可再生能源创新技术，并将此示范作为巴塞罗那的绿色发展基准。

表 7-3 国际城市绿色运营的行动计划和手段

城市	行动计划	手段
伦敦	《市长交通战略（2017）伦敦绿色基金》（*Mayor's Transport Strategy*（*2017*）*London Green Fund*）	2020—2025 年在一些城镇中心引入零排放区（ZEZ）。在首都建设世界上第一个国家公园城市。将伦敦的食物浪费减少 50%。将伦敦目前的太阳能容量提高 20 倍。2018—2022 年将二氧化碳排放量从 1990 年的水平减少 40%。设立废物处理基金、能效提升基金、绿色社会住房基金，限制高排放机动车进入城市中心区域
洛杉矶	《绿色洛杉矶：绿色建筑项目》（*Green LA: Green Building Program*）	推动低影响开发，增强的流域管理计划，推动霍伦贝克公园湖复兴的绿色基建项目
首尔	《低碳、绿色增长总体规划》（*Master Plan for Low Carbon, Green Growth*）	实施绿色建筑改造，新建自行车步道，实施公共交通新能源化计划，发展混合动力、水循环等绿色产业
纽约	《一个纽约计划 2050》（*OneNYC 2050*）	制定 25000 平方英尺以上建筑快速充电站实施规则，完成前五个快速充电站的安装。全面实施泡沫塑料禁令，分发超过 100 万个可重复使用的袋子。制定金融区和南街海港气候恢复总体规划，建设《巴特利 / 南巴特利公园城市复兴》项目。将养老金在可再生能源、提升能源效率和其他气候变化解决方案上的投资翻一番
巴塞罗那	《巴塞罗那愿景 2020》（*Barcelona Vision 2020*）	建设新能源研究中心，将可持续发展区作为巴塞罗那的发展基准，建设智能网络、城市冷热网络、可再生能源项目
北九州市	《北九州生态模范城市绿色先锋规划》（*Green Frontier Plan to Eco-Model City*）	工业遗存再利用，建立老年人和儿童友好社会，建立无小汽车区，为建筑更换高效隔热外立面和节能设施，丰富绿化种类，优化步行环境
芝加哥	《芝加哥地区绿色经济发展战略》（*Green Economic Development Strategies for The Chicago Region*）	提供绿色产业的教育、信息与培训

资料来源：根据清华大学（2019）整理。

资金支持类：为了鼓励企业和个人投资于城市绿色运营，众多城市设立了大量资金支持计划和融资产品，如伦敦设立了废物处理基金、能效提升基金、绿色社会住房基金。纽约计划将养老金在可再生能源、提升能源效率和其他气候变化解决方案上的投资翻一番。

社会推进类：为了推动全社会向绿色生活方式和生产方式的过渡，各城市实施了种类繁多的社会推进行动。如伦敦制定了将食物浪费减少 50% 的目标，并通过生产、销售、消费和废弃物处理的全链条计划，鼓励食物节约，惩罚食物浪费；纽约全面实施泡沫塑料禁令，向市民分发超过 100 万个可重复使用的袋子；日本北九州市划设无小汽车区，从交通出行方面推动老年人和儿童友好社会建立。

7.3.2 当前我国推动城市绿色运营的主要手段

改革开放后，我国紧跟国际可持续发展倡议的步伐，出台了一系列与绿色发展相关的政府文件，实施了大量促进绿色发展的行动计划，并在百余个城市开展示范工作，已经形成了一整套城市绿色运营的法律法规、政策体系和技术标准，并仍在持续发展完善。

利用“北大法宝”数据搜索与绿色发展相关的关键词（绿色、低碳、生态文明、环境保护等），筛选出 807 份政策文件，结合我国城市规划的关切点，可将这些政策文件划分为自然资源与国土空间管控、多尺度人居单元综合引导、绿色交通、可持续基础设施四个方面，这构成了我国城市绿色发展的政策框架。

1. 城市运营中的自然资源与国土空间管控

新的国土空间规划体系的建立，实质上是在空间上将各个部门、各个利益主体的国土资源放在一个平台上进行协同。国土空间规划编制的思维逻辑是从传统的工程思维、蓝图思维，过渡到治理思维（吴燕，2020）。因此，从全生命周期来看，国土空间规划的编制和实施是高度统一的。

必须看到随着未来社会发展更加多元化、各社会群体的权利意识更加强化、市场力量在城市建设运行中的作用越发突出，规划实施的主体早已不再是计划经济时代的政府主导，而是通过市场主体的多元共治，实现规划的蓝图。因此，从城市治理的角度理解自然资源和国土空间管控，就包含两层含义，一是自上而下的刚性管制，二是多元共治的弹性治理。

1）自上而下的刚性管制手段

在城市运营阶段，“用途管制”是实现刚性管制的重要手段。国土空间规划对所有国土空间分区分类实施用途管制，作为各类开发保护建设活动的基本依据，一经批复，任何部门和个人不得随意修改、违规变更。除了运用规划蓝图，在土地出让、竣工验收、产权登记、监督管理等环节落实用途管制以外，《中华人民共和国土地管理法》《中华人民共和国土地森林法》《中华人民共和国环境保护法》《中华人民共和国水法》等法律，以及各个部委围绕国土空间规划编制和实施、耕地保护与土地整理、国家公园等发布的法规、条例、意见等，也为用途管制提供了法律依据和执法手段。

2）多元共治的弹性治理

《中共中央国务院关于建立国土空间规划体系并监督实施的若干意见》明确提出“因地制宜制定用途管制制度，为地方管理和创新活动留有空间”，是对“一张蓝图干到底”的活化和补充。我国各个城市、城市中各个地区面临不同的发展问题，比如深圳市面临的低效工业用地再利用问题、北京市面临城市功能疏解北京下的城市环境优化提质问题，传统的详细规划加上规划许可，在面临各个产权主体和开发建设主体的利益博弈时很难实施。而且，面向绿色发展目标的基础设施建设、城市绿地和绿道拓展、老旧建筑的节能改造等，不仅面临资金的制约，也面临既有土地用途管制方式的限制。

为此，从用地分类、权益让渡、多方合作等方面，我国深圳、上海等城市都制定了相应的机制，如上海引入了“五量”调控的（总量锁定、增量递减、存量优化、流量增效、质量提高）土地政策，新增、减量、存量、储备、城市更新五类用地计划一并纳入规划实施联动统筹。改变传统城乡规划通过“控制性详细规划”对城市空间进行刚性分配的做法，通过编制规划与土地政策合一的“城市更新单元规划”，将公共服务设施、建设强度、环境容量等公共利益要素作为市场博弈的砝码，通过城市更新过程中的资源平衡，实现公共利益的重置和最大化（吴燕，2020）。深圳面对空间资源有限与产业转型升级两大现实背景，创新产业空间更新建设的土地用途管制机制。

2. 城市运营中的多尺度人居单元综合引导

人居环境生态化建设与改造涉及制度、理念与技术等方方面面的创新与探索，将绿色出行、低碳建筑、城水环境等多种规划、设计、运营技术集成于一个具体的示范项目，是城市绿色运营的有效方法。选取发展条件适宜、有一定代表性的城市（城市片区、街区）、村镇等进行试点，是探索成熟经验并推广的一种途径。住建部、发改委，生态环境部、工信部、农业农村部、财政部等相关部门先后颁布了《关于绿色重点小城镇试点示范的实施意见》《住房和城乡建设部低碳生态试点城（镇）申报管理暂行办法》《国家生态文明建设示范区管理规程（试行）》《国家生态文明建设示范县、市指标（试行）》等，对绿色社区、绿色村庄、绿色低碳小镇、绿色生态城区、生态园林城市、低碳生态城市等不同尺度人居单元进行了广泛试点，以期实现对多尺度人居单元绿色发展形成综合引导的作用。

以绿色生态城区为例，在 2011 年前，我国通过国际合作、签订部省、部市合作协议的方式（深圳市、无锡市、河北省、上海市），推进了中新天津生态城、唐山湾生态城等 12 个生态城试点工作。此后，住建部相继发布《绿色生态城区指标体系编制导则》《绿色生态城区规划编制导则》《绿色生态城区评价标准》，指导相关规划的编制及示范区的评选和实施评估。2013 年住建部批准了中新天津生态城、唐山市唐山湾生态城、无锡市太湖新城、长沙市梅溪湖新城、深圳市光明新区、重庆市悦来绿色生态城区、贵阳市中天未来方舟生态新区、昆明市呈贡新区共 8 个绿色生态示范城区，此后又相继发布了第二批。部分省市也出台了相应的标准和导则，如北京市颁布《北京市绿色生态示范区评价标准》及《北京市绿色生态示范区技术导则》，并于 2014 年、2015 年先后两年评选出 6 个绿色生态示范区以及 4 个绿色生态试点区。

上述绿色生态城区建设的示范试点大都可以满足用地规模合理、土地利用集约和建设周期适宜的基本要求，通过实践初步取得了一定的成效，在城区选址、规划编制、机构保障、政策扶持起到了一定的示范作用。

但由于宏观指导政策的缺失以及内涵理解上的不充分等原因，在规划建设的实际中依然存在着不少的误区与问题，阻碍了绿色生态城区的发展。首先是产业基础薄弱，居民吸引不足，比如唐山湾生态城，由于迫于宏观经济形势影响，产业战略规划基本未能实施。其次是强调技术全面，缺乏适用分析，比如某示范区提出 13 大方面，78 项技术，99 个示范项目，全面应用绿色生态先进技术。但部分技术成本过高，难以复制推广。再次，基础设施快速投入，人口产业增长缓慢，造成设施无法发挥应有的效率，造成浪费，如能源资源处理中心，由于建设时序过早，在入住率不高的情况下可供资源化的垃圾、污水等废弃物数量有限，造成了巨大浪费。

总之，我国以试点示范为手段，在城市运营中推动绿色城市、绿色城区等的规划、建设、运营和体制机制的创新，尽管暴露出一些问题，但将多种可能的绿色技术进行集成，还是取得了一定的经验，仍不失为一种推动绿色城市发展的行动手段。

3. 城市运营中的绿色交通

当前我国城市交通发展的总体要求，已经从追求规模和速度转向绿色发展和以人为中心，包括步行、自行车、集约型公共交通等交通出行方式组成的绿色交通体系是城市绿色运营的重要领域。

通过梳理近年来国家层面关于引导和支持绿色交通发展的各种政策文件，可以看到我国为鼓励绿色交通发展，由交通运输部、住建部、公安部等围绕公交都市、绿色交通示范城市等开展了大量工作。2003—2005 年实施“绿色交通示范城市”计划，2013 年推进公交都市创建工作并印发《公交都市考核评价指标体系》，并在全国选择 30 个城市进行公交都市进行试点。2017 年发布《关于全面深入推进绿色交通发展的意见》，以绿色公路，绿色航运、绿色物流、新能源为主要发展着力点，实施运输结构优化工程、运输组织创新工程、绿色出行促进工程、交通运输资源集约利用工程、高效清洁运输装备升级工程、交通运输污染防治工程、交通基础设施生态保护工程七大工程、20 余项具体任务，从道路、轨道系统建设，人流、物流管理等层面探索并实现低碳、高效的交通系统。2019 年，中共中央、国务院印发了《交通强国建设纲要》，提出构建安全、便捷、高效、绿色、经济的现代化综合交通体系，推动交通发展由追求速度规模向更加注重质量效益转变，由各种交通方式相对独立发展向更加注重一体化融合发展转变，由依靠传统要素驱动向更加注重创新驱动转变。

在城市层面，不论是城市建成区还是运营中的新区，都通过调整优化用地布局结构、道路路网结构、交通出行结构和道路路权结构，提供智慧化出行服务，提高绿色交通出行的便捷度和舒适度。

在轨道交通方面，为了鼓励轨道交通和城市用地的一体化发展，2015 年住建部颁布了《城市轨道沿线地区规划设计导则》，在城市、线路和站点三个层面指导城市轨道沿线地区的功能定位、开发强度、步行系统、一体化设计的规划设计，上海、深圳、成都等城市分别就轨道站点周边 TOD 发展模式和土地开发强度优化提出了标准或导则。

在慢行系统方面，2013 年住建部颁布《城市步行和自行车交通系统规划设计导则》，并开展三批 100 个城市步行和自行车交通系统示范项目。此后，《上海市街道设计导则》《北京市城市道路空间规划设计规范》等导则和地方标准也相继发布，为科学、有效地利用城市道路空间资源，统筹和规范城市道路空间各项规划设计，协调相关行业标准，为市民提供安全、便捷、舒适、有活力的街道公共空间提供了指导。

简而言之，公交都市、绿色交通示范城市等战略的实施，为城市绿色交通的发展和运营提供了政策和一定的资金保障，关于轨道交通、慢行系统的各类导则和标准，为新建和更新地区用地和道路空间的优化调整提供了技术支持。

4. 城市运营中的可持续基础设施

基础设施从支撑城市运行、提供生活资料、改善环境质量、调节城市气候、促进经济增长、提供就业岗位、发挥教育价值、保护历史文脉、提供休闲娱乐资源等方面创造社会福祉，是政府绿色投资的主要领域，也是社会各界参与绿色城市建设的主要途径，对于城市绿色发展起到至关重要的作用。

我国住建部、水利部、发改委，财政部等部门都对可持续的基础设施建设提供相关支持，颁布了《城市生活垃圾管理办法》《关于印发海绵城市建设技术指南一低影响开发雨水系统构建 (试行)》《城市地下综合管廊工程规划编制指引》等一系列相关文件。相关政策与资金扶持已经促进形成了从规划到施工全过程的相关技术流程，为可持续基础设施的发展创造了有利政策环境。

2017 年住建部和国家发改委联合发布了《全国城市市政基础设施建设“十三五”规划》，特别提出了绿色低碳、提质增效的建设原则，要求基础设施建设要节约集约利用土地、水、能源等资源，强化环境保护和生态修复，减少对自然的干扰和影响，推动形成绿色低碳的生产生活方式和城市建设运营模式。对水系统、能源系统、环卫系统、绿地系统、智慧城市等基础设施提出了“十三五”期间要达到目标和各系统的工程任务。

智慧技术应用为新区绿色运营提供新的机遇。尽管 2000 年以来我国城市新区的基础设施建设标准相对较高，可是要实现更高的运行效率、更低的排放、更精准的服务，仍需进行更新改造。由于这些设施往往处于运行寿命的初期，破土施工的成本巨大。新的 ICT 技术和智慧城市技术为基础设施的运行优化提供了条件，新区可以借助智慧技术和 ICT 传感器实现对能源使用、污水处理、交通出行等存量基础设施的智慧化改造，不仅满足新区实时精细化运营管理的需要，更为重要的是为市民多样化需求提供定制化的交通、能源、教育、健康等服务，通过精准的供需匹配提高基础设施和公共服务的运行效率，降低资源消耗。

7.3.3 新区绿色运营工具包框架

目前，我国新区建成区在城市运营治理能力建设方面开展了大量探索和实践。通过城市双修、城市更新领域，通过公园城市、海绵城市、公交都市、清洁能源示范等，为提升城市的生态环境质量取得了显著的成就；实施分布式能源技术、口袋公园、背街小巷改造、轨道微中心建设等在内的一系列小微项目，提供了建成区运营的微观样本；创新控制性详细规划体系，在刚性和底线管控之外通过建立综合实施方案、城市更新相关制度，为规划增加了弹性；北京、成都等地通过街道责任规划师制度，探索了基层公众参与和市民共治的治理模式。

新区绿色运营是一项全生命周期的庞大系统工程，涉及众多部门、众多资金来源、众多企业和居民，有必要将分散的技术、资金和行动进行整合，综合发挥行政、经济和社会治理手段的作用，建立一套多元化、多维度，能使政府、企业、个人共同协作的治理机制，从而形成一套较为完整的工具包，供新区运营结合各自的发展阶段和现实需求进行选择。这一工具包的内容并非一成不变，会根据新区治理理念的发展和技术的进步而持续创新和完善。

基于我国推动城市绿色运营的主要手段和各地的实践，构建新区绿色运营的工具包框架，包括法律保障工具、行政推进工具、技术规范工具和引导激励工具。

1. 法律保障工具

在依法治国的背景下，法律是推进绿色发展的长效性、权威性工具。目前我国形成了包含《土地管理法》《城乡规划法》《环境保护法》《建筑法》《森林法》《物权法》《水法》等在内，随着可持续发展和生态文明理念不断深入而不断修订完善的法律体系，这些法律为我国新区绿色运营树立了统一的价值思想，并成为约束政府、企业与个人行为的基本准绳。同时，随着中央政府权力的下放，一些城市或新区拥有独立的立法权，可以因地制宜制定绿色发展相关的地方法规，也为新区建成区的绿色运营提供了法律保障。

伴随着生态文明的深入推进，不少有关绿色发展的新概念、新举措已经开始推行，与此同时需要重视相应的立法工作的开展，城市新区绿色交通、绿色基础设施、绿色建筑等相关内容需要在新的法律修订中有所考虑，进一步推动完善相关法律中绿色发展相关条款。

2. 行政推进工具

行政推进手段是我国各级政府与管理部门所采用的最为高效直接的绿色发展引导手段。近年来各级政府推动海绵城市、公交都市、综合管廊、绿色生态城区等示范试点，获得上级政府的额外奖励与专项资金。行政推进手段具有灵活、高效、立竿见影的效果，但是也存在长期效果不确定性，自上而下效率不足，且出现重申报轻实施、重规划轻落实、重目标轻考核、重局部轻系统等一系列问题。

对于类似示范、试点等行政推进工具的使用，应遵循以下两个原则。

第一，量力而行，重点突破。结合各个新区自身特点拟定绿色发展战略，选择经济、社会、环境效益兼具的绿色发展场景，谋求近期的重点突破。这些经筛选的绿色场景可以衍生新能源、水处理、ICT、智慧交通等创新型企业，为新区带来切实的经济收益。还可以切实解决新区运营面临的问题，比如通过绿色交通设施的改进和智慧交通平台的建立，缓解交通拥堵，促进职住平衡，通过土地用途管控机制的创新，推动低效用地的产业升级，盘活存量资产，降低污染排放。

第二，过程管理，考核监督。对新区绿色运营建立评价体检制度，一方面把握发展短板，更新近期行动计划，另一方面将绿色发展的强制性指标和实施效果纳入政绩考核。

3. 技术规范工具

目前我国自然资源、住建、生态环境系统已经形成了较为全面的绿色发展技术标准体系。住建系统形成了以绿色建筑为引领的 100 余项技术标准，生态环境系统形成了五类近 1700 项的国家级环境保护标准，自然资源系统也依托不动产登记、自然资源资产管理、国土空间规划、国土资源信息化等内容形成了较为完备的标准体系。

未来应进一步完善相关技术标准，突出地域性，推广先进技术。我国幅员辽阔，各地自然禀赋与建设条件差异较大，一些技术标准迫切需要结合各个地方自然条件进行更深入的研究和制定（例如海绵城市评价标准等）。此外，人工智能、物联网等新技术的应用使得更加实时准确监测和记录城乡人居环境中的人流物流成为可能。应积极推进这些新技术在城市能源、环境问题方面的监测，形成平台和数据标准，实时反映和评价各个城市的资源消耗、环境质量等状况，为有效治理环境问题，促进生态改善提供科学支撑。

4. 引导激励工具

新区绿色运营需要政府、企业和个人的多方协同合作。在政府推动的同时，引导并激励企业和个人发挥更大的力量，形成新区绿色发展合力，才能够更好地破解运营中的资金投入、产权保护和利益博弈的难题。为此，需要从经济和社会两个方面入手，探索引导激励工具（图 7-1）。

在经济方面，尝试更多利用金融与市场力量推进重要生态价值地区的保护边界划定与生态资源的可持续保护，建立能、水、碳的交易机制，使企业从对绿色发展的投入中获得收益，把绿色发展作为有利可图的生意。

在社会方面，推进绿色社区治理，倡导绿色生活，加大对于绿色社区的支持和激励力度，切实强化居民对人居环境绿色发展的参与感与获得感，鼓励公共参与，积极推进探索自上而下与自下而上相结合的绿色人居治理模式。

7.4 动态调整优化

新区空间质量评估识别新区发展中需要重点优化的关键领域和关键地区，绿色运营工具包汇集来自行政、市场和个人的经济、社会、法律和技术手段，以此为依托对新区空间规划进行动态调整优化，完成规划编制 - 建设实施 - 体检评估 - 调整优化的闭环。

本节以绿色出行导向的轨道站点周边土地开发动态调整为例，阐述新区运营过程中规划动态调整优化的路径和方法。

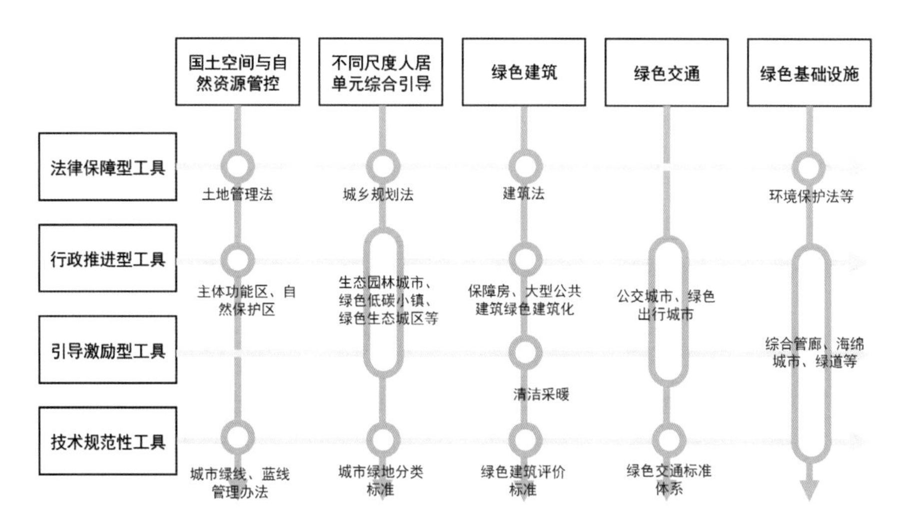

图 7-1 推动新区绿色运营的工具包体系框架

绿色出行是衡量新区绿色运营的重要指标之一，其中以大运量公共交通站点为核心的 TOD 发展模式成为我国高密度城市新区的重要发展理念。在新区运营过程中，通过对土地利用功能和强度的动态优化调整，进一步优化城市中心体系和用地布局，使更多的居住人口和就业岗位聚集在轨道站点周边，引导更多的人采用公共交通方式出行，是新区运营过程中的重要规划优化技术。

以清华大学、剑桥大学、清华同衡规划设计研究院联合开展的《北京轨道交通 TOD 开发强度（性质、规模、功能）研究》为例，为了提高轨道交通对新区发展的支撑，提高轨道线网的运行效率，促进绿色交通出行，提出包括情景模拟、站点分类、优化规则的规划动态调整方法。

7.4.1 研究背景

截至 2018 年，北京市地铁系统目前已建成 19 条（段），运营里程 574 千米，已建 345 座车站。根据《北京市城市轨道交通第二期建设规划（2015—2021 年）》，到 2021 年北京市将建成 29 条运营线路（段），总长 998.5 千米，约 550 座车站。按照车站半径 800 米的步行可达区计算，站点周边建设而用地将达到约 683 平方千米（包括重叠区域），占北京市规划城乡建设用地近四分之一的面积。轨道站点与周边地区的一体化开发利用和优化提质成为北京市疏解首都功能、优化空间布局、改善职住关系、提高轨道线网使用效率的重要地区。根据北京市的发展战略和规划管理需求，对轨道周边地区的优化调整提出以下要求。

（1）集约要求：促进人口岗位向轨道站点周边集中，更多人使用轨道交通。《北京城市总体规划（2016—2035 年）》提出，强化居住用地投放与就业岗位集中，建设能够就近工作、居住、生活的城市组团。北京市《关于加强轨道交通场站与周边用地一体化规划建设的意见》要求划定一体化规划实施单元，在轨道车站周边一定范围内，适度集中建设。

（2）减量要求：新一轮北京市总体规划设定了人口、用地和建筑规模总量控制的天花板，推动功能和人口的疏解为主，布局有序增量建设。东京、香港、深圳等大城市的轨道建设和城市开发往往是以城市运行效率为导向，采取特定地区（包括轨道站点周边）容积率放宽和容积率奖励的政策。而北京作为国家首都，具有一定的特殊性，不仅要以总量控制为土地优化的前提，还需要综合考虑首都的城市风貌，因此需要对不同站点地区区别对待。

（3）管理需求：当前北京轨道交通站点周边用地开发采取大都采取“一事一议”的方式，对于容积率、用地功能等尚未作出特别规定。结合本轮控规编制和实施体系的改革，需要对轨道站点周边用地的优化作出科学的、规范的规程安排。

7.4.2 情景模拟

轨道站点周边用地开发强度和功能的调整，会对居住和就业人口的空间分布、交通出行距离、土地价值等带来何种综合性影响？研究运用剑桥大学开发的递进空间均衡模型（Recursive-Dynamic Spatial Equilibrium Model），针对北京市的数据条件和规划要求进行模型优化，开展情景模拟工作。

1.RSE 模型简介

RSE（Recursive-Dynamic Spatial Equilibrium）模型是英国剑桥大学马丁建筑与城市研究中心在 MEPLAN 模型基础上开发的新一代基于空间均衡理论的递进动态城市发展模型。模型将城市中生产、就业、消费、建筑、交通等诸方面构建交互作用联系，可以预测不同政策情景下的城市的发展变化趋势，如经济发展、房地产价格、各方式交通需求、职住均衡水平等，并定量计算成本、效益、福祉等社会经济评价指标。空间均衡模型通过设定市场参与者的宏观行为假设，模拟城市不同市场、不同群体之间的循环因果关系，并通过计算市场均衡的方式，为城市活动提供定量化的价格和效用指标。这些基于市场均衡条件的价格和效用指标，为评价不同规划情景的经济和社会效益，提供了相对统一的评价标准。

模型标定是利用基准年已知数据集作为输入，校调模型参数，标定后的模型能够再现基准年的已知数据。模型验证是利用标定后的模型向前或向后预测，然后将模型预测结果与已知数据集进行对比，用于验证模型的预测力。RSE 模型的标定、验证和预测的简要流程如图 7-2 所示。

RSE 模型的基础算法流程如图 7-3 所示。模型以初始的工资、房屋租金、交通成本（距离和时间）和住宅与企业用房存量作为起点，通过迭代的方式先求取单一市场均衡，

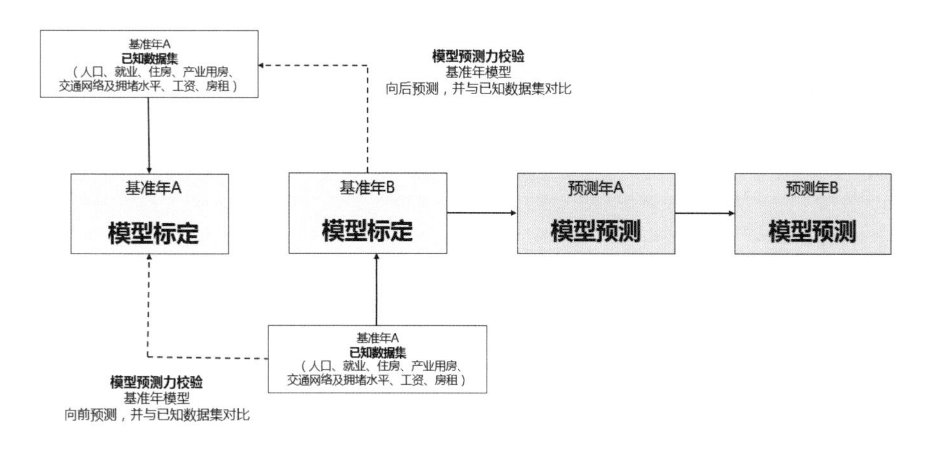

图 7-2 模型的标定、验证和预测的流程

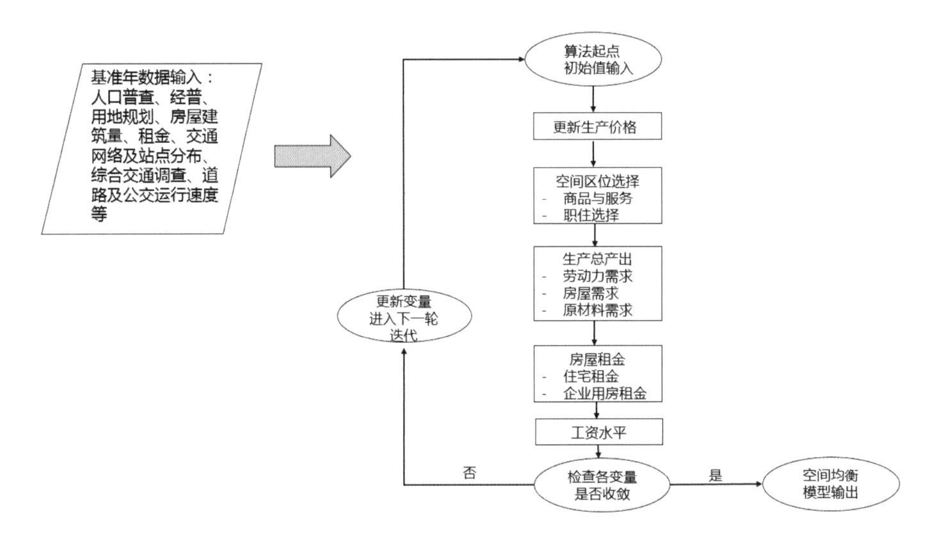

图 7-3 基础算法流程

然后再求取全市场的一般均衡。RSE 模型所采用的生产函数类型为 Cobb-Douglas 生产函数，所包含的生产要素为资本、劳动力、企业用房和原材料。在劳动力和企业用房输入中内嵌 CES（Constant Elasticity Of Substitution）函数，该函数用于描述不同种类劳动力或企业用房之间的以价格为驱动的替换关系。RSE 模型的生产函数中还包含由产业空间集聚引发的全要素生产力提升效应。RSE 模型的空间区位选择采用基于随机效用理论的 Logit 离散选择模型，其中包含就业地—居住地空间选择、购买商品及服务的区位选择以及生产者采购生产所需中间原材料（Intermediate Input）的区位选择。RSE 模型内的房屋租金和工资水平均为均衡价格，即需求与供给达到平衡时的价格。

2. 基准年输入

研究将京津冀地区划分为 896 个分区，其中北京市 755 个、天津市 21 个、河北省 120 个，为了对轨道交通站点周边开展情景模拟，北京市分区中包括 420 个地铁站点分区（在中心城区采用 400 米半径范围，在外围地区采用 800 米半径范围）。基准年输入数据包括 2018 年各个分区的人口、就业、收入、租金、房屋存量、各分区间平均出行时间矩阵等，见表 7-4。

3. 情景设定

根据北京市轨道交通一体化建设的需求，开展全域、单线和单站三种情景模拟。其中全域是对北京全域轨道站点开展模拟，着重观察郊区站点周边用地优化，对于中心城人口疏解和城市中心体系构建的贡献；单线模拟是以近期建设的平谷线为对象进行模拟，着重观察一条轨道线的线内平衡的效果，并评估对线外区域的影响；单站模拟是针对北京市筛选出来的 70 余个微中心站点开展模拟，着重观察单点车站周边用地优化的溢出效应。

表 7-4 基准年输入数据

数据类型	数据来源	空间精度
社会经济指标		
北京市常住居民分布	2017 年手机信令与 LBS 大数据	功能相对平衡的独立新城
（城市象限提供）	街道 / 乡镇	增长极理论、核心 - 外围理论等
北京市常住居民教育水平分层	第六次人口普查人口数据和 2018 年统计年鉴、手机信令数据推算	区级
北京市分行业工作岗位分布	由第二次经济普查（2013 年，北规院提供）、2018 年统计年鉴、手机信令推算	街道 / 乡镇
天津、河北居民和工作岗位分布	依据第六次人口普查人口数据和 2018 年统计年鉴内的工作岗位数据推算	模型区
社会经济群体（GSeC）的收入水平与消费习惯	第六次人口普查中的家庭职业与构成；统计年鉴中的家庭收入与消费	北京市域内划分为三种社会经济群体，天津、河北仅为一种
北京市住宅租金	链家（2019 年）	街道
房屋存量		
北京市居住建筑存量	2019 年北规院分区数据 + 建筑三维模型校核	街道 / 乡镇
北京市分类型产业用房存量	2019 年北规院数据 + 建筑三维模型校核	街道 / 乡镇
天津、河北居住与产业用房存量	依据 2010 年模型基础数据和 2016 年统计年鉴推算	模型区
通勤及交通		
每个社会经济群体的居住地和工作地选择	以大数据的居民分布为初始输入，经由模型合成	模型区
2016 年京津冀全域路网（公路和轨道交通）	2010 年模型基础数据 + 城市象限	
在北京市每个社会经济群体的平均通勤距离和时间	2014 年北京交通出行综合调查；北京市轨道交通规划；百度地图抓取	全市平均

平谷线连接北京中心城区 CBD、通州副中心（原通州新城）和平谷新城，是新区轨道交通建设和新区运营阶段规划优化的代表性线路，因此本节以平谷线的单线模拟为案例，重点介绍模拟过程和结论（图 7-4）。

1）2035 规划基准情景设定

京津冀宏观发展假设：根据近 10 年京津冀统计年鉴，设定至 2035 年京津冀总就业人口年均增速 1.0%，北京市就业家庭户人均年收入增速 5.1%，建筑量增长根据北京总体规划和河北、天津的增速状况假设如表 7-5。

北京市建筑增量假设：根据北京市总体规划和分区规划进行初步测算，假设城乡建筑面积控制在 21 亿平方米，全市平均毛容积率 0.87，并根据既有分区规划和街区指引将城乡建筑面积按照居住、办公、商业、公服、仓储功能进行落位至 755 个模型分区。

2）2035 模拟情景设定

为测算 TOD 政策变量的影响，设定以下三种情景。

S1 情景：保持既有规划不变，即以既有北京中心城控规、通州副中心控规、平谷

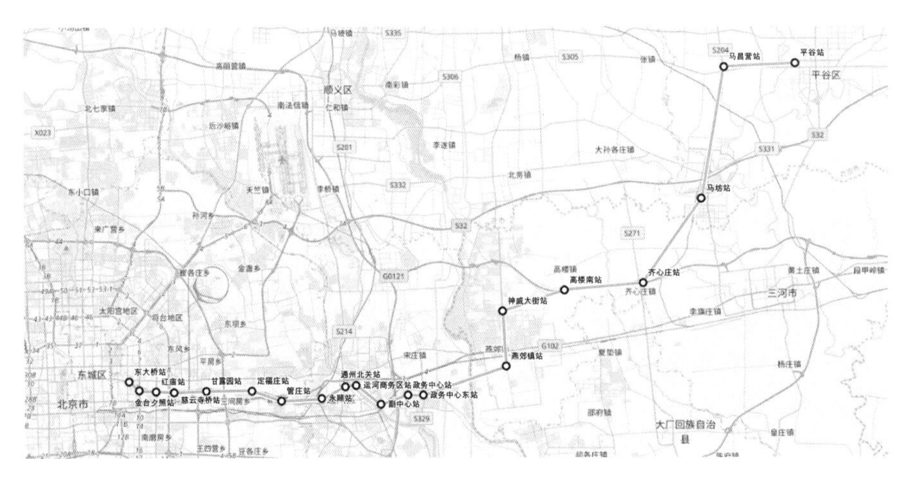

图 7-4 轨道交通平谷线选线和站位图

表 7-5 河北、天津的增速假设

地区	住宅年均增速假设（%）	企业用房年均增速假设（%）
北京	2.0	2.3
天津	2.0	2.0
河北	2.0	2.0
京津冀	2.0	2.0

分区规划和河北省三河市（燕郊）规划为依据，保持用地和建筑规模不变。其中平谷区三个轨道站点周边用地规划毛容积率分别为 1.05，0.48，0.4。

S2 情景：由于北京中心城控规相对稳定，通州副中心控规已经国家审批，故保持现有朝阳区、通州副中心的规划用地和建筑规模保持不变，平谷街区指引和控规仍在编制，具有一定调整空间，但受到总体建筑规模天花板和城市风貌的制约，设定平谷区内三个轨道站点周边用地规划毛容积率分别上调整至 1.2，0.9，0.9。燕郊地区的用地和建筑规模保持与 S1 情景一致。

S3 情景：考虑到朝阳区仍有部分存量用地更新需求、通州副中心建设运营过程中也有部分潜在优化需求，采取更为激进的方式，将平谷线沿线所有站点周边用地规划毛容积率均在 S1 情景基础上增加 20%。

4. 模拟输出

1）就业居民变化

S1 情景中燕郊、副中心站点和平谷区站点周边地区就业居民增长显著，且具有一定的辐射效应，带动周边街道和乡镇的就业居民增长，中心城区个别区域（特别是地铁站点周边）出现居民减少和外迁（图 7-5，图 7-6）。

S2 情景相较 S1 情景，随着平谷三站周边用地开发强度的提高，平谷段沿线就业居民增长 4.9%；S3 情景相较 S1 情景，由于全线站点周边开发强度提高了 20%，平谷线各段就业居民增长 3.6% ～ 13.8%，其中以通州段最为显著。

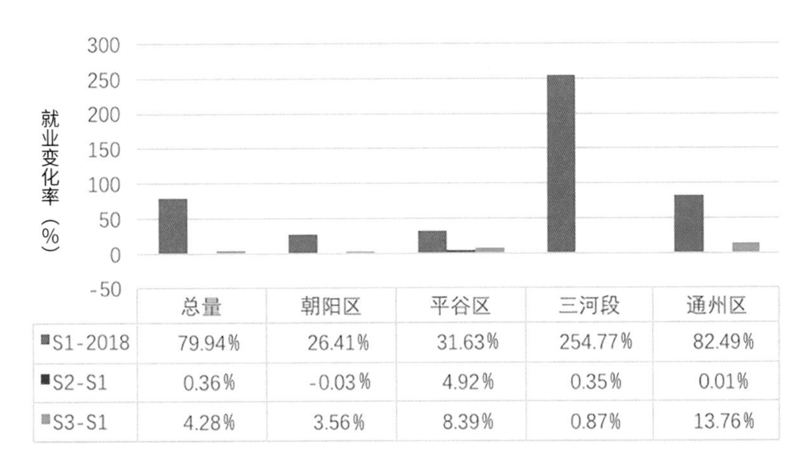

	总量	朝阳区	平谷区	三河段	通州区
S1-2018	79.94%	26.41%	31.63%	254.77%	82.49%
S2-S1	0.36%	-0.03%	4.92%	0.35%	0.01%
S3-S1	4.28%	3.56%	8.39%	0.87%	13.76%

图 7-5　平谷线各段就业变化率比较

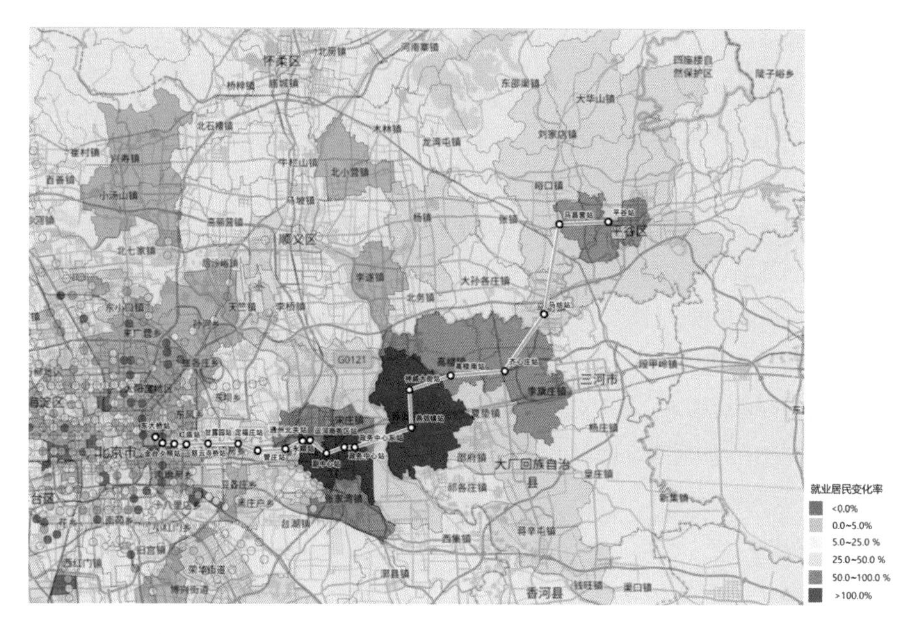

图 7-6 S1 情景相较 2018 年就业变化率分布

2）工作岗位变化

S1 情景中燕郊就业增长显著，管庄站和副中心站周边增长显著，平谷区内站点增长显著，但周边辐射效应较弱，且出现周边街道乡镇的就业岗位向轨道站点周边迁移的现象。S2 情景相比 S1 情景，随着平谷三站开发强度提高，平谷段沿线就业岗位增长 9.6%。S3 情景相比 S1 情景，由于全线站域开发强度提高 20%，平谷线各段就业岗位增长 3.8% ～ 19.4%，尤以通州段最为显著，而三河段略有降低（图 7-7，图 7-8）。

3）通勤距离变化

总体而言，3 种情景下随着平谷线建设，人口和就业岗位向郊区拓展，沿线地区通勤距离普遍增长。S2 情景下平谷三站的开发强度提升，相比 S1 情景通勤距离增加了 1.43%，S3 情景相比 S1 情景增长了 5.7%，主要是因为站点周边岗位和人口的聚集，导致利用轨道长距离通勤的人员增加。同时， S1 情景表明，沿线 5 ～ 10 千米范围内的地区平均通勤距离出现下降，表明平谷线对于周边地区的交通出行产生明显的正效应（图 7-9，图 7-10）。

S2 情景相较 S1 情景，随着平谷三站开发强度提高，就业和居住人口更多聚集于站点周边地区，平谷段沿线地区平均通勤距离减少了 3%，有助于提高职住平衡的水平。S3 情景相较 S1 情景，随着全线站点周边地区开发强度提高，通州段周边地区平均通勤距离减少 3.1%。

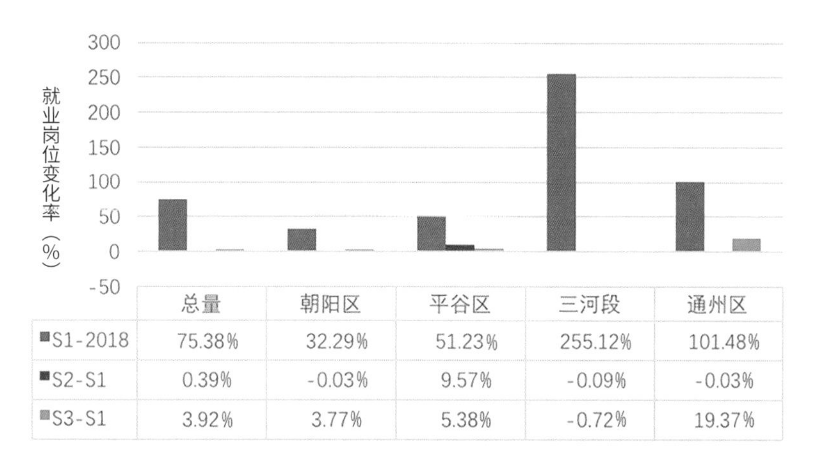

	总量	朝阳区	平谷区	三河段	通州区
S1-2018	75.38%	32.29%	51.23%	255.12%	101.48%
S2-S1	0.39%	-0.03%	9.57%	-0.09%	-0.03%
S3-S1	3.92%	3.77%	5.38%	-0.72%	19.37%

图 7-7 平谷线各段就业岗位变化率比较

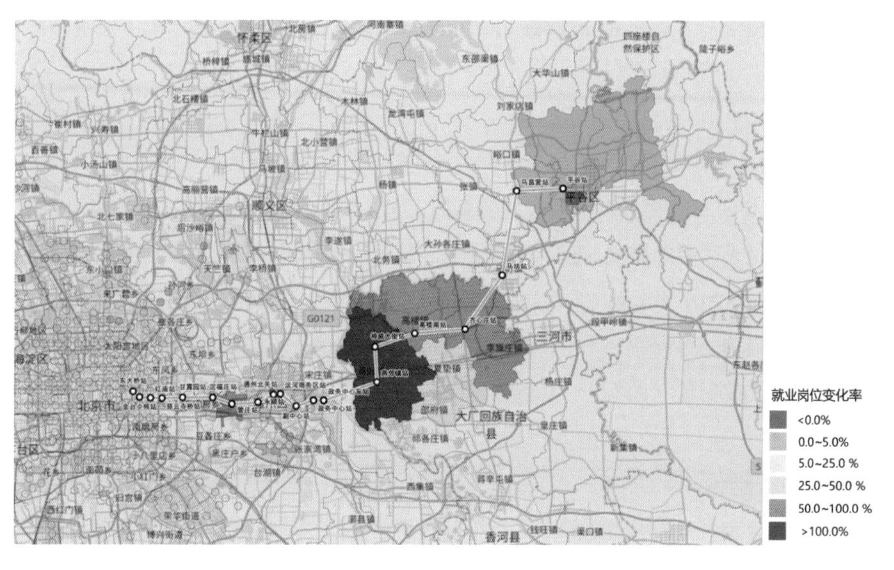

图 7-8 S1 情景相较 2018 年就业岗位变化率分布

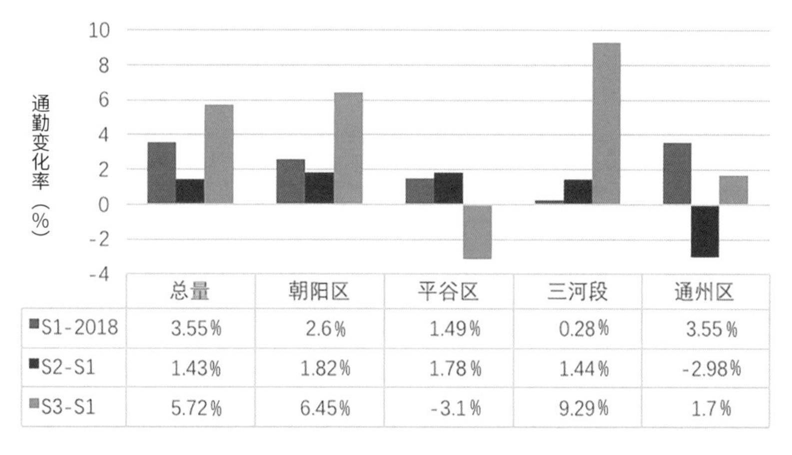

	总量	朝阳区	平谷区	三河段	通州区
S1-2018	3.55%	2.6%	1.49%	0.28%	3.55%
S2-S1	1.43%	1.82%	1.78%	1.44%	-2.98%
S3-S1	5.72%	6.45%	-3.1%	9.29%	1.7%

图 7-9 平谷线各段平均通勤变化率比较

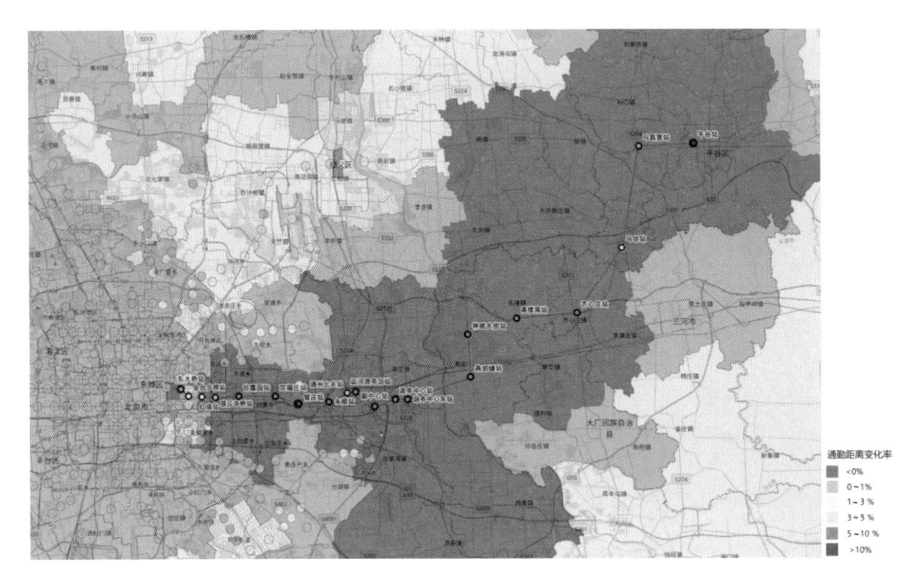

图 7-10 S1 情景相较 2018 年通勤变化率分布

4）租金水平变化

S1 情景中平谷线租金水平有较为显著的上升，达到 17% 左右，除朝阳段以外，其他各段的增长率更为显著。S2 情景相比 S1 情景，随着平谷三站开发强度提高，平谷段沿线平均租金水平上涨 1.6%。S3 情景相比 S1 情景，在全线站点容积率提升的情况下，全线各段租金水平上涨 0.9% ～ 11.4%，其中通州段最为显著，同时租金水平提升的溢出效应明显，沿线 5 ～ 10 千米范围内的区域受益显著（图 7-11，图 7-12）。

5. 情景模拟结论

按照北京市既有分区规划和街区指引的开发管控规模，平谷线建设运营将促进平谷线沿线站点及周边分区的人口、就业岗位和租金水平的上涨，有助于中心城区疏解。平谷沿线区域总体通勤距离略微提高，但主要原因是站点周边 400 ～ 800 米范围内通过轨道出行增加了通勤距离，而沿线 5 ～ 10 千米范围内居民由于站点岗位的聚集，导致通勤距离下降。

提高平谷区三站的开发强度至 0.9 ～ 1.2，相对于 2035 基准规划情景，对于平谷新城的影响尤为显著。轨道沿线地区就业居民增长约 5%，就业岗位增加接近 10%，通勤距离减小约 3%，租金增长约 1.6%。

全线站点周边地区开发强度提高 20%，相对于 2035 基准规划情景，全线的人口、就业聚集效应更为显著，租金上涨更为显著，尤其对于通州副中心的影响更大。

总之，结合轨道线网的建设运营，通过优化调整站点周边用地的开发强度，对于改善出行条件降低通勤距离，促进新区的人口和岗位聚集，提升土地价值平衡建设投资，具有正向的效应。

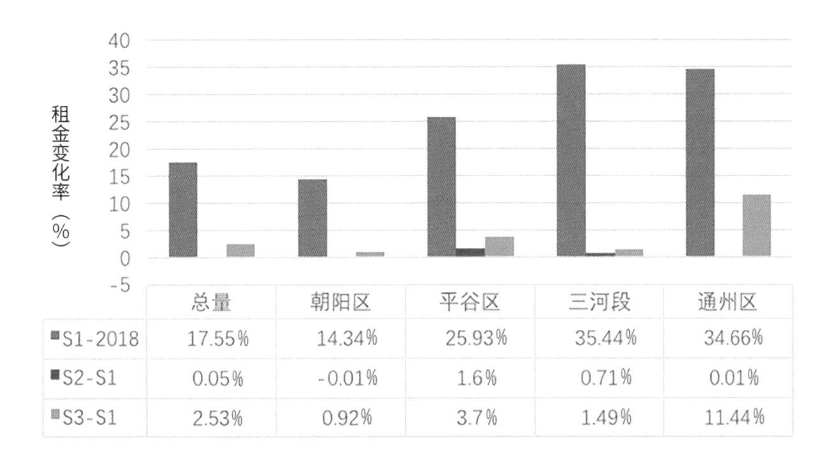

	总量	朝阳区	平谷区	三河段	通州区
■S1-2018	17.55%	14.34%	25.93%	35.44%	34.66%
■S2-S1	0.05%	-0.01%	1.6%	0.71%	0.01%
■S3-S1	2.53%	0.92%	3.7%	1.49%	11.44%

图 7-11 平谷线各段住宅租金变化比较

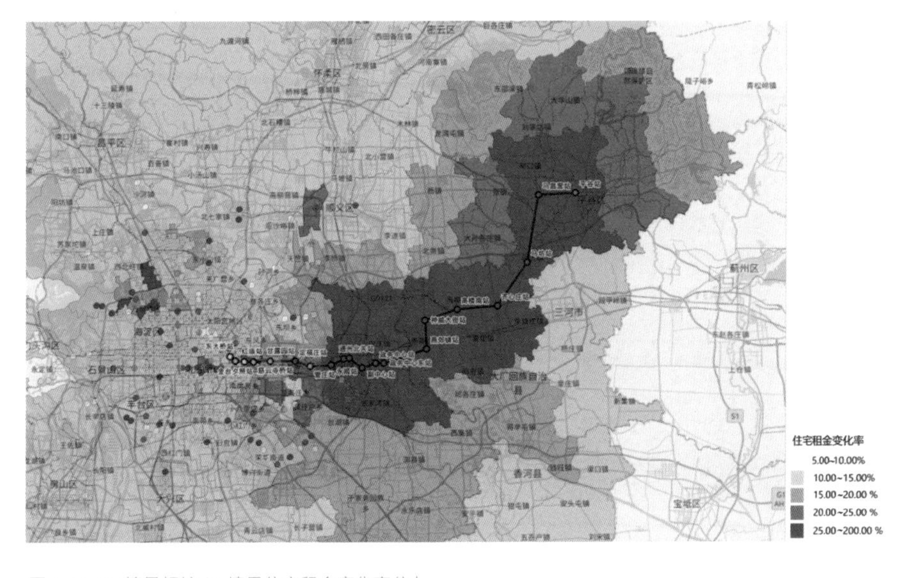

图 7-12 S3 情景相较 S1 情景住宅租金变化率分布

7.4.3 站点分类

尽管提高站点周边用地开发强度有助于提高城市运营效能，但并非所有站点都需要提升开发强度。对单站的情景模拟表明，不同站点对于就业、居住的吸引能力不同，影响范围不同，应根据站点现状特征和规划愿景，进行站点分类，精细化实施。

1. 现状站点分类

采用与北京轨道交通站点相关性强的 6 个因子，对现状站点进行，包括换乘情况（换乘、单线）、平均空间可达距离（在轨道线网上的拓扑关系）、毛容积率、住宅用地占比、办公用地占比、商业用地占比。采用层次聚类方法，结果表明北京市目前的站点根据区位、功能和开发强度的不同可归纳为六类（表 7-6，图 7-13，图 7-14）。

2. 规划站点分类

运用现状聚类的因子，参考聚类结果，结合北京市轨道线网规划和北京市总体规划，可将规划站点划分为远郊居住服务型、远郊就业服务型、近郊居住服务型、近郊就业服务型、中心城就业服务型、中心城居住服务型、城市级就业和服务中心、其他（包括近远郊游憩型、古城型、对外交通枢纽型等），以此分类作为后续土地开发强度优化和功能优化的基础（图 7-15）。

表 7-6　北京现状轨道交通站点分类

类别	毛容积率	住宅用地占比（%）	办公用地占比（%）	商业用地占比（%）	轨道换乘情况（次）	平均空间可达距离（米）
第 1 类	0.76	72.81	12.67	14.52	1.00	41888.83
第 2 类	1.90	77.39	4.71	17.90	1.00	26593.18
第 3 类	3.27	47.30	13.73	38.97	1.00	21594.20
第 4 类	1.95	34.67	47.97	17.36	1.00	26791.14
第 5 类	2.37	56.62	16.32	27.05	2.03	21868.35
第 6 类	4.15	30.41	11.58	58.01	1.86	19382.75

站点类型	土地利用图示例	特点
第1类	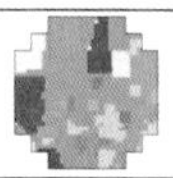 安河桥北站	开发强度低，可达性差
第2类	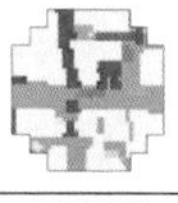 回龙观站	开发强度一般，**住宅用地最高**，可达性较差
第3类	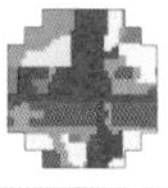 安贞门站	开发强度较高，**住宅和零售餐饮用地高**，可达性较好
第4类	 永丰站	开发强度一般，**办公用地最高**，可达性较差
第5类	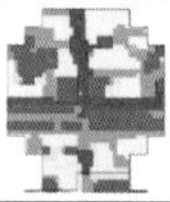 惠新西街南口站	开发强度较高，住宅用地较多，**换乘最便捷**，可达性较好
第6类	 国贸站	开发强度最高，**零售餐饮用地最高**，换乘较便捷，**可达性最好**

图 7-13　典型站点土地利用图示例

图 7-14　北京现状轨道交通站点分类图

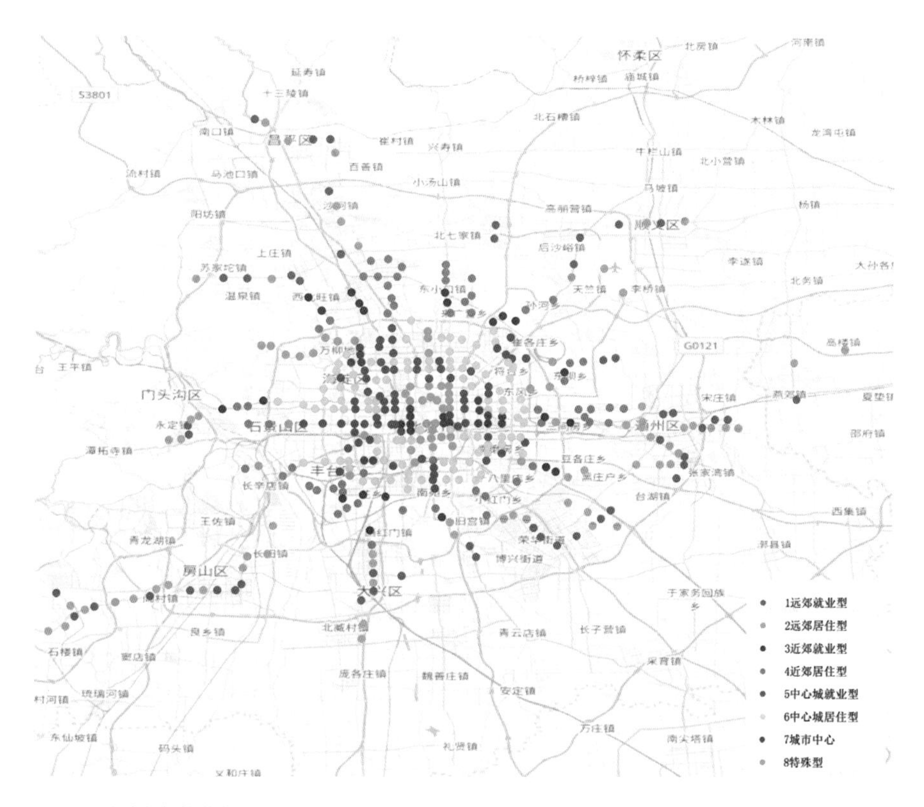

图 7-15　北京规划轨道交通站点分类示意图
资料来源：北京市规划院

7.4.4 优化规则

1. 轨道交通站点周边用地开发相关技术准则

国内外一些城市为引导更多的人口和就业选址于轨道站点周边，提高轨道交通可达性，提升运行效率，针对开发强度管控制定了技术导则和规程。

香港为增加短、中期土地供应以作房屋用途，善用稀有的土地资源，提高住宅发展密度，以增加香港人的居住空间，颁布《香港规划标准与准则》，根据大容量公共运输系统的可达性将主要市区划分为三个住宅发展密度分区，开发强度为 3.6 ～ 10。其中住宅发展密度第 1 区，采取最高密度开发强度，适用于有容量大的公共运输系统服务（例如火车站或其他主要运输交汇处）的地区。住宅发展密度第 2 区，为中密度开发强度，这些地区虽然有容量大的公共运输系统服务，但却算不上方便，区内的建筑物通常都不设商业楼层。住宅发展密度第 3 区，其住宅开发强度最低，这些地区的公共运输系统容量极为有限，或者城市设计、交通或环境方面受到特别的限制。对于商业用地，《香港规划标准与准则》认为，商业发展主要由市场主导，政府应作出最少的规划干扰。商业用地开发是为了确保商业设施的供应能配合人口状况、市民期望、收入与生活方式等方面可能出现的转变，同时能够回应人口地理分布及经济活动的变化。因此，香港对商业建筑的容积率管控，并无明确规定，但规定了开发强度的计算规程，在保持弹性的同时，增加商业用地开发的合理性。市场主体确定商业建筑规模后，需经由广泛的社会公众参与和咨询，获得土地开发许可。

上海为促进土地使用功能的有效混合，提高城市活力，推进居住与就业相对均衡布局，减少远距离通勤交通，倡导以公共交通为导向的城市空间发展模式，适度提高轨道交通站点周边的土地开发强度，颁布了《上海市控制性详细规划技术准则》。《上海市控制性详细规划技术准则》规定针对主城区、新城、新市镇分别设定了基本开发强度，同时为轨道交通站点周边用地设定特定强度，并为采用特定强度的用地范围的划定做出了技术规定。

深圳出台建设用地密度分区指引，分别为居住、商业服务业、工业、物流仓储用地划设五级密度分区，规定各类用地在不同分区的基准容积率和容积率上限。在《深圳市城市规划标准与准则》规定建设用地容积率由基础容积、转移容积、奖励容积三部分组成。其中，基础容积根据微观区位影响条件（地块规模、周边道路和地铁站点等）进行修正，针对地铁站点影响下的基础容积率上浮，规定根据地块周边地铁站点数量及覆盖情况进行修正，根据地块周边车站类型（多线车站、单线车站）和距离车站的距离（以站台几何中心作为规定半径计算圆心，规定半径分为 0 ～ 200 米、200 ～ 500 米两个等级）设定修正 130% ～ 170% 的系数。

新加坡编制了《非居住类用地开发控制手册》（*Development Control Non-residential Handbook*），位于市中心核心区、乌节路规划区域内的商业地块，如靠近大容量快速交通线（MRT）车站，则可以增加建筑密度，按照基准容积率加奖励容积率进行计算。规定在地铁站 200 米服务半径之内，基准容积率可以增加 5% ～ 15%。

2. 构建更为弹性的建设规模动态调整规则

香港、上海、深圳等城市针对轨道交通站点开发强度出台的各类规划准则和技术标准，为提高轨道交通运行效率发挥了巨大作用。但在实际实施过程中，随着城市轨道线网的发展，原有针对站点周边用地的开发强度提升，由于站点密度的提升而逐步连绵起来，呈现出开发强度普涨的现象，除轨道交通意外，城市公共服务、公共空间、公园绿地等设施难以支撑人口和就业岗位的大规模上涨，城市中心体系的识别性逐步模糊。

目前，上海、北京等城市确定了减量发展的总体目标，北京市新一轮控规体系的改革，就是以控总量、调结构、增加弹性为目标。北京市并未出台类似上海、深圳、香港的密度分区，而是根据各个区县、各个街区单元的人口疏解要求、存量建筑规模和经济上可行的拆建比，通过“街区指引”确定街区单元建筑规模的总量。对于近期开发建设用地，引入“综合实施方案”，由开发管理主体根据具体的市场需求，计算人口账、经济账、资源账（如水资源等），进而确定具体地块的开发规模，使得控规更加适应市场变化，提高控规的弹性（图 7-16）。

根据北京市轨道线网的情景模拟，特别是平谷线模拟结果表明，在一条线上进行开发强度和功能安排的统筹协调，有助于提升线域范围的职住平衡水平，有助于线上重点站域的人口和就业聚集。为此，建议在“街区指引”和“综合实施方案”编制过程中，在街区开发总量管控的前提下，采取线路内指标平衡和控规单元内平衡两种模式，以实现对轨道交通站点周边用地在建设规模上的优化提升。

线路内平衡，是指在轨道交通沿线的若干街区单元间进行指标调配，保持几个街区单元建设总量不变的前提下，向重点站点周边调配建设指标，以提高重点站的人口就业吸引力，促进轨道沿线的职住平衡。

控规单元内平衡，是指保持控规单元建设总量不变的前提下，向临近车站地块（如 200 ～ 800 米半径范围内）转移建设指标，提高步行可达性范围内的人口和就业规模，并提高用地价值。

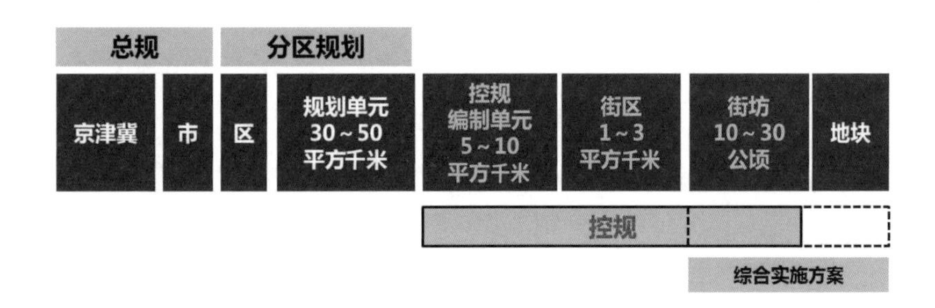

图 7-16　改革中的北京市控制性详细规划编制层次

第 8 章

结论与展望

8.1 研究结论

8.1.1 理论层面

1. 世界城市新区发展的规律性认识

基于伦敦、巴黎、纽约、东京、首尔等世界主要城市的典型新城案例剖析，解读世界范围内城市新区的成长规律，研究发现以下规律：新区开发的历史阶段性——城市新区是国家经济高速增长、城镇化快速推进、母城功能疏解等多要素综合作用产物，随着城镇化进入成熟阶段，大规模的新区开发趋于终结；新区成长动力的复合性——新区的空间区位、人口规模、与母城的交通联系、区域功能分工等因素综合影响新区的成长发育，在生命周期不同阶段，新区成长动力也不断演化更替，前期区位、交通、人口等影响大，后期各类服务配套影响更为显著；新区开发周期性较长——从孕育、成长到成熟一般在 40 年以上，合理的开发时序、空间节奏是新区有序发展的前提；新区开发运营主体协同性——需要政府与市场的有机结合，初始阶段依靠政府的强力推动，但新区开发成功与否最终取决于后续的市场力量。

在对我国城市新区开发时空环境、成长动力、开发目标、运行管理等开发特点分析的基础上，提出正确认识我国城市新区在经济社会发展阶段、区域空间差异、定位与开发周期、运行管理等方面的自身特点，合理建议新区开发时点、优化开发动力、控制开发时序和空间布局、优化治理模式，推动城市新区绿色健康发展。

2. 我国城市新区空间绿色发展的规律

城市新区作为我国城镇化建设和推动地方经济发展的重要空间载体，研究从系统要素、时间阶段和空间条件三个维度建立城市新区空间绿色发展的分析框架，以我国 78 个新区为研究案例，总结新区绿色发展的规律和经验。研究发现：城市新区绿色发展的质量取决于生态、布局、土地、交通和设施五个要素的均衡，表现更好的新区各要素的发育程度和均衡性明显更好；时间维度（起步期、成长期、强化期和成熟期）是影响空间发展质量的关键变量，新区整体质量以及新区布局、土地、交通和设施方面的质量与新区开发阶段均有较强相关性；相对稳健的空间增长速度也是影响新区空间质量的因素，已建设空间的比例年均增加 2% ～ 4%，持续而稳定的建设动力促使新区在快速增长的同时，优化了空间要素；自然环境、区域经济及与母城距离构成重要约束变量，水资源分布、母城人均 GDP 是关系到新区发展状态的重要因素，新区与母城距离与新区空间绿色发展呈现显著相关，并影响了各要素发展水平。

尊重新区发展的自然规律、经济社会发展规律、新区生长规律，是规划引领城市新区绿色发展的前提。探索适应新区目标制定、方案布局、建设实施、运营管理全生命周期的规划方法是城市新区规划技术优化的重要内容。

8.1.2 规划方法和技术优化层面

1. 目标制定阶段

目标制定阶段重点围绕新区选址的先决性条件评价、目标体系制定的合理性，以及全生命周期指标管控三方面进行规划管控和技术方法优化。

先决性条件评价是确定新区选址、确定建设目标和影响开发绩效的前提性条件。先决性条件由与母城关系、资源环境承载能力、国土空间开发适宜性、灾害风险评估、交通与基础设施支撑条件五个方面构成，采用定性与定量相结合方式评价。

城市新区“目标 - 指标”体系应形成“总目标 - 选址先决条件 - 分维度 - 指标项”的完整体系，提出符合绿色新区发展方向的规划目标，在与目标相关联的多个维度中确定指标项。分维度确定可参照土地使用、道路交通、蓝绿网络、废弃物、能源、水系统、街区形态、智慧管治、人文九大维度。其中，土地使用、道路交通、蓝绿网络为城市新区基础维度；废弃物、能源、水系统为城市新区的绿色维度；街区形态、智慧管治、人文可结合各新区的实际情况进行调整和增减。监测指标选取应遵循概念相关性、政策一致性、技术坚固性、易解释性四项原则。

全生命周期指标管控框架由“$N\times4$”的“目标 - 指标”体系矩阵构成，横向维度为 N 个维度管控要素，通过总目标向各系统进行传导分解，形成“总目标 - 分目标 - 指标项“的层层关联的指标体系。纵向维度为城市新区的四个发展阶段，其中，目标制定阶段的管控内容较为综合全面，是面向新区的蓝图式目标；方案布局阶段、建设实施阶段、运营管理阶段应结合各阶段自身特点，设置相对应的目标和指标项。

2. 方案布局阶段

方案布局阶段重点围绕底线控制、多要素系统协同控制、多方案比较等维度提出规划方案的优化方法。

从底线思维和底线管理角度出发保证城市核心管理要素的一致性，将城市的控制底线划分为政策底线、发展控制底线、生态底线、环境底线、服务底线。政策底线包括建设用地规模控制线、基本农田控制线、永久基本农田保护红线；发展控制底线主要涵盖了建设用地增长边界控制线、城市开发边界、城市设计；生态底线则包括生态控制线、生态保护红线、蓝线规划、山体治理规划、防灾、防洪等规划、海绵城市规划；环境底线由产业区块控制线、水环境容量、大气环境容量、人口承载量等构成；服务底线指区域内基础设施空间廊道控制线、公共服务设施规划。研究将城市开发边界、永久基本农田保护红线、生态保护红线、环境容量控制等核心要素作为城市新区规划设计优化的重点内容。

多要素系统协同优化是以多种生态效应作为衡量城市新区实际生态环境质量的具体表征，在统筹考虑空间要素配置的基础上，加强城市新区空间形态与生态环境效应的互动影响机制研究，揭示城市空间形态指标对生态效应的内在关联；对多种要素本身的构成、结构、规模等内在过程剖析透彻，建立多效应耦合评价模型；在此基础上，探讨了生态导向和参数控制下的数字化城市设计方法，为绿色城市新区的规划设计提供一种可操作性强的辅助决策工具。

多方案比较是应对城市发展不确定性，开展规划方案研究的重要方法。多方案比较将情景模拟与绩效评价相结合，聚焦约束变量（城市发展条件）、基础变量（人口分布）及控制变量（就业、住房、交通、公共服务及开发规模）关系，依据“约束条件 - 情景目标”到“人口情景 - 空间要素 - 空间绩效”，再到“情景选择 - 空间选择 - 应对策略”的研究路径，建立情景分析、绩效模拟、方案评价构成的方法体系，形成布局方案评价和空间政策分析工具。

3. 建设实施阶段

建设实施阶段重点围绕开发时序、空间紧凑性、开发结构三个方面建立新区建设过程的评价和规划优化方法。

开发时序管控，新区建设过程可分为启动建设期、快速生长期、优化调整期三个阶段。启动建设期控制围绕启动区建设的高效性与区域的带动作用展开，一般情况下，启动区宜选择在离母城距离近、交通相对便捷、建设规模 5 ～ 10 平方千米、功能综合的区域启动，建设周期宜控制在 3 ～ 5 年之内。快速生长期建设控制围绕交通与基础设施建设、重要功能区的建设、土地的整备展开，重点关注基础设施与土地整备的协调、环境友好性建设、重要功能区的完善。优化调整期控制以优化土地利用和整个城市系统为核心展开，紧凑化综合性使用土地，内涵发展和外延发展并举，培育健康的城市系统。

空间紧凑性管控，土地利用的紧凑度评价是管控的基础，包括形态和结构两个方面。具体管控内容包括：①紧凑启动控制，基于未来的城市空间结构，整合新区自组织的空间拓展力与母城方向的经济引导力，选择临近母城且有一定基础设施支撑的区域，紧凑启动新区建设。②紧凑空间建设，新区空间建设应该综合考虑自然环境、行政区划、社会经济等因素，尽可能采用团块式集中建设，或较为集中的组团式建设，或以交通干道为发展轴的轴向网络型建设，尽可能避免带状或飞地分散式建设，提高空间紧凑性。③功能紧凑优化，新区应在不同尺度上强调混合多样的功能组织模式，有效提高土地和空间的开发利用效率。在城区整体尺度上，综合考虑母城与新区之间的功能共生关系和新区自身功能的综合性；在社区尺度上，以核心公共服务设施或公共空间为导向构建 15 ～ 20 分钟的社区生活圈；在建筑尺度上通过立体化开发提高内部空间的开发利用效率。

开发结构管控，具体管控内容包括：①建设路径时空结构控制，详细分析规划方案的空间路径依赖性、系统功能构建的次序依赖性、社会经济收益的时间贴现；优化建设内容的先后次序和空间组合，构建科学的开发路径。②建设过程空间协同控制，根据各种不同尺度的功能单元在新区空间系统中存在的协同效应，基于空间效用最大化来协调空间建设的时空组合。③绿色建设技术选择控制，新区建设宜采用适应地域特征、经济发展状态的绿色技术体系，降低建设过程对环境的影响。④反馈系统建设，按生态环境效应反馈、经济与财务健康反馈、满意度反馈三个反馈环，规划建设反馈系统，将建设过程纳入实时调整优化循环。

4. 运营管理阶段

运营管理阶段重点从城市新区空间运行质量评价、运营能力建设、动态维护优化等维度，建立新区运行质量监测评价和动态优化方法。

空间质量评价是新区运营阶段开展近期建设和更新活动的工作基础，应以寻找绿色发展短板，明确近期建设和规划调整优化的重点领域和重点地区为目标，遵循客观和主观相结合、全国和地域相结合、结果和过程相结合、整体和局部相结合的原则，筛选运营管理和评估的核心指标。在此将空间质量评价分为城市运行质量、生态环境质量和运行能力建设三个维度，其中城市运行质量包括职住平衡系数、建成区空间紧凑度、土地开发和基础设施建设协同度、绿色交通出行分担率、新区常住人口平均单程通勤时间等指标，生态环境质量包括单位 GDP 碳排放量、再生水利用率、可再生能源使用率、运营公园绿地服务人口半径覆盖率等指标，运行能力建设包括智慧城市监测水平、规划动态调整机制、公众参与水平、地方政府负债率等指标。

运营能力建设，以治理能力现代化为目标的运营能力建设是新区运营阶段实现绿色发展的重要支撑。新区运营涉及众多部门、企业和居民，有必要将分散的技术、资金和行动进行整合，综合发挥行政、经济和社会治理手段的作用，建立一套多元化、多维度，能使政府、企业、个人共同协作的治理机制。本书梳理了国内外城市推动绿色发展的政策手段，并尝试搭建包括法律保障工具、行政推进工具、技术规范工具和引导激励工具在内的提升新区绿色运营能力的工具包体系框架，供新区结合各自的发展阶段和现实需求进行选择。这一工具包的内容并非一成不变，会根据新区治理理念的发展和技术的进步而持续创新和完善。

动态调整优化，新区是一个人居有机体，对新区规划的动态调整优化伴随新区发展的全过程。调整优化的对象来自空间质量评价识别的关键领域和关键地区，调整优化的手段来自绿色运营工具包提供的各种经济、社会、行政手段。由于土地是承载经济社会活动、布设各类基础设施和公共服务、调整城市布局结构和中心体系的基础，因此调整优化的核心内容是土地用途和相应的开发建设指标。研究以轨道交通站点周边用地的动态调整为例，阐述新区运营过程中用地功能和强度调整优化的路径和方法。依托清华大学、剑桥大学、清华同衡规划设计研究院联合开展的“北京轨道交通 TOD 开发强度（性质、规模、功能）研究”课题，提出包括情景模拟、站点分类、优化规则三个步骤的规划动态调整方法，以提高轨道线网的运行效率，促进绿色出行。

8.2 城市新区智能规划展望

8.2.1 智能规划研究进展

智慧城市建设中产生的大数据问题既是下一代的科学前沿问题，也是推进智慧城市发展的源动力 (李德仁，2015)。目前城市规划中常用的大数据主要包括：互联网大数据（社交网络、POI、主题网站等）、移动终端大数据（手机信令数据、手机 App 数据、GPS 轨迹等）、城镇运行与监测大数据（刷卡数据、智能传感器与监控数据等）等。大数据分析手段在城市规划编制中具体已经应用于城镇体系与区域联系、城市空间结构与功能分区、公共服务设施布局、专项规划等方面（孔宇，甄峰，李兆中，等，2019；钮心毅，康宁，王垚，等，2019）。在大数据的帮助下，智能规划能通过多类型数据驱动模型及方法的应用，优化规划对象、规划流程及规划成果（龙瀛，张恩嘉，2019）。

走向“智慧化”是人类城乡发展的必然趋势，具体应用和研究主要有：对城市数据的大规模挖掘，城市复杂系统的解析和模拟、城市生长和空间规律的深度学习、城市运行状况的监测和复杂城市问题的诊断等（吴志强，黄晓春，等，2018）。

1. 智能诊断

智能诊断技术是基于人工智能技术实现的智能规划理论和方法体系创新。吴志强（2018）运用人工智能技术，对全球遥感影像进行 40 年时间跨度内 30 米 ×30 米精度网格进行智能识别，基于对城市建成区边缘曲线的识别和统计分类，建构了“城市树”理论，并归纳出萌芽型、佝偻型、成长型、膨胀型、成熟型、区域型、衰落型共 7 类城市发展的类型，全面揭示了全球范围内城市增长和城镇群发育的规律。在对规律识别的基础上，可以基于过去 40 年的发展，推演未来 5 ～ 10 年城市空间的增长趋势。

智能诊断方法的创新还将进一步从城市向城市群领域拓展。聚焦挖掘城镇群历史演变规律，推演区域发展的自然条件、经济联系以及空间格局，采用群体智能技术，模拟城镇群落中城市之间的联动关系，推演判断未来城镇群分布特性。

2. 智能推演

智能推演技术主要应对空间规划面临未来的不确定性挑战，也是智能规划方法最关键的技术。城市模拟仿真通过构建能够描述城市系统中各要素间的复杂相互关系的模型，并结合虚拟现实等技术对城市运行进行动态模拟和可视化（曹阳，甄峰，2018）。

城市的时空智能推演技术包括人口推演、城市用地推演、城市密度推演、产业空间推演、城市资源推演、城市交通推演、城市形象推演、城镇群落推演、建设时序推演、方案比较推演等（吴志强，2020）。运用人工智能类型学技术的 CityGo 是该方向的代表性博弈模型。CityGo 首先将城市利益相关体分为政府、规划师、投资商以及市民四方，提取反映四方需求和决策特点的信息，由此构成了四方六元的决策智能配置。其模型假设：政府决策短期整体目标导向；规划师注重长期整体配置目标导向；投资商决策短期个体市场目标导向；市民决策长期个体目标导向。四方按照各自的目标导向，对职业、居住、商业、医疗、教育、休闲这六元功能进行各自的决策。配置过程中还需考虑从过去到未来的时间进程，以及不同城市发展类型和阶段需求（吴志强，2018）。应用方面，CityGo 结合宁波现有智慧城市大数据的基础，已在宁波首先投入试点实验并设计原型系统（刘怡然，2018）（图 8-1）。

3. 智能模拟

城市智能模拟技术（City Intelligent Model，CIM）是基于智能规划理论、方法创新而实现的智能规划核心技术。城市智能模型以预见未来为目标，以智能模型辅助决策，并且突出人与城市信息的互动（吴志强，甘惟，臧伟，等，2021）。CIM 运用基于交互思想的城市规划研究智能化技术，即设计方案基于即时的分析或模拟结果反馈以及用户的快速判断，从而实现渐进式推演，兼顾主观创造与理性判断即时反馈评价结果。CIM 在实际应用中起到巨大的作用，在北京副中心的设计中，应用 CIM 支持系统可快速读取出覆盖的 155 平方千米内任一区域内的天气、人口成分、人流汇聚规模和速度、建筑高度、建成材料，在生态学和精确理性的支撑下，进行个体化的精准计算，从而高效完成设施的最佳配置量和配置地点等的布局 (吴志强，2018)。

图 8-1 CityGo 部分功能展示
资料来源：刘怡然（2018）。

8.2.2 智能规划在城市新区中应用展望

1. 构建城市新区智能规划理论

1）建立新区生命规律的智能规划理论

2017年7月，国务院印发了《新一代人工智能发展规划》，特别指出以人工智能“推进城市规划、建设、管理、运营全生命周期智能化”。以城市生命体为立论点，挖掘城市新区兴起、壮大、衰落不同阶段的生长规律，建构适应新区生命规律的智能系统。在“人工智能”技术支持下，建立城市新区全生命周期智能规划理论。

2）形成多系统联合优化的智能规划理论

城市新区空间发展涉及社会、经济、生态、交通、空间多个方面，其相互之间或耦合或冲突，构成多元交互的复杂巨系统。城市新区智能规划围绕传统优化理论，针对不同问题智能区分其关键因素、相关因素、外部边界，采用人工智能和大数据支持的新型复杂系统优化方法，形成多系统联合优化的智能规划理论。

3）突破基于多情景分析的智能规划理论

情景分析方法有助于分析不同的可能性，成为空间政策和方案研究的重要工具。在基于人工智能和大数据的智能情景分析方法的基础上，城市新区智能规划基于人口和经济活动的选择形成不同的情景模式，通过智能推演和模拟评价新区规划政策在不同情景下的适用性，从而有效应对城市新区空间发展的不确定性。

2. 探索城市新区智能规划方法

强化大数据、移动互联网、人工智能等新一代信息技术对国土空间规划编制的支撑能力，探索城市新区规划的智能诊断、智能推演与智能治理方法，提高新区规划的编制技术创新、规划建设调控和新区运营治理水平。

1）城市新区智能诊断

建构城市新区生命周期成长规律挖掘的方法体系。理性探索挖掘城市新区发展演进的科学规律。针对我国人口与经济社会特征，结合我国城市新区空间布局特点，基于大数据工具与人工智能技术，对我国城市新区发展的自然、社会、经济、生态、空间等规律挖掘。

建构城市新区建设过程的诊断方法体系。针对城市生命体的复杂开放特性，对城市进行健康检查，发现并分析存在的问题，预测并预警未来潜在的问题，提出建议和改善策略，使城市管理者在决策时能及时调整思路、控制局面。

建构城市新区空间运营质量的监测方法体系。科学厘定城市新区空间质量内涵，构建科学完整、数据来源有保障的新区空间发展质量评价指标体系，及时发现新区运营质量短板。

2）城市新区智能推演

建构多维、可靠的城市新区智能推演方法体系。依托已有的智能推演模型，基于历史数据检验模型可靠性，并且深度学习城市自身建设用地的发展，模型拟合度达到某程度后再推演，进而实现“历史 - 未来”全景推演方法，实现智能规划辅助。针对新区人口、用地、产业空间、资源、交通、空间形象、建设时序、创新要素等核心问题，建构城市智能规划的全系统、多维度、跨时空的技术体系。

建构城市新区发展智能模拟方法体系。针对新区空间发展的核心问题，对新区资本、人才、科创三大要素的机器学习，预测城市新区创新动力要素集聚的时空可能；以人工智能技术辅助城市新区规划设计的创造性设计，围绕创新要素发展推演未来发展格局，在新区空间的形态设计以及场景设计中实现智能技术的综合应用。

3）城市新区智能治理

建构决策支持方法体系。研究新技术、城市诊断与推演方法增强下的城市新区空间治理方法，注重针对生产、生活、生态空间的方法差异，研究不同尺度下智能治理的时空响应能力，形成针对群体、个体的差异化协同治理路径。

完善效能评估方法体系。运用智能化手段，感知、模拟和评价城市新区不同尺度、不同单元内的治理效能。同时建立长效跟踪机制，接入各种治理前后数据，评价城市新区治理效能，并识别相互关联与异步联系。

打造协同治理方法体系。研究多源数据环境下，智能技术驱动、多尺度、多单元协同的治理框架，识别要素协同优化的不同空间治理单元与主体，推动从被动感知到主动感知的城市新区治理效能，保证系统性治理与人本化治理智能协同。

附录　研究团队核心成员简介

同济大学研究团队（第 1—3 章，第 5 章 5.4 节，第 8 章）

张尚武，同济大学建筑与城市规划学院教授，副院长，博士生导师。兼任上海同济城市规划设计研究院有限公司副院长，中国城市规划学会乡村规划与建设学术委员会主任委员。长期从事城市与区域发展战略、城市规划理论与方法等研究。主持高密度城市空间结构效能评价、城乡空间动态监测技术、城市新区规划方法优化等方面多项国家级课题。参加编写《现代城市功能与结构》《城市总体规划》等教材和专著。主持完成上海、合肥、济南、太原、西宁等 10 余个城市战略研究，获得国家及省部级优秀城乡规划设计奖近 30 项。作为主要技术负责人，在上海 2035 总体规划中发挥了重要作用。

潘　鑫，同济大学博士研究生，上海同济城市规划设计研究院有限公司高级工程师，注册城乡规划师。作为骨干参与国家“十三五”重点研发计划、国家自然科学基金、上海市政府决策咨询课题多项，主持或参与城乡规划 40 余项。出版学术专著 1 部（第 2 作者），在《城市规划学刊》《城市规划》、*China City Planning Review* 等期刊发表论文 10 余篇。获第二届钱学森城市学金奖、上海市第十届哲学社会科学著作类二等奖、上海市人民政府发展研究中心优秀成果奖一等奖，以及省部级优秀城乡规划设计奖近 10 项。

沈　娉，广州市城市规划勘测设计研究院助理工程师。在 *Geo-spatial Information Science*、《城市规划学刊》《旅游学刊》等核心期刊发表论文多篇，曾获第四届金经昌中国城乡规划研究生论文竞赛优秀奖、2018 年《中国建筑教育》“清润奖”大学生论文竞赛硕博组全国二等奖、首届“绿点大赛”全国三等奖、2019 年度广东省优秀城市规划设计奖二等奖、2016 年高等学校城乡规划学科城市设计评优全国二等奖。

中国城市规划设计研究院研究团队（第 4 章）

林辰辉，中国城市规划设计研究院上海分院院长助理，高级城市规划师。拥有丰富的城市规划实践和研究经验，主持完成上海、天津、安徽、上饶、湘潭、十堰等地 20 余项规划项目。主持和参与“城市新区规划优化技术”国家重点研发计划、中国工程院重大课题“中国城市建设可持续发展总体战略与实施路径研究”、国家发改委《新型城镇化规划（2021—2035 年）》、上海市重大课题“上海优化功能布局研究”等。获得全国、省部级城乡规划奖项 20 余项，发表城乡规划类论文 10 余篇。

陈海涛，中国城市规划设计研究院上海分院规划三所规划师，注册城乡规划师。主持和参与空间规划、城市设计、城市更新等项目十余项。参与“十三五”国家重点研发计划“城市新区发展规律、规划方法与优化技术”等相关课题研究以及《城市新区规划设计方法优化技术指南》等标准的编制。曾获 2015 年度全国优秀城乡规划设计二等奖、2017 年度湖南省优秀城乡规划设计二等奖、2019 年度全国市优秀城乡规划设计二等奖、2019 年度上海市优秀城乡规划设计三等奖。

沈阳建筑大学研究团队（第 5 章）

李殿生，沈阳建筑大学教授，注册城乡规划师。长期从事城乡规划教学、研究和实践，主持国家“十二五”科技支撑计划、“十三五”重点研发计划研究任务各 1 项，参与国家自然科学基金课题多项。出版学术专著 10 余部，作为主要参编人参与住房和城乡建设部土建类学科专业“十三五”规划教材《城市生态规划方法与应用》的编制工作。获建设部华夏科技进步二等奖，辽宁省级科技进步三等奖，辽宁省优秀勘察设计一等奖、优秀城市规划设计一等奖。

周诗文，沈阳建筑大学讲师，博士研究生。近 5 年，作为青年骨干主持住建部课题一项，作为骨干参与国家自然科学基金 2 项，在《城市规划》《城市发展研究》《应用生态学报》等核心期刊发表论文多篇。获辽宁省土木建筑科技创新一等奖，辽宁省优秀规划设计一等奖、二等奖，第四届“城垣杯·规划决策支持模型设计大赛”二等奖，沈阳市自然科学学术成果一等奖。

重庆大学研究团队（第 6 章）

闫水玉，重庆大学建筑城规学院教授，博士生导师。长期致力于城市可持续规划设计研究，主持或参与 10 余项科技部科技攻关项目、国际合作项目、自然科学基金等项目，50 余项城市规划设计工程项目，在城市可持续空间形态、城市生态用地规划管理等方面有独到见解，初步形成了适应山地城市的城市可持续规划设计的理论、方法与技术体系。迄今发表中英文学术论文 60 余篇，学术专著 2 部，参编教材 3 部，获国家科技进步二等奖 1 项，教育部科技进步一等奖 1 项，建设部优秀规划设计奖 6 项。

王　正，重庆大学建筑城规学院城乡规划系主任、副教授，中国城市规划学会规划山地城乡规划学术委员会副秘书长，重庆市区县首席规划师。参与“十三五”国家重点研发计划、“十二五”国家科技支撑计划项目、国家自然科学基金面上项目等重大课题研究，发表学术论文 10 余篇。主持完成《宜居重庆生态城规划策略及重庆生态都市规划导则》获重庆市科学技术奖科技进步奖二等奖；主持完成贵州桐梓县、重庆两江四岸等项目，获全国优秀城乡规划设计二等奖、重庆市优秀城乡规划设计一等奖等。

谭文勇，重庆大学建筑城规学院副教授，研究方向为城市形态与城市设计，长期从事城市规划与城市设计的教学、科研及生产实践工作。近年来参与“十三五”国家重点研发计划“村镇聚落空间重构数字化模拟与评价模型”中课题四的研究工作，作为主要设计者参与江油市李白大道西片区控制性详细规划，获 2013 年度全国优秀城乡规划设计三等奖，汉源县九襄镇民主村传统村落保护与发展规划，获 2019 年度重庆市优秀规划设计一等奖。

叶　林，重庆大学建筑城规学院规划系副教授，重庆大学建筑城规学院城乡生态规划与技术科学团队成员。主要从事山地城镇规划、城乡生态规划及城乡绿色空间规划研究。主持中央高校基本科研业务费项目 2 项，参与国家自然科学基金项目 4 项，科技部“十二五”国家科技重大专项项目 1 项，科技部“十三五”国家重点研发计划专项项目 1 项，国家发展和改革委员会应对气候变化重点基金项目 1 项，发表学术论文 10 余篇。多次获得城乡规划设计项目省部级奖励。

清华大学研究团队（第 7 章）

赵　亮，清华大学建筑学院副教授。担任冬奥会张家口赛区规划顾问、中国城市规划学会小城镇分委会委员。主要研究方向为城市空间发展战略、区域与城市交通基础设施规划等。长期从事京津冀地区空间规划研究，近年来参与北京市总体规划修改、通州副中心总体规划、雄安新区规划工作营、冬奥会与崇礼空间发展战略研究和总体规划、长三角绿色一体化示范区、清华 - 丰田未来城市研究等工作，作为主要执笔人出版《京津冀地区城乡空间发展规划研究》二期和三期报告，主持“十二五”国家科技支撑、“十三五”国家重点专项课题各 1 项，获得建设部华夏奖一等奖 1 项，北京市优秀城乡规划设计特等奖 1 项。

吴唯佳，清华大学建筑学院教授、博士生导师，德国慕尼黑工业大学城市与区域规划工学博士。现任清华大学建筑与城市研究所副所长，首都区域空间规划研究北京市重点实验室主任。吴唯佳教授曾主持多项国家、省部级与国际合作科研项目，主持并完成 70 余项城市规划研究性设计项目，是北京市、天津市及首都区域发展战略研究、北京城市总体规划（2004 版、2016 版）、北京城市副中心规划、通州副中心智慧城市研究、冬奥会及崇礼发展战略研究、雄安新区规划工作营等重大项目的清华大学项目组负责人，先后获得华夏建设科技一等奖等多项国家及省部级奖励。

金　鹰，英国剑桥大学建筑系教授，马丁建筑与城市研究中心主任。主要研究方向为基于量化方法的跨学科城市规划与设计研究。有三十多年规划行业执业、管理和科研经验，作为项目主要负责人参与一系列具有重大政策影响的城市土地和交通规划项目，其中包括伦敦及英国东南部战略交通规划、英国剑桥及剑桥郡 - 彼得博勒战略规划、中国北京通州副中心总规专题研究、中国京津冀和长三角区域空间经济模型开发与应用等。

万　励，英国剑桥大学土地经济系助理教授，剑桥大学建筑系博士。主要研究方向为城市土地和交通系统建模、城市大数据、城市数字孪生技术的开发与应用。开发的“京津冀区域递推动态空间均衡模型”（RSE）是该类型城市规划模型在国内的首个模型实例，参与北京通州副中心总规专题研究和后续的分区规划研究。在国际城市模型本土化研究和应用方面有着丰富的科研和实践经验。

参考文献

[1] BEATLEY T. Green urbanism: learning from European Cities [M]. Washington: Island Press, 2000.

[2] BONAN G B. The microclimates of a suburban colorado landscape and implications for planning and design [J]. Landscape and Urban Planning, 2000, 32(1): 55-57.

[3] BRODY S D, HIGHFIELD WE, BLESSING R, et al. Evaluating the effects of open space configurations in reducing flood damage along the Gulf of Mexico coast [J]. Landscape & Urban Planning, 2017, 167: 225-231.

[4] CHANG H S, CHIU S L. Discussion on sustainable land use allocation toward the sustainable city–a practice on linco new town [J]. Procedia Environmental Sciences, 2013, 17: 408-417.

[5] CHOI C G, LEE S, KIM H, et al. Critical junctures and path dependence in urban planning and housing policy: A review of greenbelts and New Towns in Korea's Seoul metropolitan area [J]. Land Use Policy, 2019, 80: 195-204.

[6] CMAP. Scenario construction notes originally prepared June 2008 [R]. 2008.

[7] ESCOBEDO F J, NOWAK D J. Spatial heterogeneity and air pollution removal by an urban forest [J]. Landscape & Urban Planning, 2009, 90(3-4): 102-110.

[8] ESPON. Scenarios and vision for European Territory 2050: final draft [R]. 2014.

[9] EUROPEA C. Green paper on the urban environment: communication from the commission to the council and parliament [EB/OL]. 1990.

[10] ASLI M F, SHEMIRANI M, MAJID S. Codification of sustainable development indicators in New Town of Iran: A practical municipal level approach [J]. International Journal of Architecture and Urban Development, 2012, 1(2): 55-62.

[11] Fregonese-Calthorpe Associates. Envision Utah: Producing A Vision For The Future Of The Greater Wasatch Area [R]. 2000.

[12] GEDDES P. Cities in Evolution: An Introduction to the Planning Movement and the Study of Civics [M]. London: General Books LLC, 2010.

[13] GONG P, LI X, ZHANG W. 40-Year(1978–2017) human settlement changes in China reflected by impervious surfaces from satellite remote sensing [J]. Science Bulletin, 2019, 64(11): 756-763.

[14] GRIMMOND C S B. Aerodynamic properties of urban areas derived from analysis of surface form [J]. Journal of Applied Meteorology, 1999(38): 1262-1291.

[15] HAFEZ, REHAM M. New cities between sustainability and real estate investment: A case study of New Cairo city [J]. HBRC Journal, 2017(13): 89-97.

[16] HAMEDANI A Z, HUBER F. A comparative study of DGNB, LEED and BREEAM certificate systems in urban sustainability [J]. The Sustainable City VII: Urban Regeneration and Sustainability, 2012, 1121.

[17] KAFKOULA K. New Towns [J]. International Encyclopedia of Human Geography, 2009: 428-437.

[18] LAURA G, ANNE-K S, BORIS S, et al.Predicting urban cold-air paths using boosted Regression trees [J]. Landscape and Urban Planning, 2020(201): 1-13.

[19] MA S J. Prospective of modern ecology [J]. Beijing: Science Press, 1990, 15(2): 83-93.

[20] MARGOLIN, SMITH R, MILLER K. Ecocity mapping using GIS: introducing a planning method for assessing and improving neighborhood vitality [J]. Progress in Community Health Partnerships Research Education & Action, 2013, 7(1): 95.

[21] MEGAHED Y, CABRAL P, SILVA J, et al. Land Cover Mapping Analysis and Urban Growth Modelling Using Remote Sensing Techniques in Greater Cairo Region—Egypt [J]. International Journal of Geo-Information, 2015(3): 1750-1769.

[22] MORRIS E S. British town planning and urban design[M]. Harlow: Longman，1997.

[23] OPDAM P, WASCHER D. Climate change meets habitat fragmentation: linking landscape and biogeographical scale levels in research and conservation [J]. Biological Conservation, 2004, 117(3): 285-297.

[24] PASCUAL-HORTAL L, SAURA S. Comparison and development of new graph-based landscape connectivity indices: towards the priorization of habitat patches and corridors for conservation [J]. Landscape Ecology, 2006, 21(7): 959-967.

[25] PETER HALL. Cities in Civilization (New Ed Edition) [M]. Orion Publishing, 2006.

[26] SHEARER A W. Approaching scenario-based studies: three perceptions aboutthe future and considerations for landscape planning [J]. Environment & Planning B Planning & Design, 2005, 32(1): 67-87.

[27] SHEN J. Scale, State and the City: Urban Transformation in Post Reform China[J]. Habitat International, 2007, 31(3-4): 303-316.

[28] SIMMONDS D, WADDELL P, WEGENER M. Equilibrium versus dynamics in urban modelling[J]. Environment & Planning B Planning & Design, 2013, 40(6): 1051-1070.

[29] Soille P, Vogt P. Morphological segmentation of binary patterns [J]. Pattern Recognition Letters, 2009, 30(4): 456-459.

[30] VONGPRASEUTH T, SEONG E Y, SHIN S, et al. Hope and reality of new towns under greenbelt regulation: The case of self-containment or transit-oriented metropolises of the first-generation new towns in the Seoul Metropolitan Area, South Korea [J]. Cities, 2020, 102.

[31] WHEELER S M. Planning for sustainability: creating livable, equitable and ecological communities [M]. Routledge, 2013.

[32] YU Z , FRYD O, SUN R, et al. Where and how to cool？ An idealized urban thermal security pattern model [J]. Landscape Ecology, 2021, 36, 2165-2174 .

[33] 薄文广，殷广卫 . 国家级新区发展困境分析与可持续发展思考 [J]. 南京社会科学，2017(11)：9-16.

[34] 曹阳，甄峰 . 智慧城市仿真模型组织架构 [J]. 科技导报，2018，36(18)：47–54.

[35] 常晨，陆铭 . 新城之殇——密度、距离与债务 [J]. 经济学季刊，2017(4)：389-410.

[36] 晁恒，马学广，李贵才 . 尺度重构视角下国家战略区域的空间生产策略——基于国家级新区的探讨 [J]. 经济地理，2015，35(5)：1-8.

[37] 晁恒，满燕云，王砾，等 . 国家级新区设立对城市经济增长的影响分析 [J]. 经济地理，2018 (6)：19-27.

[38] 车磊，白永平，周亮，等 . 中国绿色发展效率的空间特征及溢出分析 [J]. 地理科学，2018，38(11)：1788-1798.

[39] 陈春娣，MEURK D C，IGNATIEVA E M，等 . 城市生态网络功能性连接辨识方法 [J]. 生态学报，

2015，35(19)：6414-6424.
[40] 陈东，孔维锋 . 新地域空间——国家级新区的特征解析与发展对策 [J]. 中国科学院院刊，2016，31(1)：118-125.
[41] 陈汉欣 . 关于我国高技术开发区建设与布局的几个问题 [J]. 地理学报，1989(4)： 400-406.
[42] 陈健 . 我国绿色产业发展研究 [D]. 武汉：华中农业大学，2009.
[43] 陈琳，石崧，王玲慧 . 从规划理念到实践的低碳城市与复合社区——以上海市南桥新城为例 [J]. 城市规划学刊，2011(4)：30-38.
[44] 陈天，臧鑫宇，李阳力，等 . 基于生态安全理念的雄安新区城市空间发展与规划策略探讨 [J]. 城市建筑，2017(15)：15-19.
[45] 陈晓晶，孙婷，赵迎雪 . 深圳市低碳生态城市指标体系构建及实施路径 [J]. 规划师，2013，29(1)：15-19.
[46] 陈勇 . 哈利法克斯生态城开发模式及规划 [J]. 国外城市规划，2001(3)：1，39-42.
[47] 成玉宁，侯庆贺，谢明坤 . 低影响开发下的城市绿地规划方法——基于数字景观技术的规划机制研究 [J]. 中国园林，2019，35(10)：5-12.
[48] 成玉宁，袁旸洋，成实 . 基于耦合法的风景园林减量设计策略 [J]. 中国园林，2013(8)：9-12.
[49] 戴超兰 . 基于会后利用的园林博览园规划设计研究 [D]. 北京：北京林业大学，2019.
[50] 丁成日，宋彦 . 城市规划与空间结构 [M]. 北京：中国建筑工业出版社，2005.
[51] 丁成日 . 国际卫星城发展战略的评价 [J]. 城市发展研究，2007(2)：121-126.
[52] 丁健，何向东 . 浦东新区的功能开发研究 [J]. 财经研究，1996(11)：18-24，64.
[53] 董立延 . 新世纪日本绿色经济发展战略——日本低碳政策与启示 [J]. 自然辩证法研究，2012，28(11)：65-71.
[54] 杜海龙，李迅，李冰 . 中外绿色生态城区评价标准比较研究 [J]. 城市发展研究，2018，25(06)：156-160.
[55] 杜磊 . 基于系统仿真方法的产业新城开发过程演化研究 [D]. 重庆：重庆大学，2019.
[56] 杜伊，金云峰 . 社区生活圈的公共开放空间绩效研究——以上海市中心城区为例 [J]. 现代城市研究，2018(5)：101-108.
[57] 段进 . 城市规划要尊重城市发展的规律 [N]. 中国青年报，2019-12-14.
[58] 范锐平 . 成都，公园城市让生活更美好 [J]. 先锋，2019(05)：4-6.
[59] 方创琳，马海涛 . 新型城镇化背景下中国的新区建设与土地集约利用 [J]. 中国土地科学，2013，27(7)：2，6-11.
[60] 方创琳，祁巍锋 . 紧凑城市理念与测度研究进展及思考 [J]. 城市规划学刊，2007(04)：65-73.
[61] 方创琳，王少剑，王洋 . 中国低碳生态新城新区：现状、问题及对策 [J]. 地理研究，2016，35(9)：1601-1614.
[62] 冯吉芳 . 中国绿色发展的创新驱动机制研究——基于生态福利绩效视角的考察 [D]. 南京：东南大学， 2017.
[63] 冯健 . 西方城市内部空间结构研究及其启示 [J]. 城市规划，2005(08)：41-50.
[64] 冯锦滔 . 基于城市风热环境的空间布局自动寻优方法研究 [D]. 深圳：深圳大学，2017.
[65] 冯奎等 . 中国新城新区发展报告 [M]. 北京：企业管理出版社，2017.
[66] 傅强 . 基于生态网络的非建设用地评价方法研究 [D]. 北京：清华大学，2013.
[67] 干靓，吴志强，郭光普 . 高密度城区建成环境与城市生物多样性的关系研究——以上海浦东新区世纪大道地区为例 [J]. 城市发展研究，2018，25(4)：97-106.
[68] 高向东，张善余 . 上海城市人口郊区化及其发展趋势研究 [J]. 上海：华东师范大学学报 (哲

社版)，2002(2)：118-124.
[69] 顾朝林，陈振光 . 中国大都市空间增长形态 [J]. 城市规划，1994(6)：45-50.
[70] 顾朝林 . 气候变化与低碳城市规划 [M]. 南京：东南大学出版社，2013.
[71] 顾朝林 . 基于地方分权的城市治理模式研究——以新城新区为例 [J]. 城市发展研究，2017(2)：76-84.
[72] 顾朝林 . 绿色发展与城市规划变革 [M]. 北京：商务印书馆，2015.
[73] 顾大治，周国艳 . 低碳导向下的城市空间规划策略研究 [J]. 现代城市研究， 2010(11)：52-56.
[74] 顾震弘，孙锲，维纳斯坦 . 低碳生态城市设计——从指标到形态 [J]. 建筑与文化，2014(4)：46-51.
[75] 郭磊 . 低碳生态城市案例介绍 (三十七)：英国生态新城密尔顿·凯恩斯 (上)[J]. 城市规划通讯，2014(18)：20.
[76] 郭磊 . 国际新城新区建设实践 (二十)：日本新城——发展历程 (2)[J]. 城市规划通讯，2015b(20)：17.
[77] 郭磊 . 国际新城新区建设实践 (二十四)：日本新城——筑波科学城建设案例 (6)[J]. 城市规划通讯，2015c (24)：17.
[78] 郭磊 . 国际新城新区建设实践 (十九)：日本新城——发展历程 (1)[J]. 城市规划通讯，2015a(19)：20.
[79] 韩笋生，秦波 . 借鉴 " 紧凑城市 " 理念，实现我国城市的可持续发展 [J]. 国外城市规划，2004(6)：23-27.
[80] 韩西丽，斯约斯特洛姆 . 风景园林介入可持续城市新区开发 - 瑞典马尔默市西港 Bo01 生态示范社区经验借鉴 [J]. 风景园林，2011(4)：86-91.
[81] 韩佑燮 . 韩国新城建设的时期划分以及与英国的比较 [J]. 国外城市规划， 1999(2)：34-36.
[82] 何常清 . 深圳光明新区低碳生态工作经验借鉴 [J]. 江苏城市规划，2015(11)： 43-44.
[83] 胡鞍钢 . 绿色发展是中国的必选之路 [J]. 环境经济，2004(2)：31-33.
[84] 胡文娜 . 国际新城新区建设实践 (二十五)：韩国新城——建设背景和阶段 [J]. 城市规划通讯，2016 (1)：20.
[85] 胡文娜 . 国际新城新区建设实践 (十八)：法国新城——案例：马恩拉瓦莱新城 (6)[J]. 城市规划通讯，2015b(18)： 17.
[86] 胡文娜 . 国际新城新区建设实践 (十三)：法国新城——建设背景与发展历程 (1)[J]. 城市规划通讯，2015a(13)：17.
[87] 黄建中，胡刚钰，赵民，等 . 大城市空间结构 - 交通模式的耦合关系研究——对厦门市的多情景模拟分析和讨论 [J]. 城市规划学刊，2017(6)：33-42.
[88] 黄玮琳 . 南京市新城区空间形态演化研究 [D]. 南京：东南大学，2018.
[89] 黄亚平，卢有朋，单卓然，等 基于多元驱动力的大城市空间布局情景模拟——以武汉市为例 [J]. 现代城市研究，2017(2)：54-61.
[90] 黄羿，杨蕾，王小兴，等 . 城市绿色发展评价指标体系研究——以广州市为例 [J]. 科技管理研究，2012，32(17)：55-59.
[91] 侯路瑶，姜允芳，石铁矛，等 . 基于气候变化的城市规划研究进展与展望 [J]. 城市规划，2019，43 (3)：126-137.
[92] 贾海发，邵磊 . 郑东新区：新区建设对城市发展的影响研究 [J]. 北京规划建设， 2019(4)：81-84.
[93] 金龙，田晓明，王国强，等 . 天津滨海新区重盐碱土高效生态绿化研究 [J]. 中国园林，

2020，36(5)：99-103.
[94] 荆锐，陈江龙，田柳 . 国家级新区发展异质性及驱动机制研究——以上海浦东新区和南京江北新区为例 [J]. 长江流域资源与环境，2016，25(6)：859-867.
[95] 孔宇，甄峰，李兆中，等 . 智能技术辅助的市 (县) 国土空间规划编制研究 [J]. 自然资源学报，2019，34(10)：2186–2199.
[96] 李冰，李迅 . 绿色生态城区发展现状与趋势 [J]. 城市发展研究，2016，23(10)： 91-98.
[97] 李聪颖 . 城市交通与土地利用互动机制研究 [D]. 西安：长安大学，2005.
[98] 李德仁 . 智慧城市中的大数据 [J]. 中国建设信息化，2015(21)：22–23.
[99] 李海龙，于立 . 中国生态城市评价指标体系构建研究 [J]. 城市发展研究，2011，18(7)：81-86，118.
[100] 李海龙 . 国外生态城市典型案例分析与经验借鉴 [J]. 北京规划建设，2014(02)： 46-49.
[101] 李宏志，卢石应，王何王 . 底线思维：新常态下“三规合一”编制方法的创新实践——以宁夏平罗为例 [C]// 中国城市规划学会、贵阳市人民政府 . 新常态：传承与变革——2015 中国城市规划年会论文集 (11 规划实施与管理). 2015：13.
[102] 李建伟，刘科伟，刘林 . 城市空间扩张转型与新区形成时机——西安实证分析与讨论 [J]. 城市规划，2015(4)：59-65.
[103] 李建伟 . 空间扩张视角的大中城市新区生长机理研究 [D]. 西安：西北大学，2012.
[104] 李健，宁越敏 . 1990 年代以来上海人口空间变动与城市空间结构重构 [J]. 城市规划学刊，2007(2)：20-24.
[105] 李琳 .“紧凑”与“集约”的并置比较——再探中国城市土地可持续利用研究的新思路 [J]. 城市规划，2006(10)：19-24.
[106] 李琳 . 紧凑城市中“紧凑”概念释义 [J]. 城市规划学刊，2008(03)：41-45.
[107] 李露 . 基于环城游憩带视角的都市休闲农业景观营建研究 [D]. 北京：北京林业大学，2016.
[108] 李咪，芮旸，王成新，等 . 传统村落的空间分布及影响因素研究——以吴越文化区为例 [J]. 长江流域资源与环境，2018，27(08)：1693-1702.
[109] 李儒童 . 贵州省土地利用与生态环境耦合关系研究 [D]. 贵阳：贵州财经大学，2018.
[110] 李天籽 . 自然资源丰裕度对中国地区经济增长的影响及其传导机制研究 [J]. 经济科学，2007(6)：66-76.
[111] 李伟，伍毅敏 . 以世界城市为鉴，论北京都市圈空间发展战略 [J]. 北京规划建设，2018.
[112] 李晓生 . 山水城市视角下的西安市域绿道选线研究 [D]. 西安：西安建筑科技大学，2015.
[113] 李迅，董珂，谭静，等 . 绿色城市理论与实践探索 [J]. 城市发展研究， 2018(7)：13-23.
[114] 李迅，刘琰 . 生态城市：希望和压力同在 [N]. 中国建设报，2011(6)：102-106.
[115] 李言，毛丰付 . 中国区域经济增长与经济结构的变迁：1978—2016[J]. 经济学家，2019(2)：55-65.
[116] 李燕 . 日本新城建设的兴衰以及对中国的启示 [J]. 国际城市规划， 2017(02)：18-25.
[117] 李莹莹 . 城镇绿色空间时空演变及其生态环境效应研究 [D]. 上海：复旦大学，2012.
[118] 李云新，贾东霖 . 国家级新区的时空分布、战略定位与政策特征——基于新区总体方案的政策文本分析 [J]. 北京行政学院学报，2016(3)：22-31.
[119] 梁颢严，肖荣波，廖远涛 . 基于服务能力的公园绿地空间分布合理性评价 [J]. 中国园林，2010(09)：15-19.
[120] 林华，龙宁 . 西欧的新城规划 [J]. 现代城市研究，1998(04)：57-61.
[121] 林立勇 . 功能区块论——国家级新区空间发展研究 [D]. 重庆：重庆大学，2017.
[122] 林琳 . 区域生态环境与经济协调发展研究 [J]. 学术论坛，2010，33(2)：72-76.

[123] 林乃发 . 基于 GIS 的永久基本农田划定研究 [D]. 杭州：浙江大学，2017.
[124] 刘滨谊，王鹏 . 绿地生态网络规划的发展历程与中国研究前沿 [J]. 中国园林，2010，26(3)：1-5.
[125] 刘继华，荀春兵 . 国家级新区：实践与目标的偏差及政策反思 [J]. 城市发展研究，2017，24(01)：18-25.
[126] 刘健 . 从巴黎新城看北京新城 [J]. 北京规划建设，2006(01)：76-81.
[127] 刘俊国，赵丹丹，叶斌 . 雄安新区白洋淀生态属性辨析及生态修复保护研究 [J]. 生态学报，2019，39(09)：3019-3025.
[128] 刘明欣 . 城市超大型绿色空间规划研究 [D]. 广州：华南理工大学，2018.
[129] 刘士林，刘新静，盛蓉 . 中国新城新区发展研究 [J]. 江南大学学报 (人文社会科学版)，2013(4)：74-81.
[130] 刘晓阳，曾坚，张森 . 生态城市理念下的城市新区规划设计策略探讨 [J]. 建筑节能，2018 (10)：1-7.
[131] 刘琰 . 我国绿色生态城区的发展现状与特征 [J]. 建设科技，2013(16)：31-35.
[132] 刘怡然 .CityG 城市大脑：让城市“聪明”的宁波智慧 [J]. 宁波通讯， 2018(20)： 54–59.
[133] 刘勇洪，徐永明，张方敏，等 . 城市地表通风潜力研究技术方法与应用——以北京和广州中心城为例 [J]. 规划师，2019，35(10)：32-40.
[134] 刘勇洪，张硕，程鹏飞，等 . 面向城市规划的热环境与风环境评估研究与应用——以济南中心城为例 [J]. 生态环境学报，2017，26(11)：1892-1903.
[135] 刘哲，马俊杰 . 生态城市建设理论与实践研究综述 [J]. 环境科学与管理，2013，38(02)：159-164.
[136] 刘志林，戴亦欣，董长贵，等 . 低碳城市理念与国际经验 [J]. 城市发展研究，2009，16(06)：1-7.
[137] 刘志林，秦波 . 城市形态与低碳城市：研究进展与规划策略 [J]. 国际城市规划，2013，28(02)：4-11.
[138] 刘智才，徐涵秋，林中立，等 . 不同城市规划用地类型的生态效应研究 [J]. 地球信息科学学报，2016，18(10)：1352-1359.
[139] 龙瀛，张恩嘉 . 数据增强设计框架下的智慧规划研究展望 [J]. 城市规划， 2019，43(08)：34-40，52.
[140] 龙瀛 . 新城新区的发展、空间品质与活力 [J]. 国际城市规划，2017，32(02)：6-9.
[141] 陆林，邓洪波 . 节点 - 场所模型及其应用的研究进展与展望 [J]. 地理科学，2019，39(01)：12-21.
[142] 迈克尔哈夫 . 城市与自然过程——迈向可持续的基础 [M]. 刘海龙，贾丽奇，等，译 . 北京：中国建筑工业出版社，2012.
[143] 梅志炎 . 针对新城新区发展过程的空间紧凑度评价方法研究 [D]. 西安：西安建筑科技大学，2020.
[144] 孟广文，王洪玲，杨爽 . 天津自由贸易试验区发展演化动力机制 [J]. 地理学报，2015 (10)：1552-1565.
[145] 莫琳，俞孔坚 . 构建城市绿色海绵——生态雨洪调蓄系统规划研究 [J]. 城市发展研究，2012(19)：4-8.
[146] 那鲲鹏，李迅 . 低碳生态城市规划要点 [J]. 建设科技，2013(16)：28-30.
[147] 倪琳 . 北京城市空间高密度发展态势下的公共交通发展战略对策与建议研究 [D]. 北京：北京交通大学，2013.
[148] 钮心毅，康宁，王垚，等 . 手机信令数据支持城镇体系规划的技术框架 [J]. 地理信息世界，2019，26(01)：18-24.

[149] 潘海啸，汤諹，吴锦瑜，等 . 中国 " 低碳城市 " 的空间规划策略 [J]. 城市规划学刊，2008(06)：57-64.
[150] 潘鑫 . 基于绩效的公共服务设施规划实施评估方法研究——以济南市为例 [J]. 上海城市规划，2020(06)：99-104.
[151] 彭建，魏海，李贵才，等 . 基于城市群的国家级新区区位选择 [J]. 地理研究，2015，34(01)：3-14.
[152] 彭婕 . 长沙市区域交通与城市发展耦合协调研究 [D]. 长沙：湖南师范大学，2019.
[153] 邱明，王敏 . 面向不同年龄社区生活圈的公园绿地服务供需关系评价——以上海某中心城区为例 [C]// 中国风景园林学会 . 中国风景园林学会 2018 年会论文集 . 2018.
[154] 荣月静，严岩，王辰星，等 . 基于生态系统服务供的雄安新区生态网络构建与优化 [J]. 生态学报，2020，40(20)：7197-7206.
[155] 上海城市规划设计研究院 . 上海市城市总体规划（1999—2020）实施评估研究报告 [R]. 2013.
[156] 邵大伟 . 绿地对城市居住空间影响效能的多尺度范式 [J]. 江苏农业科学，2015，43(12)：224-227.
[157] 沈国新 . 借鉴德国规划经验加快新区发展 [J]. 浦东开发，1997(03)：52-53.
[158] 沈娉，张尚武，潘鑫 . 我国城市新区空间绿色发展的规律和经验研究 [J]. 城市规划学刊，2020 (4)：28-36.
[159] 沈清基，安超，刘昌寿 . 低碳生态城市的内涵、特征及规划建设的基本原理探讨 [J]. 城市规划学刊，2010(5)：48-57.
[160] 沈正平，邵明哲，曹勇 . 我国新旧城区联动发展中的问题及其对策探讨 [J]. 人文地理，2009，24(3)：17-21.
[161] 石晓冬，等 . 更有效的城市体检评估 [J]. 城市规划，2020，44(03)：65-73.
[162] 宋博，陈晨 . 情景规划方法的理论探源、行动框架及其应用意义——探索超越“工具理性”的战略规划决策平台 [J]. 城市规划学刊，2013(05)：69-79.
[163] 苏雷，李俊英，樊梦雪 . 基于遥感的城市绿色空间时空演变与生态效应研究综述 [J]. 云南地理环境研究，2018，30(6)：1-8，18.
[164] 苏屹 . 基于复杂性的区域创新系统耦合度测度与协同演化研究 [M]. 经济科学出版社，2017：111-112.
[165] 孙晖，张路诗，梁江 . 水土整合：荷兰造地实践的生态性理念 [J]. 国际城市规划，2013，28(1)：80-86.
[166] 谈维颖 . 我国经济技术开发区选址、规模、界限划分及其与中心城关系研究 [D]. 上海：同济大学，1986.
[167] 唐子来 . 西方城市空间结构研究的理论和方法 [J]. 城市规划汇刊，1997(6)：1-11.
[168] 汪东，王陈伟，侯敏 . 国家级新区主要指标比较及其发展对策 [J]. 开发研究，2017(01)：89-93.
[169] 王成，唐宁 . 重庆市乡村三生空间功能耦合协调的时空特征与格局演化 [J]. 地理研究，2018，37(6)：1100-1114.
[170] 王德，刘振宇，等 . 上海市人口发展的趋势、困境及调控策略 [J]. 城市规划学刊，2015(02)： 40-47.
[171] 王佃利，于棋，王庆歌 . 尺度重构视角下国家级新区发展的行政逻辑探析 [J]. 中国行政管理，2016 (08)：41-47.
[172] 王冬，权赫凡，王荻 . 韩国《绿色增长基本法》立法过程研究 [J]. 价值工程，2013，32(13)：313-316.

[173] 王桂新 . 上海人口规模增长与城市发展持续性 [J]. 复旦学报 (社会科学版)，2008(05)：48-57.
[174] 王纪武，王炜 . 城市街道峡谷空间形态及其污染物扩散研究——以杭州市中山路为例 [J]. 城市规划，2010，34(12)：57-63.
[175] 王凯，刘继华，王宏远，等 . 中国新城新区 40 年：历程、评估与展望 [M]. 北京：中国建筑工业出版社，2020.
[176] 王兰，饶士凡 . 中国新城新区规划与发展 [M]. 同济大学出版社，2018.
[177] 王磊，李成丽 . 新城新区发展模式演变与雄安新区建设研究 [J]. 区域经济评论，2017(05)：44-52.
[178] 王玲玲，张艳国 .“绿色发展”内涵探微 [J]. 社会主义研究，2012(05)：143-146.
[179] 王淼 . 绿色城市评价指标体系研究——以 15 个副省级城市为样本 [D]. 大连：东北财经大学，2015.
[180] 王启坤 . 基于绿色发展理念的西咸新区空间规划策略研究 [D]. 西安：长安大学，2018.
[181] 王青 . 以大型公共设施为导向的城市新区开发模式探讨 [J]. 现代城市研究，2008(11)：47-53.
[182] 王涛，苗润雨 . 东京多中心城市的规划演变与新城建设 [J]. 城市， 2015(04)：52-57.
[183] 王夏青，孙思远，杨萍，等 . 海绵城市建设下的生态效应分析——以常德市穿紫河流域为例 [J]. 地理学报，2019，74(10)：2123-2435.
[184] 王新贤，高向东 . 中国流动人口分布演变及其对城镇化的影响——基于省际、省内流动的对比分析 [J]. 地理科学，2019 (12)：1866-1874.
[185] 王引 .“空间治理体系下的控制性详细规划改革与创新”学术笔谈会 [J]. 城市规划学刊，2019(03)：1-10.
[186] 王越，林箐 . 基于 MSPA 的城市绿地生态网络规划思路的转变与规划方法探究 [J]. 中国园林，2017，33(5)：68-73.
[187] 王云才，翟鹤健，盛硕 . 基于碎片化整理的城市山体保护与绩效提升策略——以十堰市主城区为例 [J]. 南方建筑，2020，197(3)：34-40.
[188] 王云才 . 上海市城市景观生态网络连接度评价 [J]. 地理研究，2009，28(02)： 284-292.
[189] 王振坡，游斌，王丽艳 . 基于精明增长的城市新区空间结构优化研究——以天津市滨海新区为例 [J]. 地域研究与开发，2014，33(4)：90-95.
[190] 魏后凯，高春亮 . 中国区域协调发展态势与政策调整思路 [J]. 河南社会科学，2012，20(01)：73-81，107-108.
[191] 文雯，王奇 . 城市新区建设的生态文明指标体系研究 [J]. 生态经济，2017，33(12)：213-218.
[192] 吴昊天，杨郑鑫 . 从国家级新区战略看国家战略空间演进 [J]. 城市发展研究，2015(03)：7-16，44.
[193] 吴良镛 . 关于浦东新区总体规划 [J]. 城市规划，1992(06)：3-10，64.
[194] 吴唯佳 . 德国弗赖堡的城市生态环境保护 [J]. 国外城市规划，1999(2)： 31-33.
[195] 吴唯佳，孟祥懿，等 . 地方治理现代化需求背景下近期建设规划的国际经验 [R]. 2020.
[196] 吴志强，甘惟，臧伟，等 . 城市智能模型 (CIM) 的概念及发展 [J]. 城市规划， 2021，45(4)：106-113，118.
[197] 吴志强，黄晓春，等 .“人工智能对城市规划的影响”学术笔谈会 [J]. 城市规划学刊，2018(5)：1–10.
[198] 吴志强，李翔，周新刚，等 . 基于智能城市评价指标体系的城市诊断 [J]. 城市规划学刊，

2020(02)：12–18.
[199] 吴志强 . 人工智能辅助城市规划 [J]. 时代建筑， 2018(01)：6–11.
[200] 吴志强 . 人工智能推演未来城市规划 [J]. 经济导刊，2020(01)：58–62.
[201] 吴志强 . 论新时代城市规划及其生态理性内核 [J]. 城市规划学刊，2018 (3)：19-23.
[202] 武廷海，杨保军，张城国 . 中国新城：1979—2009[J]. 城市与区域规划研究， 2011(2)：19-43.
[203] 席广亮，甄峰 . 基于大数据的城市规划评估思路与方法探讨 [J]. 城市规划学刊，2017(1)：56–62.
[204] 肖钦 . 绿色发展视阈下我国地方环境协同治理研究 [D]. 南昌：江西财经大学，2019.
[205] 肖作鹏，柴彦威，张艳 . 国内外生活圈规划研究与规划实践进展述评 [J]. 规划师，2014，30(10)：89-95.
[206] 谢广靖，石郁萌 . 国家级新区发展的再认识 [J]. 城市规划，2016，40(05)：9-20.
[207] 谢鹏飞，周兰兰，刘琰，等 . 生态城市指标体系构建与生态城市示范评价 [J]. 城市发展研究，2010 (07)：12-18.
[208] 邢海峰，柴彦威 . 大城市边缘新兴城区地域空间结构的形成与演化趋势——以天津滨海新区为例 [J]. 地域研究与开发，2003(2)：21-25.
[209] 邢忠，乔欣，叶林，等 . “绿图”导引下的城乡结合部绿色空间保护——浅析美国城市绿图计划 [J]. 国际城市规划，2014，29(05)：51-58.
[210] 徐超平，李昊，马赤宇 . 国家级新区兰州新区发展路径的再思考 [J]. 城市发展研究，2017(03)：154-158.
[211] 徐从淮 . 行为空间论 [D]. 天津：天津大学，2005.
[212] 许学强，周一星，宁越敏 . 城市地理学 [M]. 北京：高等教育出版社，2009.
[213] 许自策，蔡人群，罗明刚，等 . 对广州经济技术开发区性质的再认识 [J]. 热带地理，1988(04)：374-381.
[214] 颜文涛，萧敬豪，胡海，等 . 城市空间结构的环境绩效：进展与思考 [J]. 城市规划学刊，2012(5)：50-59.
[215] 颜文涛，王正，韩贵锋，等 . 低碳生态城规划指标及实施途径 [J]. 城市规划学刊，2011(3)：39-50.
[216] 杨保军，董珂 . 生态城市规划的理念与实践——以中新天津生态城总体规划为例 [J]. 城市规划，2008(8)：10-14，97.
[217] 杨斌，童宇飞，王佳祥，等 . 低影响开发下的新区水绿生态规划方法与实践——以广西北部湾龙港新区总体规划为例 [J]. 规划师，2016，32(8)：57-63.
[218] 杨东峰，刘正莹 . 中国 30 年来新区发展历程回顾与机制探析 [J]. 国际城市规划，2017(2)：26-33，42.
[219] 杨进原 . 基于 Node-Place 模型的深圳市土地利用与交通协调关系研究 [D]. 哈尔滨：哈尔滨工业大学，2018.
[220] 杨靖，司玲 . 马里兰州哥伦比亚的新城规划 [J]. 规划师，2005(6)：87-90.
[221] 杨静雅 . 城市新区土地混合使用研究 [D]. 西安：西安建筑科技大学，2014
[222] 杨俊宴，马奔 . 城市天空可视域的测度技术与类型解析 [J]. 城市规划，2015，35(3)：54-58.
[223] 杨培峰，孟丽丽，杜宽亮 . 生态导向的城市空间规划问题反思及案例研究——以绍兴袍江新区两湖区域空间发展规划为例 [J]. 城市规划学刊，2011(2)：58-66.
[224] 杨永春，杨晓娟 .1949—2005 年中国河谷盆地型大城市空间扩展与土地利用结构转型——以兰州市为例 [J]. 自然资源学报，2009，24(1)：37-49.

[225] 姚棘，郭霞 . 东京新城规划建设对上海的启示 [J]. 国际城市规划，2007，22(6)：102-107.
[226] 叶姮，李贵才，李莉，等 . 国家级新区功能定位及发展建议——基于 GRNN 潜力评价方法 [J]. 经济地理，2015，35(2)：92-99.
[227] 叶林，邢忠，颜文涛 . 山地城市绿色空间规划思考 [J]. 西部人居环境学刊，2014，29(4)：37-44.
[228] 殷洁，罗小龙，肖菲 . 国家级新区的空间生产与治理尺度建构 [J]. 人文地理，2018，33(03)：89-96.
[229] 殷杉 . 上海浦东新区绿地系统研究—分布格局、生态系统特征及服务功能 [D]. 上海：上海交通大学，2011.
[230] 于涛方 . 京津走廊地区人口空间增长趋势情景分析：集聚与扩散视角 [J]. 北京规划建设，2012(4)：14-20.
[231] 于亚平，尹海伟，孔繁花，等 . 基于 MSPA 的南京市绿色基础设施网络格局时空变化分析 [J]. 生态学杂志，2016，35(6)：1608-1616
[232] 于忠华，孙瑞玲，李宗尧 . 资源环境约束下南京城市发展质量评价 [J]. 中国环境管理，2018，10(02)：56-61.
[233] 余庆康 .1991 年汉城大都市区建设的 5 座新城 [J]. 国外城市规划，1995(4)：11-21.
[234] 鱼晓惠 . 绿色发展目标导向的商洛城市空间模式研究 [D]. 西安：西安建筑科技大学，2020.
[235] 俞孔坚，李迪华，潮洛蒙 . 城市生态基础设施建设的十大景观战略 [J]. 规划师，2001(6)：9-13，17.
[236] 岳天祥，王英安，张倩，等 . 北京市人口空间分布的未来情景模拟分析 [J]. 地球信息科学，2008(4)：479-488.
[237] 翟健 . 国际新城新区建设实践 (五)：英国新城——米尔顿·凯恩斯 (上)[J]. 城市规划通讯，2015(5)：17.
[238] 张高攀 . 国际新城新区建设实践 (七)：美国新城——发展背景与进程 (一)[J]. 城市规划通讯，2015a(7)：17.
[239] 张高攀 . 国际新城新区建设实践 (十一)：美国新城——案例介绍：马里兰州哥伦比亚新城 [J]. 城市规划通讯，2015b(11).
[240] 张洁妍 . 开发区与城市互动发展问题研究 [D]. 长春：吉林大学，2016.
[241] 张捷，赵民 . “理想城市”的理性之路——论新城百年实践及我国未来的新城建设 [M]. 上海：同济大学出版社，2017.
[242] 张静 . 大城市理性扩张中的新城成长模式研究——以杭州为例 [D]. 杭州：浙江大学，2007.
[243] 张静宇 . 我国大城市老城区街区紧凑度测度研究 [D]. 南京：东南大学，2017.
[244] 张娟锋，贾生华 . 浦东、滨海新区的发展阶段及其启示 [J]. 中国房地产，2012，402(17)：23-27.
[245] 张林，田波，周云轩，朱春娇 . 遥感和 GIS 支持下的上海浦东新区城市生态网络格局现状分析 [J]. 华东师范大学学报 (自然科学版)，2015(1)：240-251.
[246] 张梦，李志红，黄宝荣，等 . 绿色城市发展理念的产生，演变及其内涵特征辨析 [J]. 生态经济，2016，32(5)：205-210.
[247] 张庆军 . 城市绿道网络规划综合评价——以武汉市为例 [D]. 武汉：华中科技大学，2012.
[248] 张尚武，晏龙旭，王德，等 . 上海大都市地区空间结构优化的政策路径探析——基于人口分布情景的分析方法 [J]. 城市规划学刊，2015(6)：12-19.
[249] 张尚武，金忠民，王新哲，等 . 战略引领与刚性管控：新时期城市总体规划成果体系创新——上海 2040 总体规划成果体系构建的基本思路 [J]. 城市规划学刊，2017(3)：19-27.

[250] 张尚武，汪劲柏，程大鸣 . 新时期城市总体规划实施评估的框架与方法——以武汉市城市总体规划实施评估为例 [J]. 城市规划学刊，2018(3)：33-39.
[251] 张尚武，王雅娟 . 大城市地区的新城发展战略及其空间形态 [J]. 城市规划汇刊，2000(06)：44-47，79-80.
[252] 张旺，周跃云，谢世雄 . 中国城市低碳绿色发展的格局及其差异分析——以地级以上城市 GDP 值前 110 强为例 [J]. 世界地理研究，2013，22(4)：134-142，73.
[253] 张晓来 . 基于 GIS 的城市公园绿地服务半径研究 [D]，武汉：华中农业大学，2007.
[254] 张学良，刘玉博，吕存超 . 中国城市收缩的背景、识别与特征分析 [J]. 东南大学学报 (哲学社会科学版)，2016，18(4)：132-139，148.
[255] 张玉鑫 . 对汉城新城规划建设的认识与思考 [J]. 上海城市规划，2001(2)：23-29.
[256] 张源，张建荣 . 基于规划管理的城市新区低碳城市空间评价指标体系构建 [J]. 中华建设，2015(5)：80-81.
[257] 张云英，金花，陈晓婷，等 . 面向对象的高分影像城市绿地精准提取方法研究 [J]. 矿山测量，2016，4(2)：76-79.
[258] 赵树明，孟颖 . 宜居生态型海滨新城区指标体系研究——以天津滨海新区为例 [J] 规划师，2008，24(1)：95-98.
[259] 赵星烁，杨滔 . 美国新城新区发展回顾与借鉴 [J]. 国际城市规划，2017(2)：10-17.
[260] 赵燕菁 . 从土地金融到土地财政：资本的胜利、有为的政府与城市的转型 [EB/OL].(2019-04-07).http：//www.aisixiang.com/data/115819.html.
[261] 赵燕菁 . 高速发展条件下城市增长模式 [J]. 国外城市规划，2001(1)：27-33.
[262] 赵峥，张亮亮 . 绿色城市：研究进展与经验借鉴 [J]. 城市观察，2013(4)：163-170.
[263] 郑凯迪，徐新良，张学霞，刘洛 . 上海市城市空间扩展时空特征与预测分析 [J]. 地球信息科学学报，2012，14(4)：490-496.
[264] 钟珊，赵小敏，郭熙，基于空间适宜性评价和人口承载力的贵溪市中心城区城市开发边界的划定 [J]. 自然资源学报，2018，33(5)：83-94.
[265] 周春山，叶昌东 . 中国城市空间结构研究评述 [J]. 地理科学进展，2013，32(7)：1030-1038.
[266] 周春山，朱孟珏 . 转型期我国城市新区的空间效应及机理研究 [J]. 城市规划，2021，45(3)：71-78.
[267] 周干峙 . 关于经济特区和沿海经济技术开发区的规划问题 [J]. 城市规划，1985(5)：3-6.
[268] 周姝天，翟国方，施益军 . 英国空间规划的指标监测框架与启示 [J]. 国际城市规划，2018，33(5)：130-135.
[269] 周姝天，翟国方，施益军，等 . 城市自然灾害风险评估研究综述 [J]. 灾害学，2020(4)：182-188.
[270] 朱春阳，李树华，纪鹏，等 . 城市带状绿地结构类型与温湿效应的关系 [J]. 应用生态学报，2011，22(5)：1255-1260.
[271] 朱孟珏，周春山 . 改革开放以来我国城市新区开发的演变历程、特征及机制研究 [J]. 现代城市研究，2012，27(9)：80-85.
[272] 朱孟珏，周春山 . 国内外城市新区发展理论研究进展 [J]. 热带地理，2013，33(3)：363-372.
[273] 祝仲文，莫滨，谢芙蓉基于土地生态适宜性评价的城市空间增长边界划定——以防城港市为例 [J]. 规划师，2009，25(11)：40-44.
[274] 左学金，权衡，王红霞 . 上海城市空间要素均衡配置的理论与实证 [J]. 社会科学，2006(1)：5-16.

图书在版编目（CIP）数据

城市新区发展规律、规划方法与优化技术 / 张尚武著 . -- 上海 : 同济大学出版社 , 2021.6
ISBN 978-7-5608-8957-3

Ⅰ . ①城… Ⅱ . ①张… Ⅲ . ①城市规划－研究－中国
Ⅳ . ① TU984.2

中国版本图书馆 CIP 数据核字 (2021) 第 122252 号

城市新区发展规律、规划方法与优化技术

张尚武　著

责任编辑　金　言
责任校对　徐逢乔
书籍设计　张　微
出版发行　同济大学出版社　www.tongjipress.com.cn
（地址：上海市四平路 1239 号　邮编：200092　电话：021-65985622）
经　　销　全国各地新华书店
印　　刷　上海安枫印务有限公司
开　　本　787 mm× 1092 mm　1/16
印　　张　21
字　　数　524 000
版　　次　2021 年 6 月 第 1 版　　2021 年 6 月 第 1 次印刷
书　　号　ISBN 978-7-5608-8957-3
定　　价　168.00 元